Xpert.press

Die Reihe **Xpert.press** vermittelt Professionals in den Bereichen Softwareentwicklung, Internettechnologie und IT-Management aktuell und kompetent relevantes Fachwissen über Technologien und Produkte zur Entwicklung und Anwendung moderner Informationstechnologien.

Peter T. Köhler

ITIL

Das IT-Servicemanagement Framework

Mit 209 Abbildungen

Springer

Peter T. Köhler
Flachsgraben 4
53343 Wachtberg

Bibliografische Information der Deutschen Bibliothek
Die Deutsche Bibliothek verzeichnet diese Publikation in der Deutschen Nationalbibliografie; detaillierte bibliografische Daten sind im Internet über http://dnb.ddb.de abrufbar.

ISSN 1439-5428
ISBN 3-540-22893-4 Springer Berlin Heidelberg New York

Springer ist ein Unternehmen von Springer Science+Business Media

springer.de

Printed in Germany

Satz und Herstellung: LE-TeX Jelonek, Schmidt & Vöckler GbR, Leipzig
Umschlaggestaltung: KünkelLopka Werbeagentur, Heidelberg
Gedruckt auf säurefreiem Papier 33/3142/YL - 5 4 3 2 1 0

Vorwort

Unternehmen sind im Zuge der Globalisierung dazu gezwungen, sich mit anderen Unternehmen auf der ganzen Welt zu messen. (Seit Jahren werden deswegen mittels der IT- und TK-Technologien Geschäftsprozesse transformiert, um die Vorteile dieser Technologien bezüglich Spezialisierungs-, Rationalisierungs- und Anpassungsmöglichkeiten zu nutzen.) Nun sind IT- und TK-Technologie einem immensen Änderungsprozess bzw. -druck unterworfen, der Anwender und Spezialisten einen endlosen Veränderungsprozess hinsichtlich bestehender DV-Verfahren und Applikationsprogramme aufzwingt. Das Projektmanagement führt neue DV- und IT-Systeme in einer Firma ein und spätestens nach der Abnahme bleibt der Anwender sowie das zur Pflege des DV-Verfahren vorgesehene Servicepersonal mit diesen neuen komplexen Systemen allein. Viele Eigenschaften und notwendigen Pflegemaßnahmen sind dem IT-Servicepersonal noch nicht bekannt bzw. müssen erst nachträglich erfasst, entwickelt und umgesetzt werden. Die komplexen Fragen, die aus diesem notwendigen technischen und organisatorischen Transformationsprozess für die Firmen und Unternehmen erwachsen, lassen diese nach Standards suchen, die sie auf ihrem Weg begleiten. In diesem Zusammenhang fällt oft erstmalig der Begriff ITIL. ITIL orientiert sich an Prozessen und Verfahren aus der Praxis für die Praxis, was nichts anderes bedeutet, als dass sich diese Prozesse an anderer Stelle schon bewährt haben, also praxisorientiert sind. ITIL lässt den Firmen Spielraum, es auf ihre Art und Weise umzusetzen, weil es nur beschreibt, was gemacht werden muss und nicht, wie es umgesetzt werden soll. Dies ist meiner Meinung nach auch einer der Hauptvorteile von ITIL. Hinzu kommt, dass sich die entsprechenden Serviceprozesse nachsteuern lassen, indem vorher Kennwerte dieser Prozesse definiert werden und sich daran der Erfolg und das weitere Anpassungspotential ableiten lassen. Es lässt sich also eine Qualitätssicherung von komplexen IT-Service-Dienstleistungsprozessen vornehmen. Einzelne Teile von ITIL behandeln den reinen Rechenzentrums-IT-Service-

Aufgabenbereich, aber auch unternehmensweite Fragen bezüglich einer zukünftigen IT-Strategie werden behandelt.

Das Buch soll helfen, bestehende und neue DV-Verfahren in Industrie, sowie im Dienstleistungs- und öffentlichen Sektor stabiler und kostengünstiger zu betreiben und Serviceorganisationen anpassungsfähiger sowie schlagkräftiger werden zu lassen, indem es praktische Leitfäden an die Hand gibt.

Ziele dieses Buches

Inhalt des Buches ist das prozessorientierte IT-Servicemanagementframework ITIL. Es zeigt dem Leser, dass alle wesentlichen Kernaufgaben eines IT-Services durch ITIL erfüllt werden. Das Buch soll einen Einblick in die heute existierenden ITIL-Servicemodule vermitteln: Business Perspective, Service Delivery, Service Support, ICT Infrastructure Management, Security- und Applications Management sowie Planing to Implement Service Management. Es beschreibt die ITIL-spezifischen Prozesse, Rollen, KPIs sowie wesentliche Fachbegriffe der entsprechenden Serviceprozesse. Weiterhin gibt es praxisorientierte Beispiele und Hilfen, um neue DV-Verfahren in das Servicemanagement eines Unternehmens zu überführen. Ein weiterer Schwerpunkt liegt im Availability- sowie Continuity-Management, welches mit Statistiken und praxisorientierten Umsetzungshilfen das IT-Management einer Firma darin unterstützt, Argumente zum Durchsetzen notwendiger Budgets, sowie konkrete Ansätze zur Verbesserung der Verfügbarkeit der von ihr eingesetzten DV-Verfahren zu erhalten. IT-Sicherheit ist ein aktuelles Thema, das in aller Munde ist. Das Buch zeigt die wichtigsten Punkte der firmeninternen IT-Sicherheit und des Datenschutzes. Ein weiterer Schwerpunkt betrifft die Frage, wie Service Level Agreements in der Praxis erstellt werden können, um interne und externe Kunden zufrieden zu stellen. Das Buch liefert einen Überblick, welche ITIL-kompatiblen Softwareprodukte es auf dem Markt gibt, um bestehende Anforderungen an ein IT-Servicemanagement besser umsetzen zu können. Es spricht die relevanten Themen Outsourcing, Basel 2, KonTraG- und Sarbanes-Oxley-Gesetz, Business Process Reengineering und – Optimization, IT-Alignment, IT-On-Demand, Asset Management sowie ISO 9000 und Six Sigma (6σ) an und ist somit für das IT-Management, für IT-Servicepersonal sowie für IT-Consultants einer Firma von Interesse. Es gibt weiterhin einen Überblick über das prozessorientierte Projektmanagementframework PRINCE2. Das Buch zeigt auf, wie man eine Schwachstellenanalyse, ein Due Diligence, technische

Hochverfügbarkeitsuntersuchungen oder Risiko-Analyse durchführt und demonstriert die Vielseitigkeit der SWOT-Analyse. Es vermittelt, welche speziellen Ausbildungsgänge (CIA, CISA, C*OBI*T) es im Bereich IT-Controlling und Riskmanagement gibt und nennt ITIL-zertifizierte Ausbildungsstätten, falls man weitere Informationsquellen über ITIL erschließen möchte.

Wer dieses Buch lesen sollte

Dieses Buch richtet sich an alle Mitarbeiter von IT-Serviceabteilungen, um ihnen eine Einführung in ITIL und praktisch umsetzbare Beispiele an die Hand zu geben. Es richtet sich an IT-Consultants, die die entsprechenden Serviceprozesse in eine Firma einführen sollen und das IT-Management bzw. IT-Controlling, das sich einen ersten Überblick über ITIL und entsprechende Gesetze und Verordnungen bezüglich eines Risikomanagements verschaffen will. Es zeigt anhand des Projektmanagementframework PRINCE II, wie ein effektives Projektcontrolling vorgenommen werden kann. Es ist für diejenigen interessant, die sich in der Informatikausbildung oder im Studium befinden und sich ein Bild über das IT-Servicemanagement und die damit einhergehende Tätigkeiten machen wollen. Es zeigt auf, welche Tätigkeiten innerhalb eines Rechenzentrums anfallen, und wie diese durchgeführt werden können. Es richtet sich an die Qualitätsmanagementverantwortlichen einer Firma, die sich dafür interessieren, ein Qualitätsmanagement für IT-Servicemanagementprozesse durchzuführen.

Aufbau des Buches

Das Buch ist umfassend, gibt detaillierte Beispiele und Argumentationshilfen. Es holt Leser mit unterschiedlichem Wissenstand von dort ab, wo sie sich befinden. Jeder Leser kann in dem Kapitel des Buches mit der Lektüre beginnen, das seinem Wissensstand entspricht. Leser, die weder über Kenntnisse qualitätssichernder Verfahren, noch über ITIL besitzen, sollten mit Kapitel 1 anfangen. Leser, die schon Kenntnisse über qualitätssichernde Verfahren haben, aber noch keine über ITIL sollten mit Kapitel 2 beginnen. Leser, die schon Grundkenntnisse qualitätssichernder Verfahren sowie über ITIL besitzen, können direkt in die Kapitel mit den einzelnen ITIL-Sets- oder -Modulen einsteigen. Das Buch eignet sich durch das detaillierte Stichwortverzeichnis auch als Nachschlagewerk über aktuelle Themen der IT.

Inhalte dieses Buches

Das vorliegende Buch gliedert sich in die folgenden Kapitel:

Kapitel 1 vermittelt eine allgemeine Einführung in qualitätssichernde Prozesse. Es soll dem Leser verschiedene Ansätze zeigen, wie sich qualitätssichernde Verfahren in der Wirtschaft etabliert haben und dabei näher auf ISO:9000 und Six Sigma eingehen. Es zeigt auf, wie das Bild der Qualitätssicherung sich nach und nach zu einem prozessorientierten Ansatz transformierte und welche Vorteile sich daraus ergeben.

Kapitel 2 gibt eine Einführung in ITIL, dessen Basiselemente und Grundstruktur. Es vermittelt eine Einführung in alle sieben ITIL-Sets bzw. –Module.

Kapitel 3 geht auf das ITIL-Set Service Support detailliert ein. Es erklärt, was ein User Help Desk ist, und vermittelt Kenntnisse der Service Prozesse Configuration-, Incident, Problem-, Change und Release Management.

Kapitel 4 behandelt das ITIL-Set Service Delivery mit seinen Serviceprozessen Availability-, Continuity-, Capacity-, Financial- und Service Level Management.

Kapitel 5 stellt das ITIL-Set Security Management mit seinen Aufgaben vor. Es zeigt, wie Sicherheitskonzepte erstellt werden, und vermittelt einen Überblick über den IT-Grundschutz nach BSI aus den Blickwinkeln des Datenschutzes und der Datensicherheit. Eine Einführung in die Norm ISO/IEC 17799 (BS 7799) zeigt, inwieweit ein Security Management normierbar ist.

Kapitel 6 vermittelt einen Überblick über das ITIL-Set ICT-Infrastruktur Management (ICTIM) mit seinen einzelnen Prozessen und Fachbegriffen.

In Kapitel 7 behandeln wir das ITIL-Set Applications Management vom Design über das Projektmanagement bis hin zum Überführen des DV-Verfahrens in die IT-Serviceorganisation einer Firma.

Kapitel 8 richtet sich an das IT-Management. ITIL widmet sich mittels des ITIL-Sets Business Perspektive dem strategischen IT-Management, von den Gesetzen mit Bezug zur IT innerhalb einer Firma bis zu den unterschiedlichen Formen des Outsourcing und der Vor- bzw. Nachteile, die sich daraus ergeben können.

Kapitel 9 richtet sich an alle, die zu der Überzeugung gelangt sind, dass ITIL bzw. Teile von ITIL in ihrer Firma implementiert werden sollen. Zu diesem Zweck wird das ITIl-Set „Planning to Implement Service Management“ erläutert und dabei aufgezeigt, wie ein neues DV-Verfahren mittels des Transformationswerkzeugs

„Betriebskonzept" in die IT-Serviceorganisation einer Firma überführt werden kann.

Kapitel 10 zeigt, welche Zertifizierungsmöglichkeiten im Riskmanagement bzw. IT-Controlling bestehen und welche Schulungseinrichtungen ein- und weiterführende Seminare im ITIL-Bereich anbieten. Weiterhin zeigt das Kapitel, welche Software auf dem Markt existiert, mit der eine Einführung von ITIL in ein Unternehmen vereinfacht werden kann. Schließlich nennt das Buch Adressen von Institutionen, die weiterführende Informationen über ITIL vermitteln können und einen regen Informationsaustausch über ITIL fördern.

Autor

Peter Thomas Köhler (Dipl.-Ing.) studierte Nachrichtentechnik in Köln. Er ist seit mehr als 15 Jahren für verschiedene Firmen der IT-Branche in den Bereichen Forschung und Entwicklung, Consulting sowie Projektmanagement tätig, davon mehrere Jahre im Ausland. Er veröffentlichte zahlreiche Artikel in in- und ausländischen Fachzeitschriften über das gesamte Spektrum der DV- und IT-Technologie.

Danksagungen

Dieses Buch ist meinen Eltern, Jasmin, Stephan und Ulrike, die mir tatkräftig geholfen haben und mit Ihrer Gegenwart das Leben versüßten, gewidmet.

Ich möchte aber auch nicht vergessen, Frau Glaunsinger, die mir mit Rat und Tat zur Seite stand, sowie dem ganzen Team von Springer zu danken.

Inhaltsverzeichnis

1 Qualitätssichernde Prozesse **1**

1.1 Was war die alte ISO 9000:1994? ... 3
1.2 ISO 9000:2000 ... 4
1.3 ITIL und ISO 9000:2000 ... 10
1.4 Six Sigma (6σ) ... 12
1.4.1 Fachbegriffe unter Six Sigma ... 17
1.4.2 Rollen und Verantwortlichkeiten unter Six Sigma ... 20

2 ITIL (IT Infrastructure Library) Einführung **23**

2.1 ITIL Basics ... 27
2.1.1 Was ist ein Prozess? ... 29
2.1.2 Was ist ein Service? ... 30
2.1.3 Rollen (Service Functions) unter ITIL ... 31
2.1.4 Was ist „Best practice"? ... 34
2.1.5 Metriken, Key Performance Indicators (KPI) und Benchmarking unter ITIL ... 35
2.2 Die ITIL-Struktur (Die sieben Hauptbereiche von ITIL im Überblick) ... 37
2.2.1 Business Perspective ... 39
2.2.2 Planning to Implement Service Management ... 39
2.2.3 Applications Management ... 40
2.2.4 ICT Infrastructure Management ... 40
2.2.5 Security Management ... 40
2.2.6 ITIL-Service-Management (Service Delivery, Service Support) im Überblick ... 41
2.2.7 Service Support ... 42
2.2.8 Service Delivery ... 47

3 Service Support **53**

3.1 Einleitung ... 53

3.2 Configuration Management ... 55
3.2.1 Fachbegriffe unter dem Configuration Management unter ITIL ... 61
3.2.2 Mögliche Key Performance Indicators (KPI) zum Configuration Management ... 65
3.2.3 Zugeordnete Rollen zum Configuration Management ... 67
3.3 User Help Desk (First-, Second- und Third-Level Support) ... 68
3.4 Incident Management ... 72
3.4.1 Hilfsmittel des Incident Managements ... 78
3.4.2 Zugeordnete Rollen zum Incident Management 79
3.4.3 Mögliche Key Performance Indicators (KPI) zum Incident Management ... 81
3.5 Problem Management ... 83
3.5.1 Unterschied zwischen Incident- und Problem Management ... 91
3.5.2 Mögliche Key Performance Indicators (KPI) zum Problem Management ... 92
3.5.3 Zugeordnete Rollen zum Problem Management 93
3.6 Change Management ... 95
3.6.1 Fachbegriffe unter dem Change Management unter ITIL ... 97
3.6.2 Zugeordnete Rollen zum Change Management. 100
3.6.3 Mögliche Key Performance Indicators (KPI) zum Change Management ... 101
3.6.4 Unterschied zwischen Change Management und Release Management ... 102
3.7 Release Management (Software control and distribution) ... 103
3.7.1 Fachbegriffe unter dem Release Management unter ITIL ... 107
3.7.2 Zugeordnete Rollen zum Release Management ... 109
3.7.3 Mögliche Key Performance Indicators (KPI) zum Release Management ... 110

4 Service Delivery **111**

4.1 Einleitung ... 111
4.2 Availability Management ... 113
4.2.1 Key Performance Indicators (KPI) zum Availability Management ... 116

4.2.2 Zugeordnete Rollen zum Availability Management 117
4.2.3 Kosten einer vernünftig hohen Availability oder Verfügbarkeit 118
4.2.4 Design eines DV-Verfahrens mit hoher Verfügbarkeit 122
4.2.5 Organisatorische verfügbarkeitssteigernde Methoden 131
4.3 Continuity Management 132
4.3.1 Fachbegriffe unter dem Continuity Management unter ITIL 135
4.3.2 Zugeordnete Rollen zum Continuity Management 138
4.3.3 Key Performance Indicators (KPI) zum Continuity Management 139
4.3.4 Gründe für ein Continuity Management.......... 140
4.3.5 Durchführen von Schwachstellenanalysen, Riskmanagement, technischen Hochverfügbarkeitsuntersuchungen, Due Diligence, Audits und Reviews... 146
4.4 Capacity Management 160
4.4.1 Fachbegriffe unter dem Capacity Management unter ITIL 167
4.4.2 Zugeordnete Rollen zum Capacity Management 170
4.4.3 Mögliche Key Performance Indicators (KPI) zum Capacity Management 171
4.4.4 Bedarfsrechnung genutzter Ressourcen beim Capacity Management 172
4.4.5 Strategien zur optimalen Ausnutzung von eingesetzten Ressourcen 174
4.5 Financial Management (Kosten Management für IT-Dienstleistungen) 178
4.5.1 Fachbegriffe unter dem Financial Management unter ITIL 183
4.5.2 Zugeordnete Rollen zum Financial Management 187
4.5.3 Kostenverteilung der IT einer Firma sowie kostenreduzierende Einflüsse................ 188
4.5.4 Mögliche Key Performance Indicators (KPI) zum Financial Management 191
4.6 Service Management und Service Level Management (SLM) 192
4.6.1 Fachbegriffe unter dem Service Level Management unter ITIL............ 195

4.6.2 Unterschied zwischen SLA (Service Level Agreement), OLA (Operation Level Agreement) und UC (Underpinning Contract) 198
4.6.3 Zugeordnete Rollen zum Service Level Management 200
4.6.4 Mögliche Key Performance Indicators (KPI) zum Service Level Management 201

5 Security Management **203**
5.1 Fachbegriffe unter dem Security Management unter ITIL 207
5.2 Security Policy 209
5.3 Datenschutz versus Datensicherheit 210
5.4 IT-Grundschutz nach BSI 211
5.5 ISO/IEC 17799 (BS 7799) 213
5.6 Erstellen von Sicherheitskonzepten 213
5.7 Zugeordnete Rollen zum Security Management sowie Datenschutz 216
5.7.1 Security Officer oder Chief Security Officer 216
5.7.2 Datenschutzbeauftragter 216
5.8 Mögliche Key Performance Indicators (KPI) des Security Managements 217

6 ICT Infrastructure Management (ICTIM) **219**
6.1 ICT-Design and Planning Process 222
6.2 ICT-Deployment Process 223
6.3 ICT-Operations Process 225
6.4 ICT-Technical Support Process 226
6.5 Zugeordnete Rollen zum Technical Support 227
6.5.1 Technical Support Manager 227
6.5.2 Technical Support Specialist 228
6.5.3 Technical Planner 228
6.5.4 Technical Support Analyst 229
6.6 Fachbegriffe unter dem ICT Infrastructure Management unter ITIL 229
6.6.1 In-Band- oder Out-of-Band Management 229
6.6.2 IuK 230
6.6.3 OSS (Operations Support Systems) 230
6.6.4 BSS (Business Support Systems) 231

7 Applications Management **233**
7.1 Einführung eines neuen IT-Verfahrens 234

7.2 Entwicklung eines neuen DV-Verfahrens mit Projektmanagement-Frameworks 239
7.2.1 PRINCE 2 239

8 Business Perspective (Die geschäftliche Perspektive) 259

8.1 Begriffe des strategischen IT-Managements 261
8.1.1 IT-Alignment 261
8.1.2 IT-Governance 261
8.1.3 CIO (Chief Information Officer) 262
8.1.4 Programmmanagement 262
8.1.5 Business Case 263
8.1.6 Asset Management 263
8.1.7 IT-On-Demand (On Demand Computing, Utility Computing oder Business Flexibility) 264
8.1.8 Business Process Reengineering 265
8.1.9 Business Process Optimization 267
8.1.10 Capability-Maturity-Modell (CMM) 267
8.2 Insourcing/Outsourcing 270
8.2.1 Arten des Outsourcings 275
8.2.2 Offshoring 280
8.2.3 Insourcing 281
8.2.4 Service Level Agreements versus Service Value Agreements 282
8.2.5 Customer Advocacy Center 283
8.2.6 Gebührenmodelle beim Outsourcing 284
8.3 Gesetze, Verordnungen, Normierungen und Grundsätze mit Einfluss auf das IT-Servicemanagement 286
8.3.1 Anforderungen und Normierungen der Sachversicherer mit Einfluss auf die IT-Infrastruktur sowie Organisationsstruktur eines Unternehmens 288
8.3.2 Gesetze mit Einfluss auf die elektronische Buchführung eines Unternehmens 290
8.3.3 KonTraG und AktG 291
8.3.4 Basel II 294
8.3.5 Sarbanes-Oxley-Act 296

9 Planning to Implement Service Management 299

9.1 Einführen von ITIL in eine Firma bzw. Fremdvergabe des IT-Service an einen IT-Dienstleister 301
9.1.1 ITIL und BS 15000 301
9.1.2 ITIL und PD0005:1998 302

9.1.3 ITIL und PD0015:2000 302
9.1.4 Implementierung von ITIL in kleineren IT-Abteilungen mit wenig Personal 303
9.2 Betriebskonzept 304
9.2.1 Inhaltliche Ziele des Betriebskonzepts 307
9.2.2 Mengengerüst 310
9.2.3 Zuständigkeitsmatrix 312
9.2.4 Erreichbarkeit, Wartungsfenster sowie Eskalationsvorgang bei Störungen 313
9.2.5 Havarie- und Backupkonzept 315
9.2.6 Kennparameter bzw. Schwachstellenanalyse eines neuen DV-Verfahrens 318

10 Ausbildungen im Riskmanagement bzw. IT-Controlling sowie ITIL-Zertifizierung, Schulungen und Vereine 321

10.1 CIA 321
10.2 CISA 323
10.3 CobiT 324
10.4 ITIL-Zertifizierung, Schulungen zur Förderung des ITIL-Standards 325
10.5 Weitere Vereine zur Förderung des ITIL-Standards 326

Anhang 329

Sachverzeichnis 337

1 Qualitätssichernde Prozesse

Der Begriff Qualität ist in aller Munde, er erstreckt sich auf alle Bereiche des menschlichen Wirkens, jedoch versteht jeder Mensch etwas anderes darunter. Dies führt uns dann zu der Frage: Was ist Qualität? Fragt man einmal verschiedene Menschen danach, so sind die folgenden Attribute des öfteren zu vernehmen:

- Zufriedenheit (Kunden, eigene)
- Zuverlässigkeit
- Fähigkeit
- Eignung
- Lebensdauer
- Verarbeitung
- Ausstattung
- Ästhetik
- Verständlichkeit
- Einfache Handhabung
- Service, Dienstleistung

Qualität nach DIN EN ISO 8402 [Iso04b] ist: „die Gesamtheit der Merkmale und Merkmalswerte eines Produktes oder einer Dienstleistung bezüglich ihrer Eignung, festgelegte und vorausgesetzte Erwartungen zu erfüllen."

Die ersten, die qualitätssichernde Prozesse in die Unternehmen einbrachten, waren Anfang der 60er Jahre die japanischen Unternehmen. Im Japanischen gibt es den Begriff „Kaizen" (Kai = Veränderung, Wandel; Zen = zum Besseren, im positiven Sinn), der übersetzt kontinuierliche Verbesserung bedeutet. Kaizen bedeutet in einem japanischen Unternehmen eine stetige, nicht endende Folge von kleinen Verbesserungen aller betrieblichen Elemente und der damit im Zusammenhang stehenden Prozesse, wie z.B. Produktionsprozesse und die zugeordneten Mitarbeiter, die diese Produktionsprozesse am Leben erhalten. Die mathematischen und betriebswirtschaftlichen Grundlagen, auf die sich die qualitätssichernden Prozesse beziehen, wurden durch die Amerikaner Juran, Feigenbaum, Crosby und Deming sowie die Japaner Ishikawa und Tagushi geschaffen, die sich konsequent mit der Theorie und praktischen Anwendung von qualitätssteigernden Verfahren beschäftigten. Das bekannteste Produkt ist der Qualitätskreis von Deming, der eine kontinuierliche Qualitätsverbesserung durch einen Zyklus beschreibt, den er mit „Plan-Do-Check-Act" bezeichnet hat.

Dabei beginnt Deming mit einem Planzyklus „plan", der den gegenwärtigen Sachstand auf Verbesserungspotentiale überprüft und einen Plan zur Qualitätsverbesserung entwickelt. Bei der Analyse von Schwachstellen und Verbesserungspotentialen ergeben sich meist konkrete Änderungsmaßnahmen zur Verbesserung der betrachteten Prozesse. Diese Änderungsmaßnahmen werden dann im Umsetzungszyklus „do" durchführt.

Abb. 1.1 Andauernde Verbesserung durch das Qualitätsrad

Nachdem eine Veränderung eingetreten ist, muss nun überprüft werden, ob die Veränderungen positiv verlaufen sind in Bezug auf die vorher definierten Ziele, ob Seiteneffekte aufgetreten sind und wie diese zu bewerten sind. Im letzten Teil werden Maßnahmen zur Korrektur der festgestellten Abweichungen, Planänderungen oder Verbesserungen im Qualitätsmanagementsystem durchgeführt, um das vorher definierte Ziel zu erreichen. Wird das „Qualitätsrad" stetig weitergedreht, so ergibt sich mit der Zeit automatisch eine Verbesserung der vorgefundenen Produktions- oder Geschäftsprozesse. Dabei sollte man die Ergebnisse stets kritisch und offen betrachten und auch nicht zögern, durchgeführte Änderungen schnell wieder zurückzunehmen, falls diese nicht die erwünschten Ergebnisse zeigen.

Nachfolgend wollen wir zwei exemplarische Verfahren bzw. Methoden zum Qualitätsmanagement im Allgemeinen ansehen, bevor wir uns im Speziellen den ITIL (IT Infrastructure Library)-basierten Servicemanagementprozessen widmen.

1.1 Was war die alte ISO 9000:1994?

Die sehr bekannte und im Jahre 1994 verabschiedete Norm für das Qualitätsmanagement wird heute praktisch von fast allen Firmen und öffentlichen Institutionen übernommen, mit der Erlangung der entsprechenden Zertifizierung.

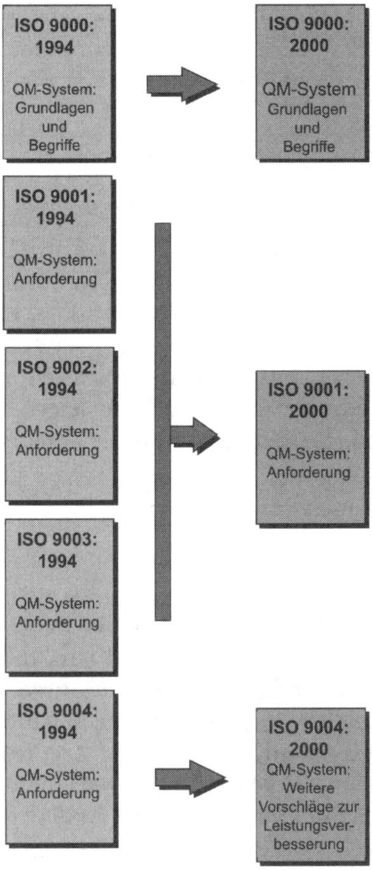

Abb. 1.2 Schematische Darstellung der Änderung von ISO 9000:1994 zu ISO 9000:2000

In Deutschland bekannt unter dem Kürzel ISO 9000 sowie europaweit unter dem Kürzel EN 29000 beinhaltet die alte Norm – bestehend aus fünf Teilen ISO 9000 bis ISO 9004 – alle wesentlichen Teile des Qualitätsmanagements.

Die Teile ISO 9000 und ISO 9004 enthielten Definitionen, Wechselwirkungen und Leitfäden um eine Qualitätssicherung zu betreiben.

Tabelle 1.1 Überblick über die alte ISO 9000

Norm	Beschreibung
ISO 9000	Definitionen und Leitfäden zu den Teilen 9001 bis 9004.
ISO 9001	Qualitätssicherung für Unternehmen, die Produkte entwerfen, produzieren. Enthalten sind Aspekte bezüglich Design, Entwicklung, Produktion, Montage, Kundendienst und Wartung von Produkten.
ISO 9002	Qualitätssicherung für Unternehmen, die Produkte nicht selbst entwickeln, sondern nur produzieren.
ISO 9003	Qualitätssicherung für Unternehmen, die Produkte nur vertreiben.
ISO 9004	Enthält weitere Anregungen für ein Qualitätsmanagement.

Die Teile ISO 9001, 9002, 9003 enthielten Vorschläge und Anforderungen über eine Qualitätssicherung für Design, Entwicklung, Produktion, Montage, Wartung und Kundendienst, wenn eine ISO 9000-Zertifizierung erreicht werden sollte. Ein Unternehmen konnte entweder nach ISO 9001, 9002 oder 9003 zertifiziert werden, abhängig davon, ob eigene Produkte entwickelt oder nur gefertigt bzw. vertrieben wurden und ob z.B. ein eigener Kundenservice fehlte. Grundsätzlich war die ISO 9001 die umfangsreichste Norm.

1.2 ISO 9000:2000

Die DIN EN ISO 9000:2000 vereinfacht die ISO 9000:1994. Die ISO 9000:2000 folgt dem allgemeinen Trend zum prozessorientierten Ansatz und stärkt mehr die Kundenorientierung. Die Aufschlüsselung in unterschiedliche Firmentypen wie z.B. Produktion, Handel usw. entfällt, es gibt somit nur noch die Zertifizierung nach ISO 9001:2000 und keine ISO 9002 und ISO 9003 mehr.

Firmen, die nach der alten DIN 9000:1994 zertifiziert wahren und es auch bleiben wollen, mussten ihre Serviceleistungen nun vom funktionsorientierten oder produktorientiertem Ansatz zu einem prozessorientierten umstellen. Eine Übergangszeitfrist bis zum Dezember 2003 wurde gewährt. Der Hauptvorteil der Norm, angewandt für eine Firma, liegt in der Optimierung ihrer Geschäftsprozesse und der daraus ableit- und vergleichbaren Prozesskennzahlen. In der ISO 9000:2000 sind die ersten vier Kapitel der Norm enthalten.

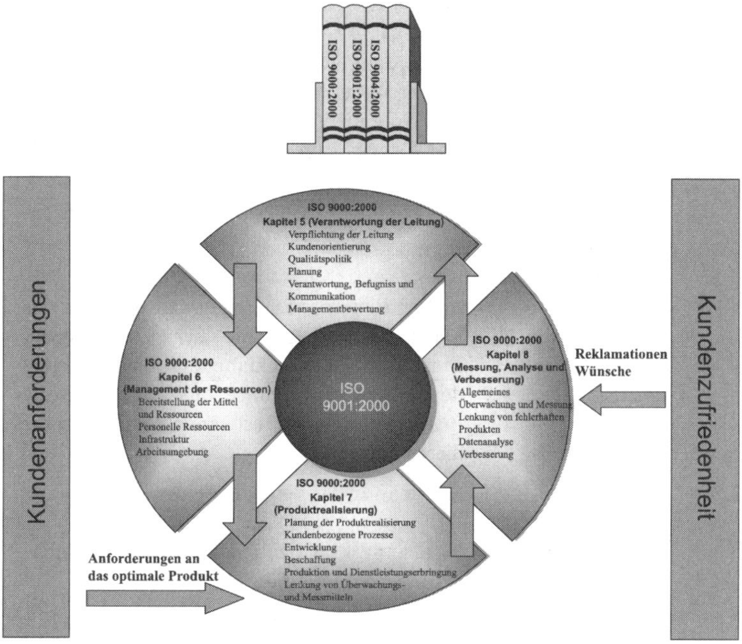

Abb. 1.3 ISO 9001:2000 im Überblick

Der Dreh-und Angelpunkt der alten wie der neuen ISO 9000 ist die ISO 9001:2000, für uns Grund genug, den Inhalt der Kapitel 4 bis 8 einmal anzusehen.

Tabelle 1.2 Überblick über die ISO 9000:2000

Kapitel	Thema	Kurzbeschreibung des Inhalts
4	**Qualitätsmanagementsystem**	**Hauptkapitel**
4.1	Allgemeine Forderungen	Erkennen der notwendigen Prozesse eines QM-Systems, Ressourcen und Information für die Überwachung der erkannten Prozesse bereitstellen, Analyse der Prozesse, Maßnahmen ergreifen, um eine Verbesserung der Prozesse zu erreichen.

Kapitel	Thema	Kurzbeschreibung des Inhalts
4.2	Dokumentationsanforderung	Forderung eines QM-Handbuches, Beschreibung der Qualitätsziele, Dokument über die von der Norm geforderten Verfahren. Anforderungen an Beschreibung der wichtigsten Abläufe (Prozessabläufe) innerhalb einer Firma, damit diese reproduzierbar werden; z.B. Beschreibung der Prozesselemente Lenkung von Dokumenten (Dokument noch aktuell?) im Normal- und im Fehlerfall, Qualitätsaufzeichnungen, Verfahren eines internen Audits, Korrektur- und Vorbeugungsmaßnahmen.
5	**Verantwortung der Leitung**	**Hauptkapitel**
5.1	Verpflichtung der Leitung	Richtet sich an die Geschäftsführung bzw. das höhere Management, die nachweisen müssen, dass sie die Entwicklung und Verbesserung des QM-Systems vorantreiben. So wird z.B. die Bereitstellung entsprechender Ressourcen für dieses Ziel erwartet
5.2	Kundenorientierung	Feststellung der Bedürfnisse des Kunden
5.3	Qualitätspolitik	Festlegung der Qualitätspolitik und der Unternehmenspolitik eines Unternehmens.
5.4	Planung	Fixierung der Qualitätsziele mit zeitlichem Horizont bis zu dessen Erreichen. Planung der Prozessabläufe und der dafür erforderlichen Ressourcen.
5.5	Verantwortung, Befugnis und Kommunikation	Ernennung eines Qualitätsmanagement-Beauftragten, der das QM-System plant und die Umsetzung überwacht. Dieser hat weiterhin die Aufgabe die Geschäftsleitung über den Fortgang zu unterrichten. Festlegen der internen Kommunikationsprozesse.
5.6	Management bewertung	Die Managementbewertung kann z.B. durch interne Audits geschehen, in denen Kenndaten erfasst werden, wie z.B. Kundenzufriedenheit (Bewertung von Reklamationen und Kundenzuschriften) bzw. Kennzahlen wie Verfügbarkeiten, Fehlerhäufigkeiten und Wartungs- und Reparaturkosten.

Kapitel	Thema	Kurzbeschreibung des Inhalts
6	**Management der Ressourcen**	**Hauptkapitel**
6.1	Bereitstellung der Mittel und Ressourcen	Hier ist die Bereitstellung der Mittel und Ressourcen gemeint um eine Aufrechterhaltung und Verbesserung des Qualitätsmanagementsystems einer Firma oder öffentlichen Institution zu erreichen.
6.2	Personelle Ressourcen	Ein QM-System kann nur aufrechterhalten und verbessert werden, wenn entsprechend ausgebildete personelle Ressourcen zur Verfügung stehen. Ist qualifiziertes Personal zur Umsetzung des QM-Systems in einer Firma nicht vorhanden, so müssen entsprechende Weiterbildungsmaßnahmen angestoßen werden. Eventuell ist ein entsprechender Schulungsplan aufzustellen.
6.3	Infrastruktur	Ziel dieses Kapitels ist es, die benötigte Infrastruktur (technisch, organisationsmäßig) bereitzustellen, die gebraucht wird, um das jeweilige Produkt oder die Dienstleistung möglichst qualitativ hochwertig zu erstellen bzw. anzubieten. Dazu kann es notwendig sein, weitere Arbeitsräume, Produktionsanlagen, DV-Systeme oder Dienstleistungen den Arbeitsprozessen zur Verfügung zu stellen.
6.4	Arbeitsumgebung	Um eine möglichst hohe Qualität innerhalb einer Firma zu erreichen, ist eine geeignete Arbeitsumgebung bereitzustellen. Diese Arbeitsumgebung kann darin bestehen, die Ergonomie (zielt auf eine Verbesserung der Leistungsfähigkeit von Arbeitssystemen und eine Minderung der auf den arbeitenden Menschen einwirkenden Belastungen ab) der Arbeitsplätze zu verbessern oder aber das Potenzial eines Mitarbeiters optimal zu nutzen. Oft ist auch ein jährliches Mitarbeitergespräch geeignet, um den Kommunikationsfluss und die soziale Interaktion zu verbessern.

Kapitel	Thema	Kurzbeschreibung des Inhalts
7	**Produktrealisierung**	**Hauptkapitel**
7.1	Planung der Produktrealisierung	Zielt auf den Prozess der Produktrealisierung ab, wobei die Eingangs- und Ausgangsgrößen sowie Metriken des Prozesses ermittelt werden müssen. Auch die notwendigen Überwachungs- und Verifizierungsmechanismen und Einflussgrößen zum Erreichen einer höchstmöglichen Qualität sind zu ermitteln.
7.2	Kundenbezogene Prozesse	Regelt das Verhalten und die Regelungen an der Schnittstelle der Firma zum Kunden. Prozesse dort sind z.B. Auftragsabwicklung, Reklamationen und Änderungswünsche als wesentliche Bestandteile eines Kundendienstes einer Firma. Wichtig dabei ist auch die Ermittlung der Kundenwünsche zu einem Produkt oder einer Dienstleistung, um die Qualität und Akzeptanz eines Produktes zu steigern.
7.3	Entwicklung	Die Entwicklung eines neuen Produktes ist die anspruchsvollste Aufgabe, die eine Firma hat. Entsprechend ist hier das Hauptaugenmerk auf gute Qualität zu legen, die auch darüber entscheiden kann, ob die Entwicklung gelingt und ob das Produkt Chancen hat sich am Markt zu behaupten. Die Entwicklungsprozesse der Planung, Anforderungsermittlung, Ergebnisdokumentation, Verifizierung, Validierung sowie der Lenkung von Entwicklungsänderungen sind eine Herausforderung an das Enwicklerteam einer Firma und müssen mit entsprechenden qualitätssichernden Verfahren unterlegt werden.
7.4	Beschaffung	Grundlage eines Produktes oder Erzeugnisses sind qualitativ hochwertige Ausgangsmaterialien oder Zwischenerzeugnisse, welche von leistungsfähigen Zulieferungsfirmen geliefert werden müssen. Diese Leistungsfähigkeit muss kontinuierlich überprüft werden. Deswegen sind entsprechende qualitätssteigernde Überprüfungen während des Beschaffungsprozesses in einer Firma vorzusehen. Grundlage der Überprüfung sind verifizierbare Beschaffungsangaben der Ausgangsmaterialien oder Zwischenerzeugnisse.

Kapitel	Thema	Kurzbeschreibung des Inhalts
7.5	Produktion und Dienstleistungserbringung	Betrifft die Bereiche Arbeitsvorbereitung sowie Fertigung eines Produktes. Die Qualitätssicherung muss hier sicherstellen, dass jeder, der in der Produktion oder Dienstleistungserbringung involviert ist, weiß, was er wann und wie zu tun hat. Auch müssen alle benötigten Prozesse zur Produktion oder Dienstleistungserbringung validiert und rückverfolgt werden können.
7.6	Lenkung von Überwachungs- und Messmitteln	Um die Produktkonformität sicherzustellen, müssen entsprechende Überwachungs- und Messmittel eingesetzt werden. Diese Überwachungs- und Messmittel sind in Zeitabständen neu zu justieren und zu kalibrieren. Diese Vorgänge sind zu dokumentieren. Ein erfolgreiches Qualitätsmanagement macht dies möglich.
8	**Messung, Analyse und Verbesserung**	**Hauptkapitel**
8.1	Allgemeines	Beschreibt, wie ein Unternehmen mit Überwachungs-, Mess-, Analyse- und Verbesserungsprozessen sicherstellen kann, dass erzeugte Produkte den Wünschen des Kunden auch entsprechen.
8.2	Überwachung und Messung	Die Kundenzufriedenheit ist Dreh- und Angelpunkt eines jeden Qualitätsmanagementsystems, das für ein qualitativ hochwertiges Produkt sorgt, das den Wünschen des Kunden entspricht. Um diese Kundenzufriedenheit bzw. seine Wünsche und weitere Anforderungen an ein Produkt zu ermitteln, gibt es vielfältige Möglichkeiten, die von einer einfachen Befragung des Kunden bis zum Auswerten von Reklamationen über ein Produkt reichen. Auch ein objektiver Vergleich mit den Produkten eines Mitbewerbers ist ein Instrument der Überwachung bzw. Messung der Kundenzufriedenheit. Stichproben innerhalb eines Produktionsprozesses erlauben sich von der gleich bleibenden Qualität seines Produktes zu überzeugen.

Kapitel	Thema	Kurzbeschreibung des Inhalts
8.3	Lenkung von fehlerhaften Produkten	Da nichts peinlicher ist als die Auslieferung eines fehlerhaften Produktes, muss eine Endkontrolle die fehlerhaften Produkte erfassen und so kennzeichnen, dass diese nicht unbeabsichtigt ausgeliefert werden. Die fehlerhaften Produkte können dann je nach Gegebenheiten instand gesetzt oder nachgearbeitet werden. Ein entsprechender Qualitätsmanagement-Prozess hat dies zu gewährleisten. Aufzeichnungen über Fehler lassen weitere Schlüsse über Qualitätsverbesserung in der gesamten Prozesskette einer Firma zu.
8.4	Datenanalyse	Eine ständige Datenanalyse über alle wesentlichen Kennparameter der Überwachung und Messung ergeben ein Gesamtbild des Produktionsprozesses und lassen rechtzeitiges Einleiten qualitätssteigernder Maßnahmen zu.
8.5	Verbesserung	Eine Firma muss daran interessiert sein, bestehende Fehler in Arbeitsprozessen zu eliminieren, deren Ursache zu ergründen und soweit wie möglich vorbeugend gegenzusteuern. Grundlage für diesen Qualitätsmanagement-Prozess ist eine lückenlose Dokumentation der Geschäftsprozesse einer Firma.

Die Norm empfiehlt grundsätzlich für jeden grundlegenden Prozess die Managementaufgaben

- Verantwortungen und Zuständigkeiten festlegen
- QM-Beauftragten ernennen
- Qualitätspolitik erstellen, Qualitätsziele ableiten

Die anderen Kapitel werden wie früher in der ISO 9004:1994 behandelt.

1.3 ITIL und ISO 9000:2000

ITIL ist grundsätzlich ausgerichtet, ein Rahmenkonzept für optimal bewertbare Prozesse einem „best practice"-IT-Service-Management einer Firma oder öffentlichen Institution zur Verfügung zu stellen. Sie gibt Tipps, wie die Qualität des IT-Service verbessert werden kann. Die ISO 9000:2000 ist eher allgemein gehalten, da sie unterschiedliche Bereiche und Produktlinien innerhalb einer oder verschiedener Firmen mit unterschiedlicher Spezialisierung abdecken muss.

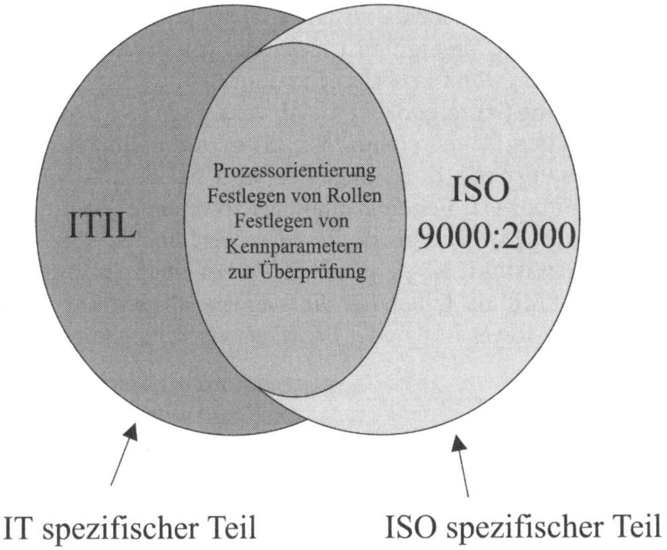

Abb. 1.4 Schnittmenge von ITIL und ISO 9000

Die ISO 9000:2000 stellt ein Qualitätssicherungsverfahren vor, das auf schon existierende Arbeitsprozesse angewandt werden kann. Grundsätzlich gilt, dass die ITIL-Zertifizierung einer Firma das Erhalten einer ISO 9000:2000-Zertifizierung erleichtert, da der IT-Service schon prozessorientiert ist.

1.4 Six Sigma (6σ)

Six Sigma ist eine Methodologie, die Daten sowie statistische Analysen über Geschäftsprozesse nutzt, um Leistung oder Wertentwicklung durch Identifizieren der Schwachpunkte oder Fehler in Produktion und serviceorientierten Geschäftsprozessen zu messen und zu verbessern. Six Sigma ist abgeleitet von der Definition der Normalverteilung von Carl Friedrich Gauß (1777–1885). Die Standardabweichung (σ) zeigt dabei die Abweichung (Fehlerquote) um den statistischen Mittelwert an. Nimmt man die einfache Standardabweichung von 1σ, so liegt der Wert bei 68,27% vom statistischen Mittelwert. Bei einer Standardabweichung von 3σ liegt der Wert bei 99,73% und bei 6σ liegt der Wert bei 99,99985%, was gleichzusetzen ist mit 1,5 defekten Teilen bei einer gesamten Produktion von 1 Million Teilen. Für die meisten Fabrikationsprozesse reicht eine 5σ-Abweichung oder Fabrikations-Fehlerqoute aus.

Abb. 1.5 Normalverteilung und 6 Sigma (σ)

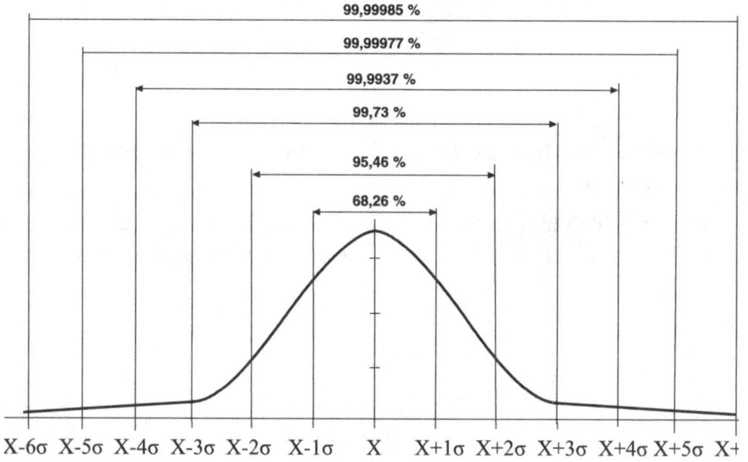

Eine 6σ-Abweichung zu erhalten, würde mehr Kosten verursachen als die fehlerhaften Teile des Produktionsprozesses bei 5σ kosten. In den Jahren um 1920 wurde durch Walter A. Shewhart (1891-1967), der bei den Bell Laboratories verschiedene Abhandlungen dazu veröffentlichte, die These aufgestellt, dass ein Prozess, der eine Standardabweichung von 3σ aufweist, grundsätzlich einer Korrektur bedarf, da dies auf zufällige oder chronische Ursachen (Common Causes) zurückzuführen ist, die korrigiert werden können. Die amerikanischen Firmen Motorola, General Electric oder Allied Signal ritten mittels Six Sigma auf einer Woge des Erfolges und prägten den Begriff „Six Sigma“ als allgemeingültiges

Gütesiegel. Ein Unterschied von Six Sigma zu anderen qualitätssichernden Maßnahmen liegt darin, dass die eingebrachten potentiellen Verbesserungen eines Geschäftsprozesses mittels Verbindung zum Rechnungswesen einer Firma auf ihre finanzielle Wirksamkeit überprüft werden, um zu erkennen, ob die potentielle Verbesserung wirklich eine finanzielle Verbesserung mit sich bringt. Intuition hat keinen Platz innerhalb der Six Sigma-Vorgehensweise. Nur harte Fakten zählen. Möglich ist es ja, dass potentielle Einsparungen mit kostentreibenden Punkten an anderer Stelle Hand in Hand gehen. Dies birgt eventuell aber die Gefahr, dass kurzfristige finanzielle Erfolge überbetont werden und langfristige finanzielle Auswirkungen nicht mehr konkret den Änderungen an den Geschäftsprozessen zugeordnet werden können. Wohl aber können damit im Vorhinein verschiedene Änderungen der Geschäftsprozesse miteinander verglichen und eine Rangfolge der Durchführung aufgrund der höchsten finanziellen Auswirkung aufgestellt werden.

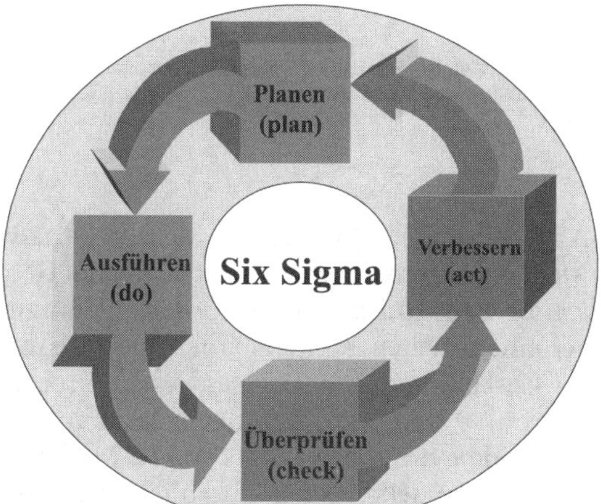

Abb. 1.6 Qualitätssichernder Kreislauf (plan, do, check, act)

Ein weiterer Vorteil dieses Vorgehens ist, dass im Vorfeld alle Beteiligten z.B. des Finanzwesens, des technischen Managements und der Produktion in diesen Änderungsprozess eingebunden sind und miteinander kommunizieren müssen. Innerhalb von Six Sigma gibt es verschiedene Methoden, die, je nach Anwendungsbereich, den maximalen Erfolg versprechen, um fehlerbehaftete Produktions- oder Geschäftsprozesse zu verbessern. Die Methoden **DMAIC** und **DMADV** bestehen beide aus einzelnen Phasen, die die Produktivitätssteigerung der Geschäftsprozesse mit sich bringen sollen. Sie werden in Bereichen eingesetzt, in denen Produkte erzeugt, verpackt, versandt und in Rechnung gestellt werden, also bei Fertigungs- und Produktionsprozessen. Die **DMAIC**-Methode, welche für **D**efine, **M**easure, **A**nalyse, **I**mprove und **C**ontrol steht, wird genutzt, wenn es einen existierenden Geschäftsprozess gibt, der aber die Bedürfnisse und Anforderungen des Kunden nicht genau trifft. Ein Überblick über die einzelnen Phasen der **DMAIC**-Methode gibt Tabelle 1.3 wieder.

Tabelle 1.3 Phasen der DMAIC-Methode

Phasen	Vorgehen
Define	Definiere die Projektziele mit dem Kunden (intern und extern). Als Ergebnisse werden durchzuführende Arbeiten, lieferbare Ergebnisse, fertige Ergebnisse definiert, die umgesetzt werden.
Measure	Miss/Überprüfe den Prozess, um den gegenwärtige Stand (Ergebnisse, Leistung bzw. Wertentwicklung) zu bestimmen
Analyse	Analysiere und bestimme die Hauptgründe von fehlerhaften Teilen oder Ergebnissen
Improve	Verbessere den Geschäftsprozess, indem Fehler verhindert werden
Control	Kontrolliere den veränderten Geschäftsprozess

Die **DMADV**-Methode, die für **D**efine, **M**easure, **A**nalyse, **D**esign und **V**erify steht, wird genutzt, wenn es noch keinen Geschäftsprozess gibt, der die Bedürfnisse und Anforderungen eines Kunden trifft, z.B. bei einem neuen Kunden. Oder aber, wenn bei einem existierenden Geschäftsprozess, bei dem es zu Problemen kam, weil die Bedürfnisse und Anforderungen des Kunden nicht genau getroffen wurden, die angewandte **DMAIC**-Methode nicht den gewünschten Erfolg erzielte. Einen Überblick über die einzelnen Phasen der **DMADV**-Methode zeigt Tabelle 1.4.

Die grundsätzliche Frage bei Six Sigma lautet: „Was können wir tun, damit unsere Geschäftsprozesse, Organisation, Firma wirksamer arbeitet (Deming- oder Shewhart-Zyklus)?"

Mittels eines systematischen methodischen Problemlösungsprozesses mit den einzelnen Plan, Do, Check, Act (PDCA)-Phasen sollen Produktivitätssteigerungen in verschiedenartigen Bereichen einer Firma erreicht werden.

Dabei ist es notwendig, alle wesentlichen Informationen zu erfassen. Ausgangspunkt der ersten Phase „Plan" des Problemlösungsprozesses ist es, sich auf die Schwächen eines Prozesses, Produktes oder einer Dienstleistung zu konzentrieren.

Hierzu sollte man sich schwächenorientiert auf vorliegende Schwierigkeiten, Störungen, Defekte, Verzögerungen, Fehler, Unfälle sowie anfallende Abfallprodukte eines Geschäftsprozesses konzentrieren, welche messbar und deren Verbesserungen somit bewertbar sind. Wichtig dabei ist es auch, sich auf solche Dinge zu konzentrieren, die auch in einer absehbaren Zeit (3–4 Monate) einen Erfolg vermuten lassen - nicht dass man 300% Kosten erzeugt um 100% Nutzen zu erhalten. Notwendig ist es auch, sich selbst vor Ort einen Überblick sowie eine Verifizierung des Sachverhaltes und statistischer Daten zu verschaffen. Dabei ist es hilfreich, immer dieselben Fragen zu stellen: Wer, Was, Wann und Wie.

Tabelle 1.4 Phasen der DMADV-Methode

Phasen	Vorgehen
Define	Definiere die Projektziele mit dem Kunden (intern und extern). Als Ergebnisse werden durchzuführende Arbeiten, lieferbare Ergebnisse, fertige Ergebnisse definiert, die umgesetzt werden.
Measure	Überprüfe und bestimme die Kunden-Bedürfnisse und -Anforderungen.
Analyse	Analysiere die Möglichkeiten, die der Geschäftsprozess bietet, um den Kunden-Bedürfnissen und -Anforderungen zu entsprechen.
Design	Entwickle einen detaillierten Geschäftsprozess, in dem die Kunden-Bedürfnisse und -Anforderungen getroffen/enthalten/abgebildet sind.
Verify	Überprüfe das Geschäftsprozessdesign auf Ergebnisse bzw. Wertentwicklung und die Fähigkeit, den Kunden-Bedürfnissen, -Anforderungen zu entsprechen.

Auch ist es hilfreich, entsprechende Fehlerberichte auszuwerten und daraus für die verschiedensten Bereiche Datenanalysen mit Pareto-Diagrammen (Abb. 1.7) zu erzeugen. Mittels dieser Diagramme kann herausgefunden werden, welche Bereiche man sich genauer ansehen und wo man Veränderungen vornehmen sollte. Wichtig ist es, dem Hauptgrund eines Fehlers oder einer Störung auf den Grund zu gehen.

Oft ist dieser nicht direkt zu identifizieren. Deswegen sollte mehrere Male überprüft werden, ob die ermittelte Fehlerursache auch wirklich für den Fehler verantwortlich ist und ob sie durch Handlungen kontrollierbar erscheint. In der zweiten Phase „Do“ des Problemlösungsprozesses werden Lösungsansätze erarbeitet,

Abb. 1.7 *Pareto-Diagramme helfen beim PDCA-Problemlösungsprozess*

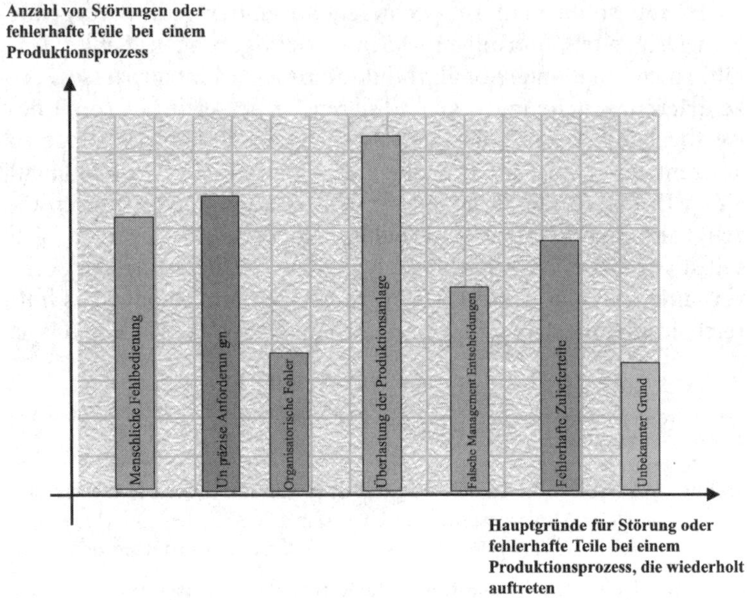

Beispiel für ein Pareto - Diagramm

um die Hauptursachen eines Fehlers oder einer Störung – wenn möglich vollständig – zu beseitigen. Gleichzeitig sollte der Zeitplan festgelegt werden, innerhalb dessen die einzelnen Aktivitäten zur Fehler- oder Störungsbeseitigung abgeschlossen sind. Die Mitarbeiter, die über Änderungen zu benachrichtigen sind, müssen ermittelt und bevorstehende Aktionen abgestimmt werden. Messmethoden und Experimente sollen den Erfolg einer Maßnahme bestätigen. An die „Do"-Phase schließt sich die „Check"-Phase des Problemlösungsprozesses an, bei dem die statistischen Daten der Fehlerbeseitigungsmaßnahmen mit denen ohne diese Maßnahmen verglichen werden. Nach dem Umsetzen der Maßnahmen ermöglicht eine Analyse der Kosten bzw. weiterer spezifischer Daten des Geschäftsprozesses die Identifikation von nicht vorhersehbaren Seiteneffekten, sowohl positiven wie negativen. In der letzten Phase „Act" des Problemlösungsprozesses wird die Frage behandelt, wie der Geschäftsprozess weiter verbessert werden kann und wie die gewonnenen Erkenntnisse bei anderen Geschäftsprozessen angewandt werden können. Danach werden die durchgeführten Veränderungen an den Geschäftsprozessen dokumentiert, eventuelle Schulungen durchgeführt oder gezielte Informationen weitergegeben, um alle Beteiligten auf die Sach- und Prozessänderungen aufmerksam zu machen. Gefundene Erkenntnisse innerhalb des Problemlösungsprozesses ermöglichen eventuell Vorschläge für qualitätssteigernde Maßnahmen innerhalb weiterer Plan, Do, Check, Act (PDCA)-Problemlösungsprozesse.

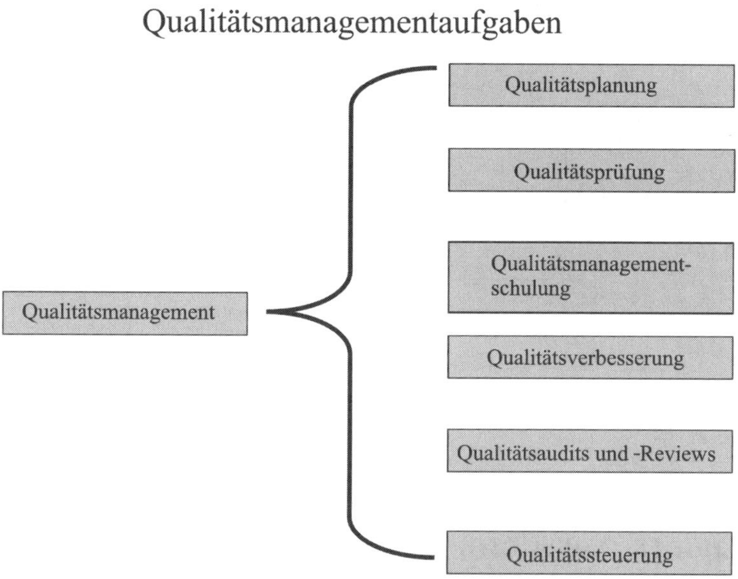

Abb. 1.8 Six Sigma Qualitätsmanagement

1.4.1 Fachbegriffe unter Six Sigma

Wie nicht anders zu erwarten, gibt es unter Six Sigma spezifische Bezeichnungen und Terminologien, welche wir im Nachfolgenden genauer betrachten wollen. Die beschriebenen Begriffe sind nur eine kleine Auswahl, die eine weitere Beschäftigung mit Six Sigma erleichtern.

1.4.1.1 Process Failure Modes Effects Analysis (PFMEA)

Dies ist eine systematische Ansammlung von Aktivitäten, die einen potentiellen Fehler eines Produktes oder Geschäftsprozesses betrachten, auswerten und seine Effekte einschätzen sollen. Weiterhin ermöglichen diese Aktivitäten, vorbeugende oder auf die Fehlerauswirkung reduzierend wirkende Maßnahmen zu ermitteln. Alle wesentlichen Fakten werden dokumentiert und Änderungen festgehalten. Es ist dabei eher Ziel, potentielle Fehler auszumerzen als Kontrollmechanismen zu implementieren, die helfen sollen, diese Fehler zu identifizieren.

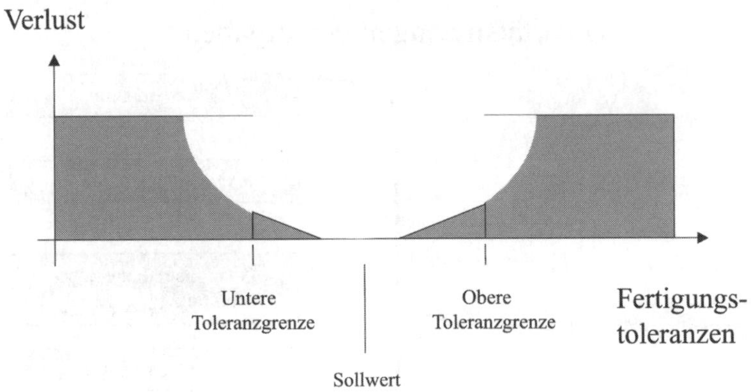

Abb. 1.9 Herausfinden von maximalen Fertigungstoleranzen in Bezug zum erwarteten Verlust

1.4.1.2 Critical to Quality (CTQ)

Unter einem CTQ versteht man die messbaren Schlüsselcharakteristika eines Produktes oder eines Geschäftsprozesses, dessen Qualitätslimits oder Spezifikationen eingehalten werden müssen, um die Anforderungen, die ein Kunde stellt, erfüllen zu können. CTQs repräsentieren die Produkt- oder Service-Anfoderungen eines internen oder externen Kunden einer Firma.

1.4.1.3 Failure Modes and Effects Analysis (FMEA)

Um jeden möglichen Fehler und dessen Auswirkung sowie Seiteneffekte eines Geschäftsprozesses oder Produktes zu bestimmen, muss eine FMEA-Methode oder ein FMEA-Hilfsmittel eingesetzt werden, welche dies ermöglichen. Es muss damit die Fehlerhäufigkeit und der durch den Fehler entstehende Schaden abgeschätzt werden können. Diese FMEA-Methoden oder -Hilfsmittel werden auch dazu genutzt, um die Auswirkungen und mögliche Gründe zu priorisieren und einzuordnen sowie präventive Aktionen zu entwickeln und zu implementieren, um diese Fehler beheben zu können.

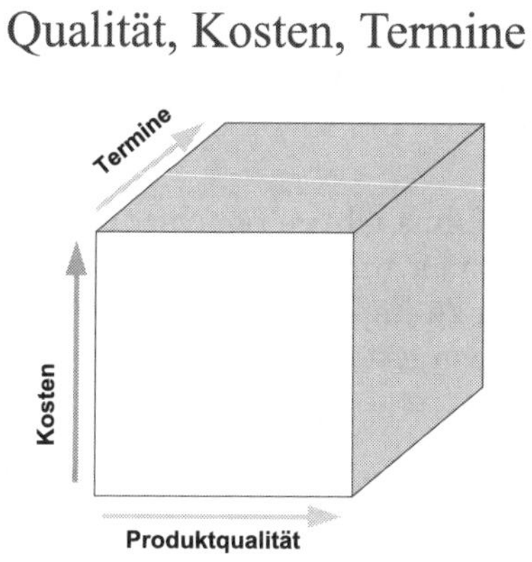

Abb. 1.10
Das Bermudadreieck (Qualität, Kosten, Termine)

1.4.1.4
Voice of the Customer (VOC)

Der VOC ist ein Prozess, der darauf abzielt, die erforderlichen Rahmenparameter und Bedürfnisse des Kunden zu ermitteln sowie die erforderlichen Rückmeldungen zu bestehenden Unklarheiten zu erhalten. Dies soll sicherstellen, dass der Kunde (extern oder intern) das bestmögliche Produkt erhält, das die Firma herstellen kann. Der VOC-Prozess ist proaktiv, so dass Änderungen der Rahmenparameter, die sich mit der Zeit ergeben, erfasst werden. Der VOC-Prozess ermittelt die vom Kunden genannten Anforderungen und Bedürfnisse sowie die, die sich durch den umgesetzten Produktionsprozess ergeben und von der Firma in Laufe der Zeit ermittelt wurden. Um die benötigten Informationen vom Kunden zu bekommen, werden die verschiedensten Instrumente zur Datenerhebung eingesetzt – angefangen bei direkten Gesprächen, Auswertung entsprechender Anforderungspapiere, Beobachtungen, über Vergleiche mit anderen Prozessen bis hin zu Störungsmeldungen und eingehenden Kundenbeschwerden.

1.4.1.5
Quality Assurance Schedule (QAS)

Der Quality Assurance Schedule ist der Zeitplan für die qualitätssteigernden Maßnahmen und Aktionen. Dieser nennt die verantwortliche Abteilung, zugeordnete und verantwortliche Mitarbeiter sowie den voraussichtlichen Anfang und das Ende der qualitätssteigernden Maßnahmen.

1.4.2
Rollen und Verantwortlichkeiten unter Six Sigma

Innerhalb von Six Sigma gibt es verschiedene Rollen, die wahrgenommen werden sollten, um die gestellten Qualitätsanforderungen durchzusetzen bzw. zu implementieren und zu verbessern. Diese sollen nachfolgend vorgestellt werden.

Abb. 1.11 Rollen unter Six Sigma

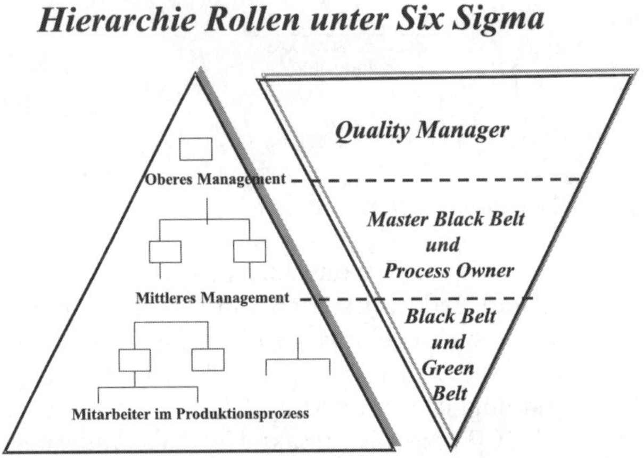

1.4.2.1
Qualitätsverantwortlicher Manager (QM)

Die Aufgabe des Qualitätsverantwortlichen einer Firma liegt darin, den Standpunkt der Kunden einzunehmen sowie die Bedürfnisse dieser Kunden gegenüber seiner Firma zu vertreten. Weiterhin ist er verantwortlich für die betriebliche Effektivität seiner Firma sowie der zugrunde liegenden Geschäftsprozesse. Der Qualitätsverantwortliche einer Firma ist keiner Abteilung direkt unterstellt, um seine Unabhängigkeit zu gewährleisten. Er berichtet dem Geschäftsführer (CEO, Chief Executive Officer) und ist diesem direkt unterstellt.

1.4.2.2
Master Black Belt (MBB)

Ein MBB ist einer Abteilung zugewiesen, z.B. der Personal-, Rechts- oder Finanzabteilung. Der MBB arbeitet mit den verschiedenen

„Process Ownern“ eng zusammen und stellt sicher, dass die Qualitätsanforderungen und Qualitätsziele für einen bestimmten Geschäftsprozess definiert sind. Er kontrolliert, ob Pläne zur Qualitätssteigerung bestehen und ob diese fortlaufend gemessen und dokumentiert werden.

1.4.2.3
Process Owner (PO)

Ein Process Owner ist verantwortlich für einen Geschäftsprozess, sei es nun innerhalb der Produktions-, Marketing- oder der Finanzabteilung. Bei kleineren Firmen kann das auch der Abteilungsleiter sein.

1.4.2.4
Black Belt (BB)

Black-Belt-Mitarbeiter sind verantwortlich für ein einzelnes qualitätssteigerndes Projekt und arbeiten an diesem, bis es den gewünschten Erfolg zeigt. Sie sind der Dreh- und Angelpunkt der Six Sigma-Methodologie einer Firma. Ein Black-Belt-Mitarbeiter kann im Durchschnitt 3 bis 5 Projekte im Jahr durchführen. Außerdem sind Black-Belt-Mitarbeiter einer Firma dafür verantwortlich, Green-Belt-Mitarbeiter zu schulen.

1.4.2.5
Green Belt (GB)

Green-Belt-Mitarbeiter sind Mitarbeiter einer Abteilung, die neben ihren normalen Tätigkeiten in der Six Sigma-Methodologie geschult wurden und an einem mit ihrer normalen Arbeit verbundenen Six Sigma-Projekt arbeiten. Ziel ist es, die Six Sigma-Methodologie in den normalen täglichen Arbeitsablauf und Geschäftsprozess des entsprechenden Mitarbeiters zu integrieren.

2 ITIL (IT Infrastructure Library) Einführung

In den meisten heutigen Firmen werden die IT-Abteilungen mit einer Flut von Technologien und neuen DV-Verfahren praktisch zugeschüttet und manche merken erst zu spät, dass sie ein strukturelles Problem haben und nicht lauter technische. Strukturelle Problemlösungen, die auch in die Organisationsstruktur einer Firma eingreifen, sind schwierig und gehen nicht selten schief. Woran liegt das? In früheren Jahren lag das Hauptaugenmerk darauf, DV-Verfahren für bestimmte Arbeitsprozesse zu entwickeln, ohne darüber nachzudenken, wie diese später im harten Arbeitseinsatz eigentlich unterstützt und gewartet werden sollten.

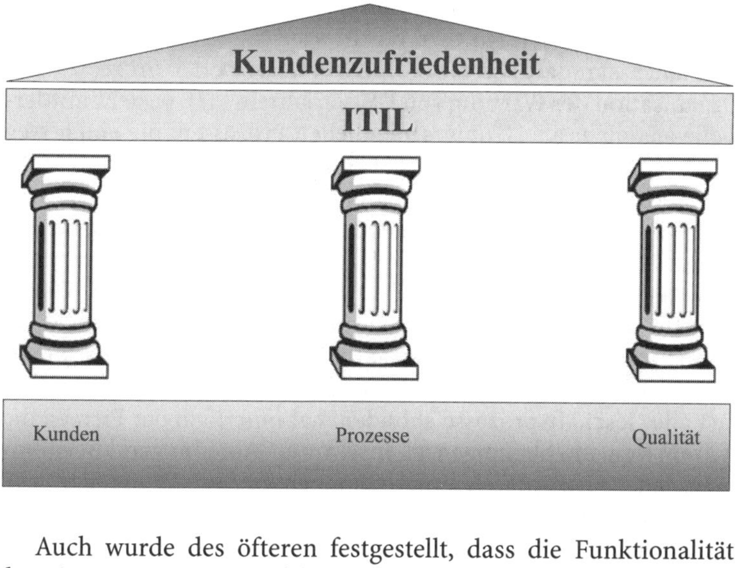

Abb. 2.1
Die drei Säulen des IT-Service-Managements

Auch wurde des öfteren festgestellt, dass die Funktionalität der eingesetzten DV-Verfahren wegen mangelnder qualifizierter Ansprechpartner bzw. Schulung nicht vollständig oder überhaupt nicht genutzt wurden. Durch größere technologische Veränderungen der DV-Infrastruktur ging nicht selten der Überblick verloren.

Oft wurde viel Geld für den IT-Service oder die Wartung der Systeme ausgegeben, ohne diesen Service effektiv und zentral zu gestalten. Auch wurden in den meisten Firmen keine Anstrengungen unternommen, um die Verfügbarkeit (uptime) der eingesetzten DV-Verfahren zu erhöhen. Eingespielte Änderungen an Applikationen und Betriebssystemen führten oft zu einem unkontrollierbaren Verhalten. Dies war die Stunde von ITIL (IT Infrastructure Library), welche von der CCTA (Central Computer and Telecommunications Agency) – heute unter dem Namen OGC (Office of Government Commerce) – in den Jahren 1989 bis 1994 entwickelt wurde. Die CCTA (www.ccta.gov.co.uk) ist eine Dienstleistungsorganisation der britischen Regierung, die die Aufgabe hat, die öffentlichen Dienstleistungen der britischen Regierung durch Nutzung der IT-Technologie zu verbessern. Die CCTA entwickelte ITIL in Zusammenarbeit mit großen Firmen, Rechenzentrumsbetreibern sowie IT-Spezialisten und versuchte die existienziellen Prozesse eines IT-Services zu definieren. Neben ITIL entwarf sie den bekannten Projektleitfadenstandard PRINCE 2. Innerhalb von ITIL sind Konzepte oder Frameworks (Rahmenrichtlinien) von IT-Profis aus der Praxis für die Praxis (best practices) beschrieben. Innerhalb der letzten Jahre ist ITIL zu einer allgemeinen Sprache, Leitfaden und Methodik für IT-Service-Manager geworden, was Grund genug ist, dieses Buch zu schreiben. ITIL besteht aus Verfahren, die den direkten Kontakt mit den Nutzern regelt, wie z. B. das User Help Desk, aber auch standardisierten Vorgehensweisen oder Prozessen zur Organisation der Wartung von DV-Verfahren. ITIL besteht mittlerweile aus mehr als 20 unterschiedlichen Prozessen, die einen Weg beschreiben, um ein effektives IT-Service-Management durchführen zu können. Jeder der Prozesse umfasst einen Set aus Aktivitäten und Funktionen, die diesen Bereich umfassend regeln. Die beiden Basis-ITIL-Frameworks Service Support und Service Delivery bilden das Zentrum des IT-Services innerhalb einer Firma. Dieser bestehen aus jeweils 5 Prozessen die die wichtigsten Services innerhalb des täglichen IT-Geschäftes abdecken. Da IT-Verfahren während der letzten Jahre mehr und mehr vertreten sind und sie fast alle Geschäftsprozesse abbilden, hat innerhalb der Firmen die Anzahl von unabhängigen IT-Inseln und Abteilungen zugenommen. Jeder Firmenzweig unterhält einen eigenen IT-Bereich. Jede dieser IT-Inseln hat seinen eigenen IT-Plan, Haushalts- und Wirtschaftsplan und hält eigenes Personal vor zur weiteren Planung, Ausbau und Unterstützung der DV-Verfahren, für die die Abteilung verantwortlich ist. Kein Wunder also, wenn es zu ansteigenden Kosten in diesen Bereichen kommt. Dies war in konjunkturell guten Zeiten kein Problem; heute aber stellt sich auch in diesen

Bereichen der Zwang zum effektiven Sparen. Ansätze und Konzepte der Industrie wie zum Beispiel die Speicherkonzentration durch SANs, zeigen in die gleiche Richtung. Probleme, diese IT-Teilinseln mit der entsprechenden Organisation, die von Menschen und Planstellen gelebt werden, zu konzentrieren, sind vorprogrammiert. Menschliche Lösungen sind nur dann gegeben, wenn es nur Gewinner gibt. Intelligente Firmenführung ist hier notwendig in wirtschaftlichen trüben Zeiten. Ein weiterer Aspekt verschiedener DV-Insellösungen ist, dass die Nutzer solcher DV-Verfahren eine ganze Liste von Telefonnummern unterhalten müssen, um den passenden Ansprechpartner für Ihr Problem ausfindig zu machen. Hier kommen nur die Härtesten zu ihren eigentlich zuständigen Ansprechpartnern durch und entwickeln nach und nach ihre eigenen DV-Kenntnisse innerhalb der Arbeitszeit, die doch vielmehr dem jeweiligen Geschäftsprozess gewidmet werden sollte. Dies entspricht zwar dem Bild eines ewig lernenden Mitarbeiters, aber nicht dem Bild, das man von einer modernen arbeitsteiligen Organisation hat.

Abb. 2.2
So war es früher: keine Orientierung, Transparenz und Planbarkeit

Dies ist der Augenblick eines Arbeitskreises zur Qualitätsverbesserung, der sich zum Ziel gesetzt hat, den IT-Service aller in einer Firma bestehenden IT-Verfahren zu konzentrieren, ohne die beteiligten Menschen vor den Kopf zu stoßen. Hier gilt es, die Einsicht zu stärken, dass ein Problem da ist und dass dieses Problem keine zwei Beine und sehr wohl eine weitere Zukunft in dieser

Firma hat. Menschen sind erfindungsreich, wenn es darum geht, entsprechende Pfründe zu sichern. Ziel einer intelligenten Unternehmungsführung ist die Aktivierung dieses intelligenten Erfindungsreichtums zu einer schlagkräftigen Organisation, die den Erfordernissen der Nutzer der IT-Verfahren und der Unternehmensziele Rechnung trägt. Innerhalb von ITIL wird hauptsächlich beschrieben, was getan werden muss und weniger, wie es getan werden soll. Es liefert nur ein Framework, die Ausgestaltung liegt bei der Firma selbst. Dies ist der jeweiligen Firma oder der öffentlichen Institution vorbehalten, die diese Prozesse auf ihre Geschäftsprozesse abbilden kann. Mit Ausgestaltung eines ITIL-Frameworks weiß jeder Mitarbeiter genau, wie die Arbeitsabläufe geregelt sind: welche Aufgaben er hat und wie sie erledigt werden. ITIL betrachtet den IT-Service vonseiten des Kunden. Der Kunde ist heute wieder König dank ITIL.

Welche Vorteile bietet ITIL?

- ITIL beschreibt, welche Prozesse notwendig sind, um ein erfolgreiches IT-Service-Management durchzuführen
- ITIL bietet eine Grundlage für die wirtschaftliche und zweckmäßige Erbringung von IT-Servicedienstleistungen
- ITIL ist eine Beschreibung von Prozessen oder Verfahren, die Raum lässt für individuelle Implementation innerhalb einer Firma
- Mit ITIL profitiert man von den langjährigen Erfahrungen von Nutzern mit großem IT-Anteil
- ITIL ermöglicht eine hohe Transparenz, Bewertbarkeit und somit Planbarkeit eines IT-Service-Managements
- ITIL stellt einen Standard im IT-Service-Managent dar, an dem sich alle je nach Bedarf orientieren können
- ITIL gibt die Möglichkeit seine IT-Dienstleistungen zu bündeln und zu konzentrieren
- ITIL ermöglicht durch Einführen von Kennzahlen eine Beurteilung, wie effizient die eingesetzten IT-Verfahren sind und ob diese über einen gewissen Zeitraum betrachtet effektiver gestaltet werden konnten.

In über 40 Büchern der CCTA (Central Computer and Telecommunication Agency) wird ITIL in seinen verschiedenen Prozessen beschrieben. Auch wird geschildert, wie große Firmen ITIL implementiert haben und somit anderen aufzeigen, auf welche Art und Weise eine erfolgreiche Implementierung erfolgen kann.

Welche Schwachpunkte hat ITIL?

- ITIL beschreibt nicht, wie ein neues DV- oder IT-Verfahren in eine Firma eingeführt (Rollout) wird (siehe auch Möglichkeiten durch ein Betriebskonzept (Kapitel 9) diese Lücke zu schließen).
- ITIL ist eine Beschreibung der wesentlichen IT-Servicefunktionalitäten. ITIL beschreibt aber nicht, wie eine Firma oder öffentliche Institution diese IT-Servicefunktionalitäten implementieren kann. Dies ist abhängig von den jeweiligen vorliegenden Gegebenheiten und bedarf eines guten Überblicks über viele Einzelheiten des täglichen IT-Servicegeschäftes.

Und zu guter Letzt soll noch mit einem Vorurteil aufgeräumt werden, ITIL diene nur dazu, die Eitelkeiten der Mitarbeiter durch tolle Berufsbezeichnungen und Aufgabengebiete zu kultivieren und den Bedarf an Consultingleistung möglichst unendlich auszudehnen.

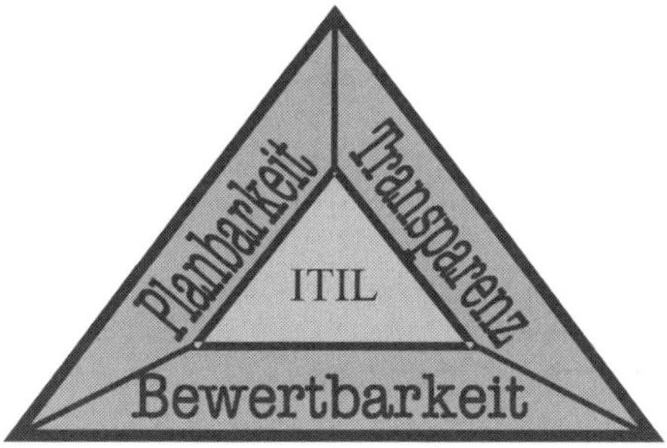

Abb. 2.3
Vorteile durch ITIL

Hierzu kann man nur sagen, dass unter ITIL die Serviceprozesse beschrieben sind. Wie man diese in eine Firma integriert, bleibt den Verantwortlichen überlassen. Und unendliche Consultingleistung kann man nur verkaufen, wenn derjenige, der sie abruft, überhaupt keine Vorstellung hat von dem, was er damit bewirken möchte. In diesem Sinne viel Spaß bei den im Folgenden beschriebenen ITIL-Service-Prozessen.

2.1 ITIL Basics

Diskutiert man über die Grundbausteine, auf die ITIL aufgebaut ist, so fallen die Begriffe Prozesse, Rollen und Metriken oder auch

KPI (Key Performance Indicator). ITIL basiert im Kern auf einem prozessorientierten Ansatz, der den Arbeitsablauf innerhalb einer Organisation oder Firma beschreibt. ITIL gliedert sich in einzelne Service-Prozesse. Diese Service-Prozesse beschreiben Schlüsselvorgänge, ohne die die den Geschäftsprozessen einer Firma zugrunde liegende Informationstechnologie nicht auskommt. Ziel ist: weg von einer Produkt-, hin zu einer Prozess-Organisation innerhalb einer Firma. Der Prozess ist von Firma zu Firma anders, da er sich auf die Gegebenheiten und spezifischen Geschäftsprozesse einstellen muss.

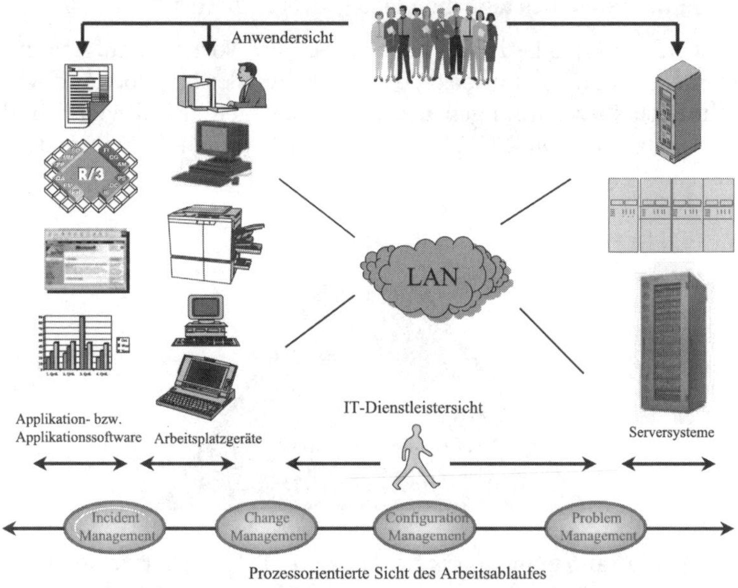

Abb. 2.4 Beispielhaftes Einführen eines prozessorientierten Arbeitsablaufes nach ITIL

Was einen Prozess kennzeichnet, soll später noch genau erklärt werden. Zugeordnet zu einem Prozess sind Rollen (Roles), welche definierte Aufgaben, Kompetenzen und Verantwortlichkeiten in Bezug zu einem Prozess festlegen. Außerdem sind einem Prozess Input- und Output-Größen zugeordnet, die sich mit anderen Prozessen derselben Funktionalität in anderen Firmen vergleichen lassen, sofern diese dieselben Metriken und Bewertungsgrößen nutzen. Aus dem Vergleich kann sich ergeben, dass es Optimierungspotential gibt.

2.1.1 Was ist ein Prozess?

Ein Prozess ist eine Folge von logisch zusammenhängenden Aktivitäten zur Erstellung einer Leistung oder Veränderung eines Objektes (Transformation). Ein Prozess hat einen definierten Anfang oder Auslöser, der als Input bezeichnet wird, sowie ein definiertes Ende oder Ergebnis, das als Output bezeichnet wird. Auf einen Prozess wirken Steuerungsgrößen ein, die den Prozessverlauf begünstigen oder verschlechtern können. Diese Steuerungsgrößen können selbst wieder als Prozesse ausgelegt sein. Durch Festlegen von Output-Metriken (KPI; Key Performance Indicators) lässt sich das Ergebnis in Beziehung setzen zu anderen ähnlich gearteten Prozessen (z. B. in anderen Firmen) und eine Ursachenanalyse durchführen.

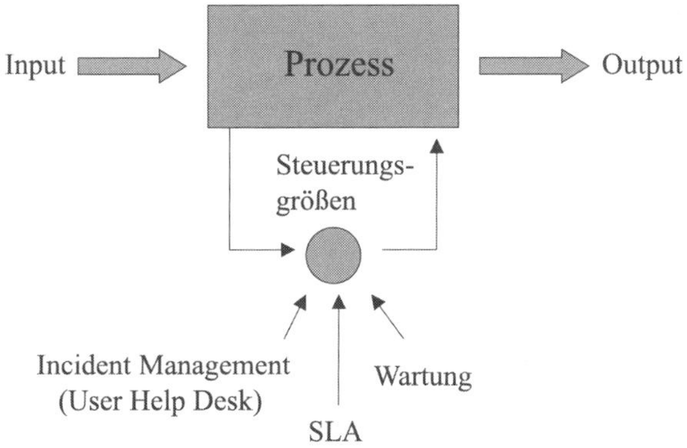

Abb. 2.5 Definition eines Prozesses

Stellen wir uns einen Geschäftsprozess (Finanztransaktionen) einer großen Bank vor. Dieser basiert auf der Grundlage eines oder mehrerer DV-Systeme. Durch die Durchführung dieser Finanztransaktionen (Input) erwirtschaftet dieser Geschäftsprozess einen Output-Wertzuwachs.

Anhand von intelligenten Steuerungsgrößen wird sich entweder positiv gedacht die Zeit verringern, in der sich der erwartete Output zeigt, oder aber eine Maximierung des Outputs ergeben.

Stellen wir uns vor, der Sachbearbeiter zur Durchführung der Finanztransaktion stellt eine Störung fest, so ist dieser darauf angewiesen, dass es eine Steuerungsgröße gibt, die die Störung beseitigt. Diese Steuerungsgröße kann selbst wieder ein Prozess sein, der als Output diese Störung beseitigt.

Diese Steuerungsgröße als Prozess heißt unter ITIL Incident Management. Das Ergebnis dieses Incident-Prozesses kann nach der gemeldeten Störung eines DV-Verfahrens eine erneute Funktionsfähigkeit dieses DV-Verfahrens sein.

Abb. 2.6 Schematischer Prozess vom Incident Management

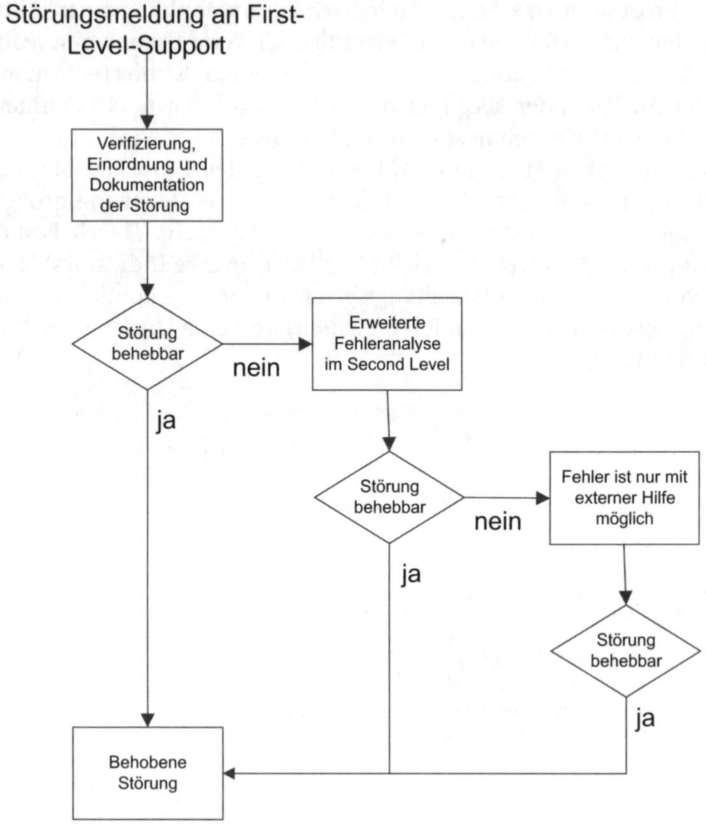

Ist die Störung beseitigt, so kann der übergeordnete Geschäftsprozess einen Wertzuwachs erwirtschaften.

2.1.2 Was ist ein Service?

Unter ITIL reden wir von Serviceprozessen. Was ein Prozess ist, haben wir oben erklärt. Aber viele haben Schwierigkeiten mit dem Begriff Service. Dieser kommt unter ITIL sehr häufig vor, wie z. B. beim Service Level Management. Ein Service ist eine definierte Aufgabe, wie z. B. eine IT-Dienstleistung, die erforderlich ist, um einen bestimmten Geschäftsprozess durchführen oder am Leben erhalten zu können. Der Level, also die Anforderungen an Qualität und Quantität einer bestimmten Dienstleistung oder definierten Aufgabe, sollte messbar sein. Die aktuellen und künftigen speziellen Anforderungen an einen Service bzw. den zugrunde liegenden Geschäftsprozess bzw. die zugrunde liegenden DV-Infrastruktur werden unter ITIL innerhalb eines SLA (Service Level Agreement) erfasst.

2.1.3 Rollen (Service Functions) unter ITIL

Die unter ITIL definierten Service-Prozesse haben stets einen oder mehrere Prozessausführende (Process Owner) sowie einen Prozessverantwortlichen (Process Manager), welche als Rollen (Role) bezeichnet werden. Zu jedem ITIL-Set werden Rollen definiert, die die dort beschriebenen Prozesse umsetzen sowie verantwortlich sind für die ordnungsgemäße Umsetzung des Prozesses. Damit verbunden sind entsprechende Rechte und Pflichten, um diese Aufgabe wahrzunehmen.

Folgende Rollen sind z. B. unter ITIL definiert:

- Process Manager
- Process Support Staff
- IT-Contact Persons

Bei der Einführung von ITIL-Prozessen innerhalb einer Firma muss ein Ist-Zustand ermittelt werden, der innerhalb einer Betriebsführungsmatrix - (Rollen, Aufgaben, Verantwortungen)-Tabelle - zusammengefügt wird. Danach wird ermittelt, welche Verantwortlichkeit unter dem Aspekt der ITIL-Prozesse erneut zugeordnet wird. Folgende exemplarische Beispiele sollen zeigen wie das Rollenmodell unter ITIL gemeint ist.

2.1.3.1 Prozessmanager

Ein Ansatz von ITIL ist es auch, dass Zuständigkeiten und Verantwortung genannt und zugeordnet sind. So gibt es für jeden der ITIL-Service-Prozesse einen Prozessmanager, wie z. B. Incident Manager, der den Service-Prozess innerhalb der Arbeitsorganisation einer Firma definiert, abbildet und verfeinert und auch die Resultate seines Handelns verantworten muss. Die Verfeinerung oder Effektivitätssteigerung des ITIL-Prozesses ist dadurch möglich, dass zu Beginn entsprechende Key Performance Indicators (KPI) definiert wurden, die es erlauben, rückwärtige Schlüsse über die Effektivität des integrierten ITIL-Prozesses zu ziehen. Da kleinere IT-Abteilungen nicht mit so einem großen Mitarbeiterstamm aufwarten können, wird der IT-Leiter oder Rechenzentrumsleiter die Rolle des Prozessmanagers übernehmen müssen.

Neben der Aufgabe, qualitativ gute Service-Prozesse innerhalb einer Firma zu entwickeln und diese kontinuierlich zu verbessern, wird dieser auch entsprechend aussagekräftige Reports an die Geschäftsleitung geben, aus denen hervorgeht, wie effektiv die Ablauforganisation ist und welche Schwierigkeiten innerhalb der Service-Prozesse aufgetreten sind.

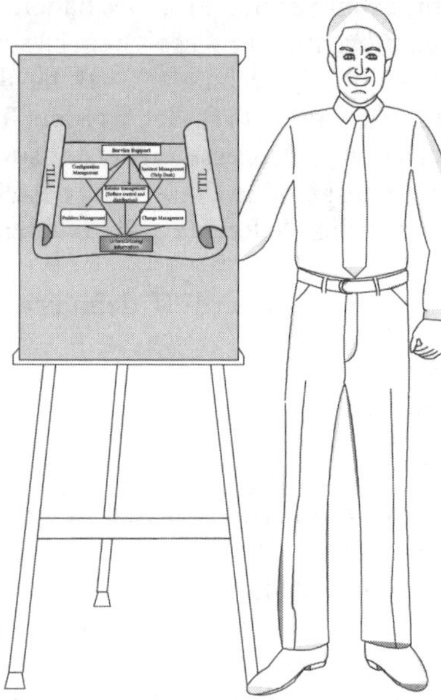

Abb. 2.7 Der Prozessmanager beim Einführen von ITIL-Service- Prozessen

Gibt es für die verschiedenen ITIL-Service-Prozesse verschiedene Prozessmanager, so wird eine weitere Aufgabe sein, den fachlichen Austausch und Informationsfluss zwischen den einzelnen Prozessmanagern anderer ITIL-Service-Prozesse zu optimieren.

Folgende Prozessmanager sind im Einzelnen wichtig für einen ITIL-basierenden IT-Service Support:

- Incident Manager
- Problem Manager
- Change Manager
- Release Manager
- Configuration Manager

2.1.3.2 Incident Manager

Der Incident Manager, meist auch Verantwortlicher des User Help Desk, ist verantwortlich dafür, dass der Incident-Management-Prozess einer Firma (User Help Desk, first- und second-level) effektiv und somit kostenoptimiert für eine Firma durchgeführt wird. Er analysiert das Tagesgeschäft anhand von entsprechenden abgeleiteten Schlüsselgrößen und stellt diese der Geschäftsleitung zur Verfügung. Er leitet aus der Analyse gezielte Vorschläge für das IT-Management ab, um den Incident-Management-Prozess zu verbessern.

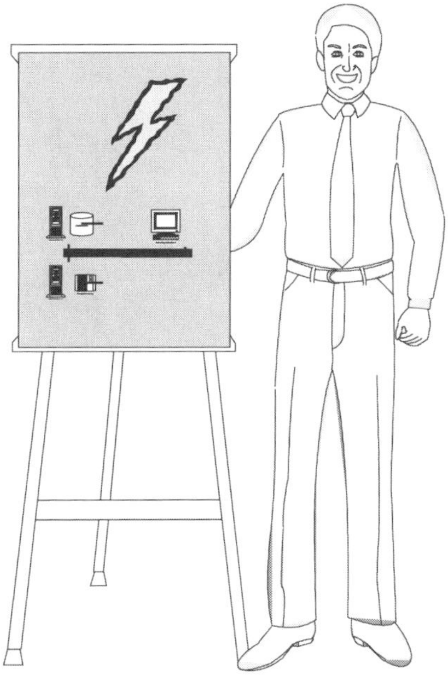

Abb. 2.8 Der Incident Manager

2.1.3.3 Problem Manager

Der Problem Manager ist verantwortlich für das Qualitätsmanagement des IT-Services einer Firma. Er ist für die Auswertung von Störungen in DV-Verfahren zuständig. Häufen sich Fehler in bestimmten Teilsystemen, so müssen diese durch gezielte Analyse der Problemursache gefunden und wenn möglich als Ganzes ersetzt werden. Das Problem Management spart durch proaktive Fehlerbehebung Kosten ein, indem die früher wiederkehrenden gleichen

Fehler, die dem Incident Management im Tagesgeschäft gemeldet wurden, dann entfallen. Oft wird auch die Aufgabe des Problem Managers vom Leiter der Hotline übernommen, der dann bestimmte Mitarbeiter mit der proaktiven Lösung von Fehlern betraut. Wichtig ist dabei, dass die Servicedienstleistungen des Problemmanagements durchgeführt werden. Dabei ist es unerheblich, wer die Rolle des Problem Managers übernimmt. Dies ist besonders bei kleineren IT-Serviceabteilungen der Fall, die mit einer kleinen Anzahl von Mitarbeitern alle Aufgaben eines guten IT-Service übernehmen wollen/müssen.

Abb. 2.9 Der Problem Manager

Um ein Problem realistisch zu klassifizieren, sind Einflüsse auf die Handlungsfähigkeit des Unternehmens zu bestimmen. Der Problem Manager kann dies wegen seiner größeren Erfahrung und Zugehörigkeit zu einer Firma meist sehr schnell einschätzen.

2.1.4 Was ist „Best practice"?

„Best practice" bedeutet, dass man sich an einem allgemein anerkannten und gelebten Standard orientiert, welcher die maximalen Vorteile in sich vereinigt. Vorteile des Adaptierens eines „Best practice"-Verfahrens sind z. B.:

- Verbesserte Kundenzufriedenheit
- Vergrößerte Zufriedenheit des eingesetzten Personals und somit kleinere Personalfluktuation
- Die Gewissheit einer ausgereiften Vorgehensweise
- Vergrößertes und schnelleres ROI (Return on Investment)

2.1.5 Metriken, Key Performance Indicators (KPI) und Benchmarking unter ITIL

Um einen ITIL-Prozess auf seine Effizienz und Leistungsfähigkeit untersuchen zu können und ihn somit vergleichbar mit ähnlichen ITIL-Prozessen in anderen Unternehmen zu machen, sind Bewertungsmaßstäbe, entsprechende Metriken und aussagekräftige Schlüsselindikatoren dieses Serviceprozesses erforderlich. Ganz nach der Devise: was du messen kannst, kannst du auch vergleichen. Unter dem Begriff Metriken oder Key Performance Indicators (KPI) versteht man aussagenkräftige Kennzahlen im direkten Bezug zu einem ITIL-Prozess. Die Zuordnung einer Kennzahl zu einem spezifischen Attribut in diesem ITIL-Prozess charakterisiert dessen Leistungsfähigkeit.

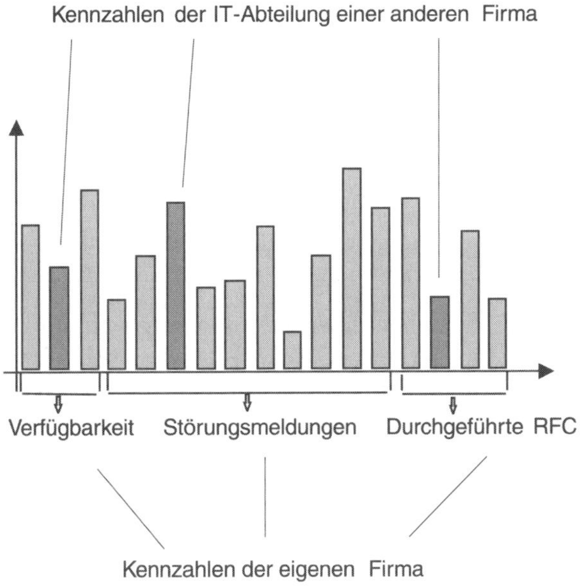

Abb. 2.10 Kennzahlen ermöglichen eine Aussage über die eigene Leistungsstärke des IT-Services

Ein Attribut könnte z. B. die Nutzerzufriedenheit sein, die Verfügbarkeit eines Dienstleistungsservices oder die Anzahl der gelösten Incidents. Definition und Festlegung dieser Kennzahlen muss innerhalb einer Firma oder der IT-Abteilung erfolgen und sich an Best practice-Werten orientieren.

Der Begriff Key Performance Indicators (KPI) kommt ursprünglich aus der Balanced Scorecard (BSC), einem Ansatz, um das Controlling eines Unternehmens erfolgreich zu gestalten, wobei bei der Balanced Scorecard nicht nur die IT-gestützten Prozesse einer Firma bewertet werden, sondern auch andere Geschäftsprozesse, wie z. B. die Finanzperspektive oder die Kundenperspektive einer Firma.

Der Begriff Benchmarks (Bezugswert/Maßstab/Bewertungswert) stammt ursprünglich aus der Landvermessung und bezeichnet dort eine Vermessungsmarkierung zu einem vorher festgelegten Bezugspunkt.

Um 1980 herum wurde dieser Begriff in der Betriebswirtschaft eingeführt. Benchmarking ist heute definiert [Mer95] als kontinuierlicher Prozess, um Produkte, Dienstleistungen und Praktiken zu messen gegen den stärksten Mitbewerber oder diejenigen Firmen, die als besser angesehen werden. Methoden, Praktiken und Prozesse des Arbeitsalltags müssen weiterentwickelt werden, um zum größtmöglichen Erfolg zu führen.

Abb. 2.11 Benchmarking bezogen auf ITIL-Prozesse

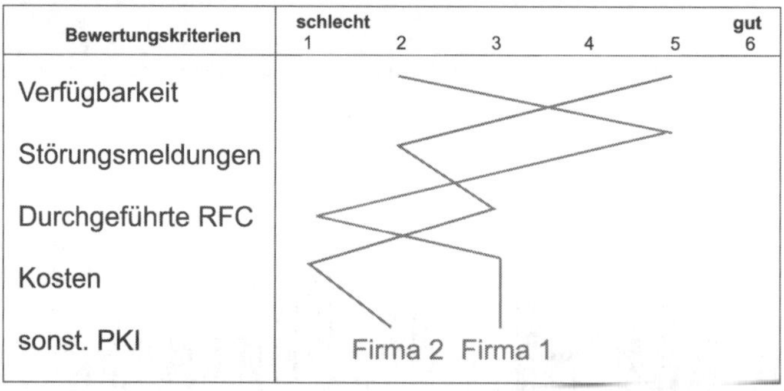

Benchmarks erlauben einen Leistungsvergleich auf der Basis objektiver Leistungskriterien. [Kea94] Benchmarking ist ein zielgerichteter, kontinuierlicher Prozess, bei dem die Vergleichsobjekte möglichst branchenunabhängig verglichen werden. Dabei werden Unterschiede, deren Ursachen und Möglichkeiten zur Verbesserung ermittelt.

Die Vergleichsobjekte sind Produkte, Geschäftsprozesse, Dienstleistungen, Methoden, Unternehmen sowie die Unternehmensumwelt.

Mit dem Benchmarking-Ansatz hat man die Möglichkeit, von den Erfahrungen anderer zu lernen. Alle drei Begriffe Metriken, Key Performance Indicators und Benchmarks in Bezug zu ITIL helfen, einen Prozess zu bewerten, indem entsprechende Bewertungsmaßstäbe definiert und gewichtet werden, um diese mit den IT-Organisationen anderer Firmen vergleichbar zu machen.

Ein Vergleich, wie in Abb. 2.12 dargestellt, lässt sich z. B. durch eine SWOT-Analyse auf alle ITIL-Prozesse anwenden, um den direkten Vergleich zu anderen Firmen zu erhalten (Best-Practise-Ansatz). Nicht genutzte Potentiale der eigenen Firma sollen mittels SWOT identifiziert und zum Erfolg der Firma entwickelt werden.

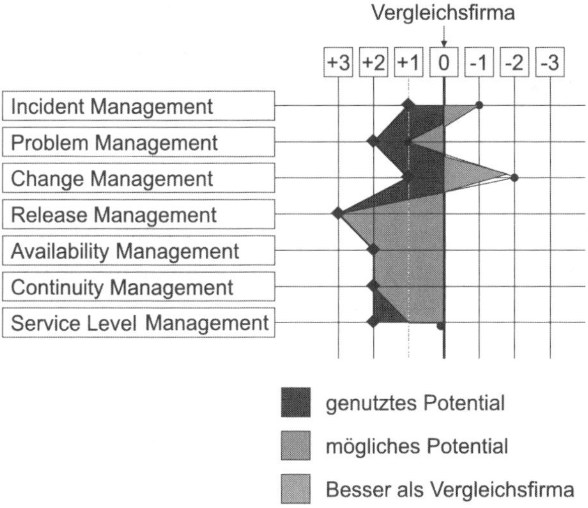

Abb. 2.12 SWOT-Analyse bezogen auf ganze ITIL-Prozesse

Jede IT-Organisation bzw. jedes DV-Verfahren hat spezielle Eigenheiten, die sich innerhalb eines SWOT-Koordinatensystems darstellen lassen. Ziel ist es, jede Schwäche in eine Stärke umzuwandeln bzw. jede Bedrohung in eine Chance. Wer mehr über die SWOT-Analyse erfahren will dem empfehle ich Kapitel 4.

2.2 Die ITIL-Struktur (Die sieben Hauptbereiche von ITIL im Überblick)

Das „Best-Practices-Framework" ITIL besteht seit dem Jahre 2002 aus sieben Hauptbereichen, manchmal auch Sets oder Module genannt, mit über 20 Einzelprozessen, die fast alle Aspekte eines heutigen IT-gestützten Geschäftsalltags umfassen und den Rahmen vorgeben, wie ein optimaler IT-Service innerhalb einer Firma aussehen könnte und wie dieser implemetiert werden kann.

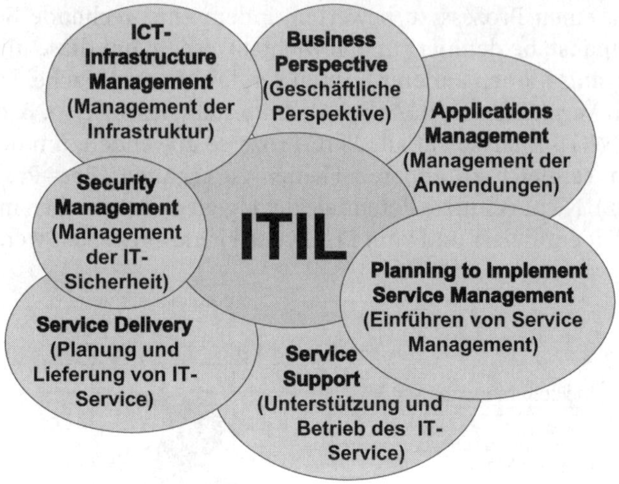

Abb. 2.13 Die sieben Module von ITIL

ITIL baut eine Brücke zwischen den geschäftlichen Anforderungen einer Firma hin zu der IT-Technologie. Im Einzelnen sind dies die folgenden Bereiche:

- Business Perspective (Die geschäftliche Perspektive)
- Service Delivery (Planung und Lieferung von IT-Service)
- Service Support (Unterstützung und Betrieb des IT-Services)
- Security Management
- ICT Infrastructure Management (Management der Infrastruktur)
- Applications Management (Management der Anwendungen)
- Planning to Implement Service Management

Allgemein in der Öffentlichkeit bekannt sind die beiden Basis-Hauptbereiche Service Support sowie Service Delivery und das Security Management, da sie das Tagesgeschäft im IT-Service abdecken. Diese werden in den nachfolgenden Kapiteln kurz erläutert. Meist geht dabei aber der Blick auf die notwendige IT- und TK-Infrastruktur verloren. ITIL gibt hier mit dem ICT Infrastructure unterstützende Hilfe. Auch der ITIL-Hauptbereich „Application Management", der sich mit dem Software-Lebenszyklus (Lifecycle), angefangen bei der Entwicklung, Test, Implementation bis zum Ausmustern der Software, beschäftigt, nimmt sich eines vernachlässigten Bereichs des IT-Alltags an.

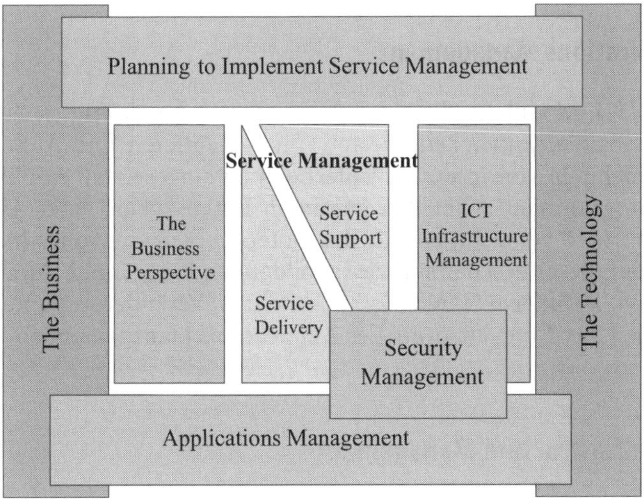

Abb. 2.14 Die ITIL-Struktur im allgemeinen Kontext

2.2.1 Business Perspective

Innerhalb des ITIL-Moduls „Business Perspective" wird der Bereich behandelt, der sich mit dem IT-Service aus der Sicht der Geschäftsleitung beschäftigt. Es wird z. B. die Beziehung zwischen der IT-Organisation einer Firma und ihren externen IT-Suppliern bzw. Facility-Management-Unternehmen vom Managementstandpunkt betrachtet. Auch Outsourcing von IT-Dienstleistungen oder das Business Continuity Management fällt in diesen Hauptbereich. Alle ITIL-Hauptbereiche dienen der Sicherstellung von qualifizierten und kosteneffektiven IT-Dienstleistungen, welche die Geschäftsprozesse eines Unternehmens wirkungsvoll unterstützen.

2.2.2 Planning to Implement Service Management

Der Hauptbereich „Planning to Implement Service Management" befasst sich mit der Planung, Einführung und fortlaufenden Verbesserung der ITIL-Prozesse. Dabei muss der Ist-Zustand erfasst und ein Ziel-Zustand definiert werden. Um eine kontinuierliche Verbesserung der ITIL-Prozesse durchführen zu können, ist eine laufende Analyse und Überprüfung der Ergebnisse notwendig.

2.2.3 Applications Management

Das ITIL-Modul Applications Management beschäftigt sich mit dem Planen, Entwickeln, Testen, Implementieren und Außerbetriebnehmen von in einem Unternehmen eingesetzten Applikationsprogrammen. Über den gesamten Lebenszyklus einer Applikation wird versucht, ein für das Unternehmen sinnvolles Management dieser geschäftsprozessabbildenden Programme durchzuführen. Definierte Standards zu Abnahme, Veränderung und Test runden das Tätigkeitsprofil des Applications Management ab.

2.2.4 ICT Infrastructure Management

Im ITIL-Modul ICT Infrastructure Management (Management der Infrastruktur) werden alle Aspekte abgehandelt, die sich mit der IT-Infrastruktur und der Überwachung derselben befassen. Typischerweise sind alle Rechenzentrumsaktivitäten hier wiederzufinden. Auch die kontrollierte Integration neuer IT-Verfahren bzw. IT-Infrastrukturen in ein Unternehmen sowie das Management von dezentral eingesetzten IT-Verfahren gehört zum ICT Infrastructure Management.

2.2.5 Security Management

Alle bisher beschriebenen Prozesse sind dem taktischen, strategischen Teil des IT-Geschäfts einer Firma zugehörig, so auch das Security Management. Aufgabe des Security Management ist es, neben der Definition einer Firmen-Security-Policy die Aufstellung eines Security-Plans, in dem alle Maßnahmen definiert sind, die die Datensicherheit einer Firma oder öffentlichen Institution sicherstellen sollen. Datensicherheit bedeutet hierbei das Sicherstellen der Vertraulichkeit, Integrität und Verfügbarkeit firmeninterner Daten. Auch muss die Authentizität dieser Daten oder eines Individuums, welches die Daten lesen und verändern will, durch Prüfungsverfahren des Security Management nachgewiesen sein. Um dieses Ziel zu erreichen, muss das Security Management mittels Audits überprüfen, ob die eingeführten Sicherheitsmaßnahmen eingehalten werden, sowie Schulungen in diesem Bereich durchführen. Es muss eine Analyse bzw. Auswertung sowie Klassifikation von erfolgten Angriffen wie z. B. durch Softwareviren oder Hackversuche vornehmen. Durch Auswahl entsprechender Firewall- und Antiviren-Software versucht das Security Management den Einfluss von unbefugtem Eindringen und Softwareviren auf zugrunde liegende DV-Verfahren zu minimieren. Es verfolgt und identifiziert den Ursprung solcher Angriffe. Weiterhin überprüft es, ob die gesetzlichen Rahmenbedingungen bei den firmenspezifischen Geschäftsprozessen eingehalten werden. Es überprüft die Verantwortlichkeit und sichert mit organisatorisch-technischen Anweisungen das Unternehmens-„Know-how".

2.2.6 ITIL-Service-Management (Service Delivery, Service Support) im Überblick

Ein Basis-IT-Service-Management nach ITIL besteht hauptsächlich aus den beiden Bereichen Service Support und Service Delivery. Sie beinhalten die 10 wichtigsten Serviceprozesse. Innerhalb des Service-Support-Bereiches werden die Service-Prozesse behandelt, die den direkten Nutzersupport und die Betriebsunterstützung betreffen und das tägliche Geschäft abhandeln. Hier fällt die Bearbeitung der vom Nutzer gemeldeten Störungen hinnein sowie das Upgraden von Applikationssoftware und Betriebssystemkomponenten, möglichst ohne fühlbare momentane und zukünftige Unterbrechung des normalen Arbeitsablaufes. Dieses lässt sich nur gewährleisten, wenn Änderungen getestet sind und auch auf gesicherte Softwareversionen zurückgegriffen werden kann.

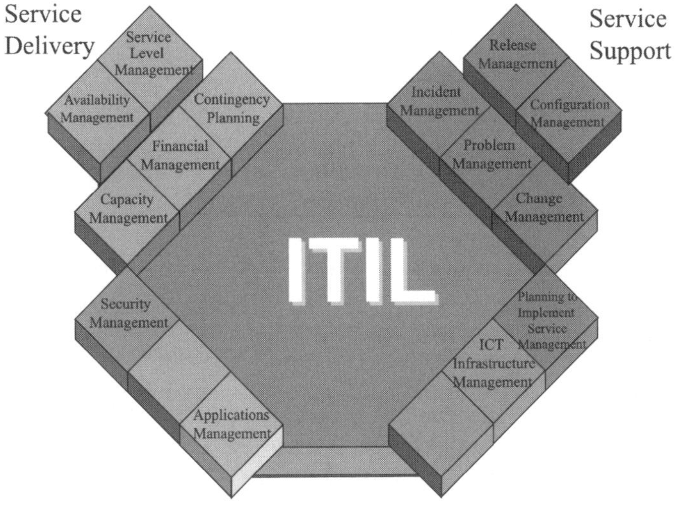

Abb. 2.15 *Bestandteile von ITIL und zugrunde liegende Prozesse*

Der Bereich Service Delivery handelt die Service-Prozesse ab, die planend oder steuernd auf die notwendige IT-Dienstleistung oder IT-Infrastruktur eingreifen. Hierzu gehört auch die ordnungsgemäße Zuordnung von Kosten zu den Kostenverursachern sowie eine optimale Auslastung und Qualität der genutzten DV-Verfahren bzw. deren zugrunde liegenden IT-Ressourcen. Die Service-Delivery-Prozesse handeln grundlegende Absprachen mit den Nutzern der DV-Verfahren, wie z. B. Erreichbarkeit von Supportpersonal innerhalb von SLA (Service Level Agreements) aus und ergreifen vorbeugende bzw. taktische Maßnahmen für Ausnahmesituationen, wie z. B. softwarebasierende Virenattacken oder Erdbeben.

2.2.7
Service Support

Der Service Support soll nach ITIL-Philosophie für die Nutzer eines DV-Verfahrens zentral von einer Stelle abrufbar sein. Dies wird meist mit einem Customer Help Desk realisiert, wo Anfragen, Störungen sowie Wünsche der Nutzer zentral entgegengenommen und bearbeitet werden. Der Nutzersupport wird mit dem Service-Prozess Incident-Management und teilweise (reaktives Problemmanagement) mit dem Problemmanagement-Prozess abgehandelt.

Abb. 2.16
Service Support im Überblick

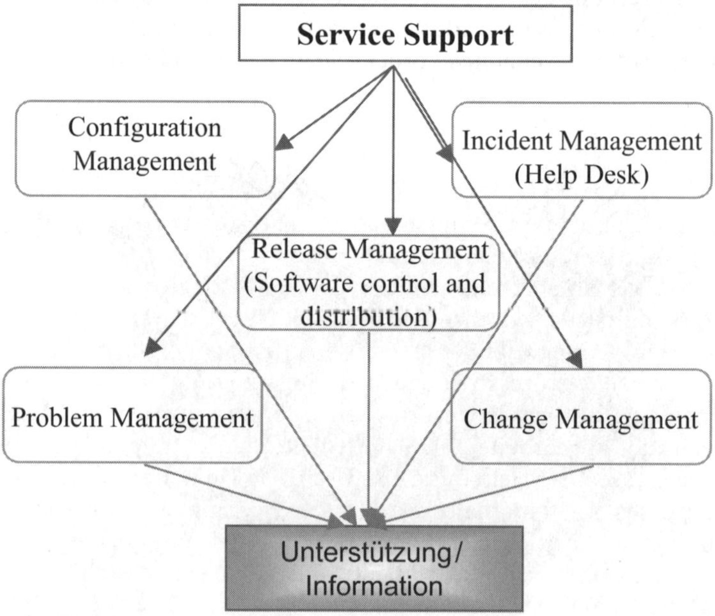

Dabei betrifft das Problemmanagement auch die generelle Betriebsunterstützung (proaktives Problemmanagement), die der Nutzer nicht direkt bemerkt. Probleme werden idealerweise möglichst beseitigt, bevor sie überhaupt auftreten, sowie Software Updates erst aufgespielt, wenn sie auf Herz und Nieren getestet wurden (Change und Release Management).

All diese IT-Dienstleistungen lassen sich aber erst durchführen, wenn alle Komponenten eines DV-Verfahrens erfasst und beschrieben sind. Dies ist Aufgabe des Configuration Managements.

Im Folgenden sind die Service-Prozesse aufgelistet, die dem Service Support zugeordnet sind. Danach geben wir eine kurze Einführung, die einen Überblick über die jeweils zugrunde liegende Problematik verschaffen soll, bevor wir uns detalliert mit den einzelnen IT-Service-Prozessen auseinandersetzen.

- Incident Management sowie Help Desk
- Problem Management
- Configuration Management
- Change Management
- Release Management

2.2.7.1 Incident Management sowie Help Desk

Das Incident Management beschreibt einen standardisierten Prozess, wie mit einer Störungsmeldung oder Hilfeanforderung zu einer Applikationsanwendung umgegangen werden soll. Die Störungsbeseitigung soll möglichst schnell erfolgen und beseitigt meist nicht die Ursache eines Problems oder Fehlers. Meist ist das Incident Management verbunden mit einem Customer Help Desk oder einer Hotline. Das Incident Management wird meist innerhalb des First-Level Support abgehandelt. Incident Management behandelt die Schnittstelle zwischen den Nutzern eines DV-Verfahrens und der IT-Abteilung, die den entsprechenden Support abdeckt. Der Call-Incident-Prozess behandelt die Bearbeitung von Störungen (Incidents) und erfasst (record) diese. Die Störungen werden klassifiziert und abgearbeitet. Als Schnittstelle oder zentrale Anlaufstelle fungiert das User Help Desk. Das User Help Desk nimmt eine Ausnahmestellung innerhalb des ITIL-Service-Support-Frameworks ein, bei dem es sich nicht um einen Dienstleistungsprozess, sondern um ein zentrales Instrument handelt, um einen erfolgreichen Service Support leisten zu können.

Abb. 2.17
Geschäftsziele sind nur durch den Einsatz von IT-Verfahren erzielbar. Dies macht die intelligente Steuerung eines Unternehmens bezüglich der IT-Ressourcen notwendig

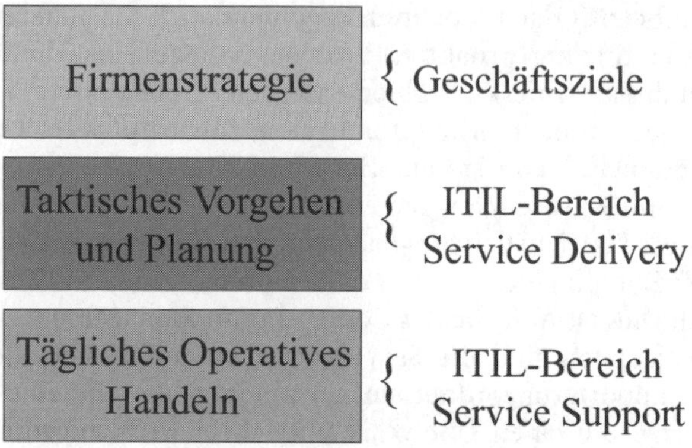

Das Help Desk fungiert als die Schnittstelle zwischen Nutzer und IT-Dienstleister innerhalb einer Firma. Hier fließen Informationen in beide Richtungen. Informationen sind lebenswichtig. Deshalb ist die Art und Weise, wie die Übermittlung stattfindet, von elementarer Bedeutung. Durch Einsatz einer ITIL-konformen Software, meist auf Telefonbasis mit CTI (Computer Telephony Integration oder Computerized Telephone Integration)-Schnittstelle sowie oft mit integrierter Remote-Access-Software, die es erlaubt, auf den Rechner eines Nutzers per Remoteverbindung zuzugreifen, stellt das Customer Help Desk den Dreh- und Angelpunkt für alle alltäglichen Wünsche und Sorgen eines neuzeitlichen computerisierten Arbeitsplatzes dar. Meist enthält die Service-Desk-Software einen Zugang zu der CMDB (Configuration Management Database)-Datenbank in der alle Komponenten oder Assets einer Firma sowie deren Schnittstellen zu anderen Assets oder Komponenten beschrieben sind. Eine gute Help Desk ist integraler Bestandteil eines guten CRM (Customer Relationship Management) einer Firma.

2.2.7.2
Problem Management

Im Gegensatz zum Incident Management wird innerhalb des Problem-Management-Prozesses beschrieben, wie die Ursache eines Problems gefunden werden kann, oder überhaupt festgestellt werden kann, dass ein grundsätzliches Problem mit einer Komponente eines DV-Verfahrens vorliegt. Das Problem Management wird meist innerhalb des Second- bis Third-Level Supports abgehandelt, manchmal unter Zuhilfenahme anderer Dienstleister oder Firmen, die entsprechend koordiniert werden müssen. Das

Problem Management bearbeitet momentan vorliegende Fehler (reactive problem management) und analysiert in der Vergangenheit aufgetretene Fehler oder Fehlermuster, um grundsätzliche Ursachen und Probleme zu ermitteln (proactive problem management).

2.2.7.3 Configuration Management

Das Configuration Management einer IT-Organisation, auch manchmal Asset Management genannt, hat die Aufgabe, alle Komponenten, ihre Schnittstellen und die Beziehung zu anderen Komponenten zu ermitteln, zu beschreiben und zu überprüfen, ob die Informationen noch auf dem neuesten Stand sind. Grundlage des Configuration Management ist eine Datenbank CMDB (Configuration Management Database), in der alle diese Informationen niedergelegt und abrufbar sind. Diese Informationen stellen die Grundlage für die Arbeit anderer ITIL-konformer Serviceprozesse, wie das Incident- und das Change Management bzw. das Financial Management, dar. Durch Analyse der CMDB lassen sich je nach Aufgabenstellung Entscheidungsvorlagen generieren. So kann z. B. die Fehlerhäufigkeit eines DV-Verfahrens oder ISP (Internet Service Provider) die Notwendigkeit deutlich machen, das DV-Verfahren abzuschreiben bzw. den ISP zu wechseln.

2.2.7.4 Change Management

Innerhalb des Change Managements werden Veränderungen (Changes) an bestehender Applikationssoftware oder an IT-Komponenten mittels eines ITIL-konformen Prozesses durchgeführt. Diese sollen bewirken, dass alle Beteiligten vor einer Veränderung informiert sind, Zuständigkeiten zugeordnet werden und den Veränderungen eine Priorität zugewiesen werden kann. Sind RFCs (Request for Change) vorgesehen, so muss das Change Management dafür sorgen, dass die von Risiken bereinigten Änderungen termingerecht durchgeführt werden. Sollten wider Erwarten durch den durchgeführten RFC Fehlerzustände eintreten, so muss der vom Configuration Management im Vorfeld erarbeitete Back-out Plan durchgeführt werden. Das Change Management arbeitet mit den Informationen, die in der CMDB (Configuration Management Database) niedergelegt sind.

2.2.7.5
Release Management

Aufgabe des Release Management ist es, RFCs zu planen, zu erstellen, zu testen, zu implementieren (Roll Out) sowie unterschiedliche Patch- und Versionsstände zu verwalten. Die Versionsstände sind innerhalb einer DSL (Definitive Software Library) zu speichern, so dass bei Fehlerzuständen alte Versionsstände wieder genutzt werden können. Besonders bei Applikationssoftware-Veränderungen, die an hunderten von Arbeitsplatzrechnern vorgenommen werden müssen, ist eine automatische zeitnahe und aktuelle Softwareverteilung von ausgetesteter Software notwendig. Dies erleichtert auch eine zentrale Lizenzverwaltung sowie die finanztechnische Verwaltung. Auch das Training oder eine betriebliche Dokumentation der Nutzung veränderter Funktionalitäten innerhalb eines Releases sind Aufgabe des Release Managements.

2.2.8
Service Delivery

Der Service Support soll nach ITIL-Philosophie für die Nutzer eines DV-Verfahrens eine abgestimmte Leistung zur Verfügung stellen. Diese Leistungen zu spezifizieren ist Aufgabe des Service Level Managements innerhalb des Service Delivery. Um Leistungen gerecht verrechnen zu können, ist das Financial Management innerhalb einer Firma von großer Bedeutung. Was passiert, wenn DV-Verfahren längerfristig ausfallen? Welche Alternativmöglichkeiten gibt es, um weiterhin geschäftsfähig zu bleiben? Diese Frage stellt sich das Contingency Management und gibt Lösungsmöglichkeiten. Innerhalb des Availability Management wird versucht, die Verfügbarkeit zu erhöhen bzw. die „Down Time" eines DV-Verfahrens zu verkleinern. Hierbei spielen Backup- und Recovery-Verfahren, angepasst auf ein DV-Verfahren, eine wesentliche Rolle.

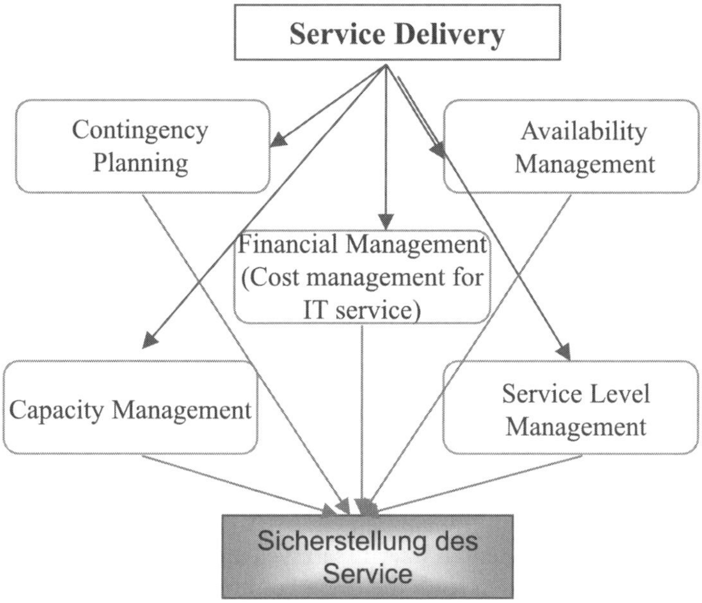

Abb. 2.18 Service Delivery im Überblick

Aber auch das Design eines DV-Verfahrens ist von existentieller Wichtigkeit, da sich Schwächen im Design meist durch den gesamten Lebenszyklus (Live Cycle) eines DV-Verfahrens bemerkbar machen. Beim Capacity Management nach ITIL wird versucht, den Anforderungen bezüglich Auslastung und Antwortzeit- bzw. Transaktionszeit-Verhalten der Nutzer eines DV-Verfahrens gerecht zu werden.

Die einzelnen Service-Prozesse des Bereiches Service Delivery unter ITIL werden nachfolgend kurz erklärt. Es sind die Prozesse:

- Service Level Management
- Continuity Management
- Availability Management
- Capacity Management
- Financial Management

2.2.8.1 Service Level Management

Das Service Level Management stellt sicher, dass die Anforderungen des Nutzers interner DV-Verfahren ermittelt, niedergeschrieben und auch von jedem nachgelesen werden können. Es regelt im Vorfeld des Einsatzes eines neuen DV-Verfahrens, welche Eskalationsvorgänge eingeleitet werden sollen, bevor es überhaupt einmal dazu gekommen ist. Vorstellungen der unterschiedlichen Abteilungen, die miteinander arbeiten sollen, manifestieren sich innerhalb eines SLA (Service Level Agreement) oder OLA (Operational Level Agreement).

Innerhalb eines SLA sind Ansprechpartner genannt für alle Wechselspiele des Lebens eines DV-Verfahrens. Auch die Service- und Reaktionszeiten, innerhalb derer eine Störung anfänglich bearbeitet werden soll, sind wesentliche Bestandteile solch eines Dokumentes.

2.2.8.2 Continuity Management

Das Continuity Management soll sicherstellen, dass bei Total- oder Teil-Ausfall von Funktionalitäten eines DV-Verfahrens entsprechende Ersatzkomponenten bzw. Ersatzsysteme – wenn auch eingeschränkt – vorhanden sind, die diese Funktionalitäten wieder zur Verfügung stellen.

Ist ein DV-Verfahren als Ganzes über längere Zeit ausgefallen, so werden vorbereitete Pläne des Continuity Management wirksam, wie z. B. Ersatzsysteme anderer Firmen anmieten oder die Leistungen eines DV-Verfahrens als Ganzes von anderen Firmen übernehmen lassen.

Weiterhin erstellt das Continuity Management Analysen und Vorgangsweisen, wie Ausfälle von DV-Verfahren vermieden werden können, sowie Wiederanlaufpläne und Pläne, wie ein eventueller Produktionsausfall aufgeholt werden kann. Denkt man an einen Brand im Rechenzentrum, der nicht schnell genug bemerkt bzw. gelöscht wurde, so wird einem die Herausforderung, technisch wie logistisch, die dieser ITIL-Prozess an die Verantwortlichen stellt, klar.

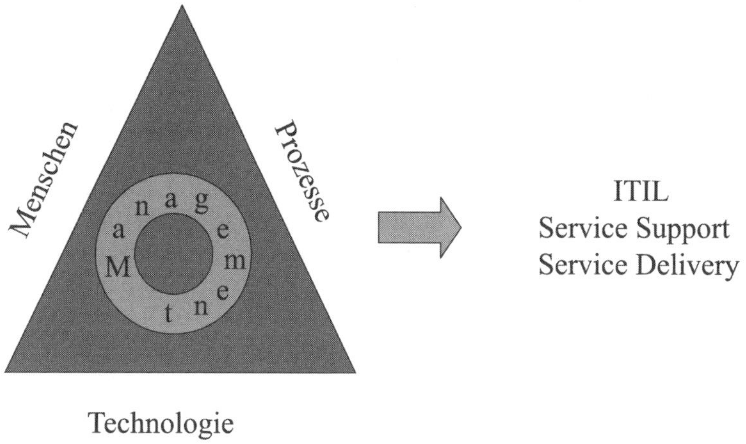

Abb. 2.19 Effektives Management der natürlichen Ressourcen mittels ITIL-Ansatz

2.2.8.3 Availability Management

Es stellt sicher, dass die Verfügbarkeit eines IT-Services bzw. eines DV-Verfahrens sowie die benötigte Infrastruktur, wie z. B. Netzwerk, so hoch wie möglich ist. Risikoanalysen, eventuell als Audit von internem oder externem Personal, sollen die Schwachstellen identifizieren helfen. Aus den gewonnenen Erkenntnissen werden entsprechende Maßnahmen vom Availability Management eingeleitet. Es sorgt für die Überwachung (Monitoring) der von externen Dienstleistern zur Verfügung gestellten Serviceleistungen, wie z. B. Übertragungsbandbreite, und setzt technische Verfahren ein, wie z. B. Load Balancer bzw. ISP-Load Balancer, die gegen externe, nicht verschuldete Fehler schützen. Auch die Erstellung und Einhaltung von Backup- und Recovery-Plänen bzw. Erstellung von verfügbarkeitserhöhenden proaktiven Maßnahmen gehört zu dem Aufgabengebiet des Availability Management. Wahrscheinlich ist dieser ITIL-Prozess der vom Anwender am wenigsten beachtete, aber eine mit dem größten Nutzen für eine Firma verbundene Dienstleistung.

2.2.8.4
Capacity Management

Das Capacity Management soll die kostenoptimierte und rechtzeitige Bereitstellung von Ressourcen oder Infrastrukturkomponenten sicherstellen, die zum Erreichen der geschäftlichen Belange einer Firma erforderlich sind. Typische Beispiele für eine Ressource sind z. B. Bandbreite eines ISP (Internet Service Provider), Festplattenspeicherplatz oder Rechenleistung eines Serversystems. Aber auch die ausreichende Wartung eines DV-Verfahrens ist ein Aspekt und Einsatzgebiet des Capacity Management. Durch Analysen des Capacity Management sind fundierte Voraussagen über den weiteren Verbrauch bestehender Ressourcen möglich. Diese wiederum sorgen dafür, dass zu den entsprechenden Zeitpunkten die Ressourcen gekauft werden und der IT-Organisation zur Verfügung stehen, was sich nicht nur auf die eingesetzten technischen Ressourcen, sondern auch auf das benötigte Servicepersonal bezieht. Somit sorgt das Capacity Management für eine Verkleinerung der Risiken, die durch Kapazitätsengpässe verursacht werden. Es sorgt für einen effektiven Gebrauch bestehender Ressourcen und verbessert durch Bereitstellung entsprechender Analysen eine verbesserte Planungsgrundlage.

Abb. 2.20 Wahlspruch in Zeiten von kleineren IT-Budgets

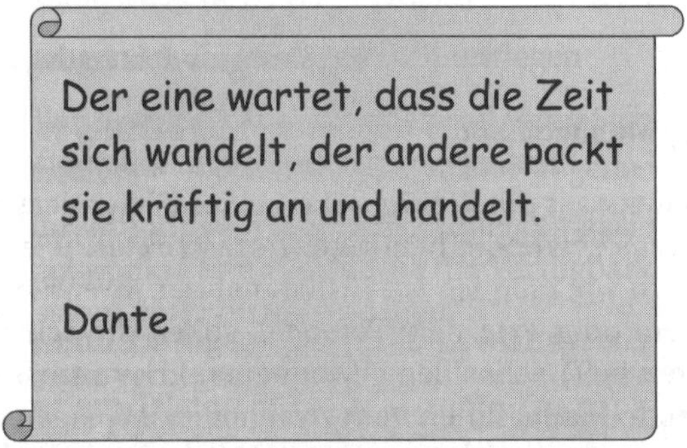

2.2.8.5
Financial Management

Das Financial Management hat die undankbare Aufgabe, die effektiven Kosten eines IT-Services zu ermitteln und sie den Kostenverursachern zuzuordnen. Da die Geschäftsleitung einer Firma die Gewinnspanne erhöhen will, ist sie auf Zahlenmaterial des Financial Management angewiesen, um ein abstrahiertes Bild des Unternehmens zu erlangen. Weiterhin geben finanzielle Analysen der Geschäftsleitung Auskunft darüber, welche Bereiche optimiert werden müssen und welche strategischen Anschaffungen in der Zukunft notwendig werden. Auch die Höhe der Kosten, die durch externe Dienstleistungen angefallen sind, führt meist zu der Standardfrage, ob diese Leistung nicht intern erbracht werden könnte. Weiterhin lassen sich durch eine genaue Kostenaufstellung die berechneten internen und externen Kostensätze auf den neuesten Stand bringen.

3 Service Support

3.1 Einleitung

Der Service Support umfasst den operativen Teil eines auf ITIL basierenden IT-Services, der der Unterstützung des Anwenders gewidmet ist, wohingegen der Service Delivery sich mehr mit dem taktisch kontrollierenden Teil der ITIL-Services befasst.

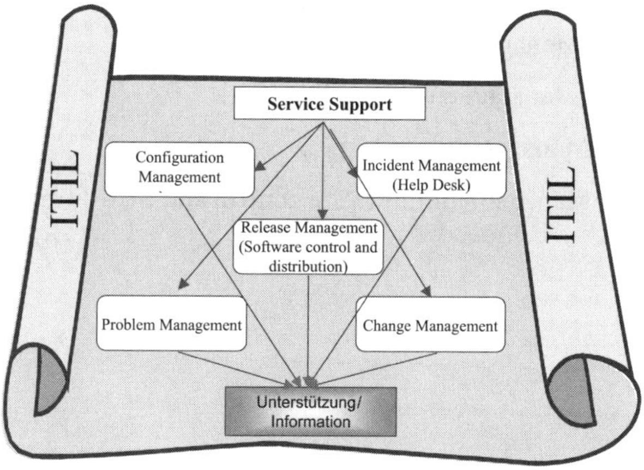

Abb. 3.1 Service Support im Überblick

Da ein wesentlicher Ansatz von ITIL die Prozesssichtweise von IT-Dienstleistungen ist, sind im Service Support von ITIL die IT-Geschäftsprozesse beschrieben, die direkte Nutzerunterstützung leisten, wie z.B. Störungsbearbeitung (remote oder vor Ort), Auskunfterteilung sowie Anforderungsbearbeitung bezüglich neuer oder veränderter Funktionsweisen existierender Applikationsprogramme. Der Service Support soll nach ITIL-Philosophie für die Nutzer eines DV-Verfahrens zentral von einer Stelle abrufbar sein. Dies wird meist mit einem Customer Help Desk realisiert, mit dessen Hilfe Anfragen, Störungen sowie Wünsche der Nutzer zentral entgegengenommen und bearbeitet werden. Ein Vorgehen mittels ITIL-Set Service Support stellt sicher, dass der Anwender eine aktive Unterstützung erhält, aber auch die entsprechenden qualitativ hochwertigen Informationen vermittelt bekommt, die seine Arbeit erleichtern. Der Service Support beschreibt somit das tägliche IT-Geschäft innerhalb einer Firma oder Organisation. Es enthält die Geschäftsprozesse, wie das Management von Fehlermeldungen, Software Contolling und -Verteilung sowie das Change Management. Aber der ITIL-basierende Service Support sorgt auch dafür, dass Änderungen an einem DV-Verfahren durchgeführt werden, die, nachdem sie getestet wurden, jedem zur Verfügung stehen. Der ITIL Service Support enthält fünf Teile, welche sich auf unterschiedliche Elemente des Service-Unterstützungsprozesses beziehen. Nachfolgend sind die Service-Prozesse des ITIL Service Support im Einzelnen genau beschrieben, so dass die Philosophie und die daraus resultierenden Vorteile klar ersichtlich werden.

Der ITIL-Set Service Support besteht aus den folgenden unterstützenden Arbeitsprozessen:

- Configuration Management
- Incident Management und Help Desk
- Problem Management
- Change Management
- Release Management (Software control and distribution)

3.2
Configuration Management

Die Geschäftsprozesse einer Firma basieren auf DV-Verfahren, die eine Unmenge wichtiger Detail-Informationen erforderlich machen, angefangen bei den einzelnen Konfigurationselementen, die ein DV-Verfahren bilden, bis zu applikationsbezogenen Daten, wie Softwaremodule, Libraries und Initialisierungsdateien. Auch die technische Dokumentation (wesentlicher Bestandteil eines guten Benutzerservice), weiterführende verwaltungstechnische Daten, wie Kosten und Kostenstellen, Zuordnen von Kosten zu Abteilungen (Kostenträgern) und Personalressourcen, stellen wesentliche beschreibende Daten dar. Vertragsrechtliche Daten, wie Versicherungs- und Wartungsverträge, sind notwendige Mosaikbausteine, auf denen eine effiziente Firmensteuerung basiert.

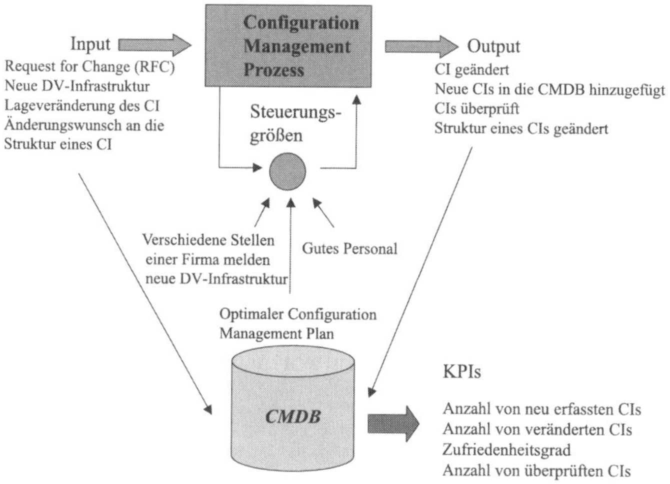

Abb. 3.2 Schematische Darstellung des Configuration-Management-Prozess

All diese Daten müssen vorhanden und jederzeit auswertbar sein, damit ein DV-Verfahren effektiv seinen Dienst versehen kann. Beim Configuration Management werden die Daten, auf denen eine IT-Organisation basiert, in der CMDB (Configuration Management Database) erfasst. Ist keine vorhanden, so ist die erste Aufgabe des Configuration Managements, eine solche für die entsprechende IT-Organisation einer Firma zu entwickeln. Auch der Versuch, die allgemeine Verfügbarkeit eines DV-Verfahrens zu erhöhen, hängt in grossem Masse davon ab, ob alle CIs (Configuration Items), die zu einem Funktionskreis eines DV-Verfahrens gehören, innerhalb der CMDB enthalten sind.

Erst durch die Identifizierung aller CIs erhält man die Grundlage dafür, sich theoretisch Gedanken darüber machen zu können, was passieren würde, wenn diese CI (Configuration Items) nicht mehr funktionstüchtig wären. Dies nennt man eine Ausfallanalyse (failure impact analysis). Grundsätzlich hat jedes CI eine eindeutige Identifikationsnummer.

Um sich ein plastisches Bild davon zu machen, welche Daten in einer CMDB enthalten sein sollten, sind im Nachfolgenden exemplarische Beispiele von relevanten Informationen genannt:

- Hard-, Software und zugeordnete Lizenzen
- Relation und Schnittstellen zu anderen CIs
- Besitzer bzw. Verwalter des CIs
- Zugeordnetes DV-Verfahren sowie anhängige SLAs, OLAs und UCs
- Lieferanten
- Status
- Investitions- und laufende Kosten
- Wartungs- und Versicherungs-Verträge
- Beschreibung, Dokumentation der CIs sowie Historie der Veränderungen
- Geschäftsprozessbeschreibungen, deren Voraussetzungen und damit verbundene Arbeitsbeschreibungen
- Wartungspersonal und Verantwortlichkeit sowie Wartungsintervalle
- Lage der einzelnen CIs
- Erfassung aller notwendigen Veränderungen (RFCs)
- Informationen über die CIs, die verändert, ersetzt oder ausgemustert werden sollen
- Problem- und Fehlerbehebungs-Beschreibungen
- Ausfallzeiten
- Zuordnung von Problemkreisen zu Mitarbeitern, die diese Probleme lösen können

Aus der CMDB lassen sich wichtige Kennzahlen ermitteln über Schadenshäufigkeit und Kostenverursacher sowie Erkenntnisse gewinnen über Wartungs- und Betriebskosten der nächsten Jahre.

Diese Kennzahlen erst machen den IT-Service beurteilbar und ermöglichen, die Effektivität der zugrunde liegenden DV-Verfahren zu erhöhen und somit das ROI (Return on Investment) zu vergrössern. Da fast alle Geschäftsprozesse einer heutigen Firma auf DV-Verfahren basieren und die zugrunde liegenden IT-Strukturen immer vernetzter und komplexer werden, braucht man eine Wissensbasis über den Lebenszyklus seiner Firmen-IT-Infrastruktur und der damit verbundenenen TCO (Total Cost of Ownership).

Die Hauptaufgaben oder Aktivitäten des Configuration Management sind:

- Aufstellen einer Configuration Policy für das Unternehmen
- Identifizieren aller CIs (Configuration Items) und deren Relation zueinander
- Verwalten und Kontrollieren aller CIs
- Ermitteln des Status der CIs und Aktualisierung des gegenwärtigen Zustandes
- Verifizieren der Information zu den CIs der CMDB durch Audits und Reviews

Die wichtigste Aufgabe des Configuration Management besteht darin, die einzelnen CIs zu identifizieren und die Zusammenhänge zwischen einzelnen CIs herzustellen. Die Verknüpfung von einzelnen Daten, ihre Beziehung zueinander, stellt die Intelligenz und die Schlagkräftigkeit eines effektiven Change Managements dar.

Da sich nichts so schnell ändert wie ein DV-Verfahren, sind regelmässige Reviews und Audits über die benötigten DV-Verfahren und die damit verknüpften CIs lebensnotwendig für ein gutes Configuration Management.

Die zentrale Erfassung der in einer Firma genutzten Softwareprodukte und deren zugeordneten Lizenzen erlaubt eine Bestandsaufnahme und bessere Bilanzierung von softwaretechnischen Anlagegütern. Sie vermittelt einen Überblick über genutzte Software innerhalb einer Firma und ermöglicht es anhand bestehender Nutzungsprofile, bessere Rahmenverträge mit den Lieferfirmen aushandeln zu können.

Auch kann der Einkauf von zu vielen Lizenzen anhand besserer zentraler Planungsdaten verhindert werden. Wird Software zentral übers Netzwerk angeboten, können nicht benötigte Lizenzen denjenigen zur Verfügung gestellt werden, die diese brauchen. Es entfällt ein langwieriges schwieriges Suchen, wo sich nicht genutzte Lizenzen befinden. Unbeabsichtigtes Verstoßen gegen das Lizenzrecht wird somit verhindert.

Das Configuration Management stellt den anderen ITIL-Prozessen die Planungsdaten zur Verfügung, die die Basis der täglichen Arbeit darstellen. Das obere IT-Management ist in der Lage, sich ein Bild über den Ressourceneinsatz und die Kostenverteilung zu machen und kostensparend, z.B. durch einen zentralen Einkauf, einzuwirken. Durch das mengenmässige Erfassen von Ressourcen, die für das Bereitstellen von internen IT-Dienstleistungen notwendig sind, sorgt das Configuration Management für das ordnungsgemässe Durchführen aller anderen Service- und Geschäftsprozesse einer Firma.

Abb. 3.3 Ein Prozess des Configuration Management

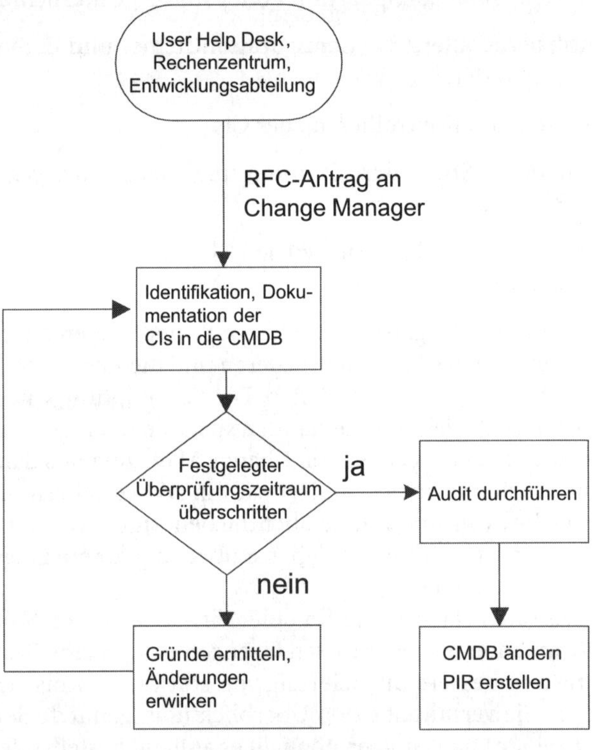

RFC <=> Request for Change
PIR <=> Post Implementation Review
CMDB<=> Configuration Management Database

Durch die Erfassung der Relation unterschiedlicher CIs und deren Zustand (Version) ist es möglich, bei plötzlich auftretenden Fehlern die gesamte Anordnung wieder in einen alten, vertrauenswürdigen Zustand zu versetzen. Die erfassten CIs sind Ausgangspunkt des Kapazitäts- und des Service Level Managements, welche die Kosten und die Güte der internen Geschäftsprozesse beeinflussen. Dem Incident- und dem Problemmanagement erleichtern die erfassten CIs die Fehler- und Problemanalyse sowie die Fehlerbehebungszeitdauer, da gezielt Problembehebungsbeschreibungen der einzelnen CIs innerhalb einer Wissensdatenbank zugeordnet werden können. Durch eine Analyse der CIs ist das Availability- und das Continuity-Management in der Lage, die Verfügbarkeit zu erhöhen bzw. die Wiederanlaufzeit einzelner Geschäftsprozesse bei fatalen Fehlern zu verkleinern.

Schwierig gestaltet sich das rechtzeitige und umfassende Bestimmen von Informationsständen bezüglich einzelner CIs. Meist wird das Configuration Management bei Neuinvestitionen an technischer Infrastruktur oder neu entwickelten DV-Verfahren mit informiert. Lieferscheine, Assessments vor Ort sowie stetiger Informationsaustausch zwischen allen ITIL-Prozessbeteiligten ermöglichen eine möglichst umfassende und aktuelle Datenbasis der CMDB. Dabei muss je nach CI festgelegt werden, ob dieses wichtig genug ist, um erfasst zu werden. Die Strategie (Firmenpolicy) bei der Durchführung des Configuration Management liegt innerhalb des Rahmens der Erfolgsfaktoren, die die Firmenleitung dem Configuration Management vorgibt.

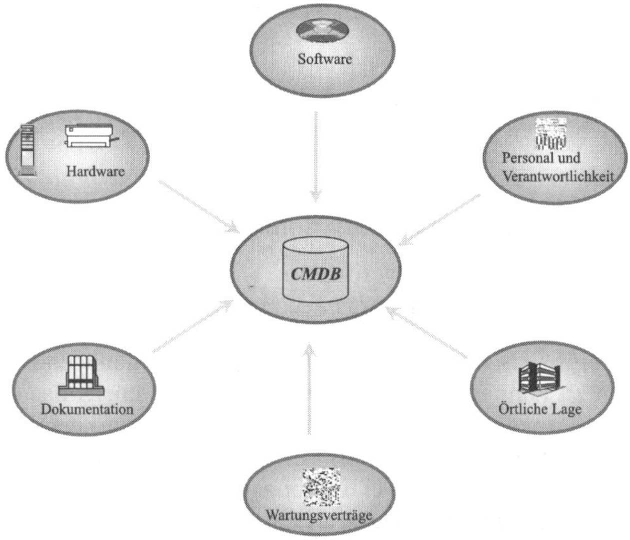

Abb. 3.4 Definition einer CMDB ist Aufgabe des Configuration Management

Diese Strategie wird innerhalb des Configuration-Management-Plans niedergelegt. Aus den festgelegten Erfolgsfaktoren der Firmenleitung wird der Informationsbedarf an die CMDB und somit an die einzelnen CIs (Komponenten der Informations- und

Kommunikationsstruktur) bestimmt. Festlegen des Informationsbedarfs einer Firma führt zu Spezifikation der Datenstruktur eines CIs innerhalb der CMDB. Grundsätzlich hat ein CI eine Kategorie (z.B. Hardware, Software, Dokumentation), ein oder verschiedene Attribute/Eigenschaften (Version, Standort, Besitzer, Beschreibung), eine oder verschiedene Relationen (parent, child, peer to peer) zu anderen CIs sowie einen Status (Fehlerhaft, Änderung anhängig, Test, Kontrolle). Schwierig gestaltet es sich oft, die Relation einzelner CIs zueinander zu beschreiben, da hierzu detaillierte Informationen über DV-Verfahren benötigt werden, die gerade neu eingeführt werden. Hier ist es erforderlich, alle Serviceprozessverantwortlichen entsprechend vor dem endgültigen Festlegen der speziellen Datenbasis im Design- und Entscheidungsstadium mit einzubinden. Daneben sind, je CI, verschiedene spezielle Datensätze zugeordnet, die den Erfordernissen der einzelnen ITIL-Prozesse entsprechen. Eine Historie über jedes CI vermittelt einen Überblick über vorangegangene Entwicklungen.

Da der Inhalt der CMDB den Wissensstand (physisch, prozessmässig, organisatorisch, finanziell) über die eingesetzten Geschäftsprozesse enthält, ist es erforderlich, sich Gedanken zu machen, wer den lesenden Zugriff darauf erhält und wer den Datenbestand verändern darf.

Configuration Management besteht aus vier grundsätzlichen Aufgaben:

- Identifikation und Integration der notwendigen CIs sowie deren Beziehungen und Abhängigkeiten in die CMDB
- Verändern der CIs nach Change Request
- Ermitteln des Status eines CI (Configuration Status Accounting)
- Überprüfung (review, verification and control) und Pflege der Daten (Configuration Status Accounting, CSA)

Um die Wirtschaftlichkeit des Configuration Managements berechnen zu können, muss man die Kosten, die durch das Configuration Management anfallen, den Einspareffekten, die dadurch entstehen, gegenüberstellen. Als Einspareffekt ist sicherlich die Effizienzsteigerung bei den ITIL-Managementprozessen Incident-, Problem-, Change- und Release Management zu bewerten.

Dass sich zu bestimmten CIs frühere Fehlerbeschreibungen und Lösungen aus der CMDB recherchieren lassen, lässt bereits erahnen, inwieweit der Fehlerbehebungszeitraum verkleinert und dadurch die Anzahl von möglichen zu bearbeitenden Fehlern pro Tag vergrössert wird. Auch der Einspareffekt durch die zentrale Erfassung der Softwarelizenzen und die daraus resultierende Folge, dass keine überflüssigen Lizenzen beschafft werden, lässt sich schwerlich beziffern.

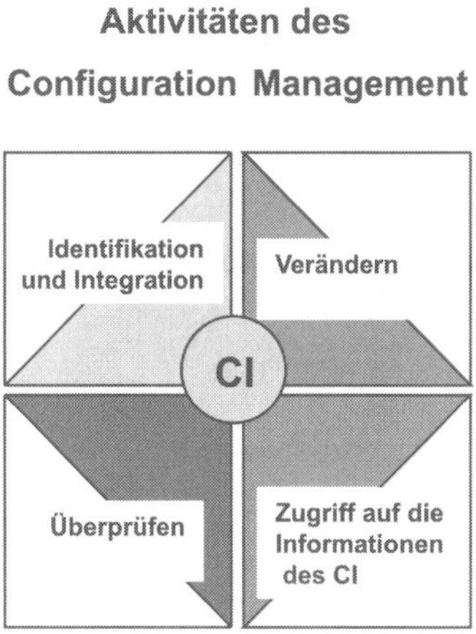

Abb. 3.5
Die tägliche Arbeit des Configuration Managements

Kontrollierbar innerhalb der IT-Serviceorganisation ist nur das, was bekannt ist bzw. durch das Configuration Management innerhalb der CMDB erfasst wurde. Die Daten der einzelnen CIs bilden die Grundlage für die Arbeit des Service Level Management sowie für das Capacity Management, das daraus Schlüsse für den entsprechenden Level (Güte) eines Services und die optimale Dimensionierung ziehen kann. Vor einer Veränderung eines CIs kann das Change- und Release Management herausfinden, welche anderen CIs von dieser Veränderung betroffen sein können (Change Impact Analysis).

Schwieriger gestaltet sich die Arbeit des Configuration-Management-Personals, wenn die einzelnen CIs auf unterschiedlichen geographischen Standorten verteilt liegen. Meist wird dann vor Ort Personal abgestellt, das dann die entsprechenden Belange des Configuration Managements vertritt.

3.2.1
Fachbegriffe unter dem Configuration Management unter ITIL

3.2.1.1
Configuration-Management-Plan

Der Configuration-Management-Plan entspricht der Firmenpolicy in Bezug zum Configuration Management. Hier wird festgelegt, nach welchen Regeln die einzelnen CIs erfasst und welche Attribute (Datenbasis) einem CI zugeordnet werden sollen. Darunter fällt auch die Namenskonvention. Auch wird festgelegt, welche Beziehungen der einzelnen CIs zueinander erfasst werden sollen. Das bedeutet, dass hier die Strukturgliederung der einzelnen CIs, wie z.B. Geschäftsprozess, DV-Verfahren, Rechnersystem, Teilkomponente, Fehlerbeschreibung und Lösungsansatz, festgelegt wird.

Abb. 3.6
ITIL bringt Kunden und Dienstleister zusammen

Es wird beschrieben, in welchen Zeitabständen die CIs auf Aktualität überprüft und in welcher Art und Weise (z.B. Audit) der augenblickliche Zustand eines CIs erfasst werden soll. Auch wird beschrieben, wie das Configuration Management in einer Firma umgesetzt werden soll und wer für die einzelnen Aufgabengebiete des Configuration Management zuständig ist.

3.2.1.2 Configuration Baseline

Eine Configuration Baseline entspricht der Momentaufnahme (snap-shot) einer Produkt- oder System-Konfiguration. Diese Konfiguration besteht aus mehreren CIs, die zu einem bestimmten Zeitpunkt erfasst wurden und es erlauben, einen stabilen Referenzzustand wieder herzustellen. So stellt ein bestimmter Release- oder Versionsstand einer Software eine Configuration Baseline dar. Vor einer Änderung durch das Change- oder Release Management ist es wichtig, eine Configuration Baseline festzuhalten. Stellt sich heraus, dass bei einer Änderung des Systems oder DV-Verfahrens

Fehler bzw. störende Seiteneffekte auftreten, kann man zu der letzten Configuration Baseline zurück.

3.2.1.3 Was versteht man unter Facility Management?

Unter Facility Management versteht man die Gebäudeverwaltung und die sinnvolle Bewirtschaftung und Nutzung von Anlagen und Einrichtungen nach der Baufertigstellung. Dies soll möglichst kostengünstig durchgeführt werden und optimale Bedingungen für die darin arbeitenden Menschen schaffen. Auch soll das Facility Management dafür sorgen, dass eine möglichst hohe Rendite durch die optimale Bewirtschaftung der Immobilie erreicht werden kann. Die Basis des Facility Managements bilden die Daten (kaufmännisch, infrastrukturell, organisatorisch, flächenmässig), die einem Gebäude zugeordnet sind. Angefangen bei der Planung eines Umzugs innerhalb des Gebäudes bis zur Instandhaltung; alles basiert auf Daten des Facility Managements. Der Facility Manager nutzt die zur Verfügung stehenden Daten, um optimale Entscheidungen zu treffen. Von den Daten abgeleitet sind die vier Hauptbetätigungsbereiche des Facility Managements: Technik, Dienstleistung, Organisation sowie Flächenbewirtschaftung. Darunter fallen Betriebsführung, Instandhaltung, Sicherheit, Vertragsorganisation, Kostenrechnung, Umzugsplanung, Hausdienste sowie Flächenbewirtschaftung und Controlling.

3.2.1.4 Asset Management

Der Begriff „Asset" kommt aus dem Englischen und bedeutet Vermögenswert oder Aktivposten. Unter Asset Management (Vermögens- oder Anlagenverwaltung) versteht man die Bestandsaufnahme der vorhandenen physikalischen Infrastruktur sowie das Erfassen der bilanztechnischen Vermögenswerte innerhalb einer Firma. Asset Management hat zum Ziel, einen möglichst effizienten Einsatz des Firmenvermögens in der Geschäftstätigkeit zu erreichen. Ein Asset kann z.B. ein ungenutzter Raum oder ein Kraftfahrzeug innerhalb einer Firma sein. Im Gegensatz dazu bezieht sich das Configuration Management grundsätzlich auf IT-Vermögenswerte und geht über das normale Asset Management hinaus, da es neben dem Erfassen der Vermögenswerte auch die Beziehung der einzelnen Vermögenswerte zueinander erfasst. Daneben werden spezifische Daten erfasst, die den IT-Service einer Firma optimal unterstützen helfen. Zu den einzelnen IT-Vermögenswerten werden weiterhin entsprechende Spezifikationen und Dokumentationen erfasst bzw. Informationen, die den täglichen IT-Service erleichtern.

3.2.1.5
Was ist die CMDB (Configuration Management Database)?

Neben den dokumentierten Dienstleistungsprozessen einer Firma ist auch eine dokumentierte IT-Umgebung von besonderer Bedeutung für einen reibungslosen Geschäftsbetrieb. Dies soll das Configuration Management sicherstellen. Es hat die Aufgabe, alle wesentlichen Elemente (Configuration items) oder Assets (Vermögenswerte) einer Firmen-IT-Infrastruktur zu ermitteln. Diese Elemente werden innerhalb einer CMDB (Configuration Management Database), z.B. in einer relationalen Datenbank, erfasst. Die CMDB enthält alle Schlüssel-IT-Komponenten, auf denen eine IT-Organisation oder deren zu verwaltende DV-Verfahren basieren.

Abb. 3.7 Schematische Darstellung einer CI-Datenstruktur mit verschiedenen Service-Management-Datensatz-zusätzen

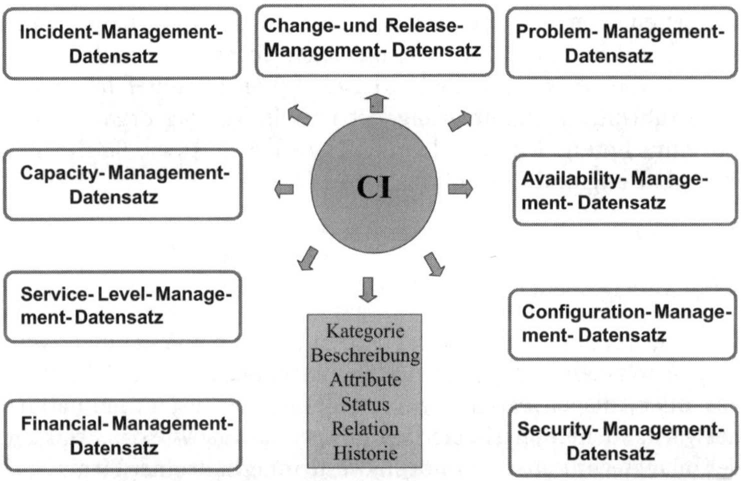

Eine Beschreibung der IT-Komponenten und deren Versionsstand, die Beziehung zu anderen IT-Komponenten, deren örtliche Lage innerhalb der Firma bilden die Informationen, auf die sich effiziente Dienstleistungsprozesse innerhalb einer Firma aufbauen, oft ergänzt mit einer Beschreibung des Einsatzzweckes und des gegenwärtigen Status der IT-Komponente, die es erlauben, logische Schlüsse zu ziehen. Auch weitergehende Informationen zu den IT-Komponenten, z.B. welche Wartungsverträge, in- oder externe SLA (Service Level Agreements) oder OLA (Operation Level Agreements) existieren, bilden ein robustes Gerüst an Hintergrund-Informationen, um die Geschäftsprozesse einer Firma optimal nutzen zu können. Die CMDB muss gepflegt und auf den neuesten Stand gebracht werden, um effiziente Entscheidungen treffen zu können, die die Geschäftsprozesse einer Firma berühren. Auch ist es wichtig, alte und neue RFC (Requests for Change) zu einzelnen IT-Komponenten festzuhalten, um z.B. gegenwärtiges Fehlverhalten, das auf diese RFCs zurückzuführen ist, überhaupt identifizieren zu können.

Die CMDB ermöglicht es nach einer Einführungszeit, die Elemente zu identifizieren, die die meisten Störungen verursachen und mittels proaktiver Aktionen die Anzahl der Störungen als Ganzes zu reduzieren.

Mittels der CMDB lassen sich die entsprechenden Kosten der einzelnen Massnahmen direkt den einzelnen Elementen eines DV-Verfahrens zuordnen und entsprechende Erkenntnisse über die Betriebskosten in späteren Jahren gewinnen:

- Hardware
- Software
- Personal
- Dokumentation
- Wartungsverträge
- SLA (Service Level Agreements) oder OLA (Operation Level Agreements)

Das Configuration Management nach ITIL soll sicherstellen, dass aktuelle und überprüfte Informationen über alle notwendigen Elemente der IT-Infrastruktur zur Verfügung stehen, da diese die Grundlage bilden, um ordnungs- und zeitgemäss die richtigen Prozesse davon abzuleiten. Sie stellt somit die Basis dar, um alle notwendigen ITIL-Prozesse durchführen zu können.

3.2.2 Mögliche Key Performance Indicators (KPI) zum Configuration Management

Ein KPI des Configuration Managements ist die Anzahl von neu erfassten oder veränderten CIs. Eine Veränderung ist z.B. die Standortveränderung eines CIs, die innerhalb der CMDB vermerkt werden sollte, um den Zugriff auf dieses CI möglich zu machen. Die

Anzahl der auf Aktualität überprüften CIs sowie der Prozentsatz von allen DV-Verfahren einer Firma, die an das Configuration Management angebunden sind, sind weitere KPIs des Configuration Managements. Um die Wirtschaftlichkeit des Configuration Managements berechnen zu können, muss man die Kosten, die durch das Configuration Management anfallen, den Einspareffekten, die dadurch entstehen, gegenüberstellen.

Abb. 3.8 Key-Performance-Indikatoren des Configuration Managements im Jahresüberblick

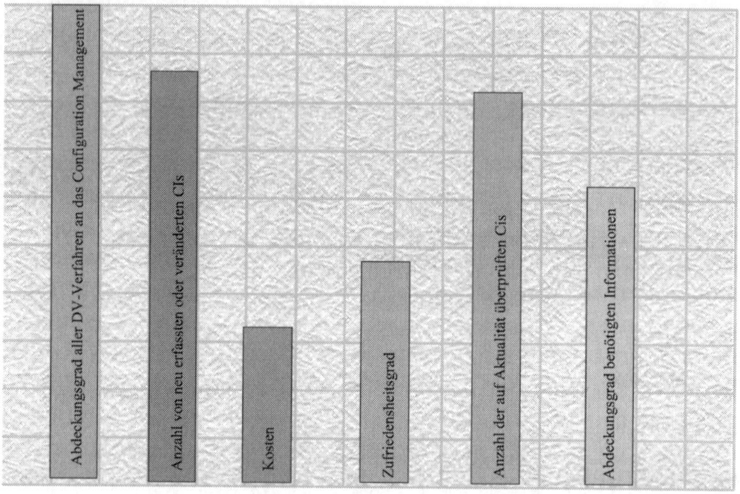

Configuration Management Kennzahlen im Jahresüberblick

Als Einspareffekt ist sicherlich die Effizienzsteigerung bei den ITIL-Managementprozessen Incident-, Problem-, Change- und Release Management zu bewerten. Allein, dass sich zu bestimmten CIs frühere Fehlerbeschreibungen und Lösungen aus der CMDB recherchieren lassen, lässt erahnen, inwieweit der Fehlerbehebungszeitraum verkleinert und dadurch die Anzahl von möglichen zu bearbeitenden Fehlern pro Tag vergrössert wird. Auch der Einspareffekt durch die zentrale Erfassung der Softwarelizenzen und die daraus resultierende Folge, dass keine überflüssigen Lizenzen beschafft werden, lässt sich schwerlich beziffern. Der Zufriedensheitsgrad der anderen ITIL-Serviceprozesse an den Informationsstand der CMDB sowie der Abdeckungsgrad der benötigten Informationen aus der CMDB sind weitere KPIs des Configuration Managements. Als weiteres KPI eignet sich die Anzahl von Störungen, Inkonsistenzen bzw. Verzögerungen, die durch veraltetete Daten oder Fehler des Configuration Managements entstanden sind.

3.2.3
Zugeordnete Rollen zum Configuration Management

3.2.3.1
Configuration Manager

Der Configuration Manager hat die Aufgabe, den Configuration-Management-Prozess innerhalb einer Firma einzuführen und diesen weiterzuentwickeln, so dass möglichst alle DV-Verfahren einer Firma und deren zugeordnete CIs erfasst werden. Anhand der Vorgaben der Firmenleitung erarbeitet er einen Configuration-Management-Plan. Weiterhin legt er eine Namenskonvention für die einzelnen CIs fest. Er bestimmt, wie fein und genau die einzelnen CIs erfasst werden. Jedes DV-Verfahren muss in Abständen auf durchgeführte Veränderungen untersucht werden. Entweder wird dies durch ein Audit durchgeführt oder durch Daten des Projektmanagements einer Firma, das ein neues DV-Verfahren einführt.

Abb. 3.9
Die Geschäftsprozesse und die zugrunde liegenden Daten der CMDB liegen mittels Configuration Management offen wie ein Buch vor

Auch Daten der Inventarisierung einzelner Investitonsgüter bzw. der entsprechenden Daten werden vom Configuration Manager geprüft und entsprechend der Firmenstrategie und des Configuration-Management-Plans zur weiteren Verwendung vorgesehen. Er automatisiert, soweit wie möglich, den Veränderungsprozess der CMDB. Weiterhin bildet er das Configuration-Support-Personal aus. Der Configuration Manager steht in engem Kontakt zu den Verantwortlichen des Change Managements und ist teilweise Mitglied in dem CAB (change advisory board) der einzelnen DV-Verfahren. Er wird entsprechende Configuration Management Reports erzeugen und diese nach Bedarf weiterleiten und Rede und Antwort stehen.

3.2.3.2
Configuration-Support-Personal

Von der Grösse einer Firma bzw. der Anzahl von erfassten CIs in der CMDB hängt es ab, ob der Configuration Manager alleine für die

Aufgaben des Configuration Managements verantwortlich ist oder ob er Unterstützung durch das Configuration-Support-Personal bekommt, für das er verantwortlich ist. Das Configuration-Support-Personal wird die CMDB auf den neuesten Stand bringen und den Status der einzelnen CIs überprüfen. Es wird Configuration Baselines erzeugen, die es erlauben, den kontrolliert funktionsfähigen Stand durch Angaben der CMDB wiederherzustellen. Es wird auf Anforderung die Struktur der CMDB verändern und die Nutzerverwaltung der CMDB übernehmen. Darunter fällt das Anlegen von neuen Nutzeraccounts der CMDB sowie die Rechtevergabe des Zugriffs je nach Aufgabenprofil. Das Configuration-Support-Personal wird Audits durchführen und die CMDB abgleichen mit den tatsächlichen Gegebenheiten. Es wird unterstützend tätig für die Mitarbeiter, die in den anderen Servicebereichen mit der CMDB arbeiten, wie z.B. das Personal des Incident- und Problemmanagements. Eine weitere Aufgabe des Configuration-Support-Personals liegt darin, eine Impactanalyse von betroffenen CIs bei einer vorgesehenen Veränderung durch das Change Management durchzuführen.

3.3 User Help Desk (First-, Second- und Third-Level Support)

Ein Incident Management ohne User Help Desk ist kaum möglich. Im Gegensatz zum Incident Management ist das User Help Desk unter ITIL ein Funktionsbereich (funcional area) und kein Service-Prozess. Da heute selbst kleinere Firmen mehrere DV-Verfahren innerhalb der Produktionsprozesse einsetzen, versucht man, durch eine zentrale Hotline die Supportleistung zu bündeln, um dadurch

Abb. 3.10
Der Service bzw. das Personal, das diesen Service leistet, hat einen hohen Einfluss auf die Verfügbarkeit eines DV-Systems

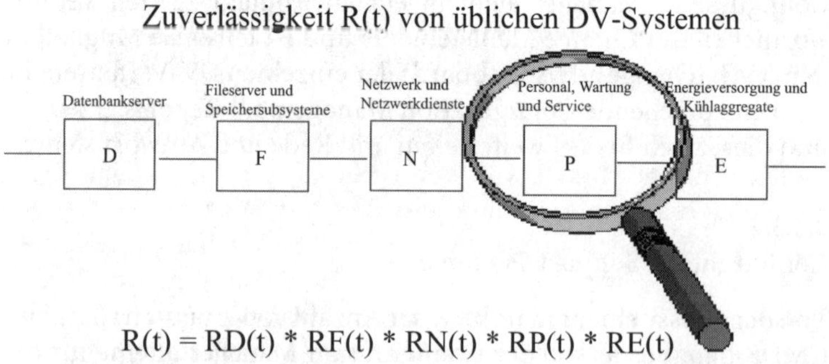

besser und schneller reagieren zu können. Nicht erst seit es die ITIL gibt, hat das User Help Desk in einer Organisation oder Firma einen hohen Stellenwert. Das User Help Desk fördert die Akzeptanz der eingesetzten DV-Anwendungen und erhöht, da zentrale Ansprechpartner existieren, die Verfügbarkeit der eingesetzten DV-Verfahren. Aber wie ist eigentlich ein User Help Desk oder eine Hotline strukturiert?

Allgemein wird bei der Organisation einer Hotline innerhalb einer Firma bzw. bei Systemdienstleistern die Supportleistung in drei Stufen (Level) eingeteilt.

Unter **First-Level Support** versteht man, dass die Fehler bzw. Fragen, die an eine Supportstelle, meist ein User Help Desk bzw. Call Center, gegeben werden, von dem dort vorhandenen Personal erfasst werden. Weiterhin versucht man, dort direkt die entsprechenden Massnahmen einzuleiten bzw. die Beantwortung der Fragen vorzunehmen. Ziel ist dabei, möglichst schnell den überwiegenden Teil der Anfragen direkt vor Ort zu erledigen, auch unter Nutzung von „Work Arounds", ohne die eigentliche Fehlerursache zu beheben. Der First-Level Support hat auch die Aufgabe, die Routineanfragen bzw. Dienstleistungen zu übernehmen. Ziel ist es, möglichst 50% aller Anfragen direkt abzuarbeiten. Alle offenen Anfragen werden weitergegeben an den **Second-Level Support**, unter ITIL auch Problem Management genannt, der dort versucht, entsprechende Lösungen zu erarbeiten bzw. weitergehende Aktionen einzuleiten um den Kunden zu helfen und die eigendliche Störungsursache zu beheben. Dieser wird durch den First-Level Support in hohem Masse von den Routineaufgaben entlastet, so dass er sich auf die schwierigen Probleme konzentrieren kann. In besonders komplizierten Fällen werden die Anfragen, die an den Second-Level-Support gestellt werden, an eine externe Stelle, z.B. den Hersteller eines entsprechenden Hard- bzw. Software-Produktes, weitergegeben.

Dies entspricht dann dem **Third-Level Support**. Oft bietet das User Help Desk einer Firma besondere Möglichkeiten der Kontrolle bzw. Informationen über die wesentlichen Elemente des DV-Verfahrens. Meist wird dort eine Konsole der Managementsoftware, wie z.B. Tivoli bzw. HP Open View, integriert, um eventuellen Fehlern schneller auf den Grund gehen zu können. Aber auch Temperaturüberwachung oder Zugangskontrollsoftware ermöglicht dem User Help Desk vielseitige Überwachungs- und Auskunftsmöglichkeiten. Bei externen User Help Desks wird meist eine Problemerfassungs- und -verfolgungssoftware (Trouble Ticketing) eingesetzt, die es erlaubt, jeden einzelnen Fehler zu erfassen und einen zeitlich gesteuerten Eskalationsprozess einzuleiten. Die Trouble Ticketing (Problemerfassung und -verfolgung) ist ein Tool, das dem Fehlermanagement dient.

Abb. 3.11 Stufen der Verfügbarkeit von DV-Systemen

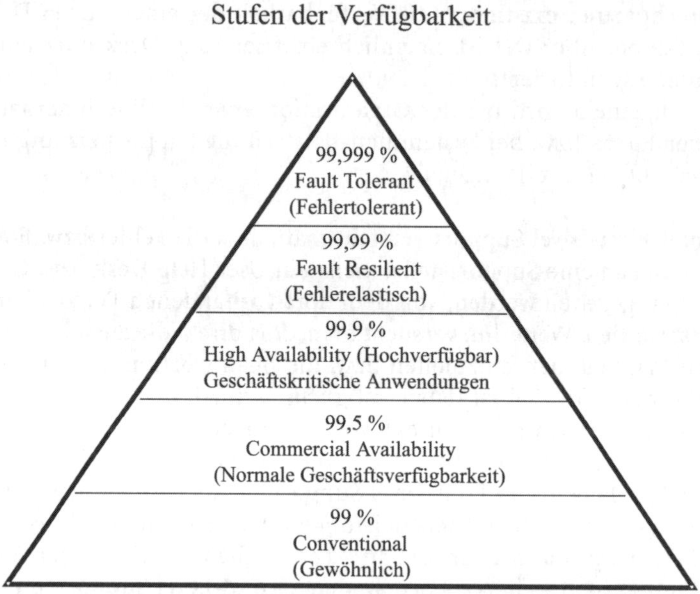

Folgende Funktionselemente beinhaltet eine User-Help-Desk-Software oder Ticket (Fehlermeldung)-Management-Software:

- Prioritätsgesteuerte Fehlererfassung
- Zuordnung von Störungsmeldungen zu Sachbearbeitern
- Wissendatenbank über frühere Fehler und Fehlerlösungen
- Konfigurierbare Suchfunktionen
- Übersichten über offene Fehler nach Priorität und Sachbearbeiter
- Automatische Benachrichtigung des Vorgesetzten bei Ablauf der Fehlerbehebungsfrist
- Berechtigungs- und Nutzerverwaltung
- Anbindung der Arbeitsplatzrechner an eine CTI (Computer Telephone Integration oder Computerized Telephone Integration)-Schnittstelle sowie an das Email-System einer Firma
- Remote-Komponente zum Fernzugriff auf andere Arbeitsplatzrechner

Die Erreichbarkeit eines User Help Desks sollte so organisiert sein, dass zu den normalen Geschäftszeiten die Hotline besetzt ist und dass nach den normalen Geschäftszeiten für wichtige DV-Verfahren eine Rufbereitschaft besteht, die in wichtigen Fällen kontaktiert werden kann.

Um den Help-Desk-Prozess in der richtigen Art und Weise nach seiner Dringlichkeit einordnen zu können, hat sich ein dreistufiges Einordnungssystem bewährt, das aus der Kategorisierung von verwundeten Soldaten während des Krieges stammt.

- Priorität 1: Ich kann nicht mehr arbeiten ohne weitere Unterstützung.
- Priorität 2: Bitte den Fehler finden, sobald wie möglich. In der Zwischenzeit werde ich andere Arbeiten erledigen.
- Priorität 3: Ich kann ohne Fehlerbehebung in der nächsten Zeit noch weitere Tätigkeiten erledigen.

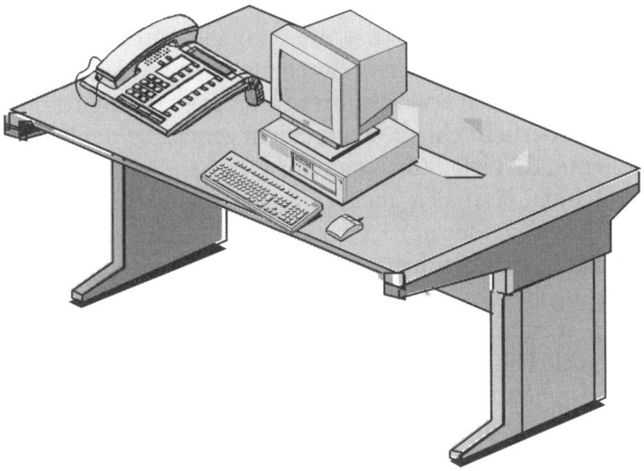

Abb. 3.12
Typischer User Help Desk Arbeitsplatz mit CTI (Computer Telephone Integration oder Computerized Telephone Integration)-Schnittstelle

Das User Help Desk oder die Hotline einer Firma ist der Punkt, an dem die Anwender eines DV-Verfahrens mit dem IT-Service in Kontakt treten. Um diese wichtige Rolle innerhalb eines Unternehmens ausfüllen zu können, muss es einen Verhaltenskodex geben, der aus drei Punkten besteht:

- Niemals einen anderen Teil des IT-Bereiches beschuldigen, er sei für das Problem verantwortlich.
- Akzeptieren von Bemerkungen, Vorschlägen und Beschwerden über jeden Aspekt, der die IT-Abteilung betrifft. Festhalten die-

ser Elemente in entsprechender Form und Übermittlung an entsprechenden Ansprechpartner.

- Beherrschen des entsprechenden Fachwissens, um entsprechende Anrufe verstehen zu können, bzw. Sicherstellung, dass der Kunde von demjenigen kontaktiert wird, der dieses Fachwissen besitzt.

Die Mitarbeiter von DV-Abteilungen in Firmen wissen: Nichts ist so alltäglich wie der Griff zum Telefon, wenn das gerade benutzte Programm mal wieder nicht das tut, was es soll. Wie selbstverständlich gehen Gesprächspartner davon aus, dass der Mitarbeiter innerhalb der DV-Abteilung genau weiss, woran es liegt. Missverständliche oder falsche Fehlerbeschreibungen machen das Leben dieser Kollegen aus den DV-Abteilungen auch nicht gerade einfach.

3.4 Incident Management

Ein Incident Management hat die Aufgabe, eine gemeldete IT-Störung (Incident) möglichst schnell zu beheben und den Betrieb des nicht verfügbaren DV-Verfahrens wieder zu ermöglichen. Dazu kann es erforderlich sein, diesen Incident gemäss seiner Priorität zu klassifizieren, da viele Störungen zur gleichen Zeit auftreten können. Manchmal lässt sich auch eine gemeldete Störung auf einen Bedienungsfehler oder unzureichende Kenntnisse verschiedenster Art und Weise zurückführen, welche dann mit viel Taktgefühl bei der „Störungsbehebung" gelöst werden müssen. Aber nicht nur Störungen werden an das Incident Management herangetragen, sondern auch Hilfe beim Nutzen von bestimmten Funktionalitäten einer Applikationssoftware oder aber der Wunsch nach Änderungen an den bestehenden Applikationsprogrammen bzw. deren Workflow. Das Incident Management hat aber hauptsächlich reaktiven Charakter, da es störungsorientiert ist im Gegensatz zum Problemmanagement.

Eine weitere Aufgabe des Incident Managements ist das Einleiten und Durchführen aller notwendigen Massnahmen, um eine gegenwärtige Störung möglichst zeitnah zu beheben. Nach Entgegennahme des Incidents oder Calls (Störungsmeldung) muss eine Klassifikation der Störungsart sowie eine Bewertung des Störungsausmaßes vorgenommen werden. Auch soll mit intensivem Kontakt zum Problem Management sowie durch entsprechende präventive Massnahmen sichergestellt werden, dass diese IT-Störung nicht wieder möglich ist. Meist wird das Incident Management von First-Level-Mitarbeitern betrieben, die versuchen sollten, möglichst viele Störungsmeldungen selbst zu bearbeiten. Die Störungsbearbeitung wird des öfteren mit einer Wissensdatenbank erleichtert, in der zu ähnlich gelagerten Störungsmeldungen ein entsprechender Work-Around oder eine Fehlerbehebung beschrieben ist. Des öfteren werden von Problem-Management-Mitarbeitern entsprechende Lösungsansätze und Informationen in die Wissensdatenbank eingepflegt. Der Begriff Incident Management wird meist im Zusammenhang mit einem Customer Help Desk genannt, das für die Entgegennahme, Verwaltung und effiziente Abarbeitung an zentraler Stelle meist mit einer unterstützenden Software verantwortlich ist. Durch diese zentrale Bündelung von Störungs- und Nutzeranfragen wird gewährleistet, dass der Nutzer nicht langwierig herumsuchen muss, bis er kompetente Hilfe bei seinen Problemen erhält. Störungsmeldungen werden zentral erfasst und dem fachlich qualifizierten Mitarbeiter zur Lösung übergeben. Ist eine IT-Störung nicht innerhalb einer im SLA (Service Level Agreement) vereinbarten Zeit behoben, kann ein automatischer Eskalationsvorgang eingeleitet werden. Die Bearbeitung solcher ungelösten Fälle regelt das Problem Management. Aber nicht nur Störungen werden vom Incident Management bearbeitet, sondern auch applikationsbezogene Anfragen zur effektiven Nutzung. Eine weitere Aufgabe des Incident Management ist die Ermittlung von Störungskennzahlen und entsprechender Statistiken, die eine eigene Sicht auf ein DV-Verfahren ermöglichen. Das Hauptaugenmerk des Incident Mana-

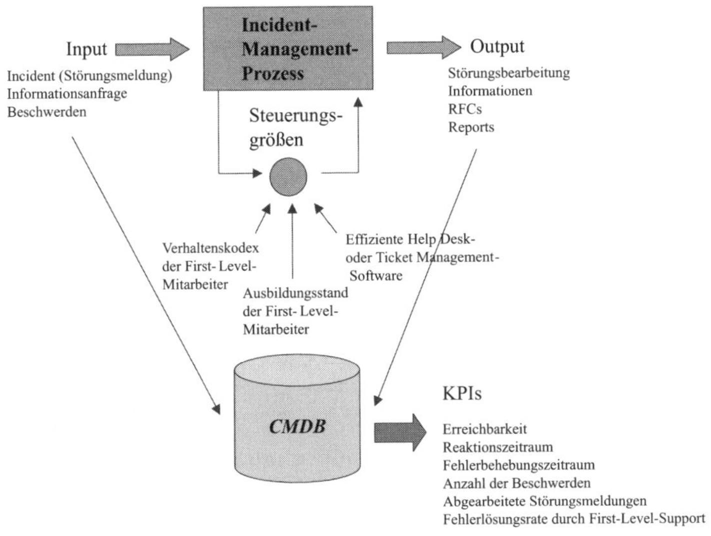

Abb. 3.13 Schematische Darstellung des Incident-Management-Prozesses

gement liegt darauf, dass die von einem Nutzer eines DV-Verfahrens gemeldete Störung möglichst schnell beseitigt wird. Dies ist aber reaktives Verhalten und bedeutet nicht grundsätzlich, dass die Fehlerursache beseitigt wurde und der Fehler nicht mehr auftritt. Deswegen arbeitet das Incident Management mit dem Problem Management eng zusammen, die für die Fehler-Ursachenforschung und deren Beseitigung verantwortlich sind und somit proaktives Fehlermanagement betreiben. Das Incident Management ist Informationsangelpunkt für alle sonstigen ITIL-Service-Prozesse.

Die Hauptaufgaben oder Aktivitäten des Incident Management sind:

- Störungsmeldungen bzw. Nutzeranfragen entgegennehmen und dokumentieren (Incident detection and recording)
- Priorisierung der Störungsmeldungen sowie qualifiziertes Weiterleiten (Classification and initial support)
- Möglichst viele Störungen möglichst zeitnah beseitigen (Investigation and diagnosis)
- Kontrolle und Monitoring existierender Störungsmeldungen (Incident controling and monitoring)
- Benachrichtigen der Anwender, dass Störungen beseitigt wurden (Incident closure and communication)
- Freundliches Entgegenkommen sowie Verständnis für frustrierte, unter Zeitdruck stehende Nutzer eines DV-Verfahrens aufbringen

Der normale tägliche Arbeitsablauf des Incident Managements beginnt mit der Störungsmeldung eines verärgerten, unter Zeitdruck stehenden Nutzers eines DV-Verfahrens. Der geduldige Mitarbeiter des First-Level Supports des User Help Desks nimmt die Daten des Nutzers sowie die Störungsmeldung entgegen und dokumentiert diese Daten mittels einer Ticketing Software oder speziellen ITIL-konformen Software.

Meist wird versucht, dem Nutzer direkt zu helfen bzw. mit einem Work-Around die Einsatzfähigkeit, wenn auch manchmal in eingeschränkter Form, sicherzustellen. Work-Arounds sollen helfen, die Schwere der Störung bzw. den Einfluss der Störung auf die Geschäftsfähigkeit einer Firma abzumildern sowie dem Incident Management die Zeit zu verschaffen, die es braucht, um eine ordnungsgemässe Störungsbehebung vorzunehmen.

Je nach DV-Verfahren, das von der Störung betroffen ist, und der Schwere des Fehlers bzw. der Höhe des Handlungsdrucks, dem der Nutzer des DV-Verfahrens ausgesetzt ist, wird eine Fehlerklassifizierung und Priorisierung vorgenommen. Dabei sind folgende Klassifizierungsparameter wichtig:

- Auswirkung auf den Geschäftsprozess
- Dringlichkeit und Priorität
- Die Problemkategorie und die Komplexität einer Störung
- Status einer Störung

Abb. 3.14 Typische Anfangssituation einer Störung

Je nach Dringlichkeit und Auswirkung einer gemeldeten Störung auf die Geschäftsprozesse bzw. je nachdem wieviele Nutzer von einer Störung betroffen sind, wird entschieden, welche Störung als erstes behoben werden muss und wieviele Ressourcen für die Behebung der Störung eingesetzt werden sollen. Dies ist auch oft davon abhängig, welche Vereinbarungen z.B. innerhalb eines SLA (Service Level Agreement) oder Betriebskonzeptes mit der meldenden Abteilung über ein bestimmtes DV-Verfahren vereinbart wurde.

Die zu definierende Problemkategorie beschreibt dabei, in welchem Bereich der Fehler zu suchen ist, wie z.B. Netzwerk-, Anwendungssoftware- oder Betriebssystem-Problem, und versucht, die Komplexität abzuschätzen. Dies ist auch wichtig, damit entsprechend qualifiziertes Personal für diese Art Fehler eingesetzt werden kann. Meist wird nach einer Störungsmeldung, je nach Wissensgebiet, ein entsprechender Mitarbeiter oder eine Mitarbeitergruppe informiert, die entsprechendes Hintergrundwissen aufweist und die Störung beheben soll. Durch Hinzufügen eines Statusfeldes ist das User Help Desk in der Lage, bei weiteren Anfragen über den Fortschritt einer Fehlerbehebung Auskunft zu geben. Eine kurze Fehlerhistorie ermöglicht dem Mitarbeiter des User Help Desks, sich einen Überblick zu verschaffen, so dass er genau weiss, wovon der Anrufer spricht.

Oft wird dem Mitarbeiter, der die Störung gemeldet hat, geraten, bei lokal begrenzten Fehlern einen Ersatzarbeitsplatzrechner aufzusuchen und seine Arbeit dort fortzusetzen, bis die Störung beseitigt ist. Die Mitarbeiter des Incident Management sehen als erstes innerhalb einer Wissensdatenbank oder der CMDB (Configuration Management Database) nach, ob dieser Fehler bei diesem CI schon mal aufgetreten ist oder ob es weitere Informationen zu bestehenden Fehlern und Problemen gibt, die das Problem Management in einer Wissensdatenbank niedergelegt hat.

Auch sind in der CMDB Hinweise vorhanden, ob in der letzten Zeit RFC (Requests for Change) durchgeführt wurden oder ob in nächster Zeit welche durchgeführt werden sollen. Eventuell findet sich dort ein Hinweis, welcher Mitarbeiter des Problem Management sich der Problematik gerade annimmt. Alle neuen Informationen bezüglich der gemeldeten Störung werden innerhalb der angelegten Störungsmeldung vervollständigt. Weitere Details des CI, durch das die Störung ausgelöst wurde, werden in der CMDB (Configuration Management Database) hinzugefügt. Sollte die Störung durch die Analyse mit daraus folgender Behebung erfolgreich verlaufen sein, so wird der Nutzer verständigt, dass er nun wieder mit dem DV-Verfahren arbeiten kann und die Störungsmeldung mittels Lösungsansatz in den Status „gelöst" versetzt. Der Mitarbeiter, der die Störung gemeldet hat, wird meist gebeten, das User Help Desk noch davon zu verständigen, ob die erzielte Lösung für seine notwendigen Arbeiten ausreichend ist oder ob weitere Korrekturen notwendig sind.

Durch dieses formalistische Vorgehen ist gewährleistet, dass die Qualität der Störungsbehebung so ist, dass der Mitarbeiter, der die Störung gemeldet hat, zufrieden mit der Arbeit des User Help Desk ist. Sind die Mitarbeiter einer Firma mit dem Service des User Help Desk zufrieden, so ist das die beste Werbung, die ein IT-Service haben kann. Die Wissensdatenbank wird dann mit den neuen Erkenntnissen zu der gelösten Störung versehen, so dass zu einem späteren Zeitpunkt bei Eintreten der gleichen oder einer ähnlichen Störung diese dank der enthaltenen Information schnell beseitigt werden kann. Ist die gemeldete Störung bisher noch nicht in dieser Art und Weise aufgetreten, so wird das Problem Mangement davon in Kenntnis gesetzt. Ist zur Störungsbeseitigung ein RFC (Request for Change) notwendig, so muss das Change Management davon in Kenntnis gesetzt werden. Konnte die Störung nicht innerhalb einer vereinbarten Zeit behoben werden, wie z.B. innerhalb eines SLA (Service Level Agreement) zugesichert, so wird meist automatisch mittels der Incident Management Software oder einer Ticketing Software der Incident Manager davon in Kenntnis gesetzt, der dann entsprechende Schritte einleiten kann: z.B. weitere Mitarbeiter mit der Störungsbehebung beauftragen oder auch weitere Unterstützungsleistung beim Problemmanagement anfordern.

Auch kann die Situation eintreten, dass der Fehler sich nicht direkt beheben lässt, weil die notwendigen Tätigkeiten durch eine externe Wartungsfirma erfolgen muss.

Das gleiche passiert auch, wenn die gemeldete Störung einen massiven Einfluss auf die Geschäftsprozesse einer Firma hat. Entdeckt ein Mitarbeiter eine veraltete Information oder eine anders geartete Inkonsistenz innerhalb der CMDB zu einem bestimmten CI, so sollte das Configuration Management davon in Kenntnis gesetzt werden.

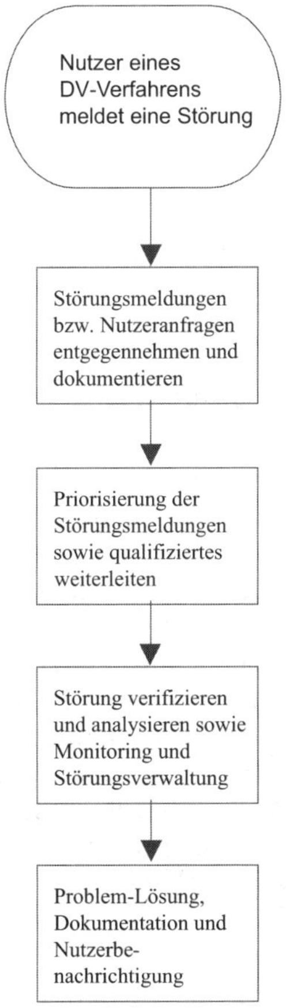

Abb. 3.15 Schematischer Incident-Management-Prozess

Abb. 3.16 Daten der CMDB-Datenbank, die dem Incident-Management helfen

3.4.1 Hilfsmittel des Incident Managements

Des öfteren wird eine spezielle Monitoring Software eingesetzt, welche auf potentielle Fehlermöglichkeiten hinweist: z.B. Server ist nicht mehr ansprechbar. Auch haben die Mitarbeiter die Möglichkeit, sich mittels einer Remotesoftware auf den Arbeitsplatzrechner des Nutzers, der die Störung gemeldet hat, einzuloggen und dort Veränderungen vorzunehmen. Schlägt dieser Versuch fehl, so ist meist ein Arbeitsplatzrechner mit der entsprechenden Applikationssoftware beim Incident Management vorhanden, mit dem überprüft werden kann, ob es ein grundsätzlicher Fehler ist. Außerdem ist eine gute und übersichtliche Wissensdatenbank entscheidend dafür, ob relativ schnell die Störung beseitigt oder zumindest die Fehlerursache ermittelt werden kann. Eine übersichtliche Wissensdatenbank steigert die Effektivität des Incident Managements enorm. Innerhalb der Wissensdatenbank sind auch manchmal spezielle Fragenkataloge zu speziellen Fehlersituationen enthalten, die helfen, eine Fehlerursache näher einzukreisen. Die Aufbereitung und Aktualisierung der Wissensdatenbank ist Hauptaufgabe des Problemmanagement bzw. jedes Supportmitarbeiters, der seine Fehlerlösungen ordnungsgemäss dokumentiert.

3.4.2
Zugeordnete Rollen zum Incident Management

3.4.2.1
Incident Manager

Der Incident Manager hat die Aufgabe, den Incident-Management-Process innerhalb einer Firma einzuführen, diesen weiterzuentwickeln, so dass die überwiegende Anzahl von Störungsmeldungen beim First-Level Support abgearbeitet werden kann. Er muss den von ihm eingeführten Incident-Management-Prozess möglichst effektiv und kostensparend umsetzen. Er muss die Kennzahlen seines Incident-Management-Prozesses in Zeitabständen neu ermitteln und daraus die notwendigen Entscheidungen treffen, um die Effektivität des Prozesses zu verbessern und Kosten einzusparen. Er stellt die notwendigen Informationen über seinen Bereich zusammen, um der Geschäftsleitung Rechenschaft abzulegen.

Abb. 3.17
Der Incident Manager beim Auftreten einer Störung mit grossem Einfluss auf die Geschäftsprozesse einer Firma

Er setzt die ihm zugeordneten Spezialisten den Erfordernissen einer anstehenden Störung entsprechend ein und hält stetigen Kontakt zum Problem- und Change-Management-Verantwortlichen. Der Incident Manager evaluiert die anstehenden Störungen und ist in der Lage, die Priorität und die Schwere eines Problems im Hinblick auf die Geschäftsprozesse einer Firma einzuschätzen. Da das Incident Management nicht selten unter zeitlichem Druck steht und auch dem direkten Druck der Mitarbeiter ausgesetzt ist, die Störungen melden, wird vom ihm viel Fingerspitzengefühl/Einfühlungsvermögen für seine Mitarbeiter und Kommunikationstalent im Umgang mit externen anderen Abteilungen verlangt, die er je nach Störungsart und abgelaufener Zeit mit Hintergrundinformationen versorgt. Der Incident Manager verfolgt den Status und die Zeitdauer, die seit der Störungsmeldung vergangen ist. Bemerkt er, dass eine spezielle Störungsmeldung schon den verschiedensten Mitarbeitern seines Teams zugeordnet wurde, ohne dass sich das Problem lösen lässt, versucht er, der Situation entsprechend helfend einzugreifen und z.B. das Problem Management mit der Störungsbehebung zu beauftragen. Er muss dafür sorgen, dass immer jemand da ist, der Störungen entgegennimmt, auch wenn momentan niemand die Störung beheben kann. Wird eine Störung gemeldet, die einen grossen Einfluss auf die Geschäftsprozesse einer Firma ausübt, so ist es die Aufgabe des Incident Managers, entsprechend definierter SLA (Service Level Agreements) Repräsentanten aller beteiligten Abteilungen, interne und externe Nutzer sowie IT-Service an einen Tisch zu holen, um dort zu informieren und das weitere Vorgehen abzustimmen.

3.4.2.2 Incident-Support-Personal

Das Incident-Support-Personal auch First-Level-Personal genannt, sollte verschiedene Fähigkeiten besitzen. Neben technischen Kenntnissen ist viel Fingerspitzengefühl gefragt, da eine wesentliche Komponente darin besteht, mit Menschen zu kommunizieren, die verärgert über eine Störung sein können. Das Incident-Support-Personal innerhalb des User Help Desk ist der von den Nutzern der IT-Infrastruktur am meisten wahrgenommene von allen ITIL-Serviceprozessen. Es ist das Aushängeschild einer serviceorientierten IT-Infrastruktur. Nimmt das Incident-Support-Personal am Telefon eine Störung entgegen, so ist es notwendig, dies mit Freundlichkeit und Ruhe zu tun und beim Mitarbeiter, der anruft, wenn nötig, auch mehrmals denselben Sachverhalt abzufragen, obwohl dieser unter Zeitdruck stehen kann. Meist ist es somit notwendig, die entsprechenden Mitarbeiter in Zeitabständen am Telefon abzulösen, da dies meist eine nervenaufreibende Angelegenheit ist. Die Mitarbeiter, die den Telefondienst versehen, müssen dann die bekannten Daten mittels einer Ticketing Software oder ITIL-konformen Software niederschreiben. Oft wird auch versucht, durch eine Remote Software bzw. mit einer persönlichen Inaugenscheinnahme am Arbeitsplatz des Mitarbeiters, der eine Störung meldet, den Fehler zu beheben. Die Arbeit des Incident-Management-Support-Personals geschieht in enger Anbindung an eine Ticketing- oder andere ITIL-konforme Software, die es ermöglicht, Informationen über frühere Störungen, betroffene CIs sowie mögliche Work-Arounds abzufragen. Nachdem die Störung behoben ist, wird vom Incident-Management-Support-Personal der Lösungsweg innerhalb einer Wissensdatenbank dokumentiert, damit andere Kollegen bei ähnlichen Störungen einen möglichen Lösungsweg erhalten können.

Abb. 3.18 Incident-Support-Personal nimmt die Störungsmeldung entgegen

Die Benachrichtigung, dass eine Störung behoben ist, gehört zu den angenehmen Dingen, die neben einer abwechslungsreichen Tätigkeit den Tag verschönern. Der am meisten vom Incident-Management-Support-Personal geäußerte Nachteil seiner Tätigkeit liegt darin, das sie zu sehr reaktiv und mehr darauf angelegt ist eine Störung zu beseitigen, ohne die Zeit zu haben, die eigentliche Störungsursache beheben zu können. Oft wird an das Incident-Management-Support-Personal die Anforderung gestellt, in Schichten zu arbeiten, besonders wenn es sich um Firmen oder öffentliche Institutionen handelt, die rund um die Uhr ihre Tätigkeiten verrichten.

3.4.3 Mögliche Key Performance Indicators (KPI) zum Incident Management

Ziel eines erfolgreichen Incident Management ist es, möglichst schnell eine gemeldete Störung zu beheben oder aber die benögtigten Informationen zu übermitteln, so dass der Störungsmelder seine Tätigkeit erfolgreich durchführen kann. Die Anzahl von gemeldeten bzw. beseitigten Störungen sowie die durchschnittliche Reaktionszeit bzw. durchschnittliche Störungsbehebungszeit ergeben sich somit natürlich als die dem Incident Management zugeordneten KPIs. Da das Incident Management auch den markwirtschaftlichen Gesetzen unterworfen ist, sind die daraus entstehenden Kosten von Interesse.

Auch ist von Interesse, wie häufig gegen bestehende SLA (Service Level Agreements) verstossen wurde, weil die zugesicherte Reaktionszeit überschritten wurde. Ist dies des öfteren der Fall, sind entweder die Benchmarks dieses SLA zu eng gefasst oder es liegt eine zu hohe Belastung des Incident Management vor oder aber es gibt Veränderungsbedarf beim Incident-Management-Prozess.

Abb. 3.19 Key Performance-Indikatoren des Incident Management im Jahresüberblick

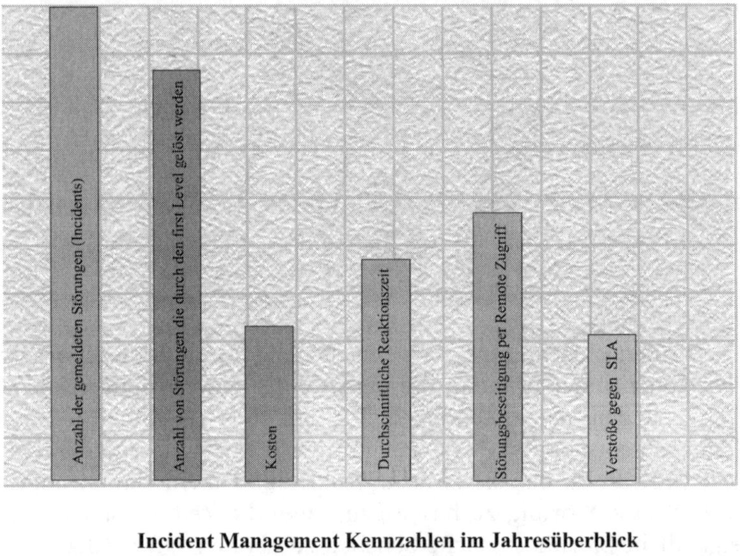

Somit ergeben sich folgende KPI:

- Anzahl der gemeldeten Störungen (Incidents), aufgeschlüsselt nach Priorität
- Durchschnittliche Reaktionszeit sowie Zeitdauer bei der Störungsbehebung
- Durchschnittliche Kosten des Incident Management
- Anzahl der am Telefon oder per Remote-Zugriff lösbaren Probleme (keine Fehlerbehebung vor Ort erforderlich)
- Anzahl von Störungen, die durch den First Level gelöst werden konnten
- Anzahl von Störungen, deren Randparameter gegen einen definierten SLA verstossen

3.5 Problem Management

Im Gegensatz zum Incident Management wird beim Problem Management versucht, proaktiv Fehler eines Systems zu beseitigen, damit diese nicht mehr reaktiv beim Incident Management anfallen. Der Problem-Management-Prozess ist darauf gerichtet, die Anzahl sowie die Auswirkung von Störungen der Geschäftsprozesse einer Firma zu reduzieren bzw. dafür zu sorgen, dass diese Störungen in Zukunft nicht mehr auftauchen. Das Problem Management umfasst die Verwaltung, Verfolgung und Bearbeitung existierender Probleme. Meist liegt eine Störungssituation vor, welche das Problem Management in zeitlichen Zugzwang setzt. Die Mitarbeiter des Problem Management sind die Detektive des IT-Service, die sich technische Sachverhalte ansehen und daraus schließen, welche grundsätzliche Fehlerursache zu diesem Fehler führte.

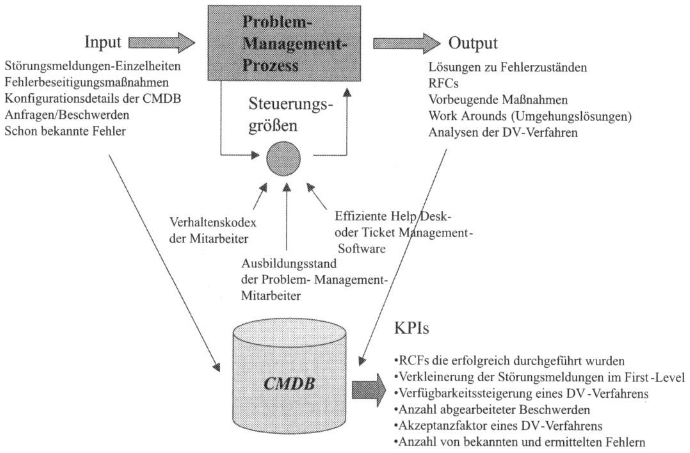

Abb. 3.20 Schematische Darstellung des Problem-Management-Prozesses

Diese grundsätzliche Fehlerursache wird dann proaktiv beseitigt, damit sie nicht zu weiteren vielseitigen Fehlern führen kann, bzw. um die Auswirkungen von entsprechenden Fehlern zu mildern. Oft muss auch, um die allgemeine Form und Informationspflicht zu wahren, ein RFC (Request for Change) definiert werden, der dann in der entsprechenden Runde mit allen Beteiligten innerhalb des Change-Management-Prozesses besprochen wird. Meist sind es wiederkehrende ähnliche Fehlermeldungen, die mit der Zeit beim Incident Management auflaufen, die das Problem Management auf die Spur der grundsätzlichen Fehlerursache führen. Wird eine entsprechende Ticketing-Software genutzt, so lassen sich mit einer Analyse entsprechend aufgetretener Fehlerhäufigkeiten grundsätzliche Schwachstellen eines DV-Verfahrens oder deren Infrastruktur ermitteln. Ist einmal die entsprechende Fehlerursache bzw. fehlerbehaftete Komponente gefunden, so stellt das Problem Management entsprechende Ressourcen zur Verfügung, um die Fehlerursache zu beseitigen. Dies kann des öfteren bedeuten, dass eine Fremdfirma beauftragt wird, entsprechende Softwareprogramme zu verändern oder Hardwareelemente auszutauschen. Des öfteren kommen die Anfragen über spezielle Probleme vom Incident Management, das zwar in der Lage ist, schnell einen Work-Around für ein gegenwärtiges Problem zu finden, sich aber außer Stande sieht, die eigentliche Problemursache zu identifizieren bzw. dieses Problem mit den zur Verfügung stehenden Mitteln zu beseitigen. Hier liegt auch der generelle Gegensatz vom Incident zum Problem Management.

Abb. 3.21 Problem Management: Detektive im Einsatz

Das Incident Management möchte nur schnell dem Nutzer eines DV-Verfahrens helfen, wogegen das Problem Management in erster Linie vermeiden will, dass dieser Fehler wieder auftritt, indem die Fehlerursache beseitigt wird. So kann z.B. kann ein Netzwerkfehler sicherlich leicht behoben werden, indem ein entsprechender Switch vom Incident Management neu gestartet wird, wogegen das Problem Management lieber möchte, dass eine interne Switching-Fabric ausgewechselt wird, um den Fehler für alle Zeiten zu beheben. Dies kann auch bedeuten, dass das Netzwerk erst nach mehreren Stunden wieder funktionstüchtig ist, da die Fehleranalyse sowie das Austauschen der Switching-Fabric mehr Zeit in Anspruch nimmt als das neue Starten des Switches. In Firmen, in denen das Problem Management von den gleichen Mitarbeitern des Incident Management wahrgenommen wird, sollte eine Regelung gefunden werden, wie sich beide Tätigkeiten mit dem täglichen Geschäft des Incident Managements vereinbaren lassen.

Man kann sagen, dass das Problem Management die Qualitätssicherung des Incident Managements ist. Grundlage eines effektiven Problem Managements ist eine entsprechende Ticketing-Software, in die alle Incidents (Störungs- oder Fehlermeldungen) einer Hotline als Wissensdatenbank abgespeichert sind. Aus den Fehlermeldungen lassen sich langfristige Tendenzen herausfiltern und entsprechende Schlüsse ziehen. Hier arbeitet das Problem Management Hand in Hand mit dem Availability Management, welches die Aufgabe hat, das DV-Verfahren möglichst so zu gestalten, dass die Verfügbarkeit so hoch wie irgend möglich getrieben werden kann. Der Nutzen eines Problem Managements liegt somit grundsätzlich darin, die Zuverlässigkeit eines IT-Services oder die Verfügbarkeit eines DV-Verfahrens zu steigern.

Werden in einer Firma die gleichen DV-Verfahren auf unterschiedlichen Systemen eingesetzt, so sollte dafür gesorgt werden, dass ein Fehler, der beim ersten DV-Verfahren aufgetreten ist, möglichst im Vorfeld beim zweiten DV-Verfahren beseitigt wird, bevor dieser überhaupt auftreten kann.
Die Hauptaufgaben des Problem Management sind:

- Problem- und Fehlerkontrolle (Problem Control) bzw. deren Identifikation (Problem Identification) sowie deren Dokumentation (Problem Recording) und eventuelle Garantieansprüche prüfen
- Klassifizieren der erkannten Probleme in Kategorien nach Auswirkung auf die Geschäftsprozesse einer Firma (Problem Classification)
- Problem-Analyse (Problem Investigation and Diagnosis), entweder reaktiv oder proaktiv
- Problemlösungen aufzeigen und beseitigen (Problem Resolution)
- Proaktives Verhindern von Fehlern durch Analyse und Ersatz bzw. Änderungen
- Einleiten aller notwendigen Massnahmen zur Stabilitäts- und Verfügbarkeitssteigerung
- Identifizierung von Trends innerhalb von Fehlermeldungen
- Aufbereitung von Datenanalysen für die Geschäftsleitung, um spätere eventuell notwendige Investitionskosten im Vorfeld schon benennen zu können
- Intensives Arbeiten mit dem Incident Management sowie den erweiterten Funktionalitäten der Ticketing-Software des User

Help Desks (Wissensdatenbank) sowie der CMDB (Configuration Management Database)

Innerhalb des Problemlösungsprozesses grösserer Probleme werden die verschiedensten Mitarbeiter mit entsprechenden Fähigkeiten innerhalb eines Teams zusammengestellt.

Sieht man sich nach Feststellung eines Problems, welches entweder durch gemeldete Fehler oder durch Auswertungen von Fehlerprofilen erkannt wurde, die unterschiedlichen Aktivitäten eines Problem-Management-Prozesses, wie in Abb. 3.22 dargestellt, im Einzelnen an, so kann man diese in vier Bereiche einordnen:

- Problem- und Fehlerkontrolle (Problem Control)
- Klassifizieren der erkannten Probleme (Problem Classification)
- Problem-Analyse (Problem Investigation and Diagnosis)
- Problemlösungen aufzeigen und beseitigen (Problem Resolution)

Nachdem ein Fehlerhinweis eingetroffen ist, muss das Problem Management die eigentliche Ursache des Fehlers oder eines Fehlerprofils ermitteln und dokumentieren. Durch Auswertung von entsprechenden Wissensdatenbanken in Zusammenhang mit der Ticketing-Software und der CMDB (Configuration Management Datenbank) sowie dem Verifizieren des Fehlers und der damit verbundenen Umstände wird das Problem identifiziert.

Ein Problem ist ein zugrunde liegender Sachverhalt, der zu einem oder mehreren Fehlermeldungen (Incidents) führen kann. Mit einfachen Worten: der Bereich Problem- und Fehlerkontrolle versucht Probleme in bekannte Fehler umzuwandeln, die dann „nur" noch beseitigt werden müssen.

Innerhalb der Problem- und Fehlerkontrolle (Problem Control)-Aktivität des Problem Management wird versucht auf möglichst effiziente Art und Weise die Hauptursache oder fehlerbehaftete Komponente (CI) zu finden und dem Incident Management mit Ratschlägen oder bekannten Umgehungslösungen (Work-Arounds) zu helfen. Dabei übernimmt die Problem- und Fehlerkontrolle auch die Verwaltung dieses Fehlers von der Kategorisierung bis zum Bereitstellen des fertigen Lösungsansatzes bzw. Beantragen eines entsprechenden RFCs.

Eine weitere Aufgabe des Bereiches Problem- und Fehlerkontrolle des Problem Management in Zusammenarbeit mit dem Incident Management einer Firma ist es, herauszufinden, welcher Problemkategorie die meisten Fehler bzw. die meiste Arbeitszeit gewidmet wird, um dort massiv nach Fehlerursachen zu forschen.

Sind zwischen den Abteilungen, die ein DV-Verfahren nutzen, und der IT-Serviceabteilung SLA vereinbart, so ist die Aufgabe des Problem Management auch, diese Störung nicht eskalieren zu lassen, falls die zugesicherte Störungszeitdauer überschritten wird.

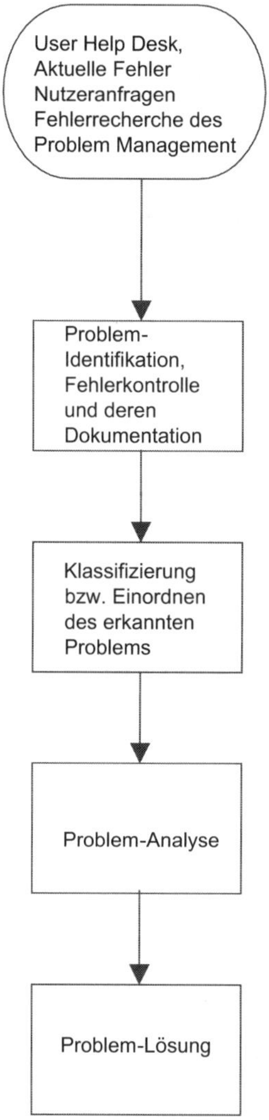

Abb. 3.22 Der Problem-Management-Prozess

Eine Detailaktivität des Problem Managements besteht darin, die Probleme in Kategorien einzuordnen nach ihren Auswirkungen (severity, impact) auf den zugrunde liegenden Geschäftsprozess.

Durch Analyse der in der CMDB aufgeführten fehlerhaften Komponente (CI) und deren miteinander verknüpften anderen

Komponenten ergibt sich ein Hinweis auf die Auswirkung eines Problems.
Grundlegende Faktoren zur Klassifikation eines Problems sind:

- Auswirkung auf den Geschäftsprozess
- Dringlichkeit
- Priorität
- Problemkategorie
- Geschätzter Lösungszeitraum

Die Problemkategorie beschreibt dabei, in welchem Bereich der Fehler zu suchen ist, wie z.B. Netzwerk-, Anwendungssoftware- oder Betriebssystem-Problem. Dies ist auch wichtig, damit entsprechend qualifiziertes Personal auf diese Art Fehler angesetzt werden kann. Je nach Auswirkung des Fehlers auf die Geschäftsprozesse und Dringlichkeit wird dann in einem direkten Vergleich zu anderen anstehenden Problemen eine Priorität festgelegt.

Abb. 3.23 Mitarbeiter des Problem Management geben Informationen darüber, wie bestehende Probleme beseitigt werden können, in die CMDB ein

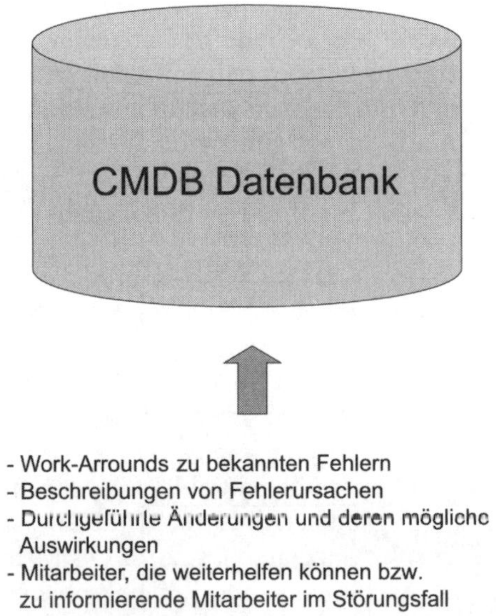

Des öfteren lässt sich für ein Problem auch ein organisatorischer Work-Around finden, wenn z.B. Garantieansprüche eines bestimmten DV-Verfahrens eine Veränderung bestimmter Systemkomponenten nicht zulässt bzw. diese erst über einen längeren Zeitraum von einer Fremdfirma behoben werden müssen.

Ein weiterer wichtiger Faktor zur Kategorisierung eines Problems ist die Schätzung über den Zeitraum, der benötigt wird, die Fehlerursache zu ermitteln und zu beheben. Dies kann weit reichende Folgen haben, z.B. für die Geschäftsleitung eines Unternehmens, das wegen des Fehlers nur eine kleinere Anzahl von Produkten herstellen kann, bis das Problem endgültig beseitigt ist. Nach der Klassifizierung des Problems und nachdem feststeht, dass dieses Problem zu lösen ist, wird versucht, innerhalb einer Problem-Analyse herauszufinden, was zu diesem Problem führte, und die entsprechende Komponente (CI), die dies verursacht, zu verändern oder zu ersetzen. Dabei ist der Zeitfaktor wesentlich und als Zwischenlösung ein Work-Around meist notwendig. Im Gegensatz zum Incident Management ist hierbei die Zwischenlösung nicht als endgültige Fehlerbehebung anzusehen, sondern soll nur die Zeit überbrücken, bis das Problem Management die Fehlerursache an sich, wenn möglich, beseitigt hat. Bei der Analyseaktivität des Problem Management unterscheidet man zwischen der reaktiven und der proaktiven Analyse. Die aktive Analyse bezieht sich auf Fehler, die momentan vom Incident Management gemeldet sind, und die proaktive auf Fehlerverhalten über eine längere Zeit, die aber gelöst wurden und bei denen man vermutet, dass es eine grundsätzliche Fehlerursache gibt.

Bei der proaktiven Analyse wird auch nach Verhaltensmustern innerhalb von aufgetretenen und behobenen Fehlern gesucht, die auf eine eindeutige Fehlerursache oder Fehlerquelle schliessen lassen. Diese Fehlerursache wird dann gezielt beseitigt, so dass weniger Fehlermeldungen beim Incident Management auftreten. Bei der Analyse von Fehlern wird auch gezielt die IT-Infrastruktur einer Firma miteinbezogen. Denkt man z.B. an Bandbreitenprobleme bei Netzwerken, die zu manch seltsamen Fehlern bei Applikationsprogrammen geführt haben, so erkennt man die Komplexität einer genauen Fehleranalyse.

Wird innerhalb einer Firma selbst Software zum eigenen Einsatz entwickelt, so sind meist bekannte und erfasste Fehler während des Entwicklungsprozesses dem Problem Management bekannt, welches dann die Aufgabe hat, entsprechende Informationen und Work-Arounds zusammenzufassen, so dass das Incident Management diese schnell nachlesen kann. Da das Problem Management in stetigem Kontakt zum Change Management einer Firma steht, wie er sich durch Treffen des Change Advisory Board (CAB) ergibt, so sind dem Problem Management auch Informationen verfügbar, welche RFCs in letzter Zeit an den unterschiedlichen CIs durchgeführt wurden. Diese Information ermöglicht es, eventuelle Schlüsse aus neu auftretenden Fehlern und durchgeführten RFCs zu ziehen. Auch ist es möglich, bei den regulären Treffen des Change Advisory

Board (CAB) darauf hinzuwirken, dass einzelne RFCs bevorzugt behandelt werden.

Nach der Problemanalyse schliesst sich die Implementierung und Kontrolle der Problemlösung an mit entsprechender Dokumentation, Problemreport und Benachrichtigung aller wesentlichen Beteiligten. Oft wird auch in dieser Phase ein RFC beantragt, der die entsprechende Komponente ersetzen soll. Dieser RFC wird dann innerhalb des Change Managements bearbeitet. Die Dringlichkeit oder das Einordnen der Priorität eines RFCs ist abhängig von der Dringlichkeit der Fehlerbehebung. Das Problem Management erhält vom Change Management einer Firma einen Report über alle vorgenommenen RFCs. Nach Überprüfung, ob der Fehler weiterhin auftritt, wird entschieden, ob weiterer Handlungsbedarf besteht oder das Problem als beseitigt klassifiziert werden kann.

Abb. 3.24 Wer ist schneller: der Fehler oder die proaktive Ursachenbehebung durch das Problem Management?

Die Implementierung eines RFCs kann auch bedeuten, dass Schulungsmassnahmen durchgeführt werden müssen, da sich der Arbeitsablauf oder die Funktionalität eines DV-Verfahrens verändert hat.

Aufgabe des Problem Managements ist es außerdem, Informationen und Beschreibungen über bestehende Fehler und deren Beseitigung anzufertigen und den Mitarbeitern des Incident Managements in der Art und Weise zur Verfügung zu stellen, dass diese schnell in die Lage versetzt werden, anfallende Probleme zu lösen. Diese Beschreibungen müssen in Zeitabständen überprüft werden, ob sie noch aktuell sind. Mitarbeiter des Incident Managements sind, bei komplexen Problemen entsprechend zu schulen. Mitarbeiter des Problem Managements ermitteln, ob es mittlerweile neue Versionen von Applikationssoftware gibt oder ob neue Produkte auf dem Markt sind, die bestimmte fehlerbehaftete CIs des gegenwärtigen DV-Verfahrens ersetzen können. Eine weitere Aufgabe des Problem Managements ist es, nach einer erfolgreichen Problembehebung einen Bericht zu verfassen, in dem festgehalten wird, wieviele Stunden an dem Problem gearbeitet wurde, welche Schlüsse in Bezug auf das DV-Verfahren, das davon betroffen war, zu ziehen sind, z.B. einen besseren Wartungsvertrag mit einer kleineren Reaktionszeit abzuschließen. Weiterhin sollte darin enthalten sein, welche Dinge beim nächsten Mal verbessert werden können, um schneller zu einer Problembehebung zu gelangen.

3.5.1 Unterschied zwischen Incident- und Problem Management

Der Unterschied zwischen Incident- und Problem Management liegt darin, dass das Hauptziel des Problem Managements darin liegt, die Hauptgründe oder die Ursache einer Störung oder eines Fehlers, die dem Incident Management gemeldet werden, zu finden. Es soll sichergestellt sein, dass in Zukunft der Fehler, wenn er auf eine grundsätzliche Ursache zurückzuführen ist, nicht mehr auftritt. Das heißt, die Blickrichtung des Problem Mangements ist darauf gerichtet, proaktiv mögliche Fehlerquellen zu eliminieren. Dies ist natürlich im krassen Gegensatz zu dem Ziel des Incident Managements, das den Nutzern eines DV-Verfahrens, die einen gegenwärtigen Fehler melden, möglichst schnell eine Beseitigung dieses Fehlerzustandes bieten will. Deswegen wird das Incident Management des öfteren Umgehungslösungen durchführen, ohne die eigentliche Fehlerursache zu beseitigen.

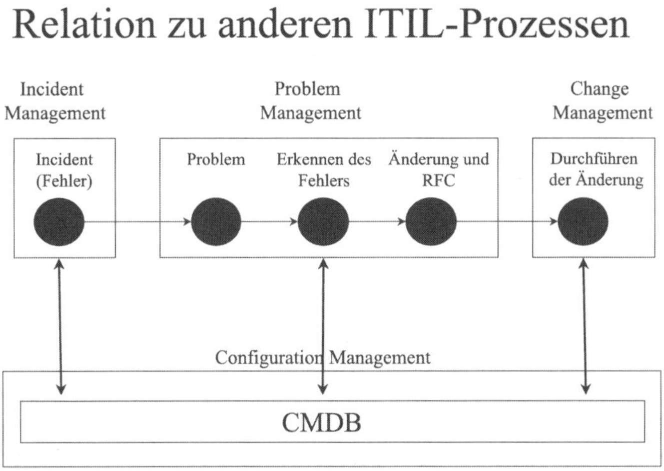

Abb. 3.25 Schnittstellen der Incident-, Problem-, Change-Management Prozesse

Meist ergibt sich diese Handlungsweise, da die eigentliche Fehlerbeseitigung längere Zeit in Anspruch nimmt als die Nutzer eines DV-Verfahrens erübrigen können. Oft können die Mitarbeiter des

Incident Managements von bereitgestellten Informationen und beschriebenen Work-Arounds des Problem Managements profitieren, die sie in einer speziellen Wissensdatenbank erhalten können.

3.5.2 Mögliche Key Performance Indicators (KPI) zum Problem Management

Ziel eines erfolgreichen Problem Managements ist, dass möglichst viele Problemursachen beseitigt werden, bevor diese als Fehler oder Störungen beim Incident Management auftauchen. Daneben ist die schnelle Bearbeitung von anhaltenden Störungen und deren Ursachen, eventuell durch einen Work-Around in Zusammenarbeit mit den Kollegen des Incident Managements, eine wichtige Aufgabe des Problem Managements.

Die Anzahl von gefundenen Fehlerursachen sowie die Anzahl von beseitigten Fehlerursachen oder eingeleiteten RFCs ist sicherlich ein Kennparameter des Problem Managements.

Abb. 3.26 Key- Performance-Indikatoren des Problem Managements im Jahresüberblick

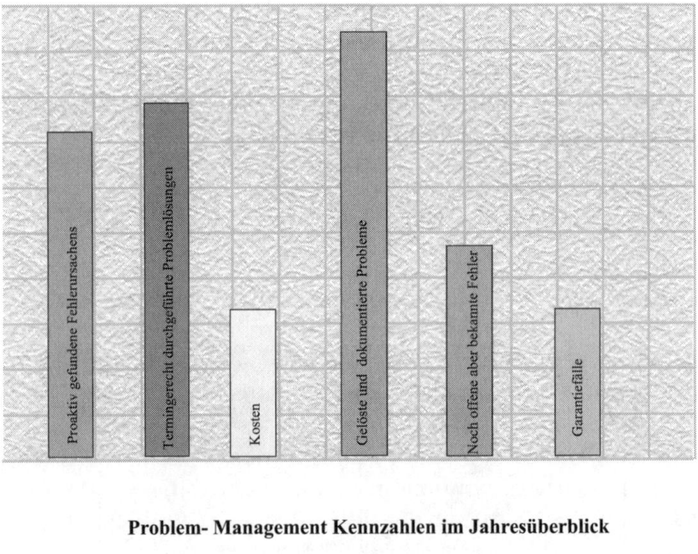

Die Kosten des Problem Managements, in Bezug zu proaktiv gelösten Problemfeldern, und die allgemeinen Kosten des Problem Managements sind sicherlich KPIs, die die Geschäftsleitung eines Unternehmens interessieren.

Auch der geschäftliche Umgang mit externen Vertragspartnern wegen einer Anzahl von Garantieansprüchen ist sicherlich ein KPI des Problem Managements.

Die nachfolgenden Parameter stellen mögliche Key Performance Indicators des Problem Managements dar.

- Proaktiv gefundene Fehlerursachen
- Kosten
- Termingerechte Problemlösung
- Anzahl der erfolgreich eingeleiteten RFCs und durchgeführten Änderungen
- Noch offene, aber bekannte Fehler
- Gelöste und dokumentierte Probleme
- Fehler, die einer speziellen Problemursache zugeordnet werden können, bevor diese Ursache beseitigt wurde
- Anzahl von Aufträgen an externe Vertragspartner zur Beseitigung von Problemfeldern
- Anzahl von Fehlerursachen, die Garantiefälle sind

3.5.3 Zugeordnete Rollen zum Problem Management

3.5.3.1 Problem Manager

Der Problem Manager hat die Aufgabe, den Problem-Management-Prozess innerhalb einer Firma einzuführen, diesen weiterzuentwickeln, so dass Problemursachen möglichst im Vorfeld erkannt werden und bestehende Fehlerzustände möglichst in Zukunft vermieden werden können, indem die Fehlerursache ermittelt wird. Er muss den von ihm eingeführten Problem-Management-Prozess möglichst effektiv und kostensparend umsetzen. Dies bedeutet, dass er die Kennzahlen seines Problem-Management-Prozesses in Zeitabständen neu ermitteln muss und daraus die notwe ndigen Entscheidungen trifft, um die Effektivität des Problem-Management-Prozesses zu verbessern und Kosten einzusparen.

Er stellt die notwendigen Informationen zusammen, um die Geschäftsleitung auf eventuelle kostenträchtige Investitionen aufmerksam zu machen, die notwendig sind, um weiterhin das eingesetzte DV-Verfahren betreiben zu können und um über seinen Bereich Rechenschaft abzulegen. Er setzt die ihm zugeordneten Spezialisten den Erfordernissen eines anstehenden oder möglichen Problems entsprechend ein und hält stetigen Kontakt zum Incident-

und Change-Management-Verantwortlichen. Der Problem Manager evaluiert die anstehenden Probleme und ist in der Lage, die Priorität und die Schwere eines Problems im Hinblick auf die Geschäftsprozesse einer Firma einzuschätzen.

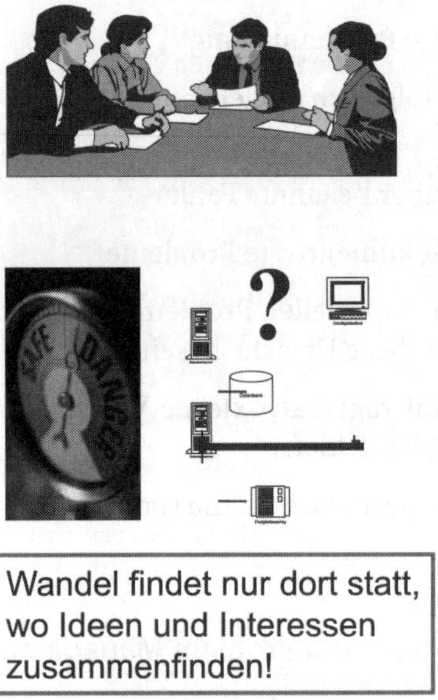

Abb. 3.27
Problem- Support-Personal im Einsatz

3.5.3.2
Problem-Support-Personal

Das Problem-Support-Personal, meist auch Second- oder Third-Level-Personal, hat die Aufgabe, anstehende Fehlerursachen aufzufinden, Work-Arounds auszuarbeiten sowie in Zusammenarbeit mit den Incident- und den Change-Management-Kollegen die Fehler zu beseitigen. Wegen der Vielzahl der eingesetzten DV-Verfahren und der zugrunde liegenden Technologien und Geschäftsverfahren ist komplexes und spezielles Wissen erforderlich, welches meist langwierig erworben werden muss. Das Problem-Support-Personal hat die Aufgabe, Analysen anzustellen, um mögliche Problemquellen aufzufinden und RFCs einzuleiten. Es muss die Wissensdatenbank auf dem neuesten Stand halten, um das Incident Management in die Lage zu versetzen, möglichst schnell auf Störungsmeldungen mit einem Lösungsansatz zu reagieren. Es muss in regelmässigen Abständen Muster innerhalb gemeldeter Fehler oder Störungen heraussuchen und daraus auf die zugrunde liegende Fehlerursache schliessen.

3.6
Change Management

Nichts ändert sich so schnell wie die Releasestände einer Applikation des zugrunde liegenden Betriebssystems oder die Änderungswünsche der Nutzer eines DV-Verfahrens. Veränderungen oder Änderungen (Changes) an bestehenden DV-Verfahren können aus den verschiedensten Gründen notwendig sein. Einleuchtend sind Bestrebungen, fehleranfällige Komponenten und Fehlerquellen, die einmal identifiziert sind, zu ersetzen. Kostenreduktionsbestrebungen des IT-Managements können mit Veränderungen an bestehenden DV-Verfahren verbunden sein. Oft werden auch bei einem durchgeführten SIP (Service Improvement Program) über ein bestehendes DV-Verfahren oder eine Serviceorganisation bestimmte Aktivitäten oder Änderungen ermittelt, die dann mittels Change Management durchgeführt werden sollen.

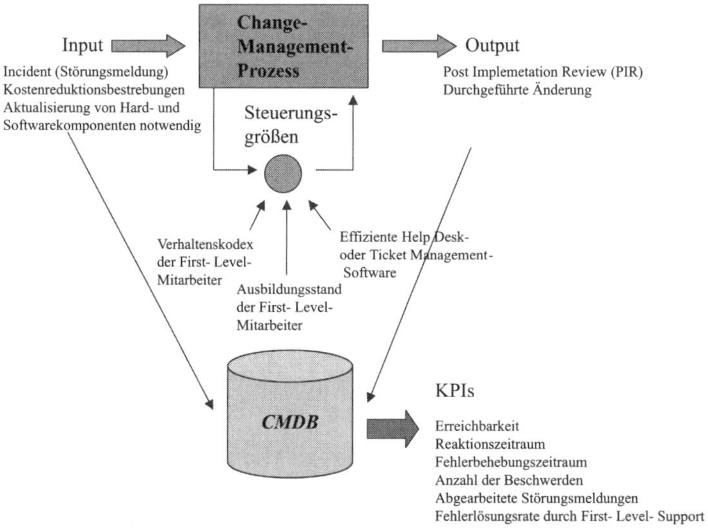

Abb. 3.28 Schematische Darstellung des Change-Management-Prozesses

Eine Flut von Änderungsanforderungen mit ihren daraus entstehenden Nebenwirkungen prasselt auf das IT-Personal herunter. Wartungsverträge sind zum Teil nur gültig, wenn immer der aktuell gültige Patch eingespielt ist. Deswegen ist ein Hauptdienstleistungsservice das Change Management. Dieses muss die damit verbundenen Risiken minimieren und trotzdem termingerecht die entsprechenden Änderungen durchführen. Hierbei ist es notwendig, das entsprechende Fachpersonal mit einzubinden, um entsprechende Risiken im Vorfeld durchsprechen zu können oder letztendlich eine

Änderung abzulehnen. Oft wird auch vereinbart, zunächst an einem Testsystem entsprechende Änderungen durchzuführen, die es erlauben, eventuelle Seiteneffekte besser einschätzen zu können oder zu dem Schluss führen, dass weitere Überprüfungen notwendig sind.

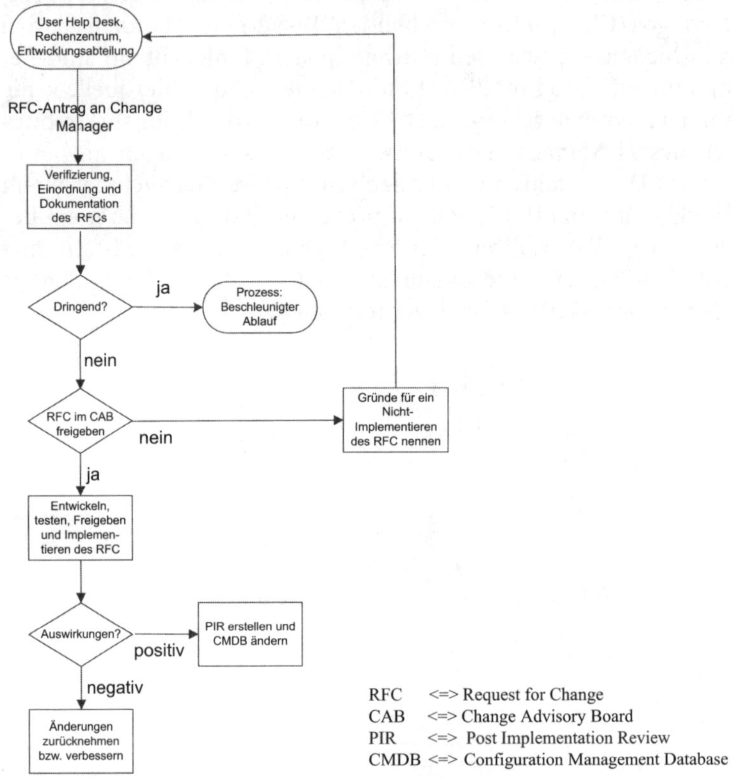

Abb. 3.29 Change Management als Prozess

Ein wichtiger Aspekt beim Change Management ist das Festlegen einer Priorität zu einem Änderungswunsch. Grundlage jeder Änderung eines gegenwärtigen DV-Verfahrens ist, dass die entsprechende Komponente erfasst ist.

Grundsätzliche Bereiche, durch die die meisten RFCs oder Änderungen erfolgen:

- Applikationssoftware
- Datenbanksystem
- Betriebssystem/Hardware
- User Help Desk
- IT-Infrastruktur

Für die ersten drei Bereiche sollte jemand verantwortlich sein, der innerhalb eines Turnuszeitraums von z.B. 2 Monaten ermittelt, welche neue Patches eingespielt werden müssen, um z.B. einen Garantie- oder Wartungsleistungs-Anspruch zu erhalten und beim Change Manager die notwendigen RFCs beantragt. Oft ist ein definierter Patchstand Voraussetzung um eine vertraglich vereinbarte Wartungsleistung zu bekommen. Ziel des Change Managements/Patch Managements ist das proaktive Ändern von Patches und weniger das Einspielen von Patches im akuten Fehlerfall. Ein weiteres Ziel des Change Managements ist, möglichst viele zu informieren, die einzelnen Changes aufeinander abzustimmen und alle wesentlichen Stellen innerhalb einer Firma im Vorfeld eines Changes mit einzubinden, um möglichst alle Seiteneffekte, die entstehen können, besser überblicken zu können. Das Change Management definiert Zeiträume, in denen das CAB (Change Advisory Board) routinemässig zusammenkommt, um alle bisher angefallenen RFCs (Request for Change) zu besprechen und den weiteren Verlauf und die Zuständigkeiten für das Implementieren der RFCs festzulegen.

Einordnen des Changes in verschiedene Kategorien, die den Auswirkungsgrad und das Risiko für das gesamte DV-System beschreiben:

- Geringes Risiko und Auswirkung (Tiny Change): Änderung betrifft nur eine Teilkomponente des DV-Verfahrens
- Mittleres Risiko und Auswirkung (Medium Change): Änderung betrifft mehrere Teilkomponenten des DV-Verfahrens
- Großes Risiko und Auswirkung (Massive Change): Änderung betrifft die Gesamtfunktionalität des DV-Verfahrens

Die Analyse, ob ein RFC in die eine oder andere Kategorie gehört, ist nicht immer ganz einfach. Alle Änderungen, die mittleres oder großes Risiko beinhalten, sollten vorher in einem Testsystem nach Funktionalität und Seiteneffekten überprüft werden. Dies beinhaltet natürlich, dass bei Einführung eines neuen DV-Verfahrens ein Testsystem mitbeschafft wurde.

3.6.1 Fachbegriffe unter dem Change Management unter ITIL

Mit dem Change Management unter ITIL sind die verschiedensten Begriffe verbunden, mit denen wir uns im Nachfolgenden beschäftigen wollen.

3.6.1.1
RFC (Request for Change)

RFC steht für „Request for Change“. Darunter versteht man eine Änderung am existierenden DV-Verfahren oder seiner Dokumentation während seines Life-cycles. Eine Änderung an einen DV-Verfahren kann z.B. die Hard- oder Software, IT-Infrastruktur, oder die Management Procedur eines bestehenden SLA (Service Level Agreements) betreffen.

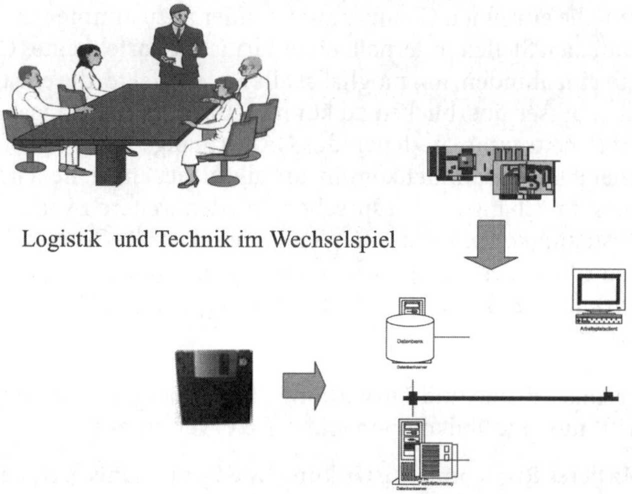

Abb. 3.30
CAB verbindet Logistik, Fachwissen und Technik innerhalb des Change Managements

Ein RFC kann eingeleitet werden, weil entweder ein Fehler im existierenden DV-Verfahren auftritt oder aber funktionale Ergänzungen zum bestehenden DV-Verfahren als sinnvoll erachtet werden. Wird im CAB (Change Advisory Board) beschlossen, den RFC durchzuführen, so muss nach Beendigung der Arbeiten die CMDB auf den neuesten Stand gebracht werden.

Innerhalb eines Dokuments, das den RFC mit seinen Eigenschaften beschreibt, sollten die folgenden Punkte enthalten sein:

- Grund, warum der RFC notwendig ist
- Datum, bis zu dem er implementiert sein muss
- Priorität des RFC
- Schwierigkeitsgrad
- Betroffene Kunden und Komponenten
- Vermutete Auswirkungen (impact assessment)

- Welche Aktivitäten im Vorfeld erfolgen müssen
- Welches Personal bzw. Ressourcen benötigt werden
- Vermutete Downtime oder Produktionsausfall
- Was im Fall eines fehlerhaften Implementierens zu tun ist – Backout (sich zurückziehen, aussteigen)-Plan

3.6.1.2 CAB (Change Advisory Board)

Unter einem CAB versteht man eine Gruppe von Entscheidungsträgern (technisch und administrativ), die eine entsprechende Übersicht über das DV-Verfahren besitzt, jede vorgeschlagene Änderung am existierenden DV-Verfahren auf seine Wirkung hin überprüft und unterstützend bei der Umsetzung der Änderung behilflich ist. Es kann auch für bestimmte Firmen von Vorteil sein, einen Repräsentanten des Kunden innerhalb des CAB direkt mit einzubinden, der dann die entsprechenden Sachbearbeiter seiner Firma schon auf verfahrenstechnische Änderungen hinweisen kann, bevor diese implementiert werden.

3.6.1.3 PIR (Post Implementation Review)

Bei grösseren RFCs sollte nach deren Implementierung ein PIR (Post Implementation Review) stattfinden, dessen Ergebnisse in Form eines Berichtes dem CAB vorgelegt werden. In diesem sind die Ergebnisse der Implementierung des RFCs enthalten. Es wird festgehalten, ob die Ziele des RFCs erreicht wurden und ob es unangenehme Seiteneffekte gegeben hat. Auch die Kundenzufriedenheit nach Implementierung ist von Interesse sowie weitere tiefgreifende Erkenntnisse, die sich durch die Bearbeitung des RFCs ergaben. In diesem Bericht sollten auch die Kosten enthalten sein, die durch die Durchführung des RFCs entstanden sind.

3.6.1.4 FSC (Forward Schedule of Changes)

Darunter versteht man den Termin- oder Change-Plan mit den vorgesehenen freigegebenen RFCs. Dieser muss natürlich gegenwärtig gültige Wartungsfenster berücksichtigen und dient als zeitliche Grundlage für eventuell einzuleitende überbrückende Massnahmen, um den daraus entstehenden Produktionsausfall auszugleichen. Kunden, die auf einen Service der Firma angewiesen sind, müssen von eventuellen Serviceeinbußen im Vorfeld benachrichtigt werden.

Abb. 3.31 Möglicher FSC einer Firma

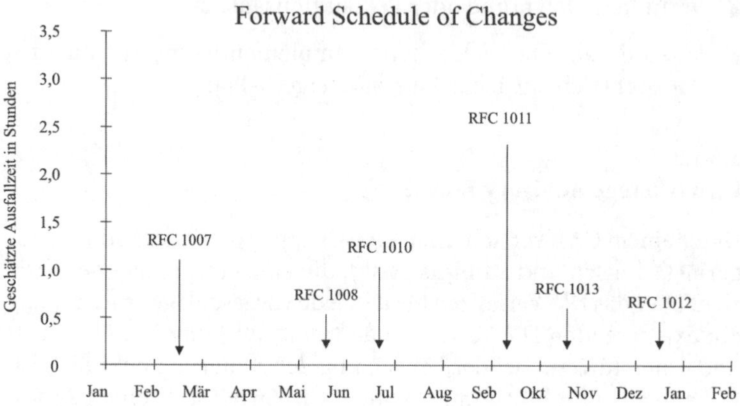

Entsprechende Ressourcen an Personal oder Gerätschaften sind im Voraus zu binden. Eventuell zu testende Änderungen müssen an einem Testsystem ausprobiert werden, dessen Belegung durch andere zu testende Änderungsarbeiten koordiniert werden muss.

3.6.1.5 Back-out Plan

Ein Back-out Plan beschreibt, was im Falle des Misslingens eines Changes passieren soll, z.B. nach einer Release- Aktualisierung. Meist ist die betroffene Komponente nicht mehr funktionsfähig, instabil oder aber sie produziert viele Fehler. Ein Zurück zum alten Zustand ist in den seltensten Fällen möglich. Das Aufstellen eines Back-out Plans ist Aufgabe des Change Managements.

3.6.2 Zugeordnete Rollen zum Change Management

3.6.2.1 Change Manager

Verantwortlich für das Erfassen, Priorisierung und Auswerten der eingehenden RFCs ist der Change Manager. Er stellt nach einer ersten Sichtung fest, ob der gewünschte RFC überhaupt praktikabel ist, stellt in einem Gespräch mit den von dieser Entscheidung

Betroffenen seine Gründe dar, die ihn dazu veranlassen, diesen RFC abzulehnen. Der Change Manager muss in der Lage sein, über die eingehenden RFCs einen Trend festzustellen, welche Teile eines DV-Verfahrens fehleranfällig sind und wo weitere Fehler erwartet werden. Sind neue RFCs in einem Zeitraum angefallen, so ist der Change Manager verantwortlich, alle Mitglieder des CAB zusammenzurufen, diese im Vorfeld über die entsprechenden RFCs zu informieren und RFCs innerhalb des CAB durchzusprechen, in dem er den Vorsitz führt. Nach erfolgtem positiven Feedback des CAB muss er alle notwendigen organisatorischen Massnahmen treffen, um das entsprechende RFC in möglichst kurzer Zeit zu realisieren. Das Realisieren beinhaltet das Entwickeln, Testen und Implementieren des entsprechenden RFCs innerhalb eines festgelegten Zeitplans. Sind dringende RFCs notwendig, um einen gegenwärtigen Fehlerzustand zu beseitigen, dann muss das CAB innerhalb kürzester Zeit zu einem Entschluss fähig sein. Nach dem Implementieren des entsprechenden RFCs muss der Change Manager die Auswirkungen des RFCs erfassen, ermitteln, ob das Ziel des RFCs erreicht wurde und dies innerhalb eines PIR (Post Implementation Review) niederlegen, das dann innerhalb des nächsten CAB-Meetings diskutiert wird.

3.6.3 Mögliche Key Performance Indicators (KPI) zum Change Management

Ziel eines erfolgreichen Change Managements ist, dass die Änderungen möglichst qualitativ hoch, betriebswirtschaftlich günstig, termingerecht und mit wenig Beeinträchtigung der Nutzer und Risiken durchgeführt werden.

Die nachfolgenden Parameter stellen mögliche Key Performance Indicators dar

- Qualität
- Kosten
- Termintreue
- Anzahl der durchgeführten Änderungen
- Anzahl der abgelehnten Änderungen
- Mit den Änderungen verbundener Systemausfallzeitraum

Abb. 3.32 Change-Management-Kennzahlen im Jahresüberblick

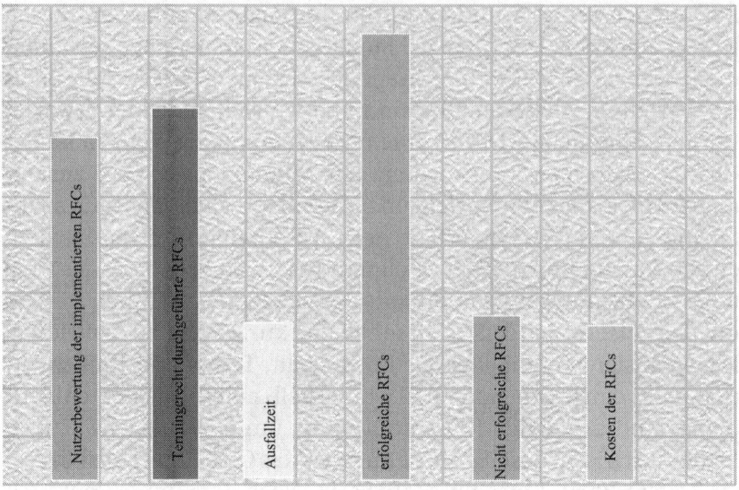

Change- Management- Kennzahlen im Jahresüberblick

3.6.4 Unterschied zwischen Change Management und Release Management

Für den, der relativ neu in die ITIL-Materie eintaucht, ist nicht immer so klar ersichtlich, was der Unterschied ist und wo die Grenze zwischen dem Change Management und dem Release Management liegt. Grundsätzlich kann man sagen, dass sich das Change Management der Organisation, wie der Durchführung von Änderungen an einem DV-Verfahren, sei es technisch oder organisatorisch, widmet. Das Release Management beschreibt mehr die tatsächliche Umsetzung unter Zuhilfenahme einer entsprechenden Versionierungssoftware, um Hard- und Softwareänderungen kontrolliert und mit dem kleinstmöglichen Risiko durchzuführen.

3.7 Release Management (Software control and distribution)

Heute wird des öfteren eine zentrale Softwareverteilung für die Arbeitsplatzrechner vorgenommen, auf denen neben Betriebssystemkomponenten auch Applikationssoftware, wie Tabellenkalkulationsprogramme oder betriebswirtschaftliche Software, verteilt werden muss. Bestes Beispiel, wo eine zeitnahe aktuelle Verteilung von Updates absolut notwendig ist, sind Anti-Viren-Programmupdates. Stellt sich nach der automatischen Installation heraus, dass ein Fehler die Applikation und, noch schlimmer, den gesamten Arbeitsplatzrechner außer Funktion setzt (und dies bei 300 Mitarbeitern) so wird einem die Tragweite dieses Problems klar. Geht man von 300 Nutzern eines DV-Verfahrens aus mit einem durchschnittlichen Verdienst von 50 Euro/Stunde, bedeutet eine Downtime von einer Stunde einen Verlust von 15.000 Euro möglicher Arbeitsleistung.

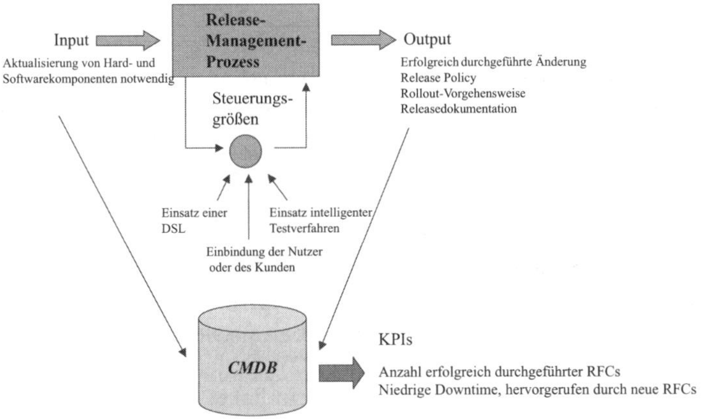

Abb. 3.33 Schematische Darstellung des Release-Management-Prozesses

Die Lösung für diese Problematik könnte heißen, ein ITIL-IT-Service Release Management in der Firma zu implementieren. Das Release Management soll sicherstellen, dass beim Implementieren eines neuen Release keine Seiteneffekte oder Fehler auftreten, die eine Produktions- oder Dienstleistungseinbusse oder einfach nur Downtime einer Anwendung oder eines DV-Verfahrens bedeuten können.

Es soll die Wahrscheinlichkeit verringert werden, dass im Fehlerfall der Implementierungsvorgang wiederholt werden muss.

Gerade dann, wenn viele Mitarbeiter einer Firma ein DV-Verfahren nutzen, bedeutet eine zweite Ausfallzeit immense Mehrkosten, die es zu verhindern gilt.

Die Hauptaufgaben oder Aktivitäten des Release Management sind:

- Sicherstellen, dass Hardware und Software nachvollziehbar, sicher, autorisiert, getestet und verändert wird
- Sicherstellen, dass das Original und vorhergehende Softwarereleases sich innerhalb einer DSL befinden und sich daraus der Urzustand wieder herstellen lässt
- Entwickeln effizienter Verfahren, um Releases zu verteilen und zu installieren
- Sicherstellen, dass nur autorisierte Software auf einen Arbeitsplatzrechner installiert werden kann

Ein weiterer wichtiger Aspekt des Release Management ist, dass die ordnungsgemässe Lizensierung entsprechender Softwarereleases erfogt, so dass alle rechtlichen Aspekte einer Nutzung erfüllt sind.

Ein weites Feld ist auch das Sicherstellen, dass nur autorisierte Software auf einen Arbeitsplatzrechner geladen bzw. genutzt werden darf.

Dies ist auch im Hinblick auf das Internetzeitalter eine mehr als schwierige Angelegenheit. Hierbei ist es meist hilfreich, bei Windows-2000 oder XP-Clients den Administrations-User nur besonderem IT-Personal bekannt zu machen und den Nutzern einen speziellen Arbeitsplatz-Nutzeraccount zuzuweisen, der es nicht erlaubt, größere Veränderungen an der Konfiguration des Arbeitsplatzrechners durchzuführen.

Da wir im allgemeinen Kontext bisher den Begriff „Release" nutzen, stellt sich die Frage, was der Begriff bedeutet. Der Begriff „Release" umfasst eine Sammlung von autorisierten Software- oder Hardware-Veränderungen zu einem DV-Verfahren.

Als „Release Unit" (Einheit) wird ein Paket von Software, Hardware oder allgemein die IT-Infrastruktur verstanden, die miteinander in Bezug steht und meist als Ganzes verändert werden muss. Typische Release Units können nur aus Hard- oder Software oder auch aus einem Mix beider bestehen.

Ein Delta Release ist im Gegensatz zur Release Unit nur ein kleiner Teil, der einzelne Veränderungen am System bewirken soll. Der Nachteil von Delta Releases liegt im erhöhten Risiko beim Implementieren, wird aber des öfteren in Situationen eingesetzt, in denen schnelles Handeln erforderlich ist. Ein Release-Aktualisierungspaket (release update package) ist z.B. eine Gruppe selektiver Verbesserungen, Dateigruppen und neuer Versionen wahlweise installierbarer Softwareprodukte, die seit dem letzten Release des Betriebssystems verfügbar sind.

Releases werden unterteilt in drei Katogorien:

- Hauptrelease (Major Software Release, -Hardware Upgrade)
- (Minor Software Release, -Hardware Upgrade)
- Notfallrelease (Emergency Software-, -Hardware fixes)

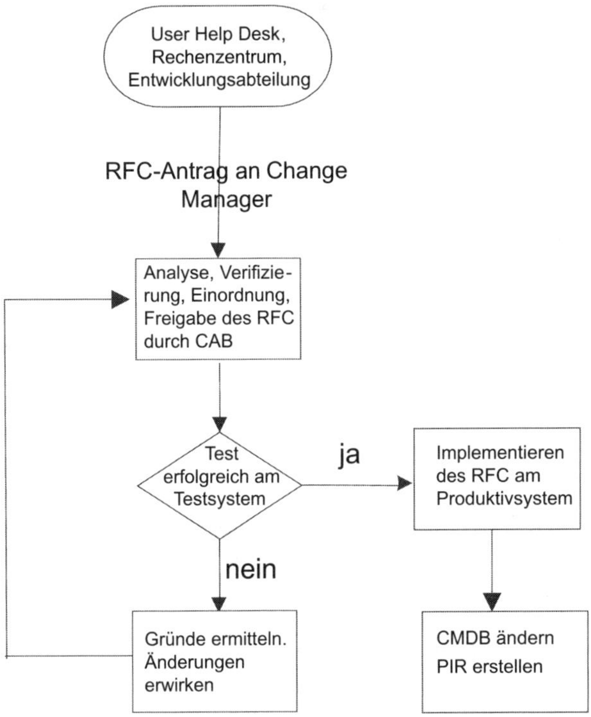

Abb. 3.34 Schematischer Prozess des Release Management

RFC <=> Request for Change
CAB <=> Change Advisory Board
PIR <=> Post Implementation Review
CMDB <=> Configuration Management Database

Verschiedene Fehlerkorrekturen, z.B. an bestehenden Softwareapplikationen, die in der Vergangenheit durch Einspielen von einzelnen Patches erfolgten, werden meist mit einer Minor Release als gesamtes Paket durchgeführt, wohingegen größere Funktionalitätsänderungen oder erweiterungen innerhalb eines Major Release durchgeführt werden. Die Version eines Programms besteht aus Major- und Minor-Release und aus einem eventuellen Patch-Level.

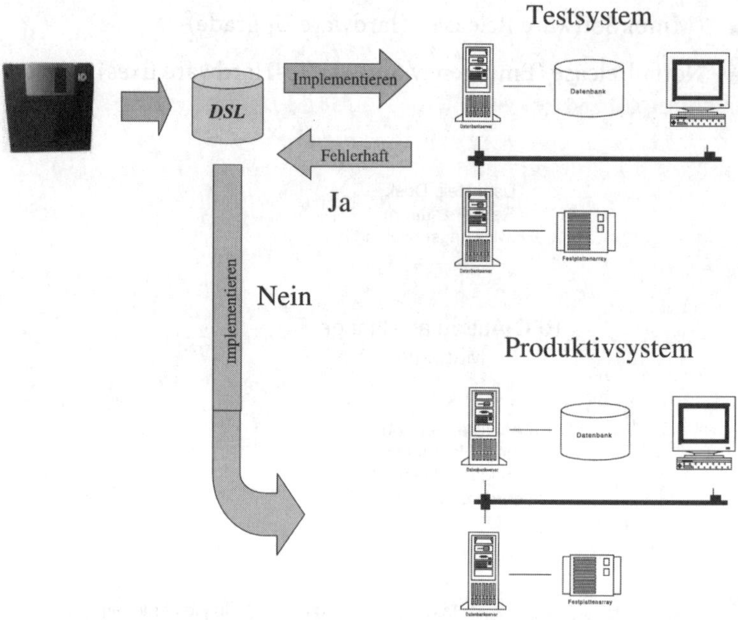

Abb. 3.35 Ausführlich getestete Releases werden kontrolliert dem Produktivsystem zugeführt

Als Patch (Korrektur) oder Fix Number wird der Stand der Fehlerberichtigung eines Programms bezeichnet, d. h. ein Anzeiger für kleine Aktualisierungen, die später in eine reguläre Änderung oder ein reguläres Release integriert werden. So besagt z.B. der Versionsstand 3.5.1 eines Softwareprogramms, dass dies die Major Release 3 ist, mit der Minor Release 5 und Patch-Level 1. Das Einspielen eines Software-Releases oder Hardware-Upgrades wird als Rollout bezeichnet.

Ein Release oder eine Veränderung an Hard- oder Software wird beim Release Mangement innerhalb eines RFCs beschrieben. Ein Release zu einem RFC besteht aus einer neuen oder veränderten Software bzw. Hardware, die benötigt wird, um ein existierendes Problem zu lösen oder um Erweiterungen an einem DV-Verfahren vorzunehmen. Heute herrscht bei Wartungsverträgen, die die Hard- bzw. Betriebssystemsoftware betreffen, die Frechheit bzw. die Unsitte, eine Fehlerbehebung erst dann aufzunehmen, wenn alle bis dahin bekannten Software-Patches eingespielt wurden. Dass damit eventuelle Fehlfunktionen einhergehen, oder Wartungsvertragsgrundlagen für die Applikationssoftware verletzt werden, ist für die Hersteller solcher Serversysteme kein Grund, neue Patches nicht einzuspielen. Das Release Management arbeitet eng mit dem Change Management zusammen und wird in einigen Firmen als Einheit zusammengelegt.

3.7.1 Fachbegriffe unter dem Release Management unter ITIL

Im Zusammenhang mit dem Release Management unter ITIL stehen die verschiedensten Begriffe, mit denen wir uns im Nachfolgenden beschäftigen wollen.

3.7.1.1 Build Management

Hiermit ist das Binden verschiedener Softwaremodule oder Hardwarekomponenten zu einer lauffähigen Applikation oder Hardwareeinheit zu verstehen, welche in nachvollziehbarer Weise immer wieder gleich erfolgt. Das im Softwareentwicklungsbereich bekannte make-Softwaretool erzeugt nachvollziehbar immer eine gleich geartete Procedure, die für die Einbindung entsprechender Libraries sorgt und daraus eine ausführbare Applikation erzeugt. Das Build Management geschieht in enger Verzahnung mit einer Versionierungssoftware (entspricht der DSL unter ITIL), in der alle Softwaremodule mit ihrem Versionsstand gespeichert sind.

3.7.1.2 Rollout-Plan

Ein Rollout-(ausliefern)-Plan oder auch Implementierungsplan beschreibt, wie ein neues Release implementiert werden soll. Dabei muss geklärt werden, wer zu welchem Zeitpunkt gewisse Aktivitäten starten muss, um das entsprechende Release implementieren zu können. So muss bei einem Server eventuell ein Backup durchgeführt werden oder eine Datenbank heruntergefahren sein, bevor ein Release implementiert werden kann. Auch sind eventuelle redundante Rechnersysteme zu aktivieren, um einen momentanen Applikationsausfall zu kompensieren. Ein wesentlicher Punkt wird meist vernachlässigt, nämlich das Benachrichtigen der entsprechenden User, die die Applikation nutzen. Für die Akzeptanz einer IT-Abteilung innerhalb einer Firma kann das tödlich sein. Das heisst, das entsprechende Schlüsselpersonen zu informieren sind und vor allem das User Help Desk vor den entsprechenden anstehenden Arbeiten zu informieren ist.

3.7.1.3 Release Policy

Jede Firma definiert für sich eine Release Policy, in der die grundsätzlichen Regeln für ein Release Management festgelegt werden. So kann es notwendig sein, im Vorfeld einer neuen Release-Implementierung spezielle Tests für Teilbereiche eines DV-Verfahrens durchzuführen, oder aber es wird festgelegt, wie ein Release implementiert werden soll, wenn ein gegenwärtiger Fehler ein DV-System oder Teile davon lahm legt. Auch spezielle Release-Nummerierungen können für eine Firma von Vorteil sein, je nachdem welche CMDB-Software genutzt wird.

Abb. 3.36 Ein- und Auschecken einer Release in die DSL

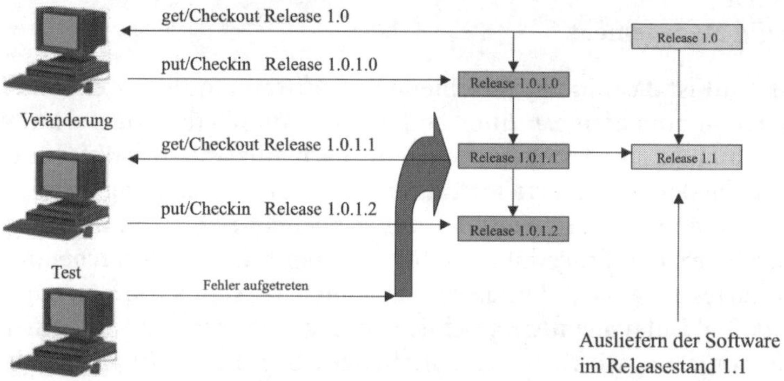

Für manche Firmen kann es notwendig sein, bestimmte Nutzergruppen oder Kunden im Vorfeld einer Release-Planung und Implementierung über besonders einzuhaltende Regeln zu befragen. Innerhalb der Release Policy eines DV-Verfahrens oder gesamtgültig für eine Firma wird festgelegt, in welchen Abständen die Releasestände kontrolliert und eventuell auf den neuesten Stand gebracht werden müssen. Auch wie ein Release zu dokumentieren ist, stellt einen wichtigen Punkt innerhalb der Release Policy eines Unternehmens dar.

3.7.1.4 DSL (Definitive Software Library)

Eine moderne Applikation nutzt meist neben den zentralen Tasks noch Shared Libraries und die verschiedensten Konfigurations- und Initialisierungsdateien. Daneben müssen meist die Komponenten der Middelwaresoftware zur Anbindung an Netz-, Web- und Datenbankressourcen mit ihren speziellen Anpassungen für die Applikation vorhanden sein. Die sich daraus ergebende Anzahl von Dateien, die in der richtigen Version vorhanden sein muss, ist immens.

Jeder, der einmal die Aufgabe hatte, das Konfigurationsmanagement eines Softwareprojektes durchzuführen, so dass eine Installation auf einem anderen Rechnersystem als dem Test- und Entwicklungsrechner lauffähig ist, weiß, was für eine Detektivarbeit es ist, alle wesentlichen Ressourcen zu ermitteln. Hat man dies erfolgreich getan, werden alle Dateien in einem Bibliotheks- oder Versionierungsarchiv eingelagert. Diese Bibliothek oder dieses Versionierungsarchiv hat unter ITIL den Namen DSL (Definitive Software Library). Müssen Änderungen an einer Komponente der Applikation vorgenommen werden, so passiert dies unter der Kontrolle der Versionierungssoftware. Sollte sich bei einer Modifikation ein Fehler herausstellen, so ist man damit in der Lage, die alte Version einer Datei oder eines Programmes zu erhalten, mit dem die Applikation stabil ihren Dienst versah, und probiert sein Glück mit der Modifikation noch einmal.

Ein einfaches Software- und Dokumentations-/Konfigurationsmanagement lässt sich für kleinere Firmen durch ein Versionskontrollsystem, wie z.B. cvs (Concurrent Version System), rvs (Revision Control System) oder das alte sccs (Source Code Control System) unter UNIX durchführen. Dies ist für grössere Firmen natürlich nicht ausreichend, da Hard- und Software sowie weitere Metadaten, wie z.B. Störungsmeldungen, zu diesen Komponenten verfügbar sein müssen.

3.7.2 Zugeordnete Rollen zum Release Management

Innerhalb des Release Managements gibt es verschiedene notwendige Experten, die das Entwickeln, Testen und Implementieren eines Releases vornehmen. Des öfteren wird dies von Mitarbeitern des Second- bis Third Level durchgeführt, die die meiste Erfahrung mit einem speziellen DV-Verfahren haben und eventuelle Seiteneffekte im Vorhinein beurteilen können. Verantwortlich für die Qualität des Release-Management-Prozesses ist der Release Manager. Dieser muss entsprechende Verfahren erarbeiten, um den maximalen Erfolg im vorgegebenen Zeit- und Kostenrahmen zu gewährleisten. Auch die Definition einer Release Policy liegt in seinem Aufgabenbereich sowie die Kommunikation mit den Nutzern eines DV-Verfahrens, die er entsprechend informieren muss. Er arbeitet eng mit den Kollegen des Change Managements zusammen bzw. übernimmt die Aufgaben des Change Managements in

Personalunion. Nach erfolgreichem Implementieren eines Releases sorgt er dafür, dass die zugeordnete Dokumentation auf den neuesten Stand gebracht wird.

3.7.3 Mögliche Key Performance Indicators (KPI) zum Release Management

Hauptziel eines erfolgreichen Release Managements ist, dass möglichst wenige Änderungen an einem DV-Verfahren erneut durchgeführt werden müssen, weil Fehler beim Implemtieren eines Releases aufgetreten sind. Weiterhin sind die Kosten und der Implementierungszeitraum mögliche Key Performance Indicators.

Abb. 3.37 Release-Management-Kennzahlen im Jahresüberblick

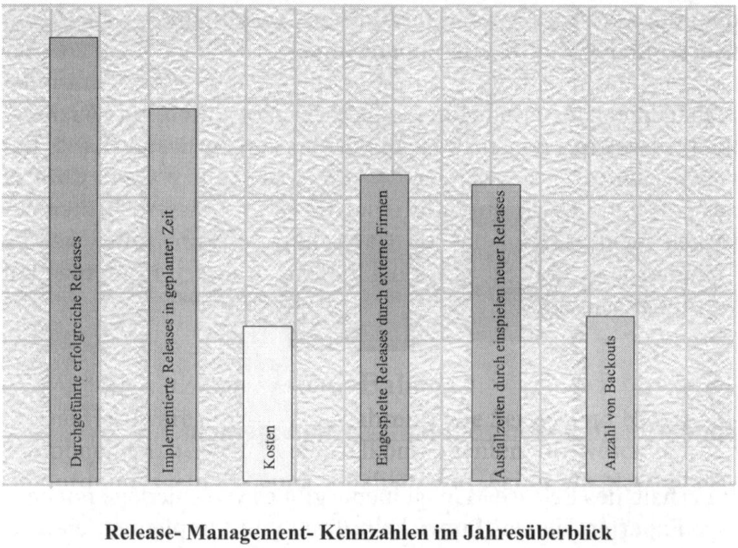

Die nachfolgenden Parameter stellen weitere mögliche Key Performance Indicators dar:

- Die Kosten der Implementierung eines Releases
- Dauer der Implementierung eines Releases
- Anzahl der erfolgreich durchgeführten Änderungen
- Anzahl der nicht erfolgreich abgelehnten Änderungen
- Ausfallzeiten durch Einspielen neuer Releases

4 Service Delivery

4.1 Einleitung

Der Service Delivery beschreibt den taktischen, strategischen Teil des IT-Geschäfts einer Firma, die die Sicherung der IT-Services durch planende und steuernde Prozesse sicherstellen soll. Er umfasst verschiedene Kontrollprozesse, wie z.B. das Management der SLAs, Kapazitätsplanung, Availability- sowie Contingency-Planung und die effektive Kostenverrechnung von aufgetretenen Kosten der IT einer Firma.

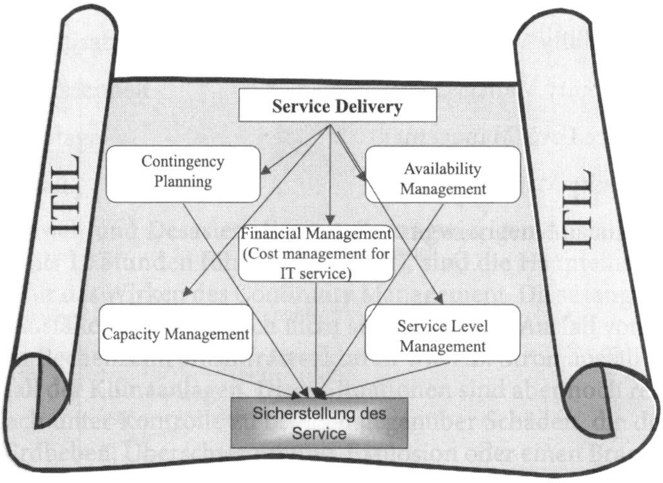

Abb. 4.1 Service Delivery im Überblick

Ein Hauptaspekt liegt darin, den benötigten Service zu definieren und Absprachen zwischen den produktiven Abteilungen und den IT-Servicedienstleistungs-Abteilungen zu präzisieren und zu Papier zu bringen.

Außerdem nimmt sich das Service Delivery innerhalb des Contingency Managements der Frage an, was passiert, wenn DV-Verfahren längerfristig ausfallen, welche Alternativmöglichkeiten es gibt, um weiterhin geschäftsfähig zu bleiben. Innerhalb des Availability Managements wird versucht, die Verfügbarkeit zu erhöhen bzw. die Downtime eines DV-Verfahrens zu verkleinern. Hierbei spielen Backup- und Recovery-Verfahren, angepasst auf ein DV-Verfahren, eine wesentliche Rolle. Aber auch das Design eines DV-Verfahrens ist von existenzieller Wichtigkeit, da sich Schwächen im Design meist im gesamten Lebenszyklus (Life Cycle) eines DV-Verfahrens bemerkbar machen.

Beim Capacity Management nach ITIL wird versucht, den Anforderungen bezüglich Auslastung und Antwortzeit- bzw. Transaktionszeit-Verhalten der Nutzer eines DV-Verfahrens gerecht zu werden. Alle IT-Service-Prozesse des ITIL-Service Delivery sollen die Bedürfnisse der Nutzer der DV-Verfahren identifizieren und den entsprechenden Service so effektiv und effizient wie möglich liefern, um Kosten durch Ausnahmefälle gar nicht erst aufkommen zu lassen.

Nachfolgend sind die Service-Prozesse des ITIL-Service Delivery im Einzelnen genau beschrieben, so dass die Philosophie und die daraus resultierenden Vorteile klar ersichtlich werden.

Der ITIL-Set Service Delivery besteht aus den folgenden unterstützenden Arbeitsprozessen:

- Availability Management
- Continuity Management
- Service Level Management
- Capacity Management
- Financial Management

4.2 Availability Management

Heutige DV-Verfahren sind auf der Basis sehr komplexer Technologien aufgebaut, die nicht selten die Firmen, die diese entwickeln, vor Schwierigkeiten stellen, besonders wenn es im Vorfeld dieses Projektes eine starke Konkurrenz gab, die nicht selten über den Preis abgehängt wurde. Nicht selten bewahrheitet sich dann der Spruch: ein Projekt ist dann zu Ende, wenn kein Geld da ist. Auf der Strecke bleiben da meist Backupstrategien und Havariemaßnahmen bzw. verfügbarkeitssteigernde Maßnahmen, die beim Design eines neuen DV-Verfahrens direkt vorgesehen werden müssen. Software hat von Natur aus Fehler, besonders wenn die Zeilenanzahl Softwarecode von Rekord zu Rekord stürmt.

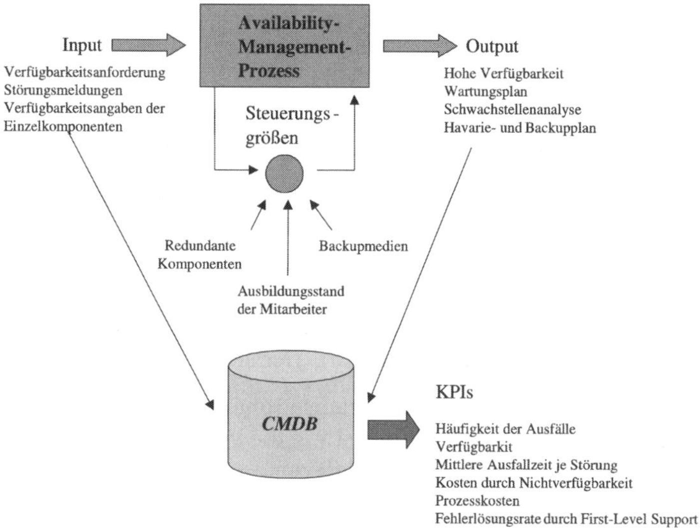

Abb. 4.2 Schematische Darstellung des Availability-Management Prozesses

Redundante Systeme sind die Antwort auf diesen Sachverhalt. Teure Monitoringsoftware erlaubt es, schneller zu erkennen, dass ein Fehlerzustand vorliegt. Aber nicht nur das neu einzusetzende DV-Verfahren, sondern auch die in einer Firma vorliegende Infrastruktur, wie z.B. Netzwerk, Stromversorgung und Klimaanlage, ist nicht selten für Ausfälle verantwortlich. Dies ist das ideale Betätigungsfeld des Availability Management, das die Stabilität oder Verfügbarkeit des gesamten DV-Verfahrens erhöhen soll.

Das Availability Management soll weiterhin die mit einer Produktionsabteilung vereinbarte Verfügbarkeit und Stabilität einer Dienstleistung oder eines Geschäftsprozesses, die auf einem DV-

Verfahren basiert, garantieren. Dies wird durch vorbeugende technische und organisatorische Maßnahmen erreicht, die vom Availability Management speziell auf ein DV-Verfahren zugeschnitten werden müssen. Das Personal des Availability Management muss über große berufliche Erfahrung und Sachkenntnisse verfügen sowie die Rückendeckung der Geschäftsleitung besitzen, da es hier meist um hohe Kosten geht. Das Availability Management wird meist beim Aushandeln eines internen oder externen SLA gebeten, in Fragen der Verfügbarkeitsgarantie eines Geschäftsprozesses Auskunft zu geben und eventuell bei sehr hohen Anforderungen des Kunden in Bezug auf Verfügbarkeit mit entsprechenden Vorschlägen dem Kunden entgegenzukommen.
Die Hauptziele des Availability Managements sind:

- Verfügbarkeit und Kundenvertrauen in die eingesetzten Geschäftsprozesse und die zugrunde liegenden DV-Verfahren steigern unter dem Gesichtspunkt der Wirtschaftlichkeit
- Erfüllen der Klauseln in den spezifizierten SLAs die sich auf die Verfügbarkeit eines Services beziehen
- Reduzieren der Häufigkeit und Dauer von Ausfällen

Aus den Hauptzielen ergeben sich die Aufgaben bzw. Aktivitäten des Availability Managements:

- Anforderungen an die Verfügbarkeit festlegen
- Sicherstellen des Geschäftsbetriebes und somit Sicherstellen der Wirtschaftlichkeit und Kundenzufriedenheit
- DV-Verfahren und Serviceorganisationen analysieren und deren Schwachpunkte ermitteln sowie die Verfügbarkeitsanforderung (Mission) einer Firma festlegen
- Verfügbarkeit verbessern bzw. Ausfallzeiten (Downtime) minimieren sowie Wartungsverträge an die Gegebenheiten anpassen
- Maßnahmen zur Beseitigung der Schwachpunkte oder zum schnellen Wiederanlauf nach einer Störung (Backup- und Recovery-Konzept) sowie dafür sorgen, dass ein Betriebshandbuch existiert
- Wartungspläne aufstellen
- Monitoring von Schlüsselfunktionalitäten zur schnellen Reaktion auf Fehlerzustände
- Software- und Hardwarewartung auch mit externen Wartungsverträgen

- Verfügbarkeitzahlen eines jeden DV-Verfahrens als wesentliches KPI des Availability Management ermitteln
- Schwachstellenanalysen durchführen
- Incident- und Release-Pläne auswerten in Bezug auf verfügbarkeitsbeeinträchtigende Einflüsse

Das Availability Management profitiert wie das Capacity- und das Service Level Management vom ständigen Monitoren und Überprüfen wesentlicher Ressourcen von DV-Verfahren, die die notwendigen Geschäftsprozesse einer Firma abbilden. Des öfteren sind Änderungen am Design des DV-Verfahrens notwendig, um die allgemeine Stabilität und Verfügbarkeit zu erhöhen.

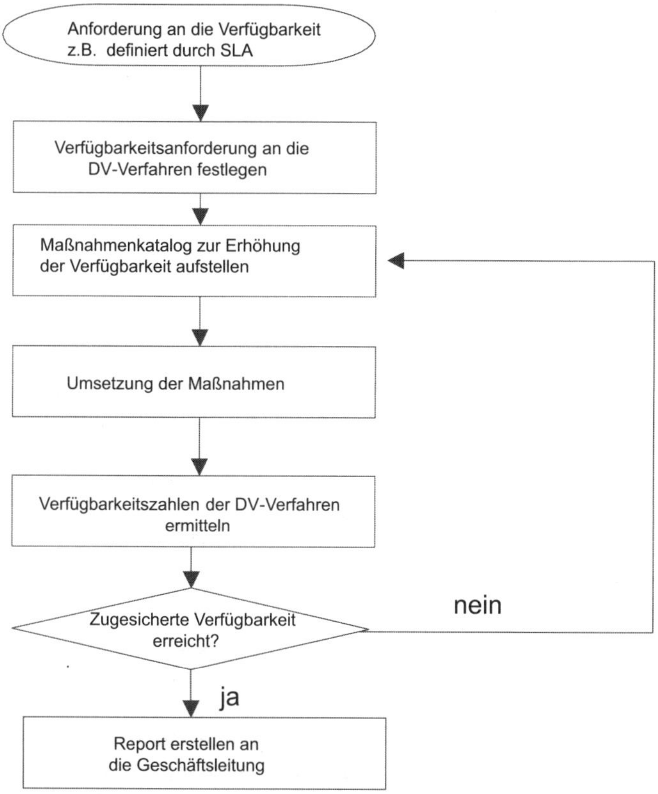

Abb. 4.3 Schematischer Prozess des Availability Management

Dies führt aber meist erst mal zu Ausfallzeiten am bestehenden System, da die Änderungen nicht in den normalen Betriebszeiten vorgenommen werden können.

Das Availability Management hat einen reaktiven und präventiven Anteil und arbeitet eng mit dem Incident-, Problem- und

Continuity-Management zusammen.

Die Tätigkeit des Availability Management beginnt vor der Einführung eines neuen DV-Verfahrens, indem in der potenziellen Ausschreibung verfügbarkeitssteigernde Maßnahmen im Design vorgegeben werden. Auch werden standardisierte Maßnahmen für das Backup und Recovery Teil der Ausschreibung sein. Nach Einführung eines neuen DV-Verfahrens beginnt das Availability Management mit einer Analyse und beginnt mit eventuellen Verbesserungsarbeiten. Wird das Availability Management in einer Firma neu eingeführt, werden erst einmal entsprechende Audits und Risk-Assessment-Untersuchungen (Business impact analysis) über alle Abteilungen einer Firma oder öffentlichen Institution durchgeführt. So wird festgestellt, ob die Funktionsfähigkeit jeder Abteilung nach einem Versagen der verschiedenen Applikationsprogramme bzw. DV-Systeme durch ein Desaster noch gegeben ist bzw. mit welchen Einschränkungen und mit welchen notwendigen Ersatzmaßnahmen man nach einem solchen Versagen zu rechnen hat.

4.2.1 Key Performance Indicators (KPI) zum Availability Management

Der Key-Performance-Indikator, der am meisten über die Arbeit des Availability Managements aussagt, ist die Verfügbarkeit eines jeden der zu betreuenden Geschäftsprozesse und der zugrundeliegenden DV-Systeme, auch die Anzahl der Verstöße aus bestehenden SLAs bezüglich zugesicherter Verfügbarkeitszahlen von dedizierten Serviceprozessen. Aus der mittleren MTTR (meantime to repair) geht hervor, wie gut Geschäftsprozesse und die zugrunde liegenden DV-Verfahren durch firmeninterne OLAs bzw. UC (Wartungsverträge) abgesichert sind und ob der Ausfall durch entsprechende Monitoringwerkzeuge oder effektives Incident Management schnell erkannt wurde.

Nicht nur die Länge, sondern auch die Häufigkeit des Ausfalls eines DV-Verfahrens ist interessant und läßt Schlüsse auf den Zustand eines DV-Systems zu und darauf, wie es in Zukunft behandelt werden muss. Die MTBF (meantime between failure) der eingesetzten DV-Verfahren lassen sich vergleichen mit in der Praxis eingesetzten DV-Verfahren. Da das Availability Management, wie alle Service-Prozesse, rechnen muss, sind natürlich die Kosten ein wesentlicher KPI.

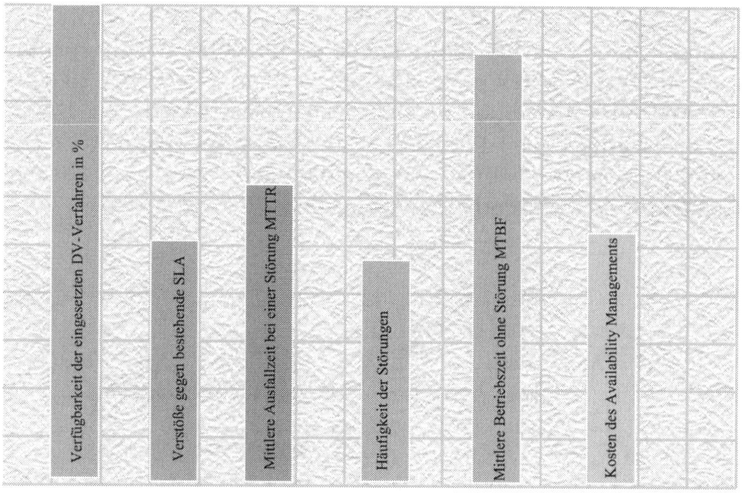

Availability Management Kennzahlen im Jahresüberblick

Abb. 4.4 Availability-Management-Kennzahlen im Jahresüberblick

4.2.2 Zugeordnete Rollen zum Availability Management

4.2.2.1 Availability-Manager oder Availability-Planer

Der Availability-Manager oder -Planer befasst sich damit, die allgemeine Verfügbarkeit der eingesetzten DV-Verfahren mittels technischer und organisatorischer Veränderungen zu erhöhen. Verfügbarkeitsanforderungen von Geschäftsprozessen und der zugrunde liegenden DV-Verfahren, die sich aus bestehenden SLAs ergeben, sind durch alle möglichen Maßnahmen sicherzustellen, da damit die Kundenzufriedenheit in direktem Zusammenhang steht. Der Availability-Manager hat die Aufgabe, den Availability-Management-Prozess innerhalb einer Firma einzuführen, diesen weiterzuentwickeln, so dass verfügbarkeitmindernde Ressourcen möglichst im Vorfeld erkannt und bestehende Schwächen in Zukunft weitestgehend ausgeräumt werden. Er muss abschätzen, welche verfügbarkeitssteigernden Maßnahmen wirtschaftlich zu vertreten sind.

Dies bedeutet, dass er die Kennzahlen seines Availability-Management-Prozesses in Zeitabständen neu ermitteln muss und daraus die notwendigen Entscheidungen trifft, um die Effektivität des Availability-Management-Prozesses zu verbessern und Kosten einzusparen. Er stellt die notwendigen Informationen zusammen, um die Geschäftsleitung auf eventuelle kostenträchtige Investitionen aufmerksam zu machen, die notwendig sind, um weiterhin das eingesetzte DV-Verfahren möglichst hochverfügbar betreiben zu können und um über seinen Bereich Rechenschaft abzulegen. Durch seine auszuführenden Tätigkeiten ist er im stetigen Kontakt zu anderen Prozessverantwortlichen, wie dem Service Level-, Change-, Problem- und Continuity Management.

Abb. 4.5
Der Augenblick für ein Availability Management ist gekommen

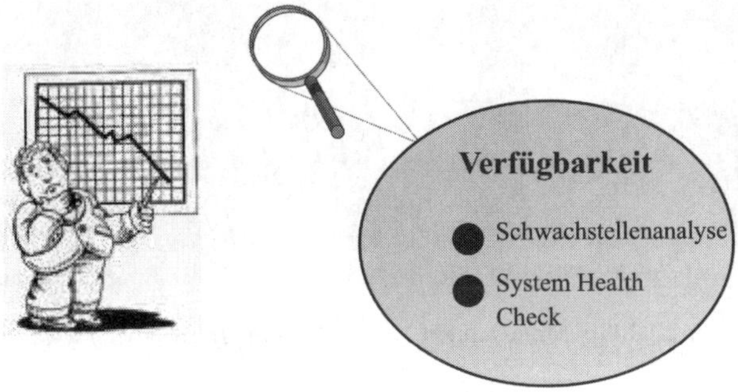

4.2.3 Kosten einer vernünftig hohen Availability oder Verfügbarkeit

Da man den Kosten ein extra Unterkapitel einräumt, ist zu vermuten, dass Hochverfügbarkeit teuer wird. Diese Vermutung ist richtig. Deswegen sollte man sich die Fragen stellen:

1. **Wie wichtig ist mein DV-Verfahren oder die darauf laufenden Geschäftsprozesse?**
2. **Und was bin ich bereit zu investieren, um diese möglichst hochverfügbar zu realisieren?**

Hat man diese Fragen, (man beschreibt dies auch als die Mission eines Unternehmens) nicht im Vorhinein geklärt, ist jede Diskussion über Hochverfügbarkeit eines DV-Verfahrens sinnlos. Dies sind die einzigen Hausaufgaben, die ein Unternehmen oder eine öffentliche Institution machen muss, bevor sie entweder selbst die Risikoanalyse vornimmt bzw. mit Hochverfügbarkeitsconsultants einer darauf spezialisierten Firma Kontakt aufnimmt.

Nachdem entweder eigenes Personal oder die Hochverfügbarkeitsconsultants die Risikoanalyse durchgeführt haben, müssen die gefundenen Schwachstellen bewertet werden.

Dabei hat sich die folgende Risikodefinition durchgesetzt:

Risiko = Eintrittswahrscheinlichkeit $*$ Bedrohungskosten

Die Schwierigkeit, die bei diesem Ansatz besteht, liegt darin, die Eintrittswahrscheinlichkeit abzuschätzen und damit die Investitionssumme zu berechnen, für die es sich lohnt, verfügbarkeitssteigernde Maßnahmen zu ergreifen. Geht man von einem Umsatzverlust von 500.000 Euro pro Schadensereignis aus, so folgert daraus ein Risiko von:

$$\text{Risiko} = 0,05 * 500.000$$

Nimmt man an, dass im Lebenzyklus eines DV-Verfahrens die Eintrittswahrscheinlichkeit einer Schadensmöglichkeit bei 5% und die Schadenskosten bei 500.000 Euro liegen, so ist das Risiko mit 25.000 Euro anzusetzen. Schwieriger dagegen ist es, den Wert ideeller Dinge einzuschätzen, wie z.B. einen Senderausfall oder Ausfall eines Notrufkanals eines Kommunikationsmediums. Auch rechnergestützte Operationshilfen im OP sollten nicht gerade während einer Operation ausfallen. Eine bessere Art, den maximalen Wert einer Investition zu berechnen, erfolgt über die geschätzte Verfügbarkeit eines einzelnen Servers, auf dem die Applikationen eines DV-Verfahrens laufen. Diese liegt je nach Ausführung zwischen 90% und 99%.

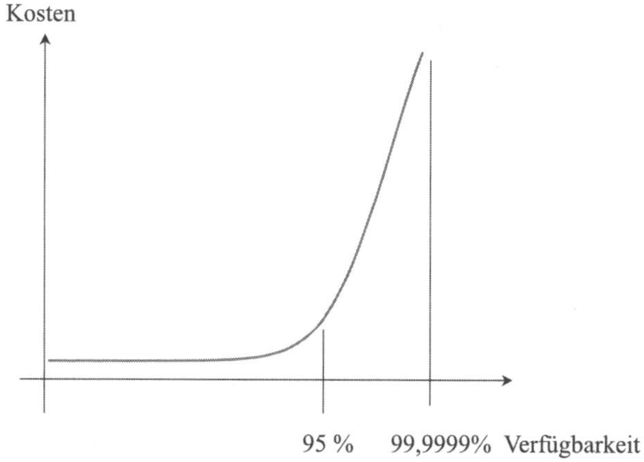

Abb. 4.6 Kosten und Hochverfügbarkeit

Unser Beispiel berechnet den Umsatzausfall eines Unternehmens mit 100 Mitarbeitern bei einem durschnittlichen Verdienst des Unternehmens von 80 Euro/Stunde und den unterschiedlichen Verfügbarkeitszahlen des den Geschäftsprozessen zugrunde liegenden Serversystemen des DV-Verfahrens.

Tabelle 4.1 Beispielhafte Umsatzausfälle bei verschiedenen Verfügbarkeitszahlen und 100 Mitarbeitern mit Umsatzausfall von 80 Euro/Stunde

Verfügbarkeit in %	Entspricht einer Ausfallzeit in Stunden	Kosten durch Ausfall pro Jahr in TEuro
90	873,6	6.988,8
99	84	672
99,5	44	352
99,9	8,5	68
99,95	4,4	35,2
99,99	53 Minuten	7

Rechnungsbeispiel
Bei einer Verfügbarkeit von 99% eines Serversystems bedeutet eine statistische Nichtverfügbarkeit laut Tabelle 4.1 einen Umsatzverlust von 672.000 Euro. Setzt man ein Clustersystem ein, so lässt sich eine Verfügbarkeit von 99,9% sicherlich erreichen, welches dem Äquivalent eines Umsatzausfalles laut Tabelle 4.1 von 68.000 Euro entspricht.

Der statistische Gewinn beträgt dabei 672 TEuro − 68 TEuro = 604 TEuro, der sicherlich die Anschaffungskosten und den Unterhalt eines Clusters decken wird. Trägt man sich dagegen mit dem Gedanken, eine Verfügbarkeit über 99,99% erzielen zu wollen, so werden die Kosten sicherlich den möglichen Umsatzverlust übersteigen. Diese immensen Kosten enstehen durch proprietäre Hard- und Software, die es oft notwendig macht, die Applikationssoftware zu migrieren. Die in Abb. 4.8 enthaltenen Graphen zeigen den Bereich, in dem man sich in vernünftiger Weise der angestrebten Verfügbarkeit nähert.

Ziel ist es, sich auf die wesentlichen Maßnahmen zu konzentrieren, da diese warscheinlich schon teuer genug sind. Eng begrenzte Consultingleistung ist eventuell gut angelegtes Geld, da es sicherlich neue Verfahren und Technologien gibt, deren man sich bedienen kann.

Aber nicht nur Investitionskosten sind bei den verfügbarkeitssteigernden Maßnahmen zu berücksichtigen, sondern auch die dadurch entstehenden Wartungskosten. Wird z.B. innerhalb eines SLA leichtfertig zugesichert, dass zwischen Fehlermeldung und Reparatur z.B. nur 6 Stunden (MTBR) vergehen dürfen, so muss man sich vor Augen halten, dass dies bedeuten kann, dass wesentliche Teile eines Serversystems ersetzt werden müssen. Doch dazu ist meist nur die Firma in der Lage, die dieses Serversystem geliefert hat. Sie wird meist nur gegen sehr teure Wartungsverträge, wenn überhaupt, innerhalb eines Managed Service die Zusicherung geben. Meistens gibt es verschiedene Stufen eines Wartungsvertrages mit unterschiedlichen Reaktionszeiten und unterschiedlichem

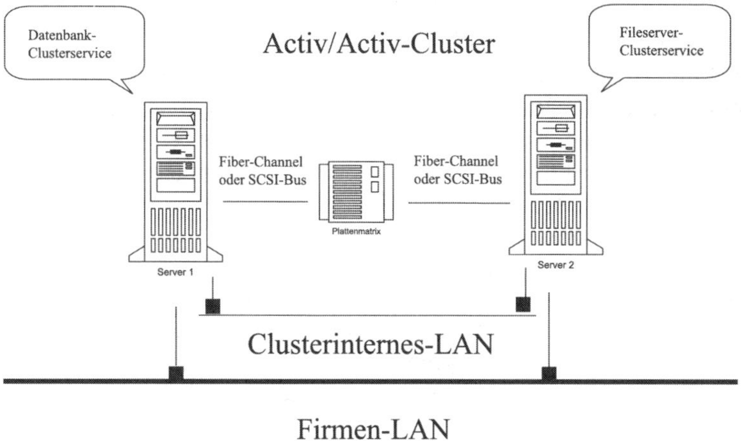

Abb. 4.7
Einsatz eines Aktiv/Aktiv-Clusters

Kostenrahmen. Zugesicherte Reparaturzeiten wird man innerhalb eines Wartungsvertrages nur sehr selten bekommen. Die höchste Stufe eines Wartungsvertrages, meist ein Managed Service, beinhaltet, dass das gesamte Störungsmanagement (ausgelagerter Rechenzentrumsbetrieb) bei der Hardwarefirma liegt, die die Hardware geliefert hat.

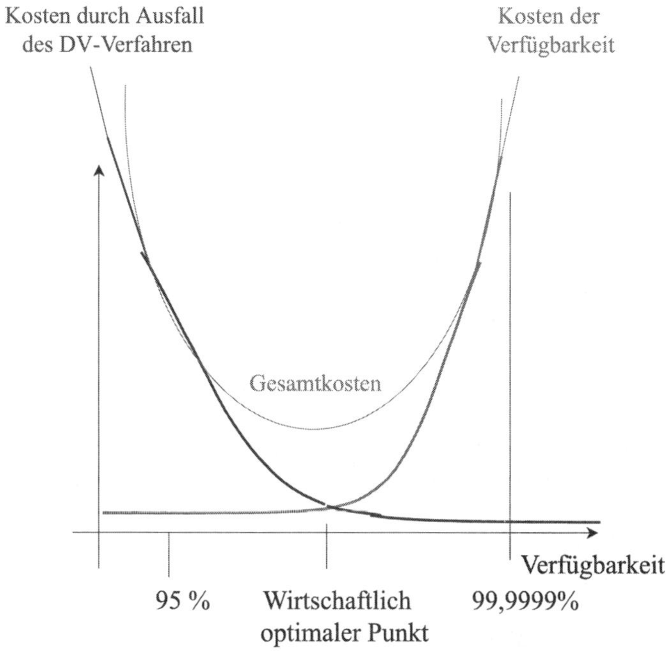

Abb. 4.8
Finden des wirtschaftlichen Punktes beim Einführen von verfügbarkeitssteigernden Maßnahmen

Auch spielt es eine große Rolle, zu welchen Uhrzeiten und ob werktags oder sonn- und feiertags eine Reparatur oder Störungsbehebung vorgenommen werden muss. Innerhalb einer Firma muss es entweder eine Ruferreichbarkeit geben, die nachts und an Sonn- und Feiertagen eventuelle Störungsmeldungen entgegennimmt oder aber es gibt Schichtdienst. Alle diese Lösungen produzieren gewaltige Kosten, sind eventuell aber durch eine 7*24-Geschäftstätigkeit, notwendig.

Man muss sich wohl damit abfinden, dass es Systemausfälle immer geben wird. Eine 100%ige Verfügbarkeit ist reines Wunschdenken. Dies sollte man den Nutzern und der Geschäftsführung einer Firma auch verdeutlichen. Wie schnell man auf eine Störung reagiert, ist dagegen sehr wohl beeinflussbar und Gegenstand der verschiedensten ITIL-Service-Prozesse.

4.2.4 Design eines DV-Verfahrens mit hoher Verfügbarkeit

Die meisten DV-Verfahren sind Einzelanfertigungen für einen bestimmten Zweck und Kunden. Die Entwicklung wird meist von einer Systemfirma oder Unternehmensberatung mit IT-Schwerpunkt durchgeführt, die gut ausgebildetes Personal vorhält, das sich auf die unterschiedlichsten Anforderungen einstellen kann. Meist ändert sich von Projekt zu Projekt die Anforderung des Kunden, der eine bestimmte Entwicklungssoftware, eine Datenbank, ein Serversystem, mit denen das Projekt durchgeführt werden soll, bestimmt. Geht man dann noch davon aus, dass die Projekte ein bis zwei Jahre dauern und die Fluktuation im harten Projektgeschäft groß ist, wird selten eine Software mehr als einmal verwendet.

Somit werden meist keine verfügbarkeitssteigernden Methoden oder Prozeduren integriert. Dies liegt nicht daran, dass die Systemarchitekten oder Entwickler eines neuen DV-Verfahrens dies nicht wollen, sondern sie wissen erstens gar nicht, dass dies für einen Kunden von Belang sein könnte, und zweitens konzentrieren sie sich auf die Hauptfunktionalitäten des DV-Verfahrens um möglichst schnell und preiswert fertig zu werden. Ist eine möglichst hohe Verfügbarkeit nicht von Anfang an ein strategisches Projektziel, so können die Versäumnisse während des gesamten Lebenszyklus des DV-Verfahrens meist gar nicht mehr nachgeholt werden. Aber welche Möglichkeiten gibt es beim Design, ein DV-Verfahren stabiler oder verfügbarer auszurichten?

Um beim Design möglichst die Weichen für ein robustes DV-Verfahren zu stellen, gibt es unterschiedliche Bereiche, bei denen man jeweils ansetzen kann, z.B.:

- Applikationsverfügbarkeit
- Datenverfügbarkeit
- Systemverfügbarkeit
- Organisatorische verfügbarkeitssteigernde Methoden

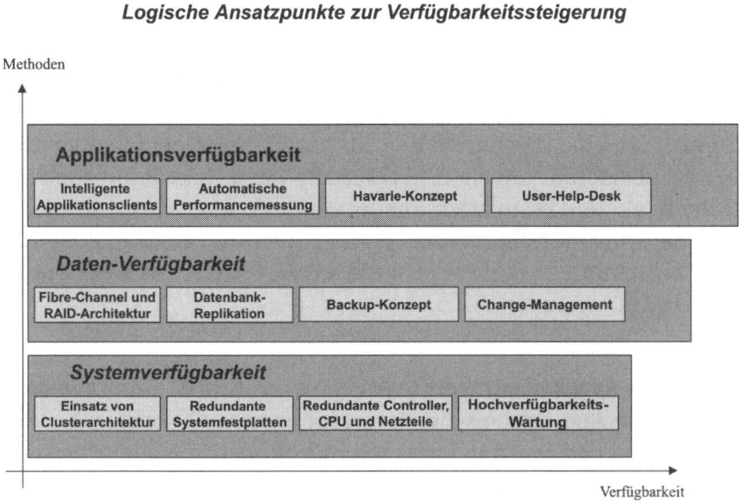

Abb. 4.9 Strategische Ansatzpunkte und Methoden zur Vefügbarkeitssteigerung [Köh02]

Die nachfolgenden Zeilen zeigen Möglichkeiten und Wege, um das Ziel eines robust und verfügbar entwickelten und betriebenen DV-Verfahrens zu erhalten.

4.2.4.1 Applikationsverfügbarkeit

Zwei-Speicher-Prinzip

Eine Möglichkeit, Client-Server-Applikationen für bestimmte Betätigungsfelder einer Firma abzusichern, ist das Ermöglichen einer lokalen und zentralen Arbeitsweise. Stellt man sich z.B. eine große Firma mit einem ausgedehnten fragilen Netzwerk vor, über das auf zentrale File- und Datenbankserver zugegriffen werden muss, so kann im Fehlerfalle ein lokaler Arbeitsmodus dafür sorgen, dass Arbeitsergebnisse zwischengespeichert werden können und die Arbeit somit nicht unterbrochen werden muss. Dies hat natürlich zeitliche Grenzen, je nachdem, wie mengenintensiv die Arbeitsergebnisse aussehen, ob Audio- oder Videodaten erzeugt oder ob bestehende Datenbankinformationen verändert werden müssen.

Abb. 4.10
Schematisches
Zwei-Speicher-Prinzip

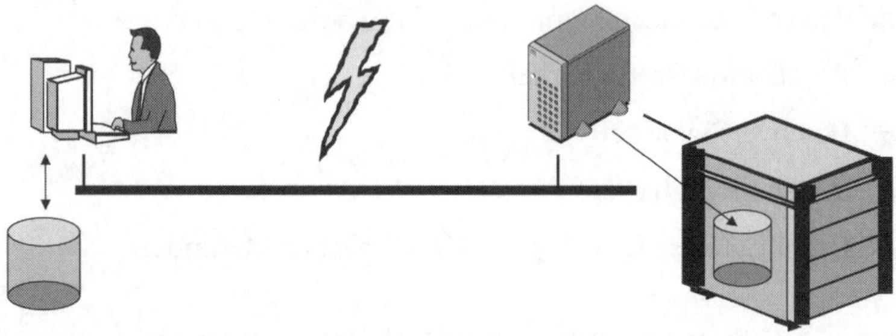

Nimmt man das Beispiel eines Rundfunksenders, der Radiosendungen ausstrahlt, so ist es möglich, die auszustrahlenden Sendungen für eine bestimmte Zeit im Voraus auf einem Senderechner zu platzieren, um sie im Fehlerfalle (kein Zugriff auf zentrale Datenbank- und Festplatteninhalte) von dort aus auszuspielen. Dies geht natürlich nur unter einem geringen Verlust der Aktualität von Nachrichteninhalten, ist aber auf jeden Fall besser, als eine Sendeunterbrechung zu riskieren.

Intelligente Applikationsclients

Intelligente Applikationsclients versuchen, den Kontakt zu Datenbank- und Fileservern in kurzen Zeitabständen von alleine wieder zu erreichen, um im Fehlerfalle damit so schnell wie möglich wieder einsatzfähig zu sein.

Abb. 4.11
Perl-Beispiel zum
fehlertoleranten
Öffnen einer
Datenbank

```
#!/usr/bin/perl –w

use DBI;   # DBI-Modul Laden zum verbinden zu einer Oracle Datenbank

### Defaultwerte für Fehlerbehandlung bei dbi-connect()
my %attr = (
               PrintError => 0,
               RaiseError => 0
               );

###       Öffnen der Datenbank wenn nicht erfolgreich versuche es nach einer Minute erneut
My $dbh;
until (
      $dbh= DBI->connect( „dbi:Oracle:dwpk“,“user“, „passwort“, \%attr)
) { warn „ Momentan keine Verbindung zur Datenbank: $DBI::errstr. Möglich. \nPause...\n“;
sleep (60);
}
```

Dies setzt meist clusterbasierende DV-Verfahren voraus, die im Fehlerfalle automatisch auf einen anderen Server umschalten. Die Zeit, die dabei vergeht, ist natürlich abhängig von der Güte der Clustersoftware bzw. der schnellen Reaktionsfähigkeit des Betriebspersonals, das die Clusterdienste manuell auf einem anderen Rechnerknoten erneut startet.

Drei-Schichten-Architektur (Three-tier) und CORBA (Common Object Request Broker Architecture)

Der Einsatz von Drei-Schichten-Architektur (Three-tier Software-Architektur) ermöglicht neben einer verbesserten Skalierbarkeit eine höhere Verfügbarkeit. Im Gegensatz zur Zwei-Schichten-Architektur geht hier die Kommunikation des Clients nicht direkt zum Back-End, sondern über einen Applikationsserver. Bekannte Drei-Schichten-Architekturen sind Applikationen, die auf Transaktionsmonitoren bei Datenbankanwendungen oder auf J2EE, CORBA bei anderen Client/Server- oder Internetapplikationen basieren. Dabei ermöglicht der Applikationsserver (middle tier) grundsätzlich eine verbesserte Performance, Skalierbarkeit, Überwachung und Verfügbarkeit durch eine zentrale Prozesslogik. Diese Prozesslogik steuert den Zugriff auf die dahinter liegende Serverstruktur und ist somit in der Lage, Fehlersituationen der dahinter liegenden Serverstruktur besser zu kompensieren und Datenströme umzuleiten.

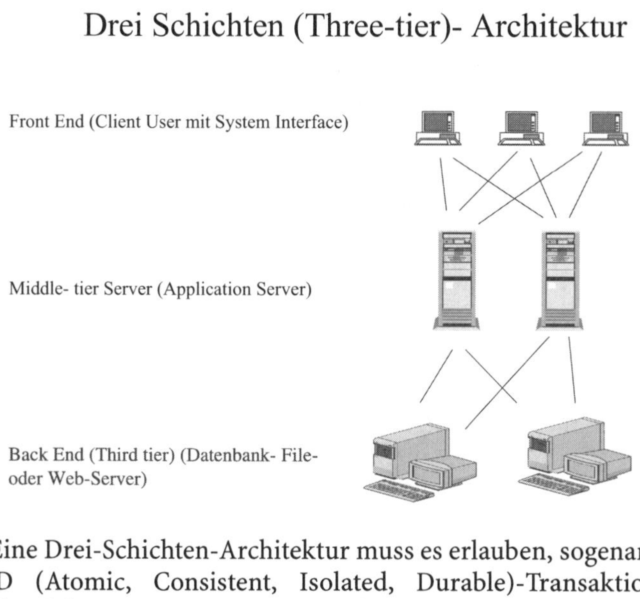

Abb. 4.12 Drei-Schichten (Three-tier)-Architektur

Eine Drei-Schichten-Architektur muss es erlauben, sogenannte ACID (Atomic, Consistent, Isolated, Durable)-Transaktionen durchzuführen. Diese **ACID**-Transaktion zeichnet sich dadurch aus, dass die Anweisung entweder vollständig (Atomic) oder gar nicht umgesetzt wird. So ist z.B. eine Überweisung erst dann vollzogen, wenn das Saldo auch auf dem Konto vollzogen wurde und das System im konsistenten (consistent) Zustand zurücklässt. Die

Transaktion musss isoliert (isolation), also ohne Zugriff auf andere Aktionen oder Vorgänge ablaufen. Und das Ergebnis der Transaktion muss dauerhaft (durable) sein – was gegeben ist, wenn die Transaktion aus dem Hauptspeicher auf Festplatte gespeichert wurde.

CORBA wurde 1989 von der Object Management Group (OMG) eingeführt, um verteilte Computeranwendungen entwickeln und durchführen zu können. Die einzelnen Teilfunktionalitäten der CORBA-Architektur kommunizieren mittels des IIOP (Internet Inter ORB Protocol)-Protokolls über ein TCP/IP-Netzwerk. Die Hauptkomponenten der CORBA-Architektur sind:

- ORB
- Client-Objekt
- Server-Objekt
- Application Interface
- Object Services
- Common Facilities
- Domain Interface

Das ORB (Object Request Broker) hat die Aufgabe die Kommunikation (Anfragen, Ergebnisübermittlung), wie sie z.B. bei Methodenaufrufen, zwischen Client/Server- verteilten Objekten bzw. Anwendungen vorkommen, zu ermöglichen.

Das Client-Objekt befindet sich innerhalb der Applikation eines Arbeitsplatzrechners und ruft Server-Objekte auf, die sich auf einem entfernten System befinden, um entsprechende Dienste ausführen und deren Ergebnis zurückzuliefern. Die Object Services sollen den Entwickler von Anwendungen bei seiner Arbeit unterstützen, indem eine Reihe von standardisierten systemnahen Diensten enthalten sind. Auch die Common Facilities umfassen eine Sammlung von allgemein nützlichen Diensten. Das Domain Interface unterstützt Anwendungen innerhalb eines bestimmten Bereiches wie z.B. Gesundheitswesen, Telekommunikation usw.

Um den Ausfall eines CORBA-Server-Objekts tolerieren zu können, bedarf es zweier Dinge: Erstens muss das ORB in der Lage sein, dies zu bemerken, und zweitens muss ein Server-Objekt-Replika existieren, welches dann den entsprechenden Request abarbeiten kann. Man bezeichnet dabei das Server-Objekt und das replizierte Server-Objekt als Objekt-Group.

Auch unter Open Source gibt es eine CORBA-Version mit dem Namen MICO (MICO Is CORBA), die auf den unterschiedlichsten

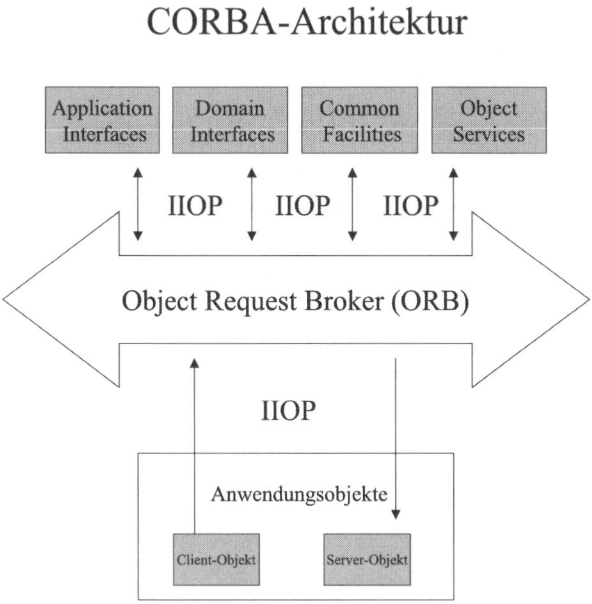

Abb. 4.13
CORBA-Architektur im Überblick

Plattformen lauffähig ist (Solaris, Linux, HP-UX, AIX, NT). Weitere Informationen findet man unter www.mico.org.

FT (Fault Tolerant)-CORBA (Common Object Request Broker Architecture)

Das Server-Objekt und das replizierte Server-Objekt befindet sich je auf einem unterschiedlichen Server, auf dem es ausgeführt werden kann. Fällt ein Server mit dem enthaltenen Server-Objekt aus, so kann das replizierte Server-Objekt auf dem anderen Server ausgeführt werden. Redundanz ist hierbei die Basis der Fehlertoleranz. Dies soll die IRL (Interoperable Replication Logic) sicherstellen. Sie übernimmt dabei drei wesentliche Funktionalitäten:

- Object Group Handler
- Replication Manager
- Fault Notifier

Der Objekt Group Handler ist für die Kommunikation mit den einzelnen Server-Objekten innerhalb einer Group verantwortlich.

Jedes Server-Objekt bzw. replizierte Server-Objekt kommuniziert mittels des Object Group Handler so, als gäbe es nur ein einzelnes Server-Objekt. Der Group Handler übernimmt also die

Funktionen, die sich aus dem Halten von verschiedenen Server-Objekten ergeben, und bildet dies für den Nutzer transparent ab.

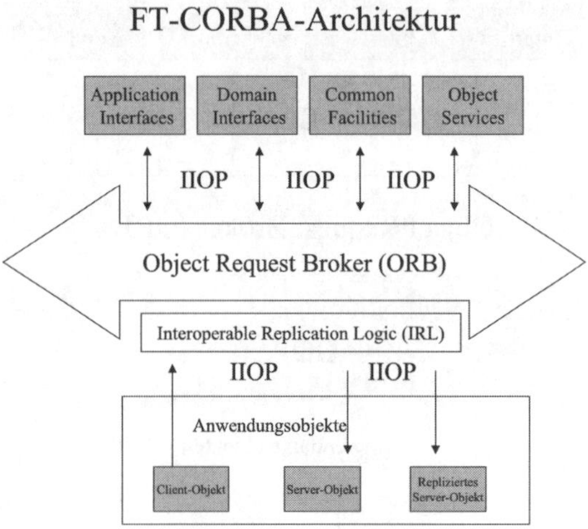

Abb. 4.14 FT-CORBA-Architektur mit IRL

Der Replikations-Manager ist dafür verantwortlich, ein Server-Objekt nach seiner Erstellung auf einen zweiten Server zu replizieren. Er beinhaltet also die Replikationlogik, wie z.B. Cold-, Warm- oder Active-Replication zur Replizierung der Server-Objekte.

Der Fault Handler ist dafür verantwortlich, festzustellen, ob beim Abarbeiten eines Server-Objekts bzw. beim Initiieren eines Server-Objekts eine Fehlersituation aufgetreten ist, z.B. durch einen Hardwareschaden eines Servers, auf dem das Server-Objekt ausgeführt werden soll. Weiterhin muss er alle Funktionalitäten beherrschen und ausführen, die zu dem Recoveryprozess gehören.

Nachteil einer CORBA-Architektur mit IRL ist die kleinere Performance, da die zusätzlichen Funktionalitäten beim Initialisierungsvorgang sowie bei der normalen Arbeitsweise sicherlich Zeit in Anspruch nehmen.

Auf dem Markt gibt es verschiedene Firmen (www.iona.com, www.vertel.com) für Produkte, die eine FT-CORBA-Architektur mit integrierter IRL beinhalten.

4.2.4.2 Datenverfügbarkeit

Die Datenverfügbarkeit ist zum größten Teil abhängig von dem Speicherort der Daten. Dies sind in der Hauptsache Festplatten bzw. RAID- und EDAP (Extended Data Availability and Protection)-Systeme, die einen schnellen und sicheren Zugriff gewährleisten sollen. Neben dem Festplattensystem sind auch Kopien der Daten auf Datenträger, die nicht jederzeit zugriffsfähig sein müssen, eine Art, die Datenverfügbarkeit zu gewährleisten.

4.2.4.3 Systemverfügbarkeit

Redundanz

Redundanz gibt es auf verschiedene Art und Weise. Die strukturelle Redundanz besteht aus einer Vervielfältigung von baugleichen oder alternativen Komponenten. Beispiel ist hierbei der Einsatz von einem zweiten Netzteil eines Servers oder Netzwerkswitches. Bei einer funktionalen Redundanz werden zusätzliche unterstützende Komponenten hinzugefügt, wie z.B. Sensoren, um bestehende Messwerte zu bestätigen. Ein weiteres Beispiel für funktionale Redundanz ist das Beauftragen einer zweiten Abteilung oder zweiten Person, um die Ergebnisse der ersten Abteilung oder ersten Person überprüfen zu lassen. Die Informationsredundanz wirkt durch ihre zusätzliche Information, wie es z.B. durch Hinzufügen von CRC-Prüfbits bei Übertragungskanälen oder beim Speichern auf Festplatten geschieht. Die zeitliche Redundanz erhält ihre Wirkung dadurch, dass man zusätzliche Zeit vorsieht, um z.B. wiederholt die gleichen Daten zu senden und dieselbe Berechnung nochmals durchführen zu lassen. Die statische Redundanz zeichnet sich dadurch aus, dass die redundante Komponente im Betrieb immer vorhanden ist, während bei der dynamischen Redundanz die redundante Komponente erst im Fehlerfalle zugeschaltet wird.

Wirtschaftlichkeit und N+1-Redundanz-Ansatz

Abgeleitet von den RAID-Systemen, die mit Hot-Spare-Festplatten arbeiten, kommt der allgemeine N+1-Redundanz-Ansatz. Eine Hot-Spare-Festplatte wird bei RAID-Systemen dann automatisch mit eingebunden, wenn eine Festplatte defekt ist. Der Aufbau einer Redundanz nach dem N+1-Prinzip auf eine SpoF-Komponente ermöglicht ein kostenbewusstes Redundanzverfahren. Nehmen wir z.B. das Beispiel einer USV-Anlage, so besagt hier der N+1-Redundanz-Ansatz, dass ein ganzes USV-Modul oder eine weitere Akkumulatoreinheit zusätzlich angeschafft werden soll, die im Fehlerfall die Speisung des defekten USV-Moduls bzw. der Akkumulatoreinheit übernehmen kann, bis diese ausgetauscht wird. Weiterhin bietet die zusätzliche Leistungsreserve die Gewissheit, dass bei einem plötzlich hinzugefügten DV-Verfahren die entsprechende USV-Kapazität noch vorhanden ist, ohne dass das bestehende Sys-

Tabelle 4.2 Exemplarische Übersicht überRedundanz-Ansatz N+1 bei USV-Systemen

Redundante (N+1) USV-Systeme	Bereitgestellte Gesamtleistung in %	Leistung je USV-Einheit in %
2	200	100
3	150	50
4	133	33
5	125	25
6	120	20

tem gleichzeitig erweitert werden muss. Auch bietet dieses Redundanz-Verfahren die Möglichkeit, den Grad der Redundanz möglichst klein zu halten, und erlaubt somit, den Wirtschaftlichkeitsaspekt bei einer Neuinvestition zu beeinflussen.

Bei einem gesamten USV-Scheinleistungsbedarf von 25KVA ergibt sich bei dem N+1-Prinzip mit N=5 und einem redundanten USV-System eine Einzelleistung von 5KVA. Daraus folgt, dass die redundant vorgehaltene USV-Einheit auch 5 KVA beträgt. Man hält somit nur 20% der maximalen Leistungsfähigkeit als redundante Scheinleistung vor. Würden wir mit N=2 die Leistung einer einzelnen USV auf 12,5 KVA festlegen, so hätte die redundante Einheit auch 12,5 KVA, was bedeuten würde, dass man 50% der maximal benötigten Kapazität vorhalten würde. Dies macht sich bei einer Wirtschaftlichkeitsbetrachtung natürlich bemerkbar, nicht nur im Anschaffungspreis, sondern auch in den Unterhaltungs- und Wartungskosten.

Prinzip der Diversität

In Kernkraftwerken werden verschiedene kritische Komponenten redundant ausgelegt, so dass im Fehlerfall die Funktion der fehlerhaften Komponenten durch die redundante Einheit übernommen werden kann. Nimmt man nun einen Fehler an, der grundsätzlich alle Komponenten, sowohl die Haupt- wie auch die redundante Komponente, außer Funktion setzt, da diese nach demselben Prinzip (homogene Redundanz) konstruiert wurden, so könnten diese kritischen Komponenten nun doch ausfallen. Homogene Redundanzen helfen gegen Zufalls- und altersbedingte Ausfälle, nicht aber gegen entwurfsbedingte oder systematische Fehler, wie z.B. vordefinierte Testfehler. Um dies zu vermeiden, kann man das Prinzip der Diversität anwenden.

Dabei wird die redundante Komponente so konstruiert, dass sie mit anderen Mitteln oder nach einem anderen Prinzip (diversitäre Redundanz) dieselbe Funktionalität bietet. Beispiel ist ein Ventil, das einmal auf einem pneumatischen Prinzip, ein anderes Mal auf einem elektrischen Prinzip basiert, bzw. einem Antrieb, der auf einem elektrischen bzw. einem mechanischen Antriebsmechanismus basiert. Stellt man sich z.B. vor, was eine Überschwemmung mit den elektrischen Elementen anstellt, auch wenn diese redundant und mit USV abgesichert sind, so kann man ermessen, welches Potential innerhalb des Prinzips der Diversität liegt.

4.2.5 Organisatorische verfügbarkeitssteigernde Methoden

Organisatorische verfügbarkeitssteigernde Methoden, wie z.B. ITIL-konforme Serviceprozesse, erhöhen die Verfügbarkeit zu dem maximalen Stand, den das neue DV-Verfahren überhaupt noch erlaubt. Hier spielen kleine Reaktions- und Fehlerwiederherstellzeiten eine große Rolle.

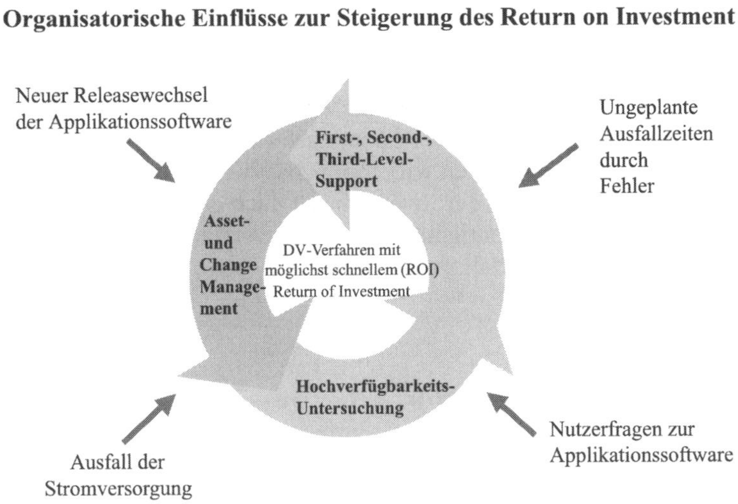

Abb. 4.15 Bedrohende Einflüsse und organisatorische Schutzschilde

Auch organisatorisch festgelegte Wartungsintervalle sowie die Revision wichtiger Komponenten oder eines ganzen DV-Verfahrens sind Wege, die Verfügbarkeit als Ganzes zu steigern.

4.2.5.1 Wartungs- und Testintervalle

Eine Strategie, ungeplante lange Ausfallzeiten zu minimieren, besteht darin, dem Fehler zuvorzukommen und dabei kurze geplante vorbeugende Ausfallzeiten für Wartung und Tests in Kauf zu nehmen. Um dies so störungsfrei wie möglich zu bewerkstelligen, sind z.B. auf die USV-Systeme einer Firma bezogene redundante USV-Systeme notwendig. Eine redundante USV ermöglicht erst die Wartung oder Instandsetzung. Es sind grundsätzlich solche Systeme oder Komponenten während der Planung von neuen DV-Verfahren zu bevorzugen, die ein Auswechseln oder eine Erweiterung während des Betriebes zulassen.

4.2.5.2 Revision

Das Wort Revision ist abgeleitet aus dem Lateinischen von revidere, was nichts anderes bedeutet als „noch einmal hinsehen". Der Begriff Revision bedeutet, dass nach bestimmten Zeitintervallen der technische Zustand einer Anlage oder eines Systems, das bis auf die letzte Schraube auseinandergenommen wird, bewertet wird, um einem möglichen Fehler zuvorzukommen. Dieses Prinzip, das bei Eisenbahnen und Flugzeugen oder allgemein bei komplexen Systemen angewandt wird, dient der Fehlerprävention. Beim Betreiben einer Notstromversorgungsanlage spricht man in diesem Zusammenhang dann auch oft davon, die Revisionszeit möglichst klein zu halten. Dies bedeutet aber auch, dass eine Firma, die 100%ige Verfügbarkeit sicherstellen will, möglichst zwei Dieselgeneratoren vorhalten muss, um in der Revisionszeit auch einen eventuell längeren Ausfall der öffentlichen Spannungsversorgung ohne einen Ausfall seiner DV-Verfahren zu überstehen.

4.3 Continuity Management

Was ist der Unterschied zwischen Availability- und Continuity Management? Innerhalb des Availability Management wird versucht, mit vorbeugenden Maßnahmen die Verfügbarkeit oder Uptime eines DV-Verfahrens so weit zu verbessern, wie irgend ökonomisch möglich ist. Das Continuity Management hat bei einem Desasterfall, der einen ganzen Geschäftsprozess oder das zugrunde liegende DV-Verfahren nicht voraussehbar lahmlegt, die Aufgabe, entsprechende Ersatzsysteme oder einen Ersatzstandort zur Verfügung zu stellen, so dass die wesentlichen Geschäftsprozesse einer Firma weiter fortgeführt werden können.

Dies sollte so schnell wie möglich erfolgen. Man kann also sagen, dass die Arbeit des Continuity Management dort einsetzt, wo die Tätigkeiten des Availability Management nicht mehr greifen und eine langanhaltende Störung meist aus einem Desaster oder

Elementarschaden wie einem Brand, Überschwemmung, Erdbeben oder Sabotage dazu führt, dass bestimmte Geschäftsprozesse einer Firma nicht mehr durchgeführt werden können. Ziel des Business-Continuity Management (BCM) ist deswegen ein Agieren statt Reagieren durch im Vorfeld festgelegte Business-Continuity-Strategiepläne. Die Wahrscheinlichkeit einer solchen massiven Störung der Geschäftsfähigkeit ist gering, aber die Auswirkungen für die Firmen, die solchen Störungen ausgesetzt waren, sind so massiv, dass es nur wenige Firmen geschafft haben, geschäftsfähig zu bleiben. Auch wenn nur größere Zeiträume einer Nichtgeschäftsfähigkeit überbrückt werden müssen, sind die Kundenbeziehungen getrübt bzw. verlorengegangen, da die anderen Firmen es sich nicht leisten können, eine längere Zeit auf bestimmte Dienstleistungen zu warten. Firmen reagieren meist kopflos auf solche Situationen, da einem die Tragweite und die Auswirkungen der Situation klar vor Augen stehen.

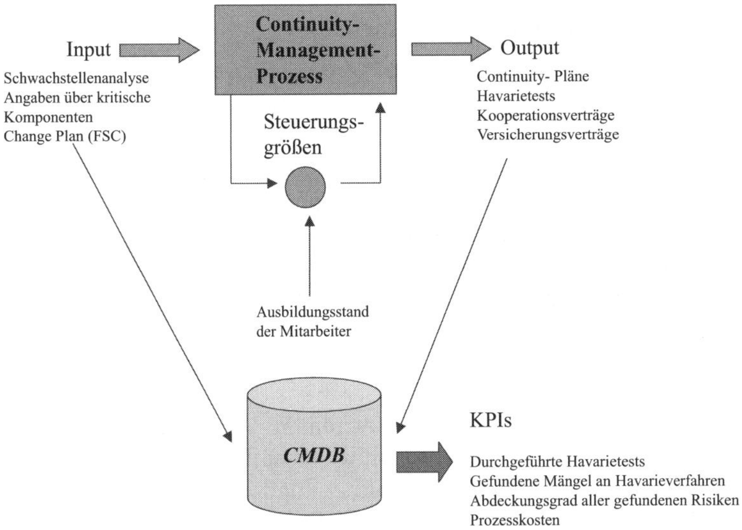

Abb. 4.16 Schematische Darstellung des Continuity-Management-Prozesses

Somit sind die Hauptziele des Continuity Management bzw. des Business Continuity Management (BCM):

- Sicherstellen der Geschäftsprozesse bei lang anhaltenden und schwerwiegenden Störungen aus technischen-, menschlichen oder naturbedingten Ursachen
- Sicherstellen der wirtschaftlichen Existenz einer Firma sowie der Kundenbeziehungen und der Kundenzufriedenheit im Desasterfall

- Aufholen bzw. Fremdvergabe eventueller Produktionsausfälle

Die sich daraus ergebenden Hauptaufgaben oder Aktivitäten des Continuity Management sind:

- Identifikation der kritischen Geschäftsprozesse
- Bedrohungsanalyse (Business Impact Analysis) aufstellen
- Notwendige Rahmenbedingungen ermitteln
- Contingency Plan aufstellen (Maßnahmen zur Risikoreduzierung und -Wiederherstellung)
- Standby-Systeme anschaffen
- Krisenmanagement-Team zusammenstellen
- Pläne für eine alternative Durchführung der Geschäftsprozesse aufstellen und diese auf Praktikabilität und Durchführbarkeit überprüfen
- Wiederanlaufverfahren definieren
- Pläne für das Aufholen des Produktionsrückstandes aufstellen
- Versicherungspolicen aushandeln

Eine Hauptschwierigkeit des Continuity Management liegt darin, dass relativ hohe Geldbeträge für einen potentiellen Schadensfall ausgegeben werden müssen, der selten wirklich eintritt. Auch wird des öfteren der Sinn von Desaster-Übungen, die überprüfen sollen, ob geplante Vorgänge im Desasterfall anwendbar und praktikabel sind, angezweifelt bzw. dies wird nur als lästig angesehen. Deswegen liegt auch eine der Aufgaben des Continuity Management darin, die notwendige Transparenz bei der Geschäftsleitung darüber zu erzielen, was passiert, wenn die eingesetzten DV-Verfahren über längere Zeit außer Betrieb sind. Gerade in wirtschaftlich schlechteren Zeiten ist man versucht, diesen scheinbar nutzlosen Vorkehrungen die finanzielle Basis zu entziehen.

Wird eine Firma als „Hot-" oder „Cold-Start Supplier" innerhalb des Havariekonzepts einer Firma angegeben, sollte vorher ein Test bzw. eine Analyse durchgeführt werden, ob diese Firma wirklich die technischen und verfahrenstechnischen Voraussetzungen besitzt, diese Dienstleistung zu übernehmen.

Eine Versicherung gegen Schäden bzw. den Verdienstausfall einer Firma, der aus dem Ausfall der benötigten DV-Verfahren resultiert, bieten so genannte Betriebsunterbrechungs-Versicherungen oder Zusatzversicherungen für den EDV-Bereich. Diese leisten Ersatz bei Unterbrechungsschäden (Ertragsausfällen), die entstehen, wenn der Betrieb des Versicherungsnehmers infolge eines Schadens an einer in der Versicherungs-Police bezeichneten Maschine oder Anlage vorübergehend nicht oder nur teilweise weitergeführt werden kann. Die genauen Bedingungen und Konditionen sind von Versicherung zu Versicherung unterschiedlich, so dass das Continuity Management sich verschiedene Angebote einholen sollte.

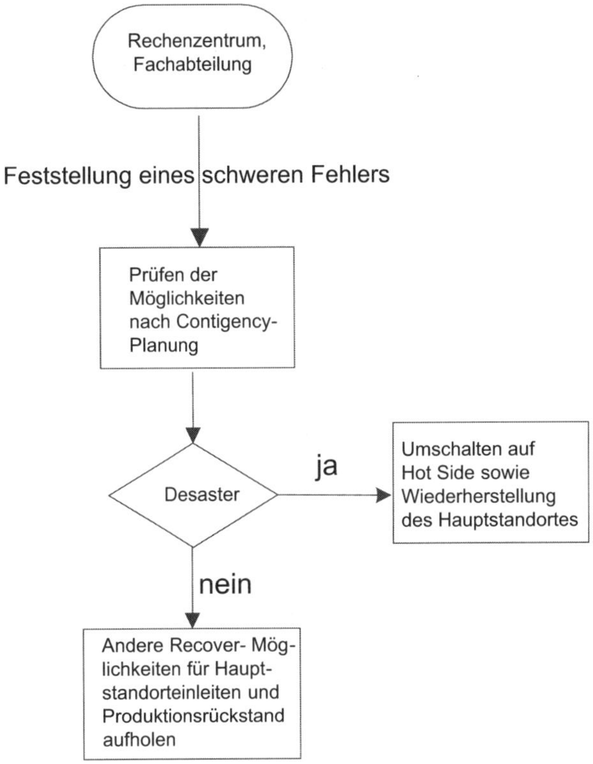

Abb. 4.17 Schematischer Continuity-Management-Prozess

4.3.1 Fachbegriffe unter dem Continuity Management unter ITIL

Im Falle eines Totalausfalls eines oder mehrerer DV-Verfahren, welche die Geschäftsprozesse einer Firma abbilden, bleibt entweder das eigene Notrechenzentrum oder aber die Inanspruchnahme eines Dienstleisters, der dem Unternehmen eine entsprechende IT-Infrastruktur zur Verfügung stellt. Hierbei wird unterschieden zwischen „Hot-Start Supplier“ und „Cold-Start“ Supplier.

4.3.1.1
Hot-Start Suppliers

„Hot-Start Suppliers“ sind darauf spezialisiert, eine Dienstleistung kurzfristig mit dem eigenen DV-Verfahren sofort zu übernehmen, während der Kunde versucht, sein eigenes DV-Verfahren wieder in Gang zu bringen.

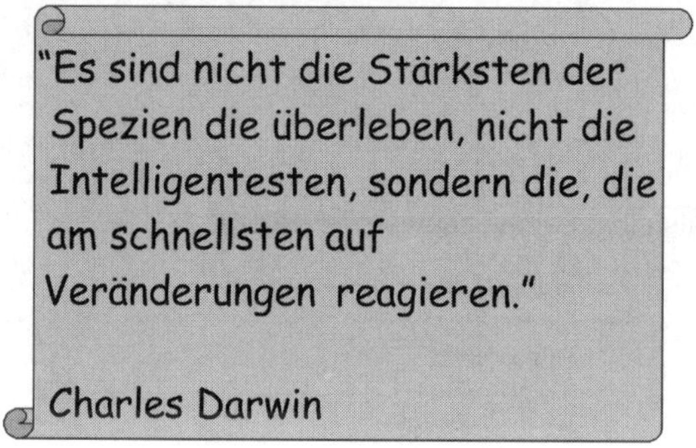

Abb. 4.18 Wahlspruch des Continuity Managements

4.3.1.2
Mobile/Porta-site

„Mobile/Porta-site“: Bei kleineren Rechenzentren, die ihre Funktionalität auch während eines Desasters aufrechterhalten wollen, werden auch Computer- bzw. Büroausrüstungen in mobilen Fahrzeugen angeboten, die zu den entsprechend erwünschten Standorten gefahren werden können.

4.3.1.3
Cold-Start Supplier

„Cold-Start Supplier“: sind darauf spezialisiert, ein Ersatz-DV-Verfahren auszuleihen bzw. dieses an einen anderen Ort zu liefern, damit die Dienstleistung über längere Zeit erbracht werden kann. Dieses kann der Fall sein, wenn durch einen Umstand wie z.B. Brand des Firmengebäudes die Firma nicht mehr in der Lage ist, diese Dienstleistung zu erbringen.

4.3.1.4
Cold Site

Als **„Cold Site“** wird ein Raum verstanden, der nur mit einer funktionsfähigen Rechenzentrumsinfrastruktur ausgestattet ist. Innerhalb dieser „Cold Site" kann der Kunde dann seine Ersatz-DV-Verfahren unterbringen.

4.3.1.5 Hot Site

Eine **„Hot Site"** beinhaltet neben einer funktionsfähigen Rechenzentrumsinfrastruktur auch die benötigten DV-Verfahren, um die Geschäftsprozesse einer Firma wieder aufnehmen zu können.

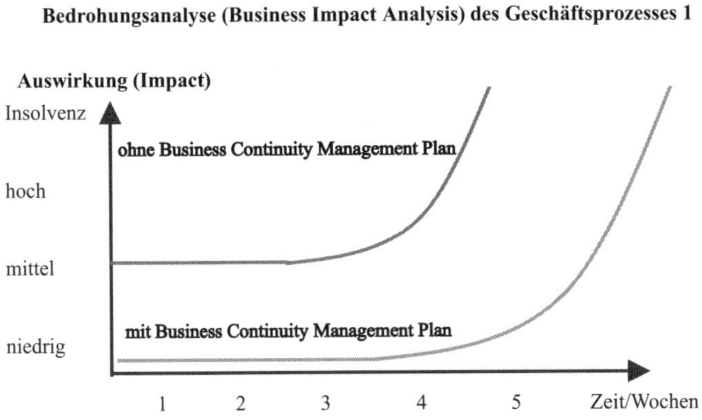

Abb. 4.19 Schematische Bedrohungsanalyse eines Geschäftsprozesses

4.3.1.6 OEM-Versicherung

„OEM-Versicherung": Manche Computerlieferanten bieten einen besonderen Service an, der ein spezielles Rechnersystem in einer definierten Zeitspanne als Ersatz liefert. Grundlage ist allerdings ein zugriffsfähiges Backup des benötigten Datenbestandes.

4.3.1.7 Business Impact Analysis

Die Hausaufgaben des Continuity Management bestehen darin, eine Bedrohungsanalyse (Business Impact Analysis) für jeden Geschäftsprozess durchzuführen. Innerhalb der Analyse müssen alle Schwachstellen und Möglichkeiten zu einem alternativen Betrieb des Geschäftsprozesses aufgeschlüsselt werden.

Auch die Frage einer entsprechenden Versicherung sollte enthalten sein. Eine zeitliche Abschätzung, wie lange eine Firma ohne diesen Geschäftsprozess auskommt und wie hoch der potentielle Schaden (impact) für eine Firma ist, sind wesentliche Daten der

Bedrohungsanalyse. Entsprechend sollte die Zeit (Abb. 4.19) abgeschätzt werden, die es dauert, bis der Geschäftsprozess durch alternative Möglichkeiten, wie z.B. die zeitlich begrenzte Nutzung eines Ausweichrechenzentrums, eventuell auch im eingeschränkten Maße wieder nutzbar ist. Auch sollten entsprechende Pläne ausgearbeitet werden, wie die Nutzer des Geschäftsprozesses informiert werden können und welche vertraglichen Strafen (SLA) oder Einbußen durch eine nicht vorhandene Geschäftsfähigkeit entstehen können.

4.3.2
Zugeordnete Rollen zum Continuity Management

Der Continuity-Manager oder Continuity-Planer innerhalb einer Firma oder öffentlichen Institution muss dafür Sorge tragen, dass bei einem längeren Ausfall eines DV-Systems die davon betroffenen Geschäftsprozesse innerhalb einer kurzen Reaktionszeit wieder zur Verfügung stehen. Dazu ist es am Anfang wichtig, eine Risikoanalyse durchzuführen und vorhandene SLA und OLA einer Firma entsprechend zu analysieren.

Er steht im stetigen Kontakt zu fast allen anderen ITIL-Service-Prozess-Vertretern sowie zu der Geschäftsleitung, bei der er die Kosten, die durch das Continuity Management entstehen, vertreten muss.

Er nimmt Kontakt auf zu anderen Firmen, die dieselben Geschäftsprozesse durchführen, sowie zu Spezialisten, die sich um spezielle technische Belange des Continuity Managements kümmern. Er handelt die Konditionen und Inhalte von möglichen Serviceverträgen mit Anbietern von Ausweichrechenzentren aus und arbeitet einen detaillierten Continuity-Plan für jeden Geschäftsprozess und die zugrunde liegenden DV-Verfahren aus.

Abb. 4.20 Das Continuity Management hat nicht erst im Schadensfall viel zu tun

Er stellt sicher, dass die erzeugten Geschäftsdaten und die Datenträger der genutzten Software sich in feuer- und diebstahlsicheren Tresoren befinden und dass Kopien wesentlicher Datenträger an einem zweiten Ort aufbewahrt werden.

Er prüft, ob die infastrukturellen Anforderungen, wie Klima- und USV-Systeme, sowie die bestehenden Brandbekämpfungsmaßnahmen auf dem aktuellen Stand sind und arbeitet Übungen aus, bei denen die Funktionen der unterschiedlichen Geschäftsprozesse durch die bestehenden Continuity-Pläne bei einem Totalausfall ersetzt werden. Auch richtet er eine Notfallorganisation ein, die aus technischen Know-how- und Entscheidungsträgern besteht, die in einem Notfall erneute Handungsfähigkeit herstellen.

Er hält entsprechend angelegte Rufnummernverzeichnisse auf dem neuesten Stand, damit im Desasterfalle möglichst schnelle Kommunikationskanäle bestehen. Er erarbeitet die Desaster-Recovery-Planung und Notfallorganisation innerhalb eines Havariekonzepts, welches wesentlicher Bestandteil des Betriebskonzeptes vor Einführung eines neuen DV-Verfahrens ist.

4.3.3 Key Performance Indicators (KPI) zum Continuity Management

Der Key Performance Indicator (KPI) zum Continuity Management ist sicherlich der prozentuale Abdeckungsgrad der gefundenen Risiken bei den Geschäftsprozessen und den zugrunde liegenden DV-Verfahren. Der Abdeckungsgrad richtet sich nach allen geplanten und überprüften Maßnahmen, die bei einem längerfristigen Ausfall von Geschäftsprozessen und den zugrunde liegenden DV-Verfahren dafür Sorge tragen, dass die Geschäftsprozesse entweder als Ganzes oder im eingeschränkten Maße nach einer Reaktionszeit wieder zur Verfügung stehen. Im dieser Hinsicht ist auch der KPI des Continuity Managements von Bedeutung, der die Anzahl von durchgeführten Desasterübungen beinhaltet.

Gut ist es, wenn jeder Geschäftsprozess und die zugrunde liegenden DV-Verfahren einmal im Jahr einer Desasterübung unterzogen werden. Dies ist auch im Zusammenhang mit dem technologischen Wandel und den tagtäglichen Modifizierungen, die an den DV-Verfahren durchgeführt werden, von Bedeutung. Die Kosten des Continuity Managements sind sicherlich ein KPI, den man aber mit Vorsicht behandeln muss. Verträge mit Ausweichrechenzentren sind teuer und sicherlich jedes Jahr wieder neu Tagesordnungspunkt für Einsparmöglichkeiten einer Firma. Die Akzeptanz von Versicherungsbeiträgen, welche ohne Nachdenken bezahlt werden, ist relativ hoch, wogegen ein Mietvertrag für eine zeitweilige Nutzung eines Ausweichrechenzentrums nicht unbedingt dieselbe Akzeptanz erfährt. Die Anzahl der angepassten Continuity-Pläne gibt der Geschäftsleitung Auskunft darüber, ob mögliche Änderungen der DV-Verfahren auch beim Continuity Management erfasst und innerhalb des Continuity-Plans eingeflossen sind.

Der KPI mit der größten Aussagekraft ist der der bewältigten fatalen Systemstörungen, die durch die Continuity-Pläne des Continuity Managements aufgefangen wurden. Auch abgeschlossene Kooperationsverträge mit anderen Firmen, die für einen überschaubaren Zeitraum bestimmte Geschäftsprozesse einer Firma übernehmen, sind ein KPI und Indiz dafür, dass das Continuity Management einer Firma seine Arbeit ernst nimmt.

Abb. 4.21 Continuity-Management-Kennzahlen im Jahresüberblick

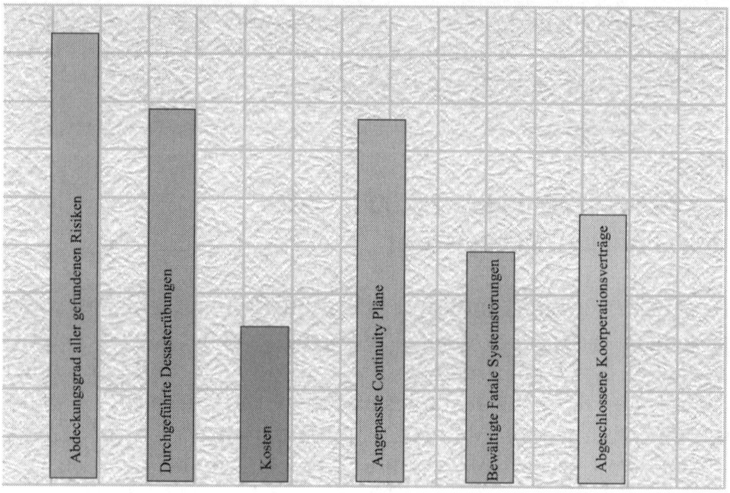

Continuity- Management- Kennzahlen im Jahresüberblick

4.3.4 Gründe für ein Continuity Management

Für die Geschäftsleitung eines Unternehmens zählen meist nur Gewinne, Kosten sowie die rein langfristige Geschäftsplanung auf Basis von Geschäftskontakten und zukünftigen Absatzmärkten. Somit muss die IT-Abteilung fundierte Gründe für die Aufgaben des Continuity Managements präsentieren, um die Kosten zu rechtfertigen. Die nachfolgenden Zeilen zeigen Gründe aufgrund von Statistiken aus der Praxis. Sieht man sich Abb. 4.22 genauer an, so erkennt man, was zu einer Ausfallzeit (Downtime) eines DV-Verfahrens geführt hat.

Dabei fallen einem die 37% durch die Applikationssoftware direkt ins Auge. Aber auch die Mainframe- bzw. Serverhardware ist eine erhebliche Fehlerquelle. Generalisiert man die Bereiche, in denen es zu Ausfällen kommen kann, die ein ganzes DV-Verfahren beeinträchtigen bzw. zu einer Zwangspause verurteilen, so sind dies grundsätzlich Hardware, Software, menschlicher Einfluss, Umwelteinflüsse und andere Desastereinflüsse. Sieht man sich den Softwarebereich an, so erkennt man die diversen Ursachen, durch die Softwarefehler ganze DV-Verfahren zur Aufgabe zwingen.

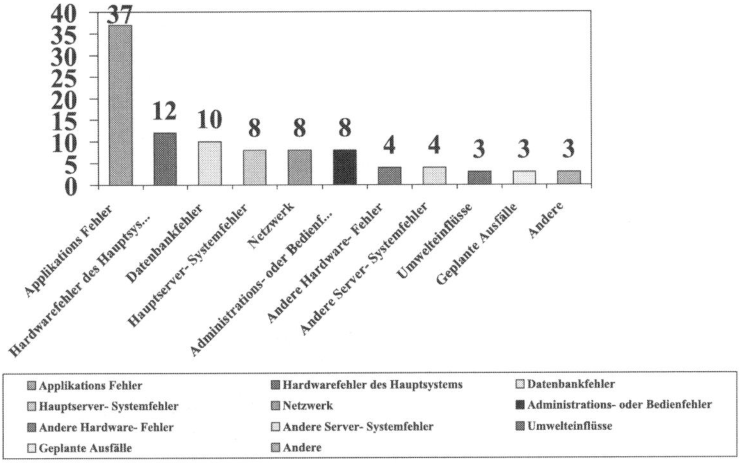

Abb. 4.22 Ausfallgründe aus der Praxis

Software:

- Betriebssystemfehler
- Datenbankausfall
- Applikationsfehler (Server und Client)
- Middlewarefehler
- Firmware von Netzwerkkomponenten wie Switches und Router

Neben den Serverbetriebssystemen mit ihren internen Treibern für externe Peripheriegeräte kann eine Datenbank, die die wesentlichen Daten für zu tätigende Transaktionen beeinhaltet, in einen fehlerhaften Zustand geraten, der es unmöglich macht, weiterhin die Applikationssoftware zu nutzen. Aber auch die Applikationssoftware auf Server und Clients kann dazu führen, das die Geschäftsprozesse einer Firma nicht mehr durchgeführt werden können.

Schuld sind hierbei meist zu viele tote Childprozesse auf dem Server, die von Clients nicht ordnungsgemäß beendet werden und die benötigten Ressourcen blockieren. Aber auch Middlewareprogramme, die von einer Applikationssoftware genutzt werden, können ausfallen. Denkt man an das Netzwerk einer Firma, das aus Netzwerkhardware mit entsprechender Firmware besteht, die diese steuert, so erkennt man, dass ein Ausfall dieser Firmware auch zu Ausfällen des Netzwerkes führen kann.

Abb. 4.23 Komponenten eines DV-Verfahrens

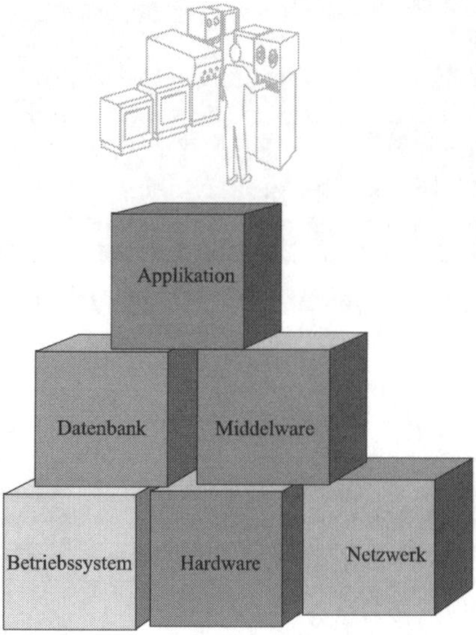

Die Hardware eines DV-Verfahrens, wie Server und Netzwerkkomponenten, besteht aus Einzelkomponenten, die wesentlich für eine ordnungsgemäße Funktionalität sind. Sei es ein Netzteilausfall, so dass der benötigte Strom nicht mehr umgewandelt werden kann; ein Ausfall der Festplatte, auf der sich das Betriebssystem eines Servers befindet, oder auch nur ein Lüfterausfall, so dass die interne Temperatur eines Servers oder Routers nicht mehr heruntergeregelt werden kann, hat immer dieselbe Auswirkung auf die gesamte Funktionalität eines DV-Verfahrens: nämlich einen Totalausfall.

Hardware:

- Netzteilausfall
- Festplattenausfall
- Lüfterausfall

- CPU, Speicherfehler oder Netzwerkartenausfall
- Hardwarekomponenten von Switches und Routern

Viele Fehler von Servern sind zurückzuführen auf Speicherfehler oder CPU-Ausfall. Bei Netzwerkkomponenten wie bei Switches setzen häufig die Fabrics oder einzelne Interfacemodule aus. Dies kann im günstigsten Fall dazu führen, dass die Datenpakete eines Netzwerks einen anderen Weg nehmen. Dabei verändert sich aber das Antwortzeitverhalten, das wiederum zu komischen Seiteneffekten führen kann.

Menschliche Fehler sind sehr häufig die Ursache für den Ausfall eines DV-Verfahrens. Dabei sind die Gründe vielschichtig: von einfachen Administrationsfehlern über Sabotagehandlungen oder einfach nur Unwissenheit, aus der sich fatale Folgen ergeben, reicht dabei der Einflussbereich des menschlichen Wirkens. Unfälle oder Organisationsfehler erhöhen die Wahrscheinlichkeit des Ausfalls eines DV-Verfahrens.

Der Einfluss menschlicher Fehler lässt sich wahrscheinlich erst dann ausschließen, wenn es keine Menschen mehr gibt.

Menschliche Fehler:

- Administrationsfehler
- Organisationsfehler
- Unwissenheit
- Sabotage
- Unfall

Umwelt und Desaster, die zu teils langwierigen Ausfällen von mehr als 12 Stunden führen (Abb. 4.24), sind die Haupteinsatzgebiete für das Wirken des Continuity Management. Diese langwierigen Ausfälle entwickeln sich nicht selten aus dem Ausfall von zentralen Rechenzentrumsinfrastrukturen wie z.B. Stromausfall oder Ausfall der Klimaanlagen. Diese Situationen sind aber noch relativ einfach unter Kontrolle zu bringen gegenüber Schäden, die durch ein Erdbeben, Überschwemmung, Explosion oder einen Brand angerichtet werden.

Umwelt und andere Desaster:

- Mangelnde Kühlung
- Stromausfall
- Erdbeben

- Überschwemmung/Rohrbruch
- Brand
- Explosion

Die Ausfälle durch Desaster sind meist nur durch Not-, Ersatzrechenzentren oder Einsatz von „Hot"- oder „Cold-start suppliers" zu meistern. Interessant dabei ist auch die durchschnittliche Zeitdauer (Abb. 4.25), die so ein Notrechenzentrum braucht, bis der Hauptstandort wieder genutzt werden kann.

Abb. 4.24 Ursachen für einen Ausfall von mehr als 12 Stunden

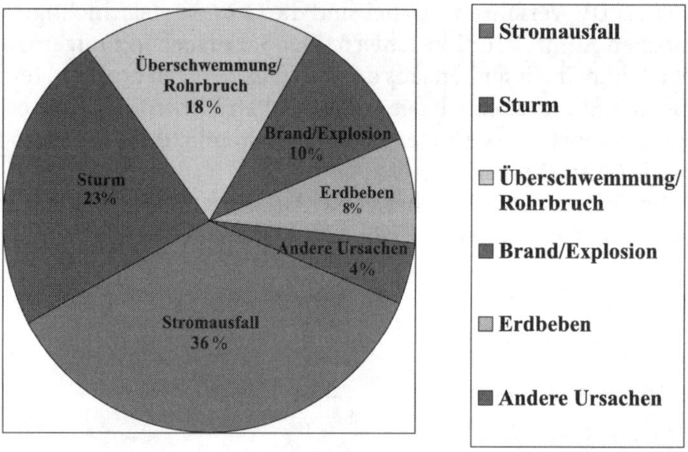

Die meisten Desasterausfälle lassen sich demnach innerhalb von 10 Tagen beheben. Nichtsdestoweniger sind bei fast einem Drittel dieser Ausfälle, die auf Umwelteinflüsse zurückzuführen sind, die Firmen auch nach 30 Tagen oder mehr nicht mehr in der Lage, ihre alte Rechnerinfrastruktur zu nutzen. Dies dürfte für jede Firma einem Todesurteil gleichkommen.

Die Kosten, die durch Unterhalt eines Notrechenzentrums bzw. durch Verträge mit „Hot"- oder „Cold-start Suppliers" verursacht werden, sind erheblich und oft nur von größeren Firmen bezahlbar. Das bedeutet für viele kleinere Firmen, dass sie für solche Fälle entsprechende Versicherungen abschließen müssen. Diese können aber nur ein Weg sein, die Verluste zu begrenzen, und sind auch nicht ausreichend, um im Geschäft zu bleiben. Denkt man an die Überschwemmung im Jahre 2002, bei der viele Firmen nach der Flutkatastrophe Konkurs anmelden mussten, so wird einem die Tragweite des Continuity Management klar. Nach einer Studie von GARDNER meldete etwa ein Fünftel der von einem Desaster betroffenen Firmen später Insolvenz an.

Neben den ungeplanten Ausfällen sind auch die geplanten Ausfallzeiten zu berücksichtigen, die durch einfache Wartungsmaßnahmen oder Upgrades an Hard-, Software sowie Applikationssoftware bedingt sind.

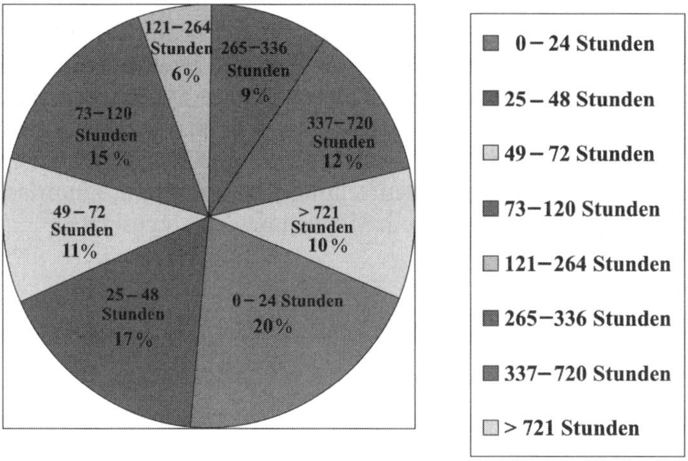

Abb. 4.25 Dauer der Umschaltung der Geschäftsprozesse auf eine „Hot-site"

Geplante Ausfälle:

- Hard-, Software-Upgrade an Serversystemen
- Application Upgrade (Server, Client)
- Network Upgrade z.B. bei Switches und Routern
- Normale Wartungsmaßnahmen sowie Revision

Wartungsmaßnahmen versuchen, proaktiv potenzielle Fehler zu vermeiden, indem man z.B. alte Komponenten gegen neue austauscht oder indem neue Patch- oder Softwareversionen eingespielt werden. Nicht selten führen durchgeführte Wartungsmaßnahmen aber gerade zu späteren Fehlersituationen, die man vermeiden wollte.

Hier ist der direkte Bezug zum Change- und Release-Management gegeben.

Bei allen von uns angestellten Betrachtungen und Überlegungen sollte man sich die folgenden Punkte vor Augen halten:

- Sicherheit ist relativ.
- Sicherheit ist ein Prozess und kein Produkt, das man kaufen kann.
- Continuity Management ist notwendiger Bestandteil eines erfolgreichen IT-Services.

4.3.5 Durchführen von Schwachstellenanalysen, Riskmanagement, technischen Hochverfügbarkeitsuntersuchungen, Due Diligence, Audits und Reviews

Die Grundlage eines anfänglichen Availability Management besteht darin, den gegenwärtigen Ist-Zustand zu ermitteln. Bevor wir uns einem konkreten Praxisbeispiel einer technischen Hochverfügbarkeitsanalyse widmen, wollen wir uns ansehen, welche Evaluations-Methoden der Analyse es grundsätzlich gibt. Hauptsächlich werden Expertenbeurteilungsverfahren bzw. empirische Befragungsmethoden bzw. ein Mix von beiden eingesetzt.

Abb. 4.26 Mögliche Instrumente zur Schwachstellenanalyse und des Risk Managements

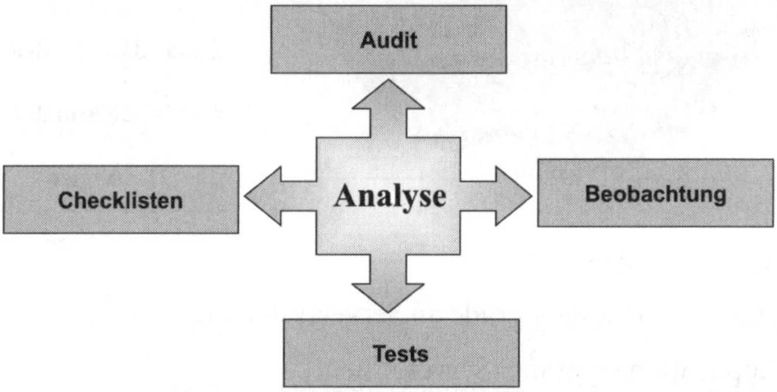

Expertenbeurteilungsverfahren basieren hauptsächlich auf Kriterienkatalogen bzw. Checklisten, die vorher allgemeingültig aufgestellt wurden und den gegenwärtigen technologischen Wissensstand widerspiegeln. Expertenbeurteilungsverfahren werden z.B. bei der technischen Hochverfügbarkeitsanalyse eingesetzt. Neben den Expertenbeurteilungsverfahren werden empirische Befragungsmethoden eingesetzt, die helfen sollen, die gegenwärtigen Rahmenparameter einer Firma zu ermitteln. Dabei werden die folgenden Methoden angewendet:

- Befragung mittels Audit oder Review
- Beobachtung
- Tests
- Empirische Untersuchungen
- Dokumentenanalyse

Meistens werden die Techniken eines Audits oder Reviews eingesetzt, um entweder selbst oder mit Hilfe von Consulting den

Ist-Zustand zu ermitteln und potentielle Verbesserungsfelder aufzudecken, die es erlauben, einen optimalen Soll-Zustand zu erreichen. Wichtig dabei ist, die richtigen Fragen zu stellen bzw. eine Methode zu haben, um die wichtigen Faktoren zu ermitteln.

Prinzipell sind die Methoden eines Audits oder Reviews für verschiedene Anwendungsbereiche einsetzbar. Denkbar ist z.B. der Einsatz der SWOT-Analyse nicht nur zur Schwachstellenanalyse, sondern auch um herauszufinden, welche Teile des IT-Service einer Firma nach ITIL umgestaltet werden sollen oder ob der gegenwärtige Zustand den Bedürfnissen entspricht.

Bei den Methoden für eine Analyse gibt es verschiedene Möglichkeiten, diese mittels eines Audits oder Reviews durchzuführen. Die nachfolgende Aufstellung gibt einen Überblick über die gängigen Methoden in der Praxis:

- Schwachstellenanalyse
- SWOT-Analyse
- Due Diligence
- Technische Hochverfügbarkeitsanalyse

4.3.5.1 Schwachstellenanalyse

Bei den Riskmanagement- oder Schwachstellenanalysen werden als erstes die Geschäftsprozesse mit den zugeordneten DV-Verfahren, die zugehörige Infrastruktur und IT-Organisation einer Firma ermittelt.

Weiterhin werden die Assets (Vermögenswerte) identifiziert, wie z.B. betriebswirtschaftliche Daten der Buchführung einer Firma oder Kontentransaktion der Kunden einer Bank.

Tabelle 4.3 Beispiele für digitale Vermögenswerte einer Firma

Laufende Nummer	Vermögenswert (Asset)	Beschreibung
1	Buchführungsdaten	Daten der Jahre 1997 bis 2003
2	Kundendaten	Für die Bereiche Produktion, Entwicklung
3	Personaldaten	Personalabteilung
4	Fertigungsdaten	Der Produktionsstraßen 1 und 2
5	Telefonlisten	Telefonliste aller Mitarbeiter
6	Dokumentation	Dokumentation der Produktionsstraßen 1 und 2

Abb. 4.27
Durchführung einer Schwachstellenanalyse

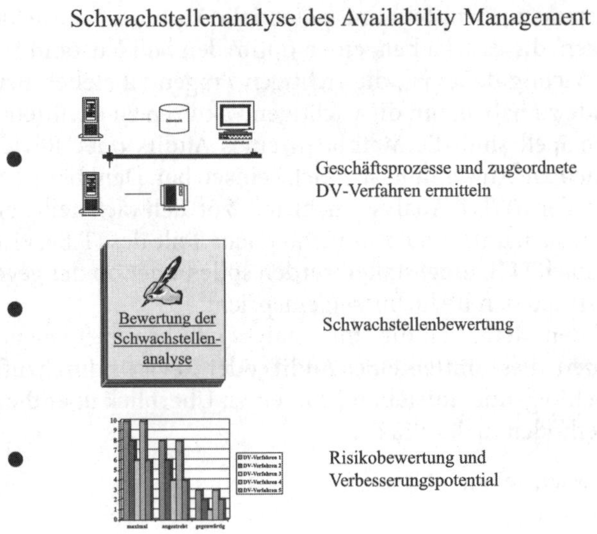

Anhaltspunkte, welche Assets eine Firma hat, bietet auch das KonTraG-Gesetz aus dem Jahre 1998. Nach dem KonTraG (Gesetz: Regelungen zur Kontrolle und Transparenz im Unternehmensbereich) § 91 Abs. 2 AktG muss der Vorstand einer Aktiengesellschaft geeignete Maßnahmen (Überwachungssystem) ergreifen, damit den Fortbestand der Gesellschaft gefährdende Entwicklungen früh erkannt werden können.

Abb. 4.28
Bestimmen der Assets einer Firma in Hinblick auf das KonTraG-Gesetz

Da die meisten Geschäftsprozesse einer Firma auf IT-Verfahren basieren, ist ein Risikomanagement dieser Systeme somit unumgänglich. Eine Auswirkung des KonTraG ist die Pflicht, digital erstellte Dokumente auch digital zu archivieren. Dies bedeutet, dass eine große Anzahl von Daten digital archiviert werden müssen und dass diese Daten sicher gelagert werden müssen.

Danach erfolgt die Schwachstellenbewertung in enger Zusammenarbeit mit allen Beteiligten. Dabei werden drei wesentliche Dinge abgeprüft:

- Identifizieren der Bedrohungen der Vermögenswerte
- Identifizieren der Schwachpunkte
- Beschreibung von nicht gewollten Vorkommnissen

Als dritter Schritt bleibt die Risikoeinschätzung dieser Schwachstellenbewertung.

Bei der Riskanalyse werden des öfteren Wahrscheinlichkeiten für bestimmte Fehlerszenarien eingeschätzt, die sich z.B. nach den in Tabelle 4.4 definierten Wahrscheinlichkeitsbereichen bewegen.

Tabelle 4.4 Beispiele für Wahrscheinlichkeitsbereiche

Wahrscheinlichkeit	Wahrscheinlichkeitsbereich
Unwahrscheinlich	0,00 - 0,01
Selten	$> 0,01 - 0,05$
Möglich	$> 0,05 - 0,20$
Wahrscheinlich	$> 0,20 - 0,50$
Beinahe sicher	$> 0,50 - 1,00$

Das Einschätzen eines gegenwärtigen Risikos ist immer schwierig und hängt auch oft von Personen ab, die man dazu befragt.

Hier sollte innerhalb einer Gruppe von Verantwortlichen ein Konsens, über die Wahrscheinlichkeitswerte gefunden werden, die mit Vergleichszahlen aus der Praxis verglichen werden.

Auch ist es wichtig, die Konsequenzen bzw. Konsequenzklassen zu definieren.

Diese sind für jede Firma bzw. für die Geschäftsprozesse, die innerhalb der DV-Verfahren abgebildet sind, unterschiedlich und müssen immer wieder neu ermittelt werden. Tabelle 4.5 gibt ein Beispiel dafür.

Ist die Konsequenzklasse „vernachlässigbar", so ist beim Design des DV-Verfahrens meist ein Notsystem mit eingeplant worden, welches den Betrieb, wenn auch in eingeschränktem Zustand, erlaubt.

Bei der Konsequenzklasse „Mäßig" ist es entweder durch or-

Tabelle 4.5 Beispiel für eine Definition der Konsequenzen und Einordnung dieser Konsequenzen in Klassen

Konsequenzklasse	Konsequenzbeschreibung
Vernachlässigbar	Bei Downtime von Hard- bzw. Software wie z.B. Serversystemen ist es möglich, nach einer Reaktionszeit auf Ersatzsysteme umzuschalten.
Mäßig	DV-Verfahren außer Betrieb. Kein Zugriff auf dessen Daten möglich. Auswirkungen auf Geschäftsprozess ist aber durch organisatorische Maßnahmen auffangbar. Menschenleben nicht gefährdet.
Bedeutend	DV-Verfahren außer Betrieb. Zugriff auf bzw. Integrität der Daten ist nicht möglich, aber notwendig, um einen existentiellen Geschäftsprozess durchzuführen bzw. Menschenleben sind gefährdet.

Abb. 4.29 Auswertung der Schwachstellenanalyse

	Wahrscheinlichkeit				
	Unwahrscheinlich	Selten	Möglich	Wahrscheinlich	Beinahe sicher
Konsequenzklasse					
Vernachlässigbar		5, (Telefonlisten)			
Mäßig			2, (Kundendaten)		3, (Personaldaten)
Bedeutend	6, (Dokumentation)			1, (Buchführungsdaten)	4, (Fertigungsdaten)

ganisatorische Maßnahmen möglich, den Geschäftsprozess weiter fortzusetzen oder aber die Tätigkeiten können zu einem anderen Termin nachgeholt werden, falls die Wahrscheinlichkeit eines Fehlers hoch ist.

Ist die Konsequenzklasse dagegen „Bedeutend“ sowie die Wahrscheinlichkeit einer Störung hoch, dann ist es höchste Zeit, technische Änderungen vorzunehmen, bevor es zu einem größeren Schaden kommt.

Tabelle 4.6
Risikoeinstufung und vorgeschlagene zukünftige Handlungsweise

Risiko-Level	Vorgeschlagene zukünftige Handlungsweise
Extremes Risiko	Signifikante Verbesserung der System-Sicherheit und –Verfügbarkeit notwendig
Hohes Risiko	Geschäftsführung oder IT-Management muss entscheiden, ob das Risiko für die Geschäftsfähigkeit tragbar erscheint
Mäßiges Risiko	Spezifizieren von Management Verantwortlichkeit zu weiteren Monitoren der gefundenen Schwachstellen
Geringes Risiko	Risiko kann gehandhabt werden mit momentanen Serviceprozessen

4.3.5.2
SWOT-Analyse

Innerhalb der SWOT (Strengths, Weaknesses, Opportunities, Threats)-Analyse, ursprünglich zur Analyse eines ganzen Unternehmens als Potentialanalyse gedacht, werden die Stärken und Schwächen der eigenen Firma mit denen des wichtigsten Wettbewerbers verglichen. Nicht genutzte Potentiale der eigenen Firma sollen mittels SWOT identifiziert und zum Erfolg der Firma zukünftig entwickelt werden. Die SWOT-Analyse lässt sich aber auch nutzen, um den eigenen IT-Service zu beurteilen und diesen mit einem Unternehmen zu vergleichen, das ITIL-konform seine IT-Serviceleistungen organisiert hat.

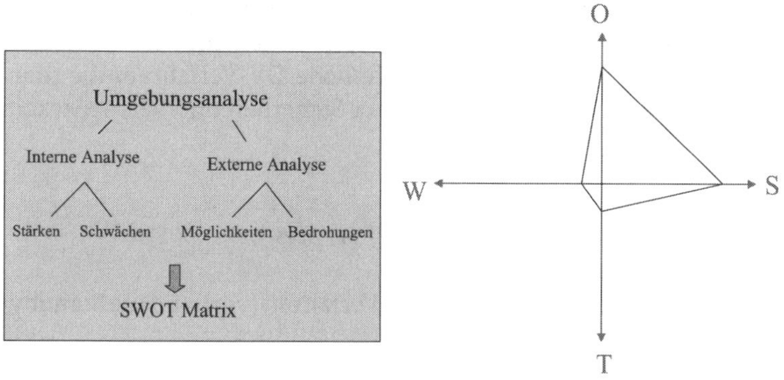

Abb. 4.30
SWOT-Analyse und SWOT-Koordinatensystem

Sie lässt sich weiterhin zur Durchführung eines technischen Risk Assessments nutzen, um die eigene DV-Infrastruktur bzw. IT-Infrastruktur in Bezug auf Stabilität und Verfügbarkeit zu beurteilen. In allen Fällen werden die folgenden Bewertungskriterien in Beziehung zum Untersuchungszweck untersucht:

- Stärken (Strengths)
- Schwächen (Weaknesses)
- Chancen (Opportunities)
- Bedrohungen, Gefahren (Threats)

Mittels zweier Analysen (Stärken-Schwächen-Analyse, Chancen-Risiko-Analyse) wird die Ist-Situation eines Unternehmens, einer Abteilung oder eines DV-Verfahrens ermittelt, um davon Handlungsempfehlungen für die Zukunft ableiten zu lassen. Jede IT-Organisation bzw. jedes DV-Verfahren hat spezielle Eigenheiten, die sich innerhalb eines SWOT-Koordinatensystems darstellen lassen. Ziel der SWOT-Analyse ist es, jede Schwäche in eine Stärke umzuwandeln bzw. jede Bedrohung in eine Chance.

Dabei werden die folgenden grundsätzlichen Fragen gestellt:

- Auf welche Ursachen sind vergangene Erfolge zurückzuführen?
- Welche Schwachpunkte sind vorhanden?
- Welche anerkannten Möglichkeiten und Trends werden nicht genutzt?
- Welche als positiv anerkannten Methoden, Technologien werden von Wettbewerbern eingesetzt?

Untersucht wird bei der Stärken-Schwächen-Analyse die Situation des eigenen IT-Services bzw. seines DV-Verfahrens in Bezug zu seiner Sicherheit und Verfügbarkeit. Innerhalb der Chancen-Risiko-Analyse untersucht man externe Firmen, die ITIL-konformen IT-Service bereitstellen bzw. ähnliche DV-Verfahren, die man als optimales Beispiel bezüglich ihrer Sicherheit und Verfügbarkeit kennt.

Beispiele für Stärken (Strengths) des IT-Services oder DV-Verfahrens sind z.B.

- Guter Abdeckungsgrad der DV-Verfahren (vorhandene Standby-Datenbank)
- Gute Dokumentation vorhanden (Ausreichende USV)
- Hohe Motivation des Servicepersonals (Ausreichende Klimaanlage)
- Fehlermanagementsoftware vorhanden (Ausreichendes Backup)

Beispiele für Schwächen (Weaknesses) des IT-Services oder DV-Verfahrens sind z.B.

- Lange Reaktionszeiten nach Eingang der Störungsmeldung (keine geclusterten Serverdienste)
- geringer Zufriedensheitsgrad der Nutzer (keine zentralen Speichersysteme)
- Geringe Verfügbarkeit der DV-Verfahren (große Downtime durch Software-Updates)
- Hohe Kosten des IT-Services (Viele Wartungstermine)

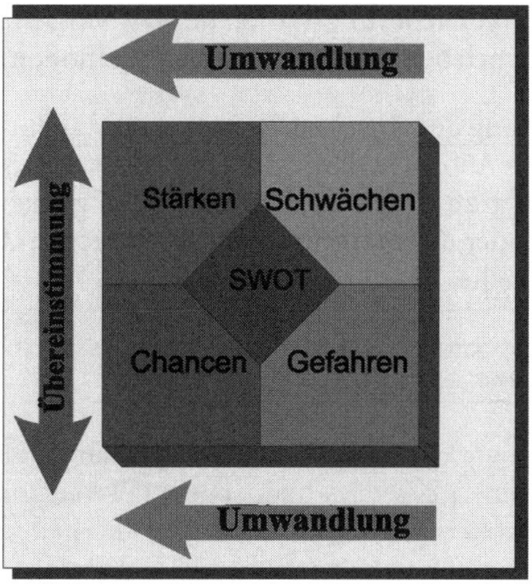

Abb. 4.31 Potentialanalyse durch SWOT

Beispiele für Chancen (Opportunities) des IT-Services oder des DV-Verfahrens sind z.B

- Einführung eines auf ITIL basierenden Change Managements (Einsatz von Clusterdiensten)
- Einführung eines auf ITIL basierenden Incident Managements (Einsatz einer Servermanagementsoftware)
- Einführung eines auf ITIL basierenden Problem Managements (Einsatz einer zentralen Backupsoftware)
- Einführung eines auf ITIL basierenden Service Level Managements (Einsatz eines feuerfesten Safes für wichtige Datenbestände)

Beispiele für Bedrohungen, Gefahren (Threats) des IT-Services oder des DV-Verfahrens sind z.B.

- Geringere Kosten bei DV-gestützten Geschäftsprozessen beim Wettbewerber (Einsatz eines Ausweichrechenzentrums beim Wettbewerber)
- Sich neu eröffnende Geschäftsnischen aufgrund eingesetzter Technologie beim Wettbewerber (Einsatz neuer Brandbekämpfungstechnologien beim Wettbewerber)
- Schnellere Entwicklungs- und Bearbeitungszeiten aufgrund eingesetzter technologischer Neuerungen beim Wettbewerber (Geringere Wartungskosten beim Wettbewerber)
- Höhere Zufriedenheit der Mitarbeiter beim Wettbewerber (Niedrigere Versicherungskosten der DV-Verfahren durch Einsatz vorgeschriebener technologischer Methoden)

Die Bewertung der einzelnen Kriterien erfolgt durch ein Benchmarking wie in Abb. 4.32 dargestellt und stellt die eigenen Benchmarks in Bezug zu derjenigen Firma, die allgemein als Vorbild erachtet wird oder des Marktführers (Best-Practice-Ansatz) in der jeweiligen Branche.

Abb. 4.32 Vergleichsmöglichkeit durch Benchmarks

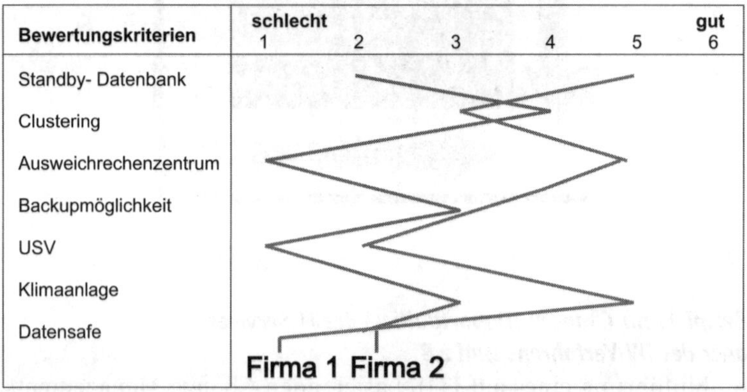

Die SWOT-Analyse gibt dem Management die Möglichkeit, für bestimmte Funktionen und Prozesse bzw. für bestimmte DV-Verfahren Maßnahmen zu deren Optimierung zu treffen, indem diese identifiziert und verglichen werden. Dabei nutzt man die SWOT-Matrix, um die Ergebnisse innerhalb der Strategie-Quadranten sichtbar werden zu lassen. Innerhalb der Strategie-Quadranten SO, WO, ST, WT – wie in Abb. 4.33 dargestellt – sind Vorschläge enthalten, wie die Firma die ermittelten Fakten positiv nutzen kann.

Dabei beschreibt die Strengths-Opportunities (SO)-Strategie, wie die internen Stärken mit den externen Möglichkeiten in Verbindung gebracht werden können, um zukünftig einen höheren Erfolg zu erzielen.

Bei der Weaknesses-Opportunities (WO)-Strategie werden Vorschläge erarbeitet, wie man die Schwächen überwinden kann, um die Chancen, die sich einer Firma bieten, ausnutzen zu können.

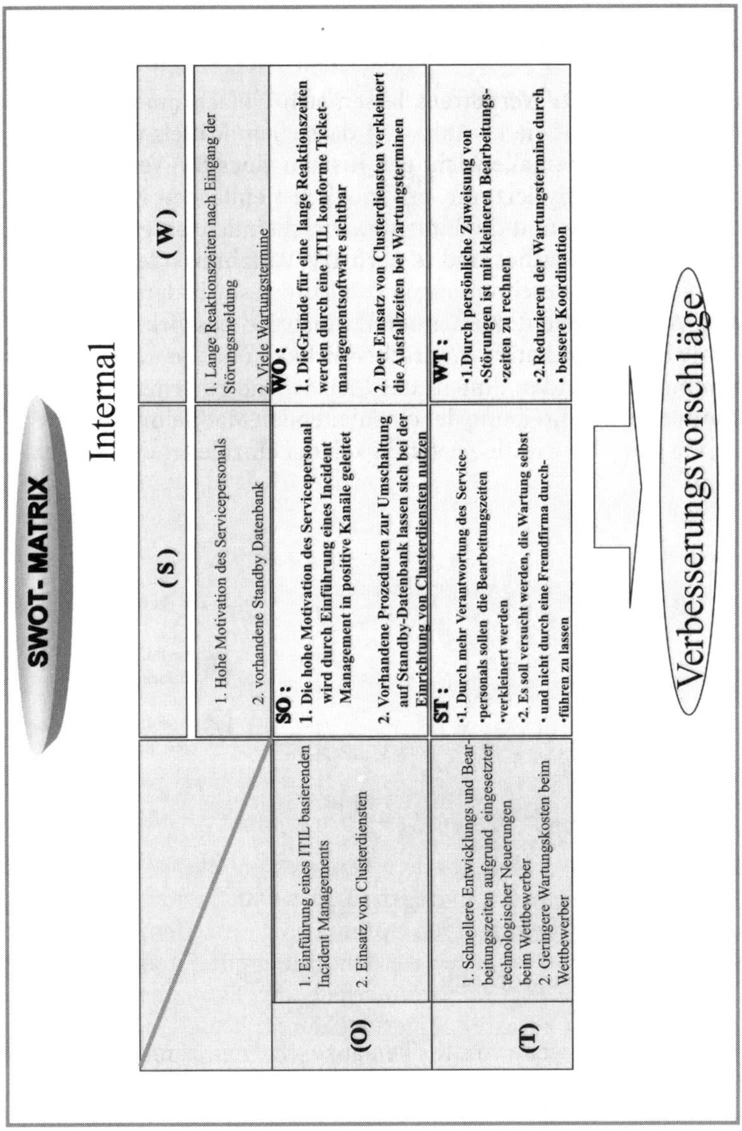

Abb. 4.33
SWAT-Matrix

Innerhalb der Strengths-Threats (ST)-Strategie werden Vorschläge gemacht, wie interne Stärken dazu genutzt werden können, externe Bedrohungen zu reduzieren.

Zu guter Letzt werden innerhalb der Weaknesses-Threats (WT)-Strategie Vorschläge erarbeitet, um nicht anfällig für äußere Bedrohungen zu sein, die eine Firma daran hindern, ihre Chancen wahrzunehmen.

4.3.5.3 Abgespeckte Risiko-Analyse

Risiken eines DV-Verfahrens lassen sich einfach innerhalb eines Risiko-Portfolio wie in Abb. 4.34 darstellen. Mittels eines Brainstormings werden alle wichtigen Risiken eines DV-Verfahrens ermittelt und analysiert, um mit möglichst einfachen Maßnahmen die Auswirkung und die Eintrittswahrscheinlichkeit eines Risikos zu verkleinern. Dabei sind je nach DV-Verfahren oder Teilen des DV-Verfahrens Beschreibungen von Risiken sowie deren Ursachen bzw. Auslösern zu dokumentieren. Auch die Auswirkungen (qualitativ bzw. quantitativ), Wahrscheinlichkeit und die Anzeichen für den bevorstehenden Eintritt des Risikos sind zu ermitteln. Hinzu kommt die Beschreibung der einzuleitenden Maßnahmen (präventiv, korrektiv) sowie die Zuständigkeit der einzuleitenden Maßnahmen.

Abb. 4.34 Risiko-Portfolio als Maßnahme zum Risikomanagement

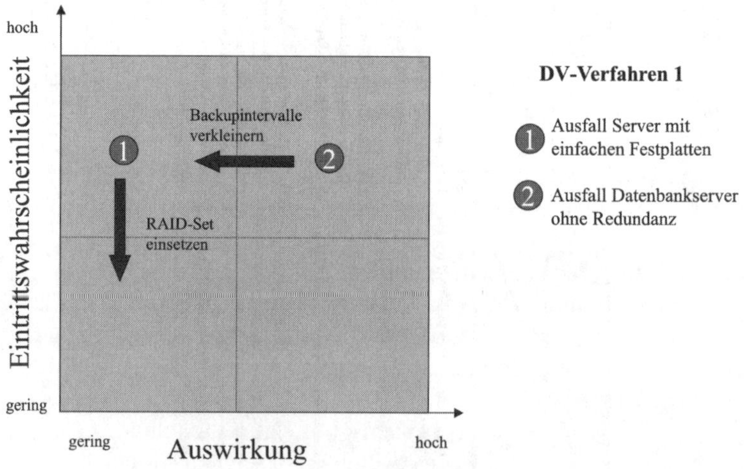

Um die Tragweite von Risiken abzuschätzen, kann man ermitteln, ob beim Eintritt eines bestimmten Risikos das DV-Verfahren oder ein zugrunde liegender Geschäftsprozess als Ganzes (hohe

Tragweite) oder nur Teile (eingeschränkte Tragweite) davon betroffen sind.

Auch die Kosten, die durch das Eintreten eines Risikos auftreten, sind eine mögliche Basis, um die Tragweite einzuschätzen. Liegt der Schaden bei 5–10% des durch den Geschäftsprozess zu erwirtschaftenden Gewinns, so kann dies schon eine große Auswirkung auf den geschäftlichen Gesamterfolg eines Unternehmens haben.

Das Produkt aus Risikokosten pro Schadensfall sowie der zugehörigen Eintrittswahrscheinlichkeit ergibt das Kostenrisiko des DV-Verfahrens. Besondere Beachtung muss man natürlich den Risiken schenken, die eine große Tragweite sowie hohe Eintrittswahrscheinlichkeit haben. Hier sind Präventivmaßnahmen sinnvoll, die noch vor Eintritt des Risikos dieses beseitigen. In anderen Fällen kann oft auf kostengünstigere Korrektivmaßnahmen ausgewichen werden.

Auch der Abschluß einer entsprechenden Versicherung kann einen im Schadensfall mindernden Einfluss auf Gewinneinbußen sowie eine Alternative zu kostspieligen technischen Maßnahmen sein, die dieses Risiko verkleinern, aber nicht verhindern.

4.3.5.4
Due Diligence (Was ist Due Diligence bzw. Technical Due Diligence?)

Der aus dem Englischen kommende Begriff Due Diligence bezieht sich auf die tiefgehende Prüfung eines Sachverhaltes, Produkts oder einer Dienstleistung und lässt sich am besten als „mit der erforderlichen Sorgfalt“ übersetzen. Der Begriff „Due Diligence“ wurde um 1930 herum eingeführt, um Sachverhalte oder den Wert eines Objektes zu prüfen oder die Stärken und Schwächen dieses Objektes zu ermitteln. Due Diligence ist aber auch ein vielseitiges Instrument, um spätere komplexe Aufgaben durchführen zu können. In der Praxis bekannt sind das Financial Due Diligence, das sich auf eine tiefgehende Prüfung (intensiv, vollständig und zeitraubend) der finanztechnischen Aspekte (Tax Due Diligence) bzw. der rechtlichen Aspekte eines Sachverhaltes, Produkts oder einer Dienstleistung (Legal Due Diligence) bezieht.

Auch das Bewerten eines besichtigten Hauses, das man kaufen möchte und vorher genauestens prüfen lässt, zeigt anschaulich, was eine Due-Diligence-Prüfung eigentlich ist.

Oft wird eine Due-Diligence-Prüfung vorgenommen, wenn die Absicht besteht, eine mögliche größere Investition, Firmenfusion oder einen Firmenkauf durchzuführen. Da heute DV-Verfahren die

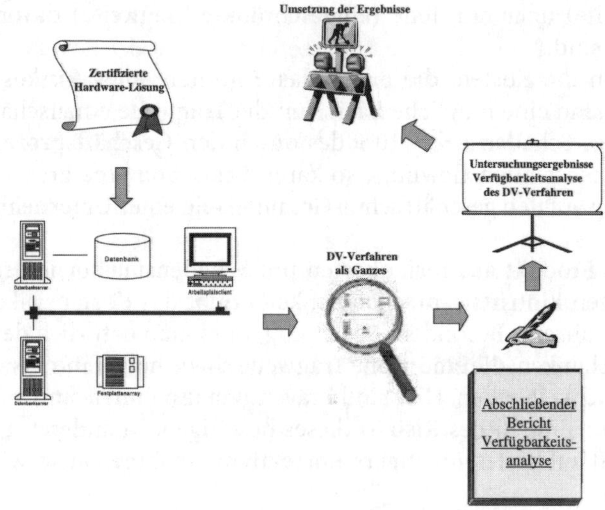

Abb. 4.35 Durchführen einer Assessment-Untersuchung

Grundlage für fast alle Geschäftsprozesse bzw. Arbeitsvorgänge unserer arbeitsteiligen Welt sind, ist es auch nicht verwunderlich, dass mehr und mehr eine tiefgreifende technische Prüfung von IT-Produkten, IT-Dienstleistungen und IT-Unternehmen mittels eines Technical Due Diligence durchgeführt wird. Innerhalb eines technischen Due Diligence werden unter anderem die folgenden technischen Aspekte analysiert:

- Beurteilung von IT-Infrastrukturen
- Analyse der technischen Wettbewerbsposition im Geschäftsfeld
- Wertermittlung von DV-Infrastrukturen
- Aufdecken von technologischen Risiken
- Skalierbarkeit und Erweiterbarkeit existierender DV-Verfahren
- Analyse der Geschäftsprozesse
- Analyse, ob technische Verfahren und Kapazitäten „outgesourced" werden können

Das technische Due Diligence erlaubt somit die Verifizierung einer exististierenden technischen Geschäftsplanung je nach Wunsch des Kunden sowie ein Offenlegen gegenwärtiger Risiken, welche, wenn möglich, mit konkreten Lösungsansätzen zur Behebung im abschließenden Bericht enthalten sein sollten.

Erwägt eine Firma für bestimmte DV-Verfahren einen sogenannten Managed Service, d.h. die Wartung und Pflege wird von einem Dienstleister übernommen, so wird anfänglich auch ein technisches Due Diligence durchgeführt, damit die Firma, die die Wartung und Pflege übernimmt, eine genaue Vorstellung davon bekommt, um welche Systeme und Technologien es sich handelt, für die sie die Wartung und Pflege übernehmen soll. Auch werden die genauen Umstände einer späteren Verantwortungsübernahme über diese DV-Verfahren ermittelt und die notwendigen Ansprechpartner miteinander bekannt gemacht. Spezielle Checklisten für diesen Zweck erleichtern die Arbeit der das Due Diligence durchführenden Consultants.

Wie wird ein technisches Due Diligence durchgeführt?

- Festlegen des Prüfungsumfangs und der Ziele
- Festlegen der Teilnehmer und Briefings
- Überblick verschaffen, sogenanntes Screening
- Analysephase in Form von Interviews
- Konsolidierung und Abgleich der Ergebnisse
- eventuelle Reaktionen auf vorläufige Ergebnisse einholen, ggf. Änderungen der Prämissen
- Vortragen der Ergebnisse mit eventuellen Lösungsvorschlägen

Kosten und Zeitdauer für ein technisches Due Diligence hängen davon ab, wie vielschichtig und tief die Analyse gehen soll und wie genau die definierten Ziele eines technischen Due Dilligence vom Kunden gesetzt sind.

Hierbei ist es erforderlich, dass die durchführenden Consultants eine hohe Praxiserfahrung mitbringen, die es ihnen erlaubt, mögliche Riskopotentiale zu identifizieren.

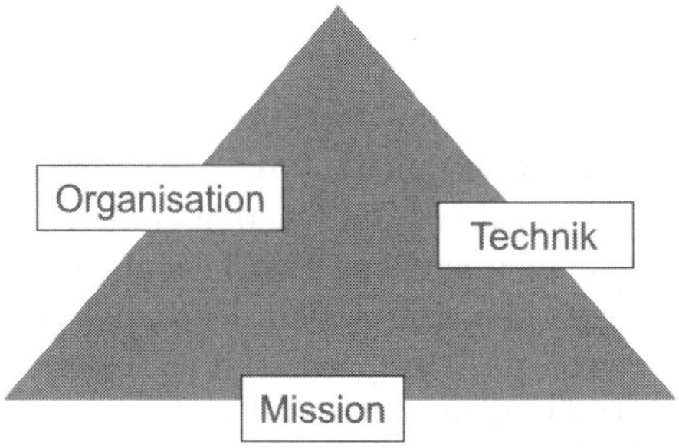

Abb. 4.36 Unternehmensziele sollen mit der internen Organisation und Technik umgesetzt werden

Wichtige Punkte sind auch die Mission oder die Unternehmensziele einer Firma oder deren zugrunde liegende Geschäftsprozesse.

Diese können z.B. sein:

- Verfügbarkeit der Geschäftsprozesse 7 × 24 (rund um die Uhr)
- Multinationale Sprachunterstützung, da Geschäftspartner in der ganzen Welt vorhanden sind
- Es sollen 500 Nutzer gleichzeitig arbeiten können
- Reaktionszeit bei Störungsmeldung soll nicht länger als 30 Minuten betragen
- Wartungsmaßnahmen dürfen zu keiner Unterbrechung der Geschäftsprozesse führen
- Die Vorgangsbearbeitung eines Kundenwunsches soll nicht länger als 4 Stunden betragen
- Die zur Verfügung stehende Bandbreite eines ISP darf nicht unter 8 Mbit/sec fallen
- Ein Ausfall eines ISP darf zu keinem Ausfall der Internetverbindung führen
- Ein Quality of Service für die zu übertragenden Daten soll gewährleistet sein
- Antwortzeitverhalten auf Datenbankqueries soll nicht länger als 2 Sekunden betragen

Gerade in einer immer komplexeren, zum Perfektionismus neigenden Welt sind Anforderungen und Rahmenparameter zu ermitteln, um Geschäfte mit anderen Geschäftspartnern abwickeln zu können. Man erkennt an den beschriebenen Beispielen die Vielseitigkeit eines „Due Diligence"-Verfahrens.

4.4 Capacity Management

Der Capacity-Managemen-Prozess innerhalb des ITIL-Service Delivery legt den Schwerpunkt auf die Prozeduren und Aktivitäten, die auf eine optimale Nutzung von benötigten IT-Ressourcen abzielen, um die definierten Firmenziele innerhalb eines optimalen Kostenrahmens zu erreichen. Die Arbeit des Capacity Managements erfolgt innerhalb von drei Subprozessen (Business-, Service- und Resource Capacity Management), welche die entsprechend ermittelten Ressourcen überwachen und den Erfordernissen anpassen. Die benötigten Ressourcen müssen das richtige Volumen haben, am richtigen Ort sein, zum richtigen Preis bezogen worden sein.

Angefangen bei den Daten des ursprünglichen Mengengerüstes, wie z.B. Nutzerzahlen, Datenaufkommen eines neuen DV-Verfahrens bis zu den vereinbarten Rahmenparametern eines definierten SLAs legt das Capacity Management Schwellenwerte für relevante IT-Ressourcen fest.

Diese Daten werden innerhalb eines Kapazitätsplans niedergelegt, aus dem sich dann zukünftige Kostenvoraussagen ableiten lassen. Dann werden durch entsprechende Verfahren oder eine Monitoringsoftware gezielte Messwerte über Leistung, Verfügbarkeit, Auslastung und Kapazität der verschiedensten zu überwachenden CIs (Configuration Items) mit den vorher definierten Schwellenwerte verglichen.

Zu der Arbeit des Capacity Managements gehört das Erkennen von Trends und Zyklen in der Ressourcenauslastung. Die benötigte Infrastruktur einer Firma muss immer wieder den Erfordernissen angepasst werden. Ein Kapazitätsengpass wird häufig erst dann bemerkt, wenn Performanceprobleme auftreten.

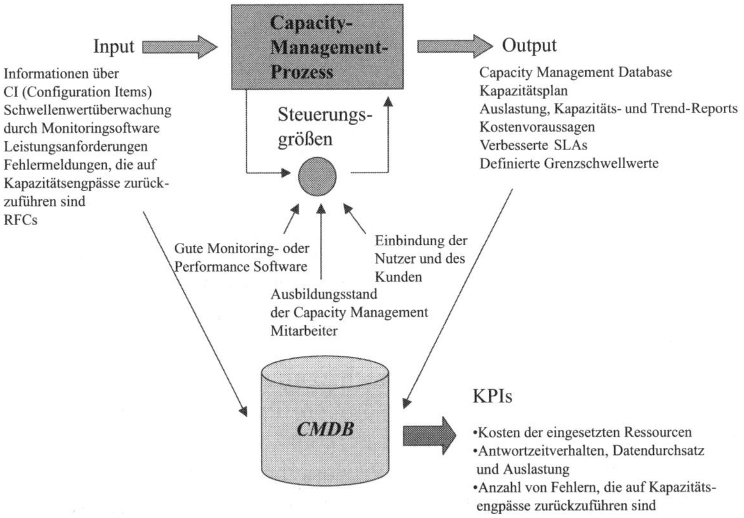

Abb. 4.37 Schematische Darstellung des Capacity-Management-Prozesses

Auch bei der bevorstehenden Erweiterung eines DV-Verfahrens kann das Capacity Management wertvolle Tipps bzw. Kennwerte zur Verfügung stellen, damit von Anfang an die benötigten Ausbaureserven vorhanden sind. Anforderungen der Kunden einer Firma werden vom Capacity Management auf eventuell zu erwartende ansteigende Auslastungen der zu überwachenden Ressourcen überprüft. Weiterhin werden nach einer Festlegung von SLA die SLR (Service Level Requirements) daraufhin untersucht, ob es irgendwelche Zusammenhänge mit bestehenden CIs gibt, für die dann entsprechende Schwellenwerte definiert werden müssen, ab der diese CIs von ihrer Kapazität her aufgestockt werden müssen.

Abb. 4.38 Schematischer Prozess vom Capacity Management

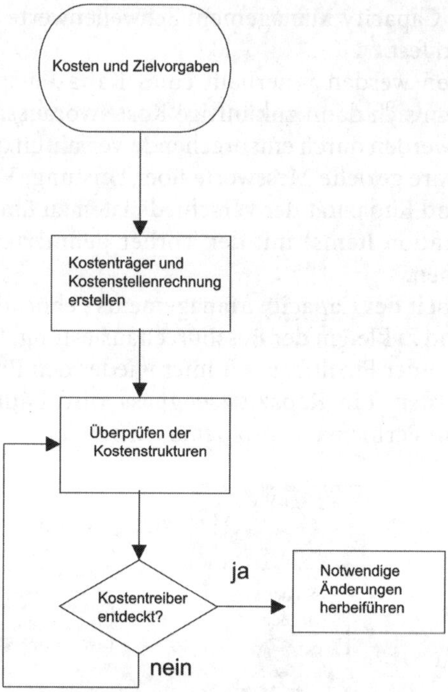

Auch beim Verhandeln über neue SLA oder OLA kann das Capacity-Management-Personal vermittelnd eingreifen, wenn Benutzererwartungen entweder zu hoch angesetzt sind oder die technischen Möglichkeiten überschreiten. Auch ist es schon des öfteren vorgekommen, dass die Benutzerschätzungen über notwendige Kapazitätsanforderungen von Ressourcen unrealistisch waren. Hier steht das Capacity-Management-Personal beratend zur Seite.

Der Capacity-Management-Prozess hat einen reaktiven und proaktiven Anteil, um bestehende oder entstehende Ressourcenengpässe zu identifizieren und zu beheben.

Grundziele des Capacity Managements sind:

- Wirtschaftlichkeit steigern
- Engpässe frühzeitig erkennen
- Verfügbarkeit vergrößern durch proaktives Handeln

Sind genug Festplattenkapazität, Speicher oder Prozessorleistung vorhanden, um den weiteren Betrieb eines DV-Verfahrens zu gewährleisten? Solche Fragen zeigen exemplarisch, welche Aufgaben Gegenstand des Capacity Managements sind. Auch die Überlastung eines Netzwerkes kann zu Applikationsfehlern und somit zur zeitweisen Nichtverfügbarkeit des DV-Verfahrens bzw. zu nicht akzeptablen Anwortzeiten führen.

Ein proaktives Capacity Management dient der Firma bei der Optimierung der Reduzierung von Ausfallrisiken aller IT-gestützten Firmenprozesse. Auch die ausreichende Bereitstellung von Lizenzen für Datenbank- und Applikationssoftware, um einem weiteren Kreis die Nutzung eines bestehenden DV-Verfahrens zu ermöglichen, fällt in den Bereich des Capacity Managements.

Aufgaben des Capacity Managements sind:

- Aufstellen, Aktualisieren einer Capacity Management Database
- Feststellen, Überwachung und Prognostizieren der gegenwärtigen und zukünftigen Kapazitätsanforderungen
- Kapazitätsplan aufstellen
- Sicherstellen, dass entsprechende finanzielle Ressourcen in Zukunft zur Verfügung stehen, um notwendige Ressourcen zu finanzieren
- Schwellenwerte festlegen
- Benötigte Ressourcen zur Verfügung stellen
- Reports erstellen über Kapazitätsauslastungen und Kapazitätsengpässe
- Eventuelles Tuning und Beseitigen von Ressourcenengpässen

Capacity Management erfordert ein gutes Verständnis der Firmenbedürfnisse, der Geschäftsprozesse und der zugrunde liegenden DV-Verfahren, der IT-Infrastruktur. Dies ist deswegen von besonderer Bedeutung, weil es stets eine unternehmerische und eine technische Perspektive beim Capacity Management gibt. Die unternehmerische Sicht erkennt z.B. nur die Anzahl von Kunden, die sich gleichzeitig mit einem Online-Buchladen verbinden können und eventuelle Bestellungen aufgeben. Die technische Perspektive legt den Schwerpunkt mehr auf ISP-Bandbreiten bzw. Anzahl von Datenbanktransaktionen, die notwendig sind.

Das Capacity Management versucht dabei, einen optimalen Ressourcenstand zu erreichen. Optimal heißt hier nicht zu früh, nicht zu spät, nicht zu wenig, nicht zu viel. Zu viel bedeutet hier zu rechtfertigende größere Kosten des Geschäftsprozesses, die dem

Kunden mit höheren Preisen weitergegeben werden müssen bzw. Unterlegenheit des Geschäftsmodells zu Konkurrenzunternehmen. Zu wenig bedeutet hier Unzufriedenheit mit dem Geschäftsprozess durch Nichtverfügbarkeit bzw. durch mangelnde Performance.

Natürlich wird das Capacity Management eine gewisse Überkapazität einer Ressource zur Verfügung stellen, um sicherzustellen, dass ein leichtes Überschreiten eines vorprognostizierten Ressourcenverbrauchs nicht zu einer Verschlechterung bzw. einem Ausfall eines Geschäftsprozesses führt.

Die Kosten, die durch eine Verschlechterung oder einen Ausfall eines Geschäftsprozesses entstehen können, sind vielfach höher als die eingesparten Kosten durch einen reduzierten Ressourceneinsatz. Unter diesen Aspekten ist es auch erforderlich, eine Überprüfung der Ressourcennutzung in kurzen Zeitabständen vorzunehmen. Auch der Einsatz von Softwaretools zur Lastsimulation bzw. Datenbanktransaktionsauslösung, z.B. vor dem Einsatz einer Web-basierenden Applikation, ermöglicht es festzustellen, wie der tatsächliche Verbrauch von Schlüsselressourcen bei erhöhten Anforderungen ansteigt.

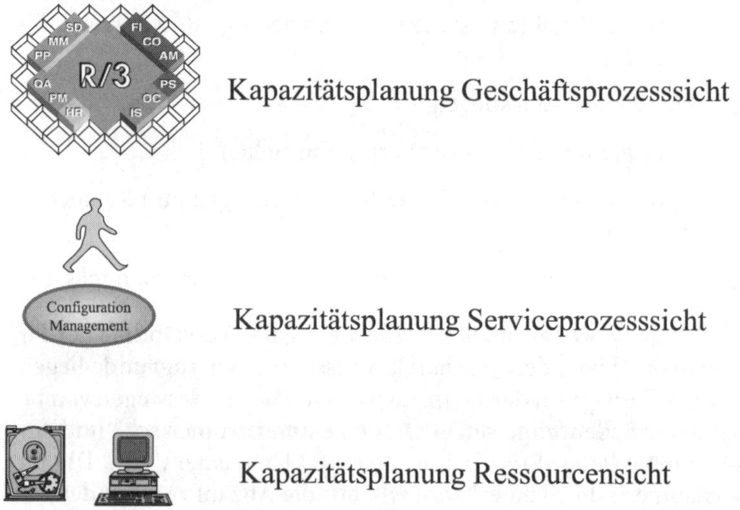

Abb. 4.39 Die drei Sichten, für die ein Capacity Management durchgeführt werden kann

Das Capacity Management wird auch zu Rate gezogen, wenn es darum geht, Einsparungen vorzunehmen. Hierbei ist es wichtig, dass für jedes Einsparpotential eine Risikoabschätzung vorliegt, mit der die Auswirkungen hervorgehoben werden. Manchmal ist es auch möglich, durch eine organisatorische Entscheidung die vorhandenen Ressourcen besser auszunutzen und damit ein Einsparvolumen zu erzielen. Führt eine Firma eine zentrale Softwareverteilung und Verwaltung innerhalb des Release Management durch, so liegen dort zentrale Informationen über den Stand von genutzten Softwarelizenzen einzelner Applikationsprogramme und der maximalen nutzbaren Anzahl von Lizenzen vor. Eine Möglichkeit, eine begrenzte Anzahl von Lizenzen einer Applikation nutzbar zu machen, liegt darin, diese über das Netzwerk zuzuweisen. Grundgedanke dabei ist, dass immer eine durchschnittliche Anzahl von Mitarbeitern krank ist oder Urlaub hat, so dass bei einer Netzzuweisung der Software die nicht genutzten Lizenzen optimal verteilt werden können.

Wichtigstes Arbeitsmittel des Capacity Managements ist eine Überwachungs- oder Monitoringsoftware, damit maximale Auslastungs- bzw. Schwellenwerte rechtzeitig erfasst werden können.

Beim Monitoren wird die Anzahl von Applikations- und Datenbankprozessen, Input/Output-Bandbreitenanforderungen an einzelne Plattenbereiche, Paging- bzw. Swapping-Raten, CPU oder Prozessorauslastung, Shared-Memory-Auslastung sowie höhere Bandbreiten zum ISP (Internet Service Provider) überwacht, da diese Anzeichen für Kapazitätsengpässe bzw. notwendige Veränderungen der eingesetzten Ressourcen sind.

Durch die Analyse der zu überwachenden Ressourcen können mögliche Konfigurationsverbesserungen zu Tage treten, die es erlauben, Ressourcen besser zu nutzen oder den Leistungsgrad eines bestimmten Geschäftsprozesses zu erhöhen. Infrage kommen hierbei verschiedene Tools, die man in drei verschiedene Kategorien einteilen kann.

Erstens gibt es Managementtools, die die vorhandene Infrastruktur nutzen. Dann gibt es Managementtools, die Kennwerte und Analysen der Anwendungssoftware ermöglichen. Und drittens gibt es System-Managementtools, die die Verfügbarkeit und Lastgrenzen einzelner Ressourcen monitoren. Ist die innerhalb eines SLA zugesicherte Verfügbarkeit groß, so wird das Capacity Management die für eine große Verfügbarkeit zuständigen Ressourcen in kleineren Abständen überprüfen, um möglichst schnell eingreifen zu können.

Um den Capacity-Management-Prozess zu beschreiben, muss man sich die darin enthaltenen Subprozesse ansehen. Das Erfassen gegenwärtiger und zukünftiger Bedarfsanforderungen erfolgt innerhalb dreier Unterprozesse:

- Business Capacity Management (BCM)
- Service Capacity Management (SCM)
- Resource Capacity Management (RCM)

Abb. 4.40
Die drei Unterprozesse bilden den Capacity-Management-Prozess

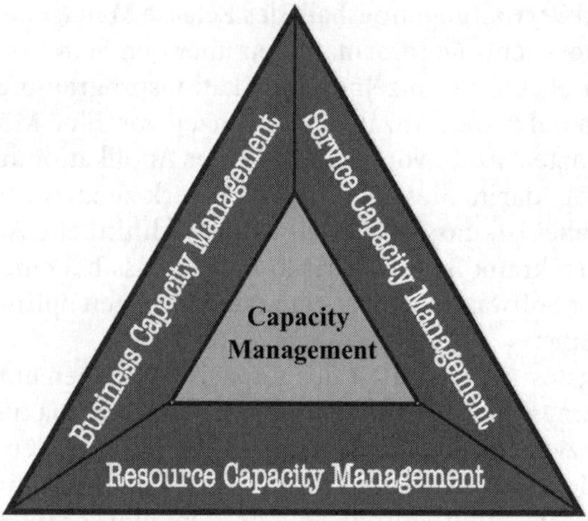

Business Capacity Management (BCM)

Das Business Capacity Management (BCM) ist ein Bedarfsmanagement, welches sicherstellt, dass zukünftige Firmenanforderungen an den IT-Service (Geschäftsprozesskapazitäten) in einer kosteneffektiven Art und Weise geplant und implementiert werden. Hierbei werden die Geschäftsanforderungen von Kunden oder Endbenutzern erfasst. Das Business Capacity Management ist verzahnt mit existierenden und gerade modifizierten SLAs (Service Level Agreements). Folgen aus modifizierten SLAs sind z.B. verändertes Antwortzeitverhalten, Bandbreitenanforderungen, Nutzeranzahl, erwartete Anzahl von Transaktionen, die bewältigt werden müssen, Anzahl von Applikationsrechnern sowie einzuhaltende Servicezeiten.

Service Capacity Management (SCM)

Mittels Service Capacity Management (SCM) wird sichergestellt, dass die Performance gegenwärtig existierender Geschäftsprozesse (Servicekapazitäten) und deren zugrunde liegenden DV-Verfahren bzw. die damit in Verbindung stehenden Einzelressourcen ausreichend sind, um gegenwärtig vorliegende SLRs (Service Level Requirements) entsprechender SLAs zu erfüllen. Es wird also eine Anwendungsskalierung mit nachgeschaltetem Monitoring vorgenommen. Dieser Subprozess kümmert sich sowohl um die aktuellen als auch um die künftigen Anforderungen, die sich durch die SLAs ergeben.

Resource Capacity Management (RCM)

Resource Capacity Management (RCM) ist das eigentliche Ressourcenmanagement und verantwortlich für die Feststellung, wie die Auslastung von einzelnen Ressourcenkapazitäten oder CIs zu einem bestimmten Zeitpunkt ist. Beispiele für zu monitorende Ressourcen sind Festplattenspeicherplatz, RAM, Prozessoren, weitere Netzwerkstrecken bzw. bandbreitenerhöhende Maßnahmen und personelle Ressourcen. Des Weiteren fallen infrastrukturelle Ressourcenanforderungen, wie weitere USV-Leistungskapazitäten oder Kühlleistungen der Rechenzentrumsinfrastruktur, in die Verantwortlichkeit des Resource Capacity Management. Auch sind weitere entsprechend ausgestattete Rechenzentrumsräume, die dem weiteren Ausbau der Firmengeschäftsprozesse dienen, eine zu verwaltende Kapazitätsressource.

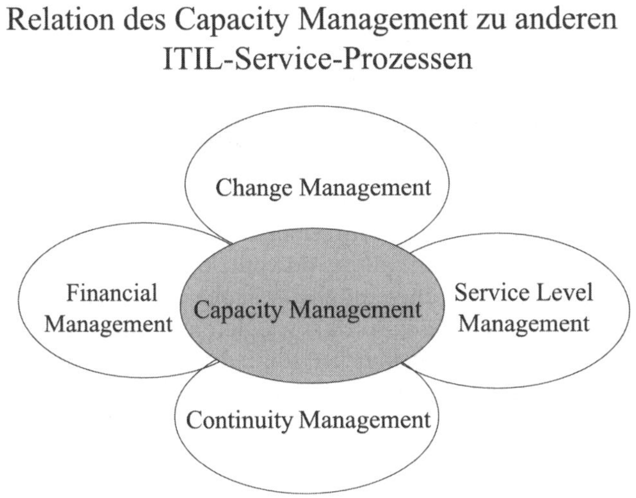

Abb. 4.41 Relation des Capacity Management zu anderen ITIL-Service-Prozessen

4.4.1 Fachbegriffe unter dem Capacity Management unter ITIL

4.4.1.1 Kapazitätsplan

Der beim Capacity Management zu erstellende Kapazitätsplan dokumentiert den aktuellen Grad sowie den Spitzenwert der Ressourcennutzung eines einem Geschäftsprozess zugrunde liegenden DV-Verfahrens. Auch mögliche Engpässe bei verschiedenen Nutzungsszenarien sind erwähnt. Der Kapazitätsplan dient der genauen

Abschätzung über die in den nächsten Perioden dafür notwendigen Haushaltsmittel (Investitionsplan). Grundlage bilden Geschäftspläne, Geschäftsprognosen sowie empirisch festgestellte Ist-Werte. Die Implementierung des aktuellen Kapazitätsplans muss auf Richtigkeit hin untersucht werden. Angefangen bei der Anzahl von Nutzern, aufgelistet nach DV-Verfahren, bis zur Identifizierung möglicher Engpässe enthält der Kapazitätsplan wesentliche Kennparameter der verschiedenen zu verwaltenden DV-Verfahren.

Abb. 4.42
Der Kapazitätsplan enthält alle wesentlichen Ressourcen

Weiterhin enthält er Empfehlungen und Aussichten auf den weiteren wahrscheinlichen Ressourcenanstieg sowie aufgetretene und vorhergesehene Probleme aufgrund von Unter- oder Überkapazität. Er gibt Auskunft über mögliche Skalierungsoptionen (horizontal, vertikal) von Ressourcen sowie deren implizierte Vor- und Nachteile. Der Kapazitätsplan ist somit Entscheidungsgrundlage für bereitzustellende Investitions- und Haushaltsmittel des nächsten Jahres. Dies setzt natürlich eine in festen Abständen vordefinierte Aktualisierung voraus.

4.4.1.2
Capacity Management Database (CDB)

Die Capacity Management Database (CDB) ist der Dreh- und Angelpunkt beim Capacity Management. In ihr sind alle wesentlichen Daten enthalten, die es dem Capacity Management erlauben, die bestehenden Aufgaben zu meistern. Im Einzelnen sind dies:

- Hard- und Softwaredaten
- Finanz- und Kostendaten
- Gegenwärtige Kapazitäts- und Leistungsangaben zu bestehenden DV-Verfahren

- Schwellenwerte der einzelnen zu überwachenden Kapazitäten
- Anforderungen gegenwärtiger Geschäftsprozesse
- SLAs und OLAs bzw. damit verbundene zu überwachende Kapazitäten
- Kapazitätsplan
- Empfehlungen für Optimierungen
- Prognosedaten für spätere Auslastung
- Geschäftsausblicke und Berichte

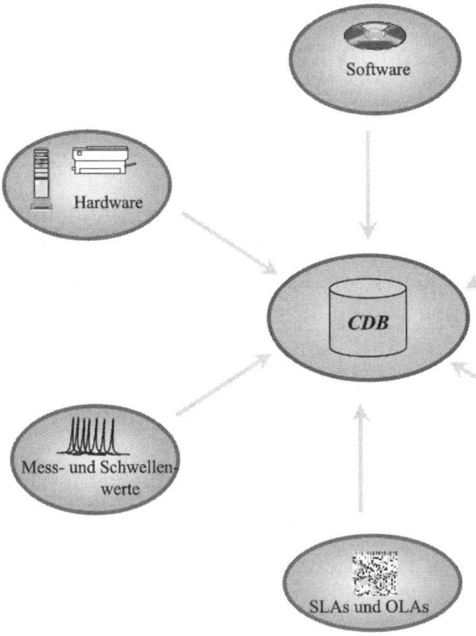

Abb. 4.43 Inhalte der CDB

Die Capacity Management Database (CDB) enhält die aktuellen Informationen über Kapazität und Leistung der bestehenden DV-Verfahren. Diese werden, je nach Ausführung, automatisch erfasst und in die CDB gespeichert. Aus diesen Daten im Zusammenhang mit bestehenden ausgehandelten SLA und Geschäftsprognosen lassen sich Trends und Vorhersagen über einen künftigen Ressourcenverbrauch und die daraus entstehenden Kosten ableiten. Auch lässt sich der ungefähre Zeitpunkt abschätzen, wann eine entsprechende Ressource aufgestockt werden muss.

Es kann bestimmt werden, ob zusätzliche gewünschte Kapazitätssteigerungen, die durch weitere Geschäftsbeziehungen entstehen können, ohne weitere Mehrkosten abgewickelt werden können. Dies ist besonders wichtig, wenn das Capacity Management zu neuen SLA-Verhandlungen gebeten wird, um dort beratend tätig zu werden. Anhand dieser Daten kann der Kunde über die technische Durchführbarkeit und die daraus resultierenden Kosten informiert und eine vernünftige Anwendungsskalierung durchgeführt werden.

Durch spezielle Datenbanktrigger lassen sich beim Erreichen von Grenzwerten bei den zu überwachenden Ressourcen automatische Bestellvorgänge einleiten, die dafür sorgen, dass zeitgerecht die Kapazität erweitert werden kann.

4.4.2 Zugeordnete Rollen zum Capacity Management

4.4.2.1 Capacity Manager

Der Capacity Manager hat die Aufgabe, den Capacity Mangement-Prozess innerhalb einer Firma einzuführen und diesen weiterzuentwickeln. Er steht im engen Kontakt zu Verantwortlichen der ITIL-Serviceprozesse Change Management, Service Level Management, Financial Management und dem Continuity Management. Er erstellt in regelmäßigen Abständen einen Kapazitätsplan und pflegt die Capacity Management Database (CDB).

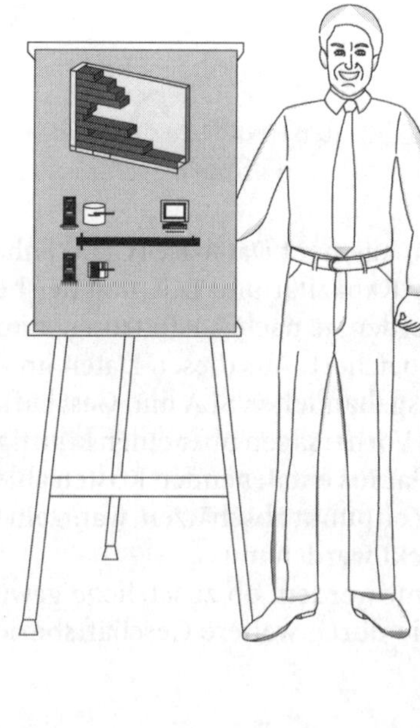

Abb. 4.44 Der Capacity Manager stellt seinen Kapazitätsplan vor

Durch seine Erfahrung und mit Hilfe entsprechender lasterzeugender Softwaretools ermittelt er Schwellenwerte für existierende Ressourcen und konfiguriert eine entsprechende Monitoringsoftware, die überprüft, ob die entsprechende Ressource diesen Schwellenwert überschreitet.

Er plant und implementiert entsprechende Ausbaustufen von notwendigen Ressourcen, so dass die Unternehmensziele möglichst kostensparend und zum notwendigen Zeitpunkt erreicht werden.

Er ist unterstützend tätig beim Aushandeln von neuen SLAs oder OLAs und prognostiziert die künftigen Kapazitätsanforderungen der gegenwärtigen DV-Verfahren, die die Grundlage der Geschäftsprozesse einer Firma sind.

Der Capacity Manager sollte die Fähigkeit besitzen, Kostenanalysen und Kapazitätspläne so darzulegen, dass die Vorteile entsprechender Vorgehensweisen klar ersichtlich sind. Er sollte weiterhin ein gutes Verständnis für die eingesetzte IT-Technologie mitbringen. Er muss den von ihm eingeführten Capacity-Management-Prozess möglichst effektiv und kostensparend umsetzen. Dies bedeutet, dass er die Kennzahlen seines Capacity-Management-Prozesses in Zeitabständen neu ermitteln muss und daraus die notwendigen Entscheidungen trifft, um die Effektivität des Capacity-Management-Prozesses zu verbessern und Kosten einzusparen.

4.4.3 Mögliche Key Performance Indicators (KPI) zum Capacity Management

Die Kennzahlen oder Key Performance Indicators (KPI) beim Capacity Management sind neben der Anzahl von zu überwachenden Einzelressourcen und deren definierten Schwellenwerten auch die Kosten, die durch das Capacity Management verursacht werden.

Der empirisch ermittelte Zufriedenheitsgrad der Kunden, der durch die Arbeitsweise des Capacity Managements erzeugt wird, ist wesentliche Kennzahl genauso wie Ausfälle entsprechender DV-Verfahren, die durch Kapazitätsengpässe verursacht werden.

Durch Ermittlung der Anzahl der Ressourcen, die optimal ausgelastet sind, ergibt sich ein Gesamtbild über den Zustand der DV-Verfahren bzw. es wird festgestellt, ob in nächster Zeit mit größeren Ausfällen zu rechnen ist, die durch Wartungstermine hervorgerufen werden, um entsprechende Ressourcen den Erfordernissen anzupassen.

Abb. 4.45
Key-Performance-Indikatoren des Capacity Management im Jahresüberblick

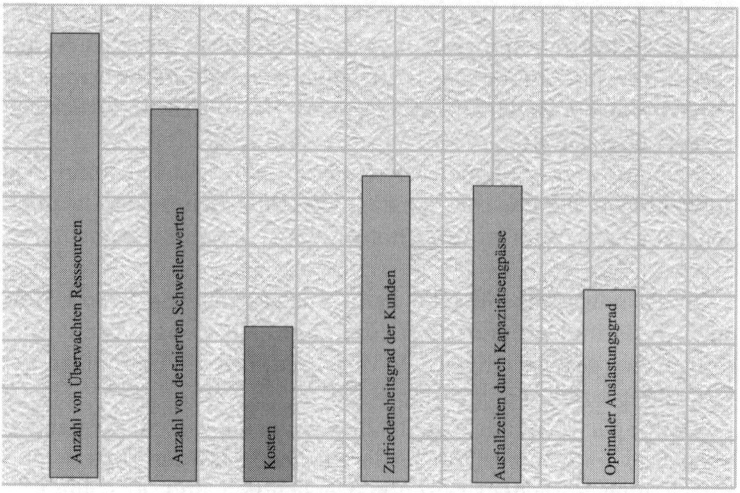

Capacity- Management- Kennzahlen im Jahresüberblick

4.4.4 Bedarfsrechnung genutzter Ressourcen beim Capacity Management

Ein Subprozess des Capacity Managements liegt im Bedarfsmanagement, d.h., dass die künftigen Unternehmensanforderungen zeitgerecht berücksichtigt, geplant und implementiert werden. Es liegt auf der Hand, dass eine genaue Bedarfsanalyse dem Capacity Management hilft, Überkapazitäten zu vermeiden. Transaktionenanzahl, Bandbreite, CPU-, Speicher- und Festplatten-Nutzung lässt sich genauso messen wie die Anzahl von konnektierten Nutzern einer Datenbank. Auch die nicht optimale Verteilung der Arbeitslast auf die zur Verfügung stehenden Ressourcen ruft das Capacity Management auf den Plan.

Stellt sich im Nutzungsprofil einer Ressource heraus, dass diese von verschiedenen Nutzern zur selben Zeit grenzlastig ausgelastet wird, so ist es vielleicht möglich, unterschiedliche Nutzungszeitfenster innerhalb eines SLA zu definieren, so dass die Nutzung der Ressource gleichmäßig verteilt ist und der zusätzlich teure Ressourcenbedarf bei gleichzeitiger Nutzung entfallen kann. Ist dies nicht möglich, kann durch einen unterschiedlichen internen zeitlichen Verrechnungssatz darauf hingewirkt werden, dass Spitzenauslastungen zu bestimmten Zeiten vermieden werden.

Bei der Abschätzung notwendiger Ressourcenkapazitäten ist es möglich über die Anzahl der Nutzer, denen man bestimmte festgelegte Speicher, CPU-Leistung oder Netzwerkbandbreiten zuordnet, einen Anhaltspunkt für insgesamt zur Verfügung stehende Kapazitäten zu bekommen. Ist die Abschätzung bestimmter notwendiger Ressourcenkapazitäten schwierig, so kann ein Funktionstest eines Prototypen oder der Vergleich zu einem existierenden vergleichbaren DV-Verfahren helfen, entsprechende Kennwerte zu ermitteln. Oft hat es sich als vorteilhaft erwiesen, dass die gegenwärtige Ressourcenauslastung, wie z.B. CPU-Auslastung eines Servers, die 50–70%-Marke nicht überschreitet, um auch für spätere Wachstumsphasen eine Reservekapazität zur Verfügung zu haben, ohne das DV-Verfahren dann wesentlich verändern zu müssen.

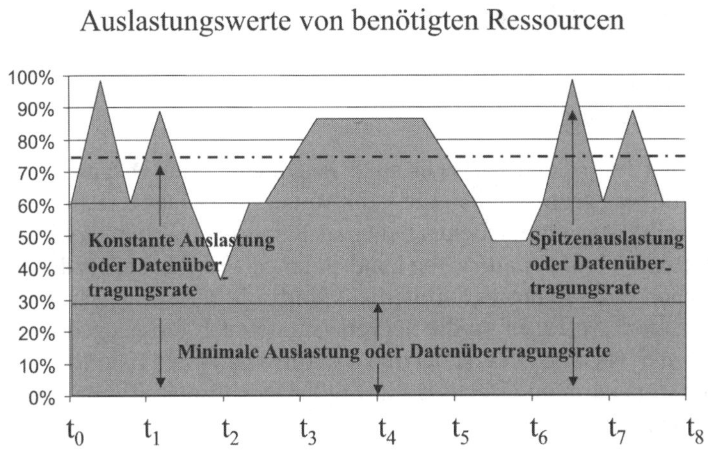

Abb. 4.46 Auslastungsmessungen helfen, die benötigte Resourcen-kapazität zu ermitteln

Im Hinblick auf die Skalierbarkeit von Ressourcen zur Kapazitätssteigerung werden des öfteren die Begriffe vertikale oder horizontale Skalierung gebraucht. Bei einer vertikalen Skalierung fügt man z.B. einem Server weiteren Arbeitsspeicher, Festplatten, Bandlaufwerke, Netzwerkkarten, bei einem Netzwerkswitch eine weitere Switching Fabric hinzu. Dagegen wird bei der horizontalen Skalierung eine Kapazitätssteigerung durchgeführt, indem man einen ganzen weiteren Server oder Netzwerkswitch hinzufügt.

Grundsätzlich werden bei der Bedarfsberechnung die folgenden Ressourcen-Bereiche analysiert:

- Kennparameter des Geschäftsprozesses
- Kennparameter der Anwendungssoftware und Middleware, wie z.B. Softwarelizenzen und Datenbanktransaktionen
- Kennparameter des Betriebssystems, z.B. Shared Memory, Blocksize, interne Zwischenpuffer

- Kennparameter der Hardware, z.B. Hauptspeicher und CPU eines Servers oder auch Bandbreite eines Netzwerk-Switches
- Organisatorisches wie z.B. Wartungsintervalle
- Infrastruktursysteme wie Kühlung, Heizung, USV, Brandschutz, Zugangskontrolle
- Anlagen wie z.B. Räume

4.4.5 Strategien zur optimalen Ausnutzung von eingesetzten Ressourcen

4.4.5.1 Load Balancer

Oft wird ein Load Balancer auch Redirector oder Dispatcher genannt, was grundsätzlich die Funktionalität der Lastverteilung beschreibt. Man unterscheidet bei Load-Balancer-Techniken zwischen statischen und dynamischen Load-Balancer-Verfahren. Bei den statischen Load-Balancer (Immediate Binding)-Verfahren werden die einzelnen Anfragen an die Serversysteme nach festgelegten Algorithmen verteilt. Dies ist bei den dynamischen Load Balancern, die mit so genannten (Delayed Binding)-Algorithmen arbeiten, nicht der Fall.

Abb. 4.47 Load-Balancer-Algorithmen

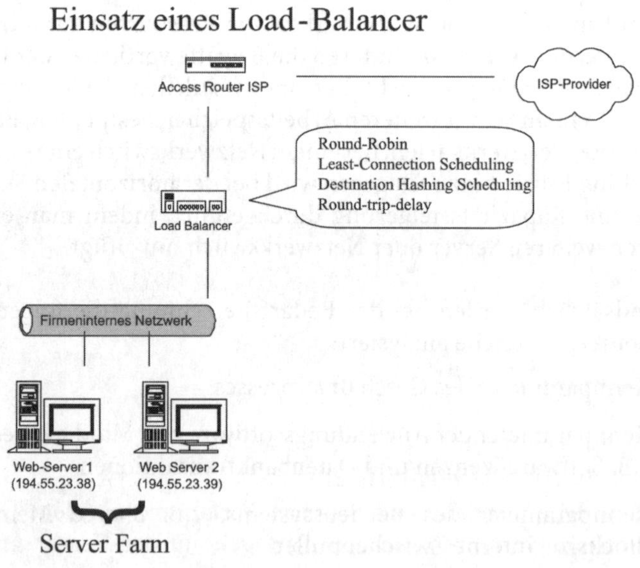

Die dynamischen Load Balancer versuchen, auf gegenwärtige Umstände und Situationen mittels ihrer Algorithmen positiv Einfluss zu nehmen. Die nachfolgenden Zeilen geben einen Überblick über die bekanntesten Load-Balancer-Verfahren.

Statische Load-Balancer-Verfahren

Bei den statischen Load-Balancer-Verfahren, wie dem Round-Robin-Verfahren, nutzt man eine Funktionalität des DNS (Domain Name Service), bei dem die eingehenden Anfragen auf maximal 32 verschiedene IP-Adressen zyklisch verteilt werden können. Erkennt ein DNS-Server, dass einer dieser Server nicht mehr funktionstüchtig bzw. momentan nicht am Netz angeschlossen ist, so dauert es wegen des Address-Caching noch eine Zeit lang, bis dieser Sachverhalt Berücksichtigung findet. Auch wird nicht überprüft, ob der gerade angesprochene Server schon ausgelastet ist. Beim Weighted-Round-Robin-Verfahren werden grundsätzliche Eigenschaften der Server, die hinter den IP-Adressen stehen, mitberücksichtigt, indem ein statischer Gewichtungsfaktor für seine Leistungsfähigkeit mit angegeben wird, auf dessen Grundlage der DNS-Server entscheidet, wie oft eine Anfrage der entsprechenden IP-Adresse und dem dazugehörigen Applikationsserver zugeordnet wird.

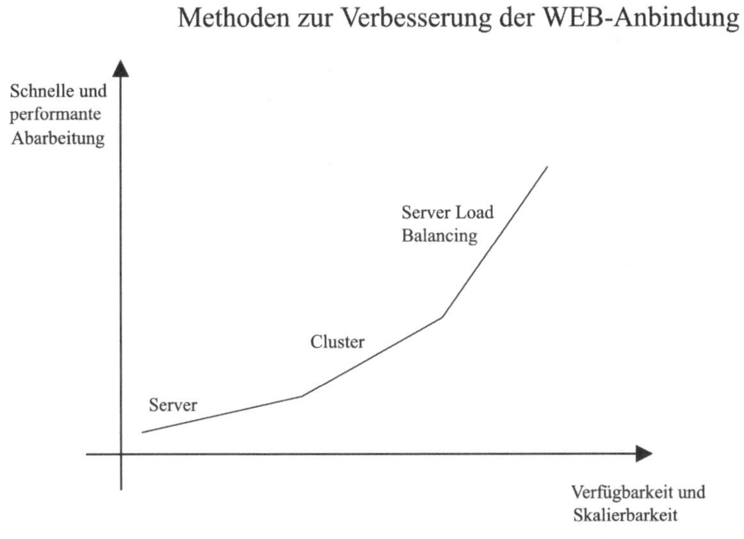

Abb. 4.48 Methoden zur Verbesserung der Web-Anbindung [Köh02]

Dynamische Load-Balancer-Verfahren

Bei den dynamischen Load-Balancer-Verfahren, wie dem Least-Connections-Verfahren, werden Anfragen auf den Server umgeleitet, der momentan die wenigsten aktiven TCP-Verbindungen besitzt. Diese werten anhand der aktiven TCP-Verbindungen die momentane Lage verschiedener Serversysteme aus. Es ist somit ein Verfahren, welches sich dem jeweiligen Auslastungsgrad und der Arbeitssituation anpasst.

Eine Verbesserung zum Least Connection Load Balancer-Verfahren stellt das Weighted Least Connections-Verfahren dar, bei dem die einzelnen momentan aktiven TCP-Verbindungen (c_i) der einzelnen Server durch einen Gewichtungsfaktor (w_i), der die Leistungsfähigkeit der einzelnen Server berücksichtigt, dividiert werden. Dem Server, der den kleinsten c/w-Wert hat, wird die Anfrage zur Bearbeitung zugeteilt. Auch das Destination/Source Hashing-Scheduling stellt mittels eines dynamischen Hashing-Scheduling eine Reihe von unterschiedlichen Werten (IP-Adresse, URL bzw. Teilen der URL) mittels eines Hashing-Algorithmus zur Verfügung, um eingehende Anfragen auf unterschiedliche Web-Server zu verteilen.

Dabei wird eine Zahl, der sogenannte Hash-Wert, erzeugt. Jeder Hash-Wert symbolisiert ein zuordenbares Objekt, in unserem Falle einen bestimmten Web-Server oder Web-Cache, dem diese Anfrage zugeordnet wird. Als Hashing-Algorithmus wird z.B. der CRC 16 ($x^{16}+x^{15}+x^2+1$) benutzt. Ein sehr verbreitetes dynamisches Load-Balancer-Verfahren ist das Round-trip-Delay-Verfahren. Hierbei wird die Zeit ermittelt, die z.B. eine http-get-Anforderung zum Abruf einer Web-Seite an die verschiedenen Web-Server benötigt. Anhand der Antwortzeiten (Round-trip Delay) berechnet der Load Balancer den prädestiniertesten Webserver, der eine Kundenanfrage möglichst schnell abhandeln kann. Innerhalb dieser Round-trip-Delay-Zeit werden das Antwortzeitverhalten des Servers sowie entsprechende Netzwerkverbindungseigenschaften, wie die Bandbreite des dazwischenliegenden Netzwerkes, berücksichtigt. Somit gewinnt der Applikationsserver das Rennen um die Kundenanforderung, der das kleinste Round-trip-Delay aufweist.

4.4.5.2
N+1-Redundanzverfahren, angewandt bei USV-Systemen

Ähnlich wie aus dem Bereich der RAID-Systeme, die mit Hot-Spare-Festplatten arbeiten, kommt der N+1-Redundanz-Ansatz. Eine Hot-Spare-Festplatte wird bei RAID-Systemen dann automatisch mit eingebunden, wenn eine Festplatte defekt ist.

Der Aufbau einer Redundanz nach dem N+1-Prinzip, übertragen auf ein N+1-Design bei USV-Systemen, ermöglicht ein kostenbewusstes Redundanzverfahren. Auf USV-Systeme bezogen sagt es aus, dass ein ganzes USV-Modul oder eine weitere Akkumulatoreinheit zusätzlich angeschafft werden soll, die im Fehlerfall die Speisung des defekten USV-Moduls bzw. der Akkumulatoreinheit übernehmen kann, bis dieses ausgetauscht wird. Weiterhin bietet die zusätzliche Leistungsreserve die Gewissheit, dass bei einem plötzlich hinzugefügten DV-Verfahren die entsprechende USV-Kapazität noch vorhanden ist, ohne dass das bestehende System gleichzeitig erweitert werden muss.

Redundante (N+1) USV-Systeme	Bereitgestellte % Gesamtleistung in	Leistung je % USV-Einheit in
2	200	100
3	150	50
4	133	33
5	125	25
6	120	20

Tabelle 4.7 Exemplarische Übersicht über redundanten Ansatz N+1 bei USV-Systemen

Manche USV-Hersteller integrieren ganze redundante USV-Einheiten innerhalb eines einzelnen Gerätes, die sich untereinander auf Funktionsfähigkeit überprüfen, und tragen damit den Wünschen der Anwender Rechnung, die sich keine SpoF (Single Point of Failure) erlauben können. Auch bietet dieses Redundanz-Verfahren die Möglichkeit, den Grad der Redundanz möglichst klein zu halten, und erlaubt somit, den Wirtschaftlichkeitsaspekt bei einer Neuinvestition zu beeinflussen.

Bei einem gesamten USV-Scheinleistungsbedarf von 25KVA ergibt sich bei dem N+1-Prinzip mit N=5 und einem redundanten USV-System eine Einzelleistung von 5KVA. Daraus folgt, dass die redundant vorgehaltene USV-Einheit auch 5 KVA beträgt. Man hält somit nur 20% der maximalen Leistungsfähigkeit als redundante Scheinleistung vor. Würden wir mit N=2 die Leistung einer einzelnen USV auf 12,5 KVA festlegen, so hätte die redundante Einheit auch 12,5 KVA, was bedeuten würde, dass man 50% der maximal benötigten Kapazität vorhalten würde.

Dies macht sich bei einer Wirtschaftlichkeitsbetrachtung natürlich bemerkbar. Nicht nur im Anschaffungspreis, sondern auch in den Unterhaltungs- und Wartungskosten.

Nichtsdestoweniger ist mit einem weiteren Ausbau von DV-Verfahren in der Zukunft zu rechnen. Dem sollte man mit einem großzügigen Reservefaktor bei seiner USV-Gesamtkapazität Rechnung tragen.

4.5 Financial Management (Kosten Management für IT-Dienstleistungen)

Die Aufgabe des Financial Managements innerhalb des ITIL-Service Delivery besteht darin, alle anfallenden Kosten eines DV-Verfahrens zu identifizieren und den einzelnen CIs (Configuration items), die darin enthalten sind, bzw. dem entsprechenden ITIL-Serviceprozess zuzuordnen. Financial Management will aber nicht nur die Kosten eines CI oder DV-Verfahrens bestimmen, sondern auch alle Kosten, die durch menschliche Interaktion, z.B. beim Incident-, Problem- oder Change-Management-Prozess mit diesen DV-Verfahren anfallen. Dadurch dass sich alle Kosten ermitteln und einzelnen Kostenstellen und Kostenträgern zuordnen lassen, ist eine Firma oder öffentliche Institution in der Lage, anfallende Kosten zu analysieren, zu rechtfertigen und Schlüsse für zukünftige Entwicklungen zu ziehen.

Abb. 4.49 Schematische Darstellung des Financial-Management-Prozesses

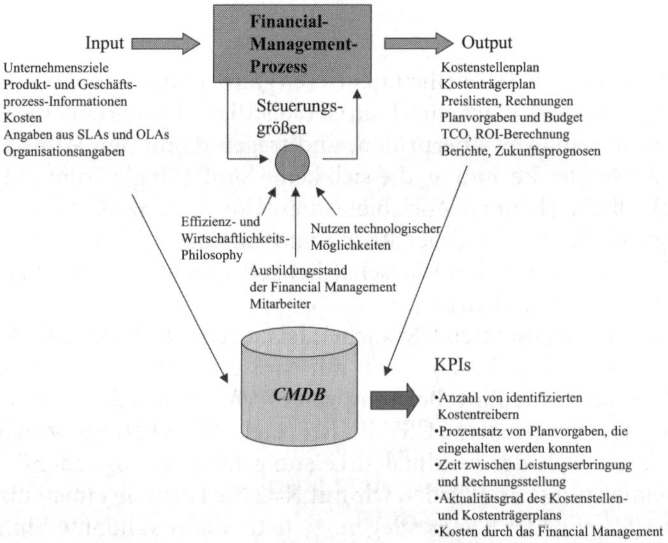

Des Weiteren erlaubt das Financial Management, Abschätzungen vorzunehmen über ein ROI (Return on Investment) eines DV-Verfahrens. Nicht selten haben Firmen nach Einführung eines Financial Managements erstmalig festgestellt, dass bestimmte DV-Verfahren besser zu ersetzen sind als sie weiterhin kostenträchtig zu pflegen. Im Großen und Ganzen ist das Financial Management über die Kosten für IT-Dienstleistungen das Instrument, mit dem das höhere Management einer Firma oder öffentlichen Institution in die Lage versetzt wird, die richtigen finanztechnischen Entscheidungen zu treffen und in Bezug zu den langfristigen Geschäftszielen zu setzen. Das betriebliche Rechnungswesen (Financial Management) besteht aus den drei Bereichen Finanzplanung (Budgeting), Kostenrechnung (Costing oder IT-Accounting) und Leistungsverrechnung (Charging). Der Bereich Budgeting ist verantwortlich für den Finanzplanungsanteil, der versucht, die Mengen und Kosten der intern durchgeführten IT-Servicedienstleistungen für die Geschäftsprozesse und zugrunde liegenden DV-Verfahren abzuschätzen und einen entsprechenden Kostenrahmen (Soll-Wert) für die nächste Zeitperiode vorzugeben.

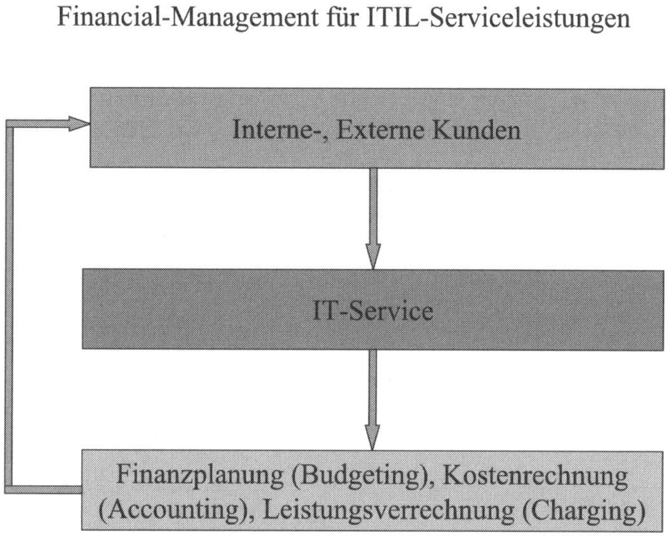

Abb. 4.50 Financial Management verrechnet die entstehenden IT-Kosten

Er ermöglicht eine laufende Kontrolle der Ausgaben mit diesem Soll-Wert und vermindert damit das Risiko der Budgetüberschreitung. Der Bereich Costing übernimmt die Aufgabe, aufgelaufene Kosten eines Geschäftsprozesses oder IT-Services (wie z.B. Störungsbehebung durch das Incident Management) zu ermitteln, zuzuordnen und ein entsprechendes Controlling mittels Kosten-Nutzen- oder ROI-Analyse vorzunehmen.

Um die Aufgabe transparenter darzustellen, werden die Fragen gestellt:

- Welche Kosten fallen an? → Kostenarten
- Wo fallen die Kosten an? → Kostenstellen

- Wofür fallen die Kosten an? → Kostenträger
- Warum entstehen diese Kosten?
- Wo sind Schwachpunkte und Optimierungsmöglichkeiten vorhanden?
- Wo sind Einsparungsmöglichkeiten gegeben?

Abb. 4.51 Schematischer Prozess vom Financial Management

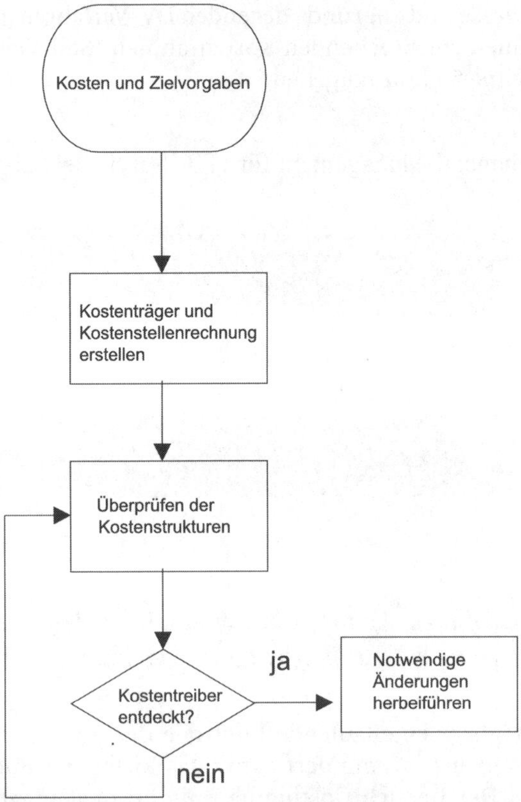

Es werden dabei die Kostenartenrechnung, Kostenstellenrechnung sowie die Kostenträgerrechnung einer Firma auf den neuesten Stand gebracht.

Die Verrechnung und Zuordnung der Kosten wird im Bereich Charging durchgeführt. Hierbei werden die Mengen (Dienstleistungen, Material) ermittelt, die tatsächlich verbraucht wurden, und anhand der aufgelaufenen Kosten wird eine interne Preisbildung der Servicedienstleistung oder eines Produktes vorgenommen.

Sodann werden entsprechende Informationen und Reports den wesentlichen Stellen einer Firma übermittelt. Schlüsse können gezogen werden, ob anfallende Überstunden des IT-Personals systembedingt oder situationsbedingt anfallen. Auch kann zur Entscheidung herangezogen werden, ob einzelne IT-Dienstleistungen besser outgesourced (third party service provider) werden sollen, da interne Dienstleistungen nicht vollständig erbracht werden können oder einzelne IT-Dienstleistungen wegen infrastruktureller Lücken oder Personal- und Know-how-Defizite nicht erbracht werden können; Überprüfen der Struktur der fixen, indirekten, variablen und Prozesskosten auf Auffälligkeiten und so genannte Kostentreiber (cost-driver). [Gar04] Fixkosten sind solche Kosten, die über einen längeren Zeitraum feststehen, wie z.B. Gehälter, Gebühren, Abschreibungen. Fixkosten lassen sich direkt zuordnen.

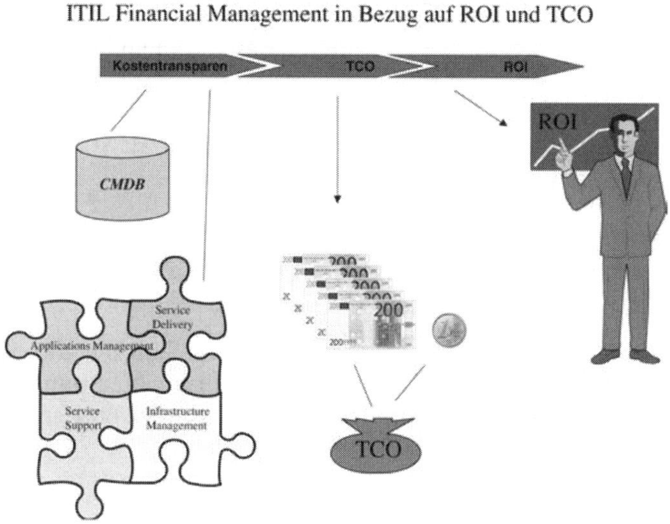

Abb. 4.52 *Die Zahlen des Financial Management geben der Geschäftsführung die Möglichkeit zu erkennen, ob deren Entscheidungen richtig waren*

Variable Kosten dagegen sind z.B. Kosten für die Inanspruchnahme einer Dienstleistung, deren Ausmaß von der zeitlichen Nutzung abhängt, wie z.B. Incident Management. Neben diesen beiden Kostenarten gibt es die indirekten Kosten, die auf alle Leistungsbereiche einer Firma oder öffentlichen Institution als Gemeinkosten durch Pauschalzuschläge verrechnet werden, wie z.B. das Security Management.

Detailaufgaben oder Aktivitäten des ITIL Financial Management für IT-Dienstleistungen sind:

- Ermitteln der Kosten eines einzelnen CI innerhalb seines Lebenszyklus
- Interne Leistungsverrechnung (accounting and charging) der anfallenden IT-Kosten auf Kostenstellen und Kostenträger

- Kontrolle über die noch zur Verfügung stehenden Geldmittel (Budgeting)
- Ermitteln der Kosten, die durch geplante oder ungeplante Ausfälle eines DV-Verfahrens entstehen (Reparaturkosten, Produktionsausfallkosten, Wiederanlaufkosten)
- Ermittlung zukünftiger Investitionskosten
- Ermitteln aller Kosten für Softwarelizenzen (Kauf, Upgrade)
- Ermittlung aller Kosten für Hardware
- Ermittlung aller Kosten, die durch Hinzufügen neuer Arbeitsplatzrechner mit bestimmter Applikationssoftware entstehen
- Ermittlung der Kosten eines geregelten Backupverfahrens zur Wiederherstellung des Datenbestandes bei einem Fehler
- Bewerten der erbrachten Leistung
- Ermittlung aller Wartungsvertragskosten für Hardware, Software, Applikation, Infrastruktur
- Ermittlung der fixen und variablen Kosten eines DV-Verfahrens
- Vergleich der Ist-Kosten mit den geschätzten Kosten eines DV-Verfahrens und der daraus abzuleitenden Schlussfolgerungen
- Durch Kostenermittlung und Zuordnungsfähigkeit der Kosten erhält man eine Entscheidungsgrundlage. Man nimmt somit Einfluss auf die internen Organisationsstrukturen einer Firma

Ein gutes Financial Management beeinflusst die gesamte Organisationsstruktur einer Firma in Bezug auf Wirtschaftlichkeitsdenken und Kostenbewusstsein.

ITIL Financial Management kann ein Weg sein sicherzustellen, dass man das Optimum an IT-Dienstleistung für das Geld erhält, das eine Firma bereit ist, dafür zur Verfügung zu stellen. Die Firma erhält die wahren Kosten, die ein Geschäftsprozess und das zugrunde liegende DV-Verfahren verursachen. Es ermöglicht, die Kosten dort zuzuordnen, wo sie auch wirklich hingehören (Leistungsverrechnung). Eine Finanzplanung, die auf ITIL Financial Management basiert, ermöglicht eine Planung, die sich auf Ist-Werte bezieht und ermöglicht somit reale Entscheidungsgrundlagen, die keinen Platz lassen für Wunschvorstellungen.

4.5.1
Fachbegriffe unter dem Financial Management unter ITIL

4.5.1.1
TCO

Als im Jahre 1986 die Gartner Group [Gar03] mit dem Begriff Total Cost of Ownership (TCO) den Sachverhalt beim IT-Management erklärte, dass nicht die oberflächlichen Anschaffungskosten eines DV-Verfahrens oder der darauf laufenden Applikationssoftware entscheidend sind, sondern die Summe aller Kosten, die rund um die Nutzung eines DV-Verfahrens entstehen, merkte man erst, wie teuer die schöne neue Welt der DV-gestützten Geschäftsprozesse eigentlich ist.

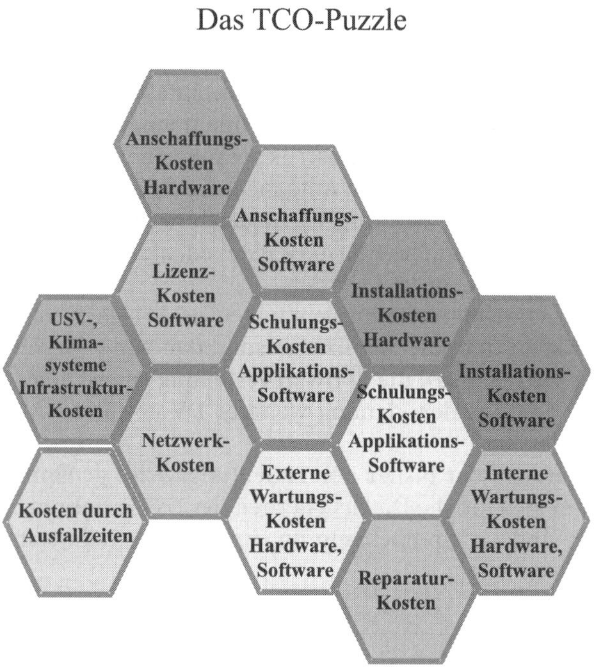

Abb. 4.53
Das TCO-Puzzle

Neben den Anschaffungskosten sind alle Kosten beim TCO-Ansatz zu erfassen, die über den gesamten Lebenszyklus einer einzelnen Komponente oder des gesamten DV-Verfahrens entstehen. Die Hauptkosten entstehen durch Wartungs- und Pflegemaßnahmen sowie den Nutzersupport und nicht durch die Investitionskosten.

Die vier Hauptbereiche, in die sich die einzelnen Kosten einordnen lassen, sind:

- Beschaffungskosten und Kapital-Kosten
- Endnutzer-Unterstützung
- Administration
- Technische Unterstützungsleistungen

In den Beschaffungs- und Kapital-Kosten sind die anfänglichen Investitionskosten für Hard- und Software sowie die Abschreibungs- und Deckungsbeträge für die Netzinfrastruktur, Rechenzentrumsinfrastruktur (USV, Klima) enthalten. Auch sind die Kosten durch Miete, Strom usw. zu berücksichtigen, woran man oft kaum denkt. Die Kosten für die Endnutzer gliedern sich in Schulungskosten, Kosten für ein Customer Help Desk (First Level) sowie Kosten, die sich durch eine Vor-Ort-Unterstützung ergeben. Die Kosten der Administration umfassen alle Maßnahmen des Backup- und Havariemanagements. Darunter fallen alle Aufgaben, die durch ein Backup und Restoring von Systemdaten anfallen, sowie das Einleiten und Begleiten von Havariemaßnahmen, Administrationsarbeiten an der Netzwerkinfrastruktur sowie angegliederter Firewall. Auch alle vermittelnden Aufgaben, die als Zwischenglied zwischen den externen Wartungsvertragsnehmern und der Rechenzentrumsbelegschaft einer Firma entstehen, müssen den Administrationskosten zugeordnet werden.

Technische Unterstützungsleistungen lassen sich meist einteilen in drei Kategorien: die Applikationsunterstützung (Second Level des User Help Desks), die Softwareverteilung (meist zentral) und den Teil, der sich der Planung weiterer DV-gestützter Verfahren widmet.

Ein Bereich, der bisher nur andeutungsweise genannt wurde, ist der, der sich um die Datensicherheit der DV-Verfahren bemüht. Darunter sind die Virenbekämpfung und die Firewallsysteme einer Firma zu verstehen.

4.5.1.2 ROI

Für den Begriff ROI (Return on Investment) gibt es zwei verschiedene Betrachtungsweisen. Die erste betrachtet ROI als eine wichtige Kennziffer des gesamten Unternehmens (Gesamtkapitalrentabilität) bzw. eines Teils der Firma oder Investitionsgutes, wie z.B. ein DV-Verfahren, das erkennt, wie sich das dafür eingesetzte Kapital verzinst. Es drückt somit das Gewinnziel aus oder das, was aus dem

Investment „zurückkehren“ soll.

$$\mathbf{ROI = Umsatzrendite \times Kapitalumschlag}$$

Daraus folgt:

$$\mathbf{ROI = \frac{Gewinn \times 100}{Umsatz} \times \frac{Umsatz}{Kapital}}$$

In der Rentabilitätsvergleichsrechnung wird der Return on Investment, definiert als Verhältnis des Jahresüberschusses einer Investition zum Kapitaleinsatz, als Maß für die Vorteilhaftigkeit einer Investition angesehen.

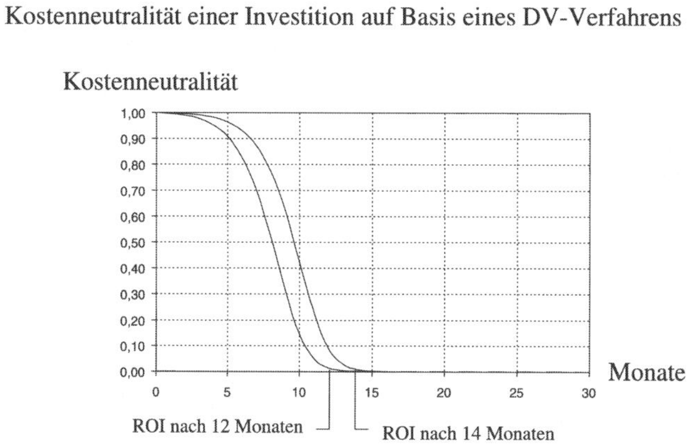

Abb. 4.54 Kostenneutralität einer Investition auf Basis eines DV-Verfahrens

Oft wird der Begriff ROI neuerdings auch, den üblichen Definitionen zuwiderlaufend, als Synomym für Break-even oder Gewinnschwelle verwendet.

Vor allem im Zusammenhang mit IT-Projekten ist von einem „schnellen ROI“ die Rede, was nichts anderes bedeutet, als dass sich durch die richtigen Entscheidungen oder Nutzungsweise des IT-Projektes schneller eine Kostenneutralität erreichen lässt.

Dies lässt sich durch effiziente organisatorische Maßnahmen, wie sie z.B. durch ITIL vorgeschlagen werden, erreichen.

Es lassen sich die Kosten minimieren (Aufwandsminderung) und somit ein schnelleres Break-even oder ROI auf die bei den eingesetzten Geschäftsprozessen zugrunde liegenden DV-Verfahren erreichen.

$$\mathbf{ROI = \frac{Ertrag + Aufwandsminderung}{Kapitalaufwand}}$$

Fazit: Durch richtige Entscheidungen oder organisatorische Rahmenbedingungen (ITIL) lassen sich die genutzten Investionsgüter schneller in den Gewinnbereich bringen.

4.5.1.3
Balanced Scorecard und ITIL

Da das Controlling einer Firma in früheren Zeiten kaum Kennparameter oder Benchmarks zur Verfügung hatte, um den Einsatz seiner Geschäftsprozesse zu bewerten und effektiv zu steuern, wurde in den neunziger Jahren in den USA von Robert Kaplan und David Norton an der Harvard Business School ein Kennzahlen-Modell entwickelt, um ein besseres Controlling einer Firma zu gewährleisten. Da dabei der IT-Bereich einen wesentlichen Anteil hat und somit dem IT-Controlling einer Firma großer Wert beigemessen wird, sind auch viele Kennparameter oder Kennzahlen auf den Einsatz von DV- und IT-Verfahren zugeschnitten.

Abb. 4.55 Financial Management hilft die Kosten dort zu verrechnen, wo sie anfallen

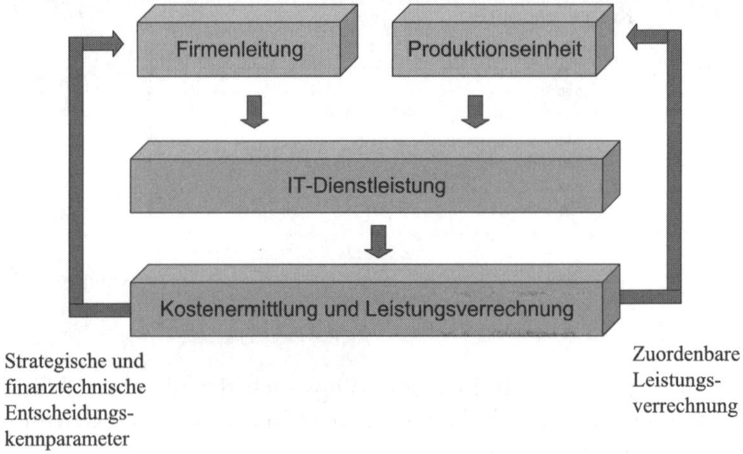

Mittels eines Benchmarking über die ermittelten Kennparameter bekommt man einen Vergleich mit erfolgreichen Konzepten, Methoden, Instrumenten, Abläufen und Erfahrungen anderer Firmen.

Grundsätzlich umfasst die Balanced Scorecard [Bal04] die folgenden sogenannten „Perspektiven“:

- die Finanzperspektive (Financial Goals)
- die Kundenperspektive (Customer Goals)
- die interne Prozessperspektive (Internal Processes Goals)
- die Lern- und Wachstumsperspektive (Innovation and Learning Goals)

Bezieht man diese „Perspektiven“ auf den IT-Bereich, so erkennt man viele Berührungspunkte zwischen dem Balanced-Scorecard-Ansatz und ITIL.

4.5.2
Zugeordnete Rollen zum Financial Management

Innerhalb des Rechnungswesens einer Firma muss sich der IT-Controller um die speziellen Kosten kümmern, die moderne, auf DV-Verfahren basierende Geschäftsprozesse mit sich bringen. Die Aufgaben eines IT-Controllers liegen nicht nur in der Bewertung der Wirtschaftlichkeit des IT-Services oder im Verrechnen von IT-Leistungen, sondern erstrecken sich auch darauf, zu den entsprechenden Servicebereichen ein realistisches Budget aufzustellen. Um anfallende variable indirekte Kosten verrechnen zu können, müssen Deckungsbeiträge berechnet werden. Um entsprechende Deckungsbeiträge aufstellen und zuordnen zu können, lassen sich ausgehandelte SLA nutzen. Die innerhalb eines SLA ausgehandelten messbaren Randparameter lassen sich als Basis nutzen, um eine Kostenverrechnung der bestellten Dienstleistung der IT-Bereiche vornehmen zu können.

Abb. 4.56 Der IT-Controller bemüht sich um möglichst effiziente ITIL-Serviceprozesse

Auch beim Einführen eines neuen Geschäftsprozesses bzw. DV-Verfahrens kann der IT-Controller im Vorfeld schon darauf hinwirken, dass die daraus entstehenden IT-Kosten möglichst im Rahmen bleiben.

Der IT-Controller ist verantwortlich für das Financial Management einer Firma bzw. die Implementierung des entsprechenden dahinterstehenden Financial-Management-Prozesses. Er erstellt einen entsprechenden Bericht an die Geschäftsleitung, aus der die wirtschaftlichen Eckdaten (TCO, ROI) der DV-Verfahren und ITIL-Serviceprozesse hervorgehen. Gerade in unserer heutigen Zeit der schwindenden Budgets müssen die IT-Verantwortlichen der anderen ITIL-Serviceprozesse die Effizienz innerhalb der IT-Organisation steigern. Der einzelne IT-Verantwortliche weiß des öfteren aber gar nicht, welche IT-Kostenblöcke er im Einzelnen hat, weil er sich mehr um die technischen und organisatorischen Probleme seines ITIL-Serviceprozesses kümmert.

Aus diesem Grund weiß er auch nicht, welche Entscheidungen zu mehr oder weniger Kosten führen können. Er ist einzig und allein an der Qualität seines ITIL-Serviceprozesses interessiert. Hier hilft der intensive Kontakt des IT-Controllers einer Firma mit allen Verantwortlichen der ITIL-Servicebereiche.

4.5.3 Kostenverteilung der IT einer Firma sowie kostenreduzierende Einflüsse

Etwa 20% aller IT-Ausgaben sind nach einer Schätzung des Marktforschers Gartner Fehlinvestitionen. Angefangen bei fehlgeschlagenem oder verzögertem Einführen eines DV-Verfahrens bis zu fehlgeleiteten IT-Budgets reichen hier die Ursachen. Nimmt man sich diese Zahlen vor, so fragt man sich automatisch, wie hoch ungefähr die Kosten für die IT in der Industrie eigentlich als Ganzes sind. Eine Antwort darauf versucht die Abb. 4.57 zu geben. Darin erkennt man eine stetige Steigerung von über 28% in den letzten Jahren von 1999 bis 2002. Prognostiziert wird eine Steigerung von 71%, bezogen auf den Wert vom Jahre 1999, was dann zu einem

Abb. 4.57
IT-Kostenentwicklung in % vom Umsatz nach [Idc02]

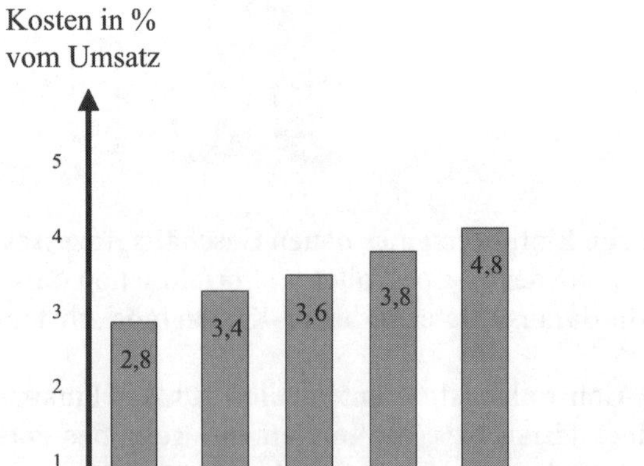

Gesamtwert von 4,8% vom Umsatz im Jahre 2003 führt. Was in diesem Zusammenhang auch interessieren würde, ist die Zusammensetzung der IT-Kosten.

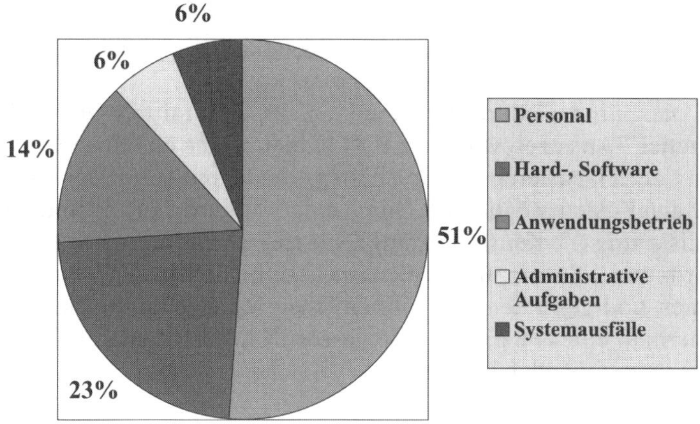

Abb. 4.58 Verteilung der IT-Kosten einer Firma [Gar03]

Einer Studie der Gartner Group zufolge liegt innerhalb der IT-Kosten, wie in Abb. 4.58 dargestellt, folgende Kostenverteilung vor: Den Hauptanteil von 51% bilden Personalkosten, gefolgt von den Kosten für Hard- und Software, die durch die Anschaffung bzw. Leasing-Gebühren des DV-Verfahrens sowie durch Reparaturleistungen anfallen. Der Anwendungsbetrieb, der mit 14% der gesamten IT-Kosten zu Buche schlägt, beinhaltet alle Kosten, die z.B. für Arbeiten des Service Desk, externe Wartungsverträge, Arbeiten des technischen Service oder durch die Administration der Datenbanksysteme entstehen. Administrative Aufgaben, wie z.B. das Durchführen von Anwenderschulungen, übergeordnete Planungsaufgaben und die Arbeit des Financial Management sind immerhin für 6% aller entstehenden Kosten verantwortlich. Interessant ist auch, dass rund 6% der Kosten, die durch Systemausfälle verursacht werden, hauptsächlich durch den damit im Zusammenhang stehenden Produktionsverlust einer Firma entstehen. Die Gartner Group weist auf den logischen Sachverhalt hin, dass durch einen hohen Komplexitätsgrad der eingeführten DV-Verfahren und der zugeordneten Infrastruktur automatisch ein hohes TCO (Abb. 4.59), folgt und die Wahrscheinlich keit steigt, dass dieses DV-Verfahren nie eingesetzt wird.

Komplexitätstreibende Faktoren sind z.B. der Einsatz von verschiedenen Anwendungsverfahren, die das Betreiben unterschiedlicher Hard- und Softwareplattformen notwendig machen, sowie von verschiedenen Datenbanksystemen und verschieden ausgedehnten Netzwerksystemen.

Auch die Anzahl von durchzuführenden Hard- und Softwareupdates macht die Komplexität von zu überdenkenden Seiteneffekten nahezu unendlich. Diese Komplexität, basierend auf den DV-Verfahren, führt weiterhin zu entsprechenden komplexen organisatorischen Strukturen, welche die jeweils notwendigen Einzelmaßnahmen aus bestehenden Konfliksituationen zu koordinieren versuchen.

Dies führt wiederum zu dem Schluss, dass mittels eines „Best practice"-Ansatzes, wie ihn z.B. ITIL bietet, eine effektivere Steuerung der IT-basierenden Geschäftsprozesse und somit der entstehenden Kosten möglich ist. Durch eine Standardisierung und Zentralisierung (IT-Konsolidierung), wie sie sich z.B. aus einheitlichen Hard- und Softwareplattformen sowie einheitlichen Datenbanksystemen und zentralen und einheitlichen Managementwerkzeugen innerhalb einer Firma ergeben, lassen sich Kosten sparen, besonders im personellen Bereich.

Abb. 4.59 Zusammenhang Komplexitätsgrad der DV-Verfahren zu TCO

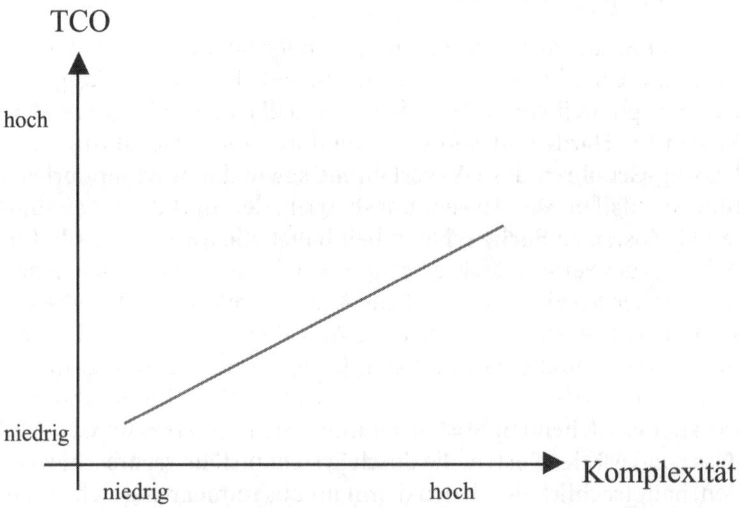

4.5.3.1 Kostenreduzierende Möglichkeiten

Auch die Zentralisierung von Speichersystemen, wie z.B. innerhalb eines SANs, lassen Potentiale erahnen. Durch mehr Automatisierung, wie z.B. mit einer zentralen Softwareverteilung, Systemmanagement und einem zentralen Backupmanagement lassen sich weitere Kosten einsparen. Die Einführung eines zentralen User Help Desk führt zu kürzeren Bearbeitungszeiten und somit zu geringeren Produktionsverlusten. Bei den Geschäftsprozessen ergeben sich Einsparpotentiale, die durch eine Vermeidung von ähnlichen oder in Teilbereichen ähnlichen Geschäftsprozessen entstehen. Auch eine zentrale Lizenzverwaltung ermöglicht eventuelle Einsparungen, die sich durch verbesserte Einkaufsmodalitäten und geringere Kosten bemerkbar machen. Auch das „outsourcen“ gewisser Teile der Wartung von DV-Verfahren bzw. ganzer DV-Verfahren einer Firma kann zumindest kurzfristig eine Kostenersparnis bringen. Dies ist je nach Situation genau zu betrachten, da dies meist mit mangelnder Flexiblität und größerer Abhängigkeit einhergeht. Man erkennt, dass viele kostenreduzierende Möglichkeiten unter ITIL längst Standard geworden sind. Somit hat ITIL sehr wohl auch einen kostendämmenden Effekt.

4.5.4 Mögliche Key Performance Indicators (KPI) zum Financial Management

Um die Arbeit des Financial Managements beurteilen zu können, gibt es verschiedene mögliche Key Performance Indicators (KPI). Angefangen bei einer Anzahl von durch das Financial Management identifizierten Kostentreibern, die es mit entsprechenden organisatorischen, technischen oder personellen Mitteln zu beheben gilt,

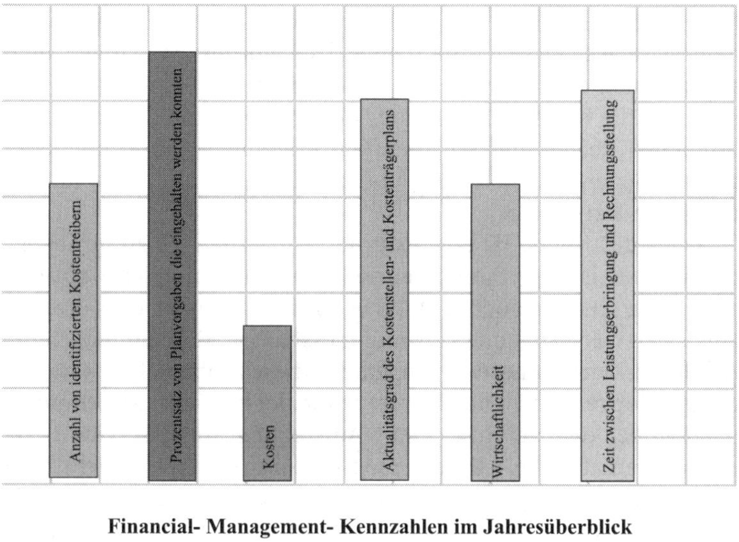

Abb. 4.60 Key Performance Indicators des Financial Managements im Jahresüberblick

bis zu dem Prozentsatz von Planvorgaben, die von den einzelnen Abteilungen wegen realistischer Einschätzung des Financial Managements eingehalten werden konnten. Die Kosten, die durch die Arbeit des Finacial Managements bzw. der einzelnen durchgeführten Maßnahmen entstehen, sind gerade für das Financial Management ein wichtiger Indikator.

Die Wirtschaftlichkeit der eigenen Firma in Bezug auf Firmen, die die gleichen Produkte oder Geschäftsprozesse anbieten, sind Nachweis für ein funktionierendes Financial Management. Auch die Zeit, die zwischen Leistungserbringung und Rechnungsstellung vergeht, ist ein Bewertungsmaßstab für ein effektives Financial Management. Und zu guter Letzt zeigt der Aktualitätsgrad des Kostenstellen- und Kostenträgerplans, wie schnell erfasste Kosten den einzelnen Kostenstellen und Kostenträgern zugeordnet werden können, so dass diese auf plötzliche Veränderungen ihrer Kostenstrukturen schneller reagieren und gegensteuern können.

4.6 Service Management und Service Level Management (SLM)

Heutige DV-Verfahren umfassen eine Vielzahl unterschiedlicher externer und interner Dienstleistungsbeziehungen innerhalb einer Firma oder zwischen verschiedenen Firmen. Der Wunsch nach Transparenz und effektiver Steuerung dieser Dienstleistungsbeziehungen führte zu einer standardisierten und systematischen Vorgehensweise, welche sich innerhalb eines Anforderungspapiers, dem sogenannten SLA (Service Level Agreement) widerspiegelt. In diesem sind die Kunden/Lieferanten-Beziehungen und die damit verbundenen Rechte und Pflichten klar erkennbar. Ein Kunde kann die produzierende Abteilung und der Lieferant die IT-Abteilung derselben Firma sein.

Oder der Kunde ist eine externe Firma, die ihre zu beziehenden Dienstleistungen mit einer anderen Firma möglichst optimal abgesichert haben möchte. Wichtig an einem SLA ist, dass die spezifizierte zu erbringende Leistung messbar ist. Man kann auch die Arbeit des Service Level Managements beschreiben als das Management der verschiedenen Erwartungen der beteiligten Gesprächspartner bei der Definition und Aufstellung eines Service Level Agreements. Hierbei gilt, das möglich zu machen, was geht, und für das, was nicht geht, Alternativen aufzuzeigen bzw. Verständnis dafür zu erlangen.Dabei kann es notwendig sein, überzogene Erwartungen des Kunden zu dämpfen bzw. das Sicherheitsbestreben desjenigen, der den Service sicherstellen soll, aufzuweichen. Dies wird dann meistens bei der Frage des Preises entschieden. Hohes Risiko, hoher Preis. So kann z.B. das Capacity Management einer Firma genau darlegen, wie teuer zusätzliche Bandbreite eines ISP einer Firma kommt, um dadurch mitzuwirken, einen realistisch bezahlbaren Kompromiss zu erzielen. Existierende SLA müssen ins Kalkül gezogen werden, wenn es gilt, neue SLA abzuschließen. Existierende Servicelücken gilt es abzusichern mit internen OLAs (Operation Level Agreements) und externen Lieferantenverträgen (Underpinning Contracts, UCs). Der Blickwinkel der Arbeit ändert sich durch die Einführung von SLAs. Aus früheren Kollegen werden nun durch die abzuschließenden OLAs Kunden.

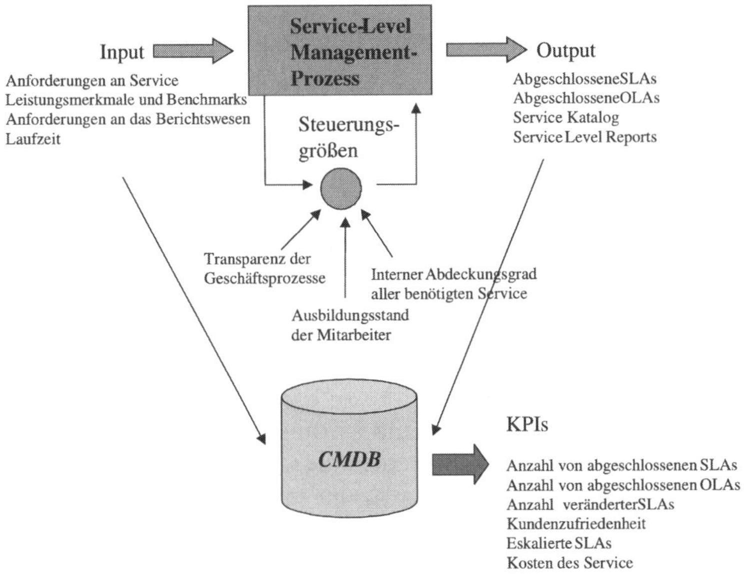

Abb. 4.61 Service-Level-Management-Prozess

Grundsätzliche Ziele des Service Level Management sind:

- Sicherstellen, dass die Geschäftsprozesse oder Dienstleistungen einer Firma möglichst effizient, wirtschaftlich und qualitativ hochstehend durchgeführt werden können
- Vermeiden von ungenauen Service-Rahmenparametern sowie vorgegebene Deeskalationsregelungen bei Störung
- Stetiger Verbesserungsprozess durch Überwachung und Überprüfung bestehender SLAs und deren zugrundeliegenden Service Levels

- Festigung der Kundenbeziehung durch optimalen Service

Daraus ergeben sich folgende Aufgaben des Service Level Management:

- Anforderungen (SLR) des Kunden in überprüf- und messbare SLOs umsetzen und in schriftlicher detaillierter Form niederlegen
- Festlegen von Grenzwerten, Messverfahren sowie Rahmenbedingungen von Service Level Objectives innerhalb eines SLA
- Absicherungen von einzelnen SLO durch OLAs und UCs
- Änderungen an bestehenden SLAs durchführen, bei denen es zu Fehlern gekommen ist (Problemmanagement)
- Durchführen von SIP (Service Improvement Programme)
- Monitoren und Überwachen der SLO der verabschiedeten SLAs

In Abb. 4.62 erkennt man, dass der ITIL-Service-Level-Management-Prozess einen regulativen Einfluss auf die existierenden Geschäftsprozesse einer Firma hat. Dynamische Änderungen, wie sie heute an der Tagesordnung sind, werden durch die gezielte Überwachung direkt offensichtlich.

Vorteil von SLAs ist, dass es eine ständig aktuelle Dokumentation existierender Geschäftsprozesse und notwendiger Servicedienstleistungen gibt. Ein weiterer Vorteil ist, dass SLAs helfen können, sich auf das Wesentliche zu beschränken und dass Ausnahmesituationen, wie z.B. eine Störung, zu vorher festgelegten Reaktionsmustern führt. Es werden die wirklich notwendigen Anforderungen des Kunden erfasst, der einen bestimmten Service absichern will.

Fazit ist, dass das Service Level Agreement eine Schnittstelle beschreibt, die neben technischer Randparameter auch Raum lässt für übergeordnete Ziele, die das Unternehmen durch eine Wartung erreichen will, ohne ganz ins Detail gehen zu müssen. Ein SLA ist aber nur dann wirklich sinnvoll, wenn er Benchmarks definiert, die einen Erfolg messbar bzw. beurteilbar machen. Durch entsprechend definierte Servicelevel ergibt sich die Möglichkeit, Tätigkeiten an externe Firmen auszulagern. Ein Maßstab, ob dies eine sinnvolle Alternative zu einem firmeninternen Service ist, kann unter anderem die Frage sein, ob die Unabhängigkeit des Unternehmens von externen Dienstleistern gewahrt bleibt, oder ob bei der Auslagerung dieser Servicedienstleistungen an einen externen Dienstleister zu viele Betriebsgeheimnisse preisgegeben werden.

Auch ist dabei zu bedenken, wie die Kluft überbrückt werden kann zwischen einer immer größeren Flexibilität, die sich in der Änderung von Geschäftsprozessen bemerkbar macht, und dem Bestreben, möglichst viele Tätigkeiten an spezialisierte Dienstleister weiterzugeben, um sich auf das Kerngeschäft einer Firma bzw. Institution zu konzentrieren.

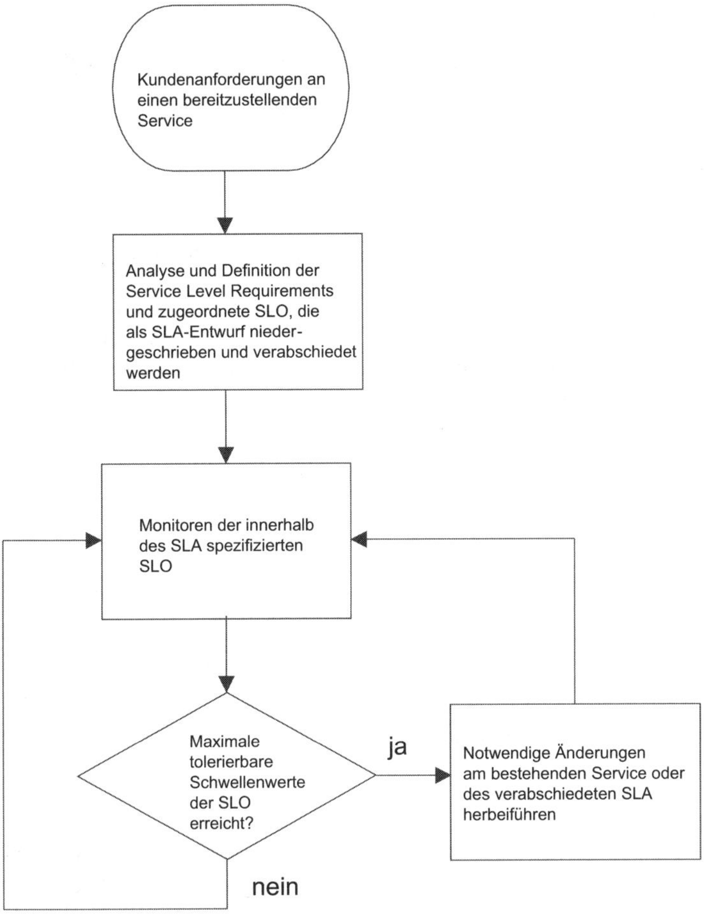

Abb. 4.62 Schematischer Prozess vom Service Level Management

4.6.1 Fachbegriffe unter dem Service Level Management unter ITIL

Um besser zu verstehen, was die Aufgabe des Servise Level Management ist, wollen wir uns den grundsätzlichen Begrifflichkeiten zuwenden. Dies deswegen, weil des öfteren die Grundbegriffe recht schwammig dargestellt sind und mehr Verwirrung stiften, als dass sie der Aufkärung dienen. Diese Begriffe lauten wie folgt:

- SLA (Service Level Agreement)
- OLA (Operation Level Agreement)
- SLI (Service Level Intention)
- SLR (Service Level Requirements, Kundenanforderungen)
- SLO (Service Level Objective, Dienstgütevereinbarung)
- OLO (Operation Level Objective)
- SLG (Service-Level-Garantie)
- UC (Underpinning Contracts, Lieferantenverträge)

Grundsätzlich geht es beim Service Level Management darum, dass ein Service erbracht wird. Das Service Level Management hat dabei die Aufgabe, diesen Service möglichst genau zu spezifizieren, so dass die Qualität (Level) dieses Services optimal ist.

Abb. 4.63 Anfertigen eines guten SLA hilft allen beteiligten Abteilungen die Spielregeln einzuhalten

Dieser Service ist eine Aufgabe, die ein oder verschiedene Mitarbeiter bzw. ein oder mehrere Abteilungen für einen oder mehrere Kunden übernehmen. Dieser Service kann notwendig sein, damit ein Geschäftsprozess einer Firma ordnunggemäß ablaufen kann. Dabei kann es sich z.B. um die Aufrechterhaltung eines Geschäftsprozesses bzw. des zugrundeliegenden DV-Verfahrens handeln. Um die Aufrechterhaltung eines Geschäftsprozesses oder Services sicherzustellen, gibt es die verschiedensten Anforderungen, sei es auf organisatorischer oder technischer Ebene, die genau erfasst und abgedeckt werden müssen. Die Grundlagen einer Übereinkunft werden innerhalb eines SLA (Service Level Agreement) beschrieben. In diesem wird als erstes der Service allgemein beschrieben und dann definiert, auf welchem Niveau (Level) bzw. mit welcher Qualität dieser Service erbracht werden soll. Die Ziele oder die Kriterien, die ein Service erfüllen soll, sogenannte Service Level Objectives (SLO), werden dann mit so genannten Service Level Garantie (SLG) unterlegt, die meist die technische Abteilung sicherstellen muss, die das dem Geschäftsprozess zugrunde liegende DV-Verfahren betreibt.

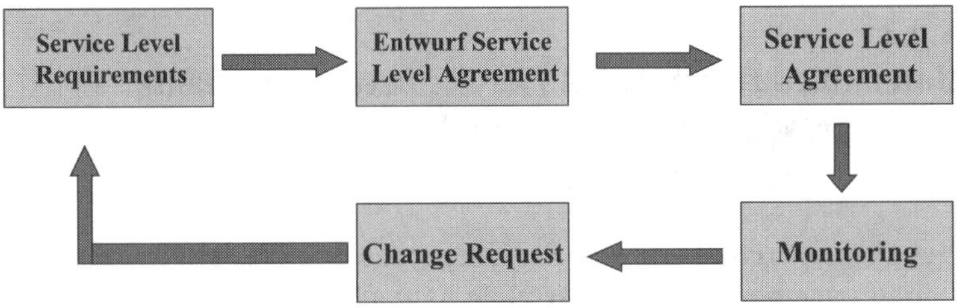

Abb. 4.64 Designphase eines SLA

Das Service Level Objective (SLO) beschreibt das Ziel oder Kriterium, die Service Level Garantie (SLG) den messbaren Qualitätslevel. Am Anfang eines Service Level Agreements wird als erstes beschrieben, was Grundlage (SLI, Service Level Intention) und grundsätzliches Ziel des SLA (Service Level Agreements) sein soll. Alle notwendigen spezifizierten Anforderungen und Randparameter, SLR (Service Level Requirements) oder SLO (Service Level Objective), werden dort aufgezählt und mit einer bestimmten Garantie SLG (Service Level Garantie) zugesichert. Serviceebenenziele SLO (Service Level Objective, SLOs) beziehen sich auf den übergeordneten Service, wie z.B. den Firmenbuchhandel über das Internet, sicherzustellen. Aus der Zusicherung stellt sich nun für die Abteilung, die diese Garantie ausspricht, die Frage der eigenen Absicherung über die Teile des SLAs, die sie selber nicht sicherstellen kann. Deswegen wird sie firmenintern OLAs (Operation Level Agreements) abschliessen über die Betriebsebenenziele (Operating Level Objectives, OLOs), welche innerhalb des SLA noch offen waren. Oder anders gesagt: in einem Operation Level Agreement (OLA) werden schließlich die Produkte und Services intern organisiert und dann in ein SLA für den Kunden überführt. Beispiel für ein SLO (Service Level Objective) innerhalb eines SLA ist z.B.: Nach Eintreten einer Fehlersituation in der Kernarbeitszeit (8:30–17:00) darf die Reaktionszeit des Incident Management 1 Stunde nicht überschreiten.

Ein weiteres Beispiel ist, dass die Bandbreite einer Übertragungsstrecke in der Zeit von 15:00 bis 19:00 nicht unter 2 Mbit/s sinken darf. Oder aber, dass in der Kernarbeitszeit von 8:00 bis

17:00 ein potentieller Auftragseingang eines Kunden innerhalb von 2 Stunden bearbeitet sein muss.

Die Werte dieser Vereinbarungen werden laufend gemonitort und abgespeichert zur späteren Auswertung. Werden die Grenzwerte dieser Vereinbarungen überschritten, wird ein vorher vereinbarter Eskalationsprozess eingeleitet und der entsprechende Service Level Manager informiert.

4.6.2 Unterschied zwischen SLA (Service Level Agreement), OLA (Operation Level Agreement) und UC (Underpinning Contract)

Bei ITIL sprechen wir von Serviceprozessen. Was ein Prozess ist, haben wir oben erklärt, aber viele haben Schwierigkeiten bei dem Begriff Service. Dieser kommt unter ITIL sehr häufig vor, wie z.B. beim Service Level Management. Ein Service ist eine definierte Aufgabe, wie z.B. eine IT-Dienstleistung, die erforderlich ist, um einen bestimmten Geschäftsprozess durchführen oder am Leben erhalten zu können. Der Level, also die Anforderungen (Service Level Objective, SLO) an Qualität und Quantität einer bestimmten Dienstleistung oder definierten Aufgabe, sollte messbar sein. Die aktuellen und künftigen speziellen Anforderungen an einen Service bzw. den zugrunde liegenden Geschäftsprozess bzw. die zugrunde liegende DV-Infrastruktur werden unter ITIL innerhalb eines SLA (Service Level Agreement) erfasst und zwischen zwei Abteilungen, wie z.B. der Produktionsabteilung und der IT-Abteilung, abgeschlossen.

Abb. 4.65
Verzahnung von SLA, OLA und UC

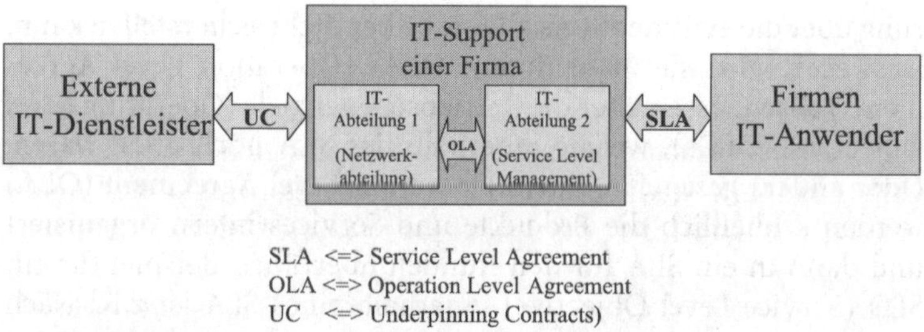

Diese Anforderungen werden in einzelne OLAs (Operation Level Agreement) für die verschiedenen internen IT-Dienstleister, die jeweils für einen Teil der technischen Infrastruktur zuständig sind, aufgegliedert. Die Qualität eines SLA ist nur so gut wie der schwächste zugrunde liegende OLA.

Ein OLA ist eine Vereinbarung auf Betriebsebene (Abteilungs- oder Unterabteilungsebene) einer Firma, welche sich auf bestimmte messbare Ziele (Operating Level Objectives, OLOs) bezieht. Eine OLA definiert die Verantwortlichkeiten aller betroffenen Verantwortlichen innerhalb einer IT-Abteilung und verpflichtet die entsprechenden Verantwortlichen zum Bereitstellen der Anforderungen an Qualität und Quantität eines bestimmten Teils eines Dienstes. Diese Anforderungen an Qualität und Quantität müssen messbar sein, wie z.B. die Bereitstellung einer bestimmten Netzwerkbandbreite durch die Netzwerkabteilung einer Firma an die Abteilung, die für das Einhalten eines zugrunde liegenden SLA verantwortlich ist. Dabei kann es erforderlich sein, dass die Netzwerkabteilung die zugesicherte Bandbreite nur dann aufrechterhalten kann, wenn sie einen Wartungsvertrag (UC, Underpinning Contract) mit einer Firma abgeschlossen hat, die bestimmte Netzwerkkomponenten innerhalb einer bestimmten Zeit reparieren kann. Die Leistungsabsicherung eines firmeninternen SLA wird dúrch entsprechende OLAs und UCs abgesichert.

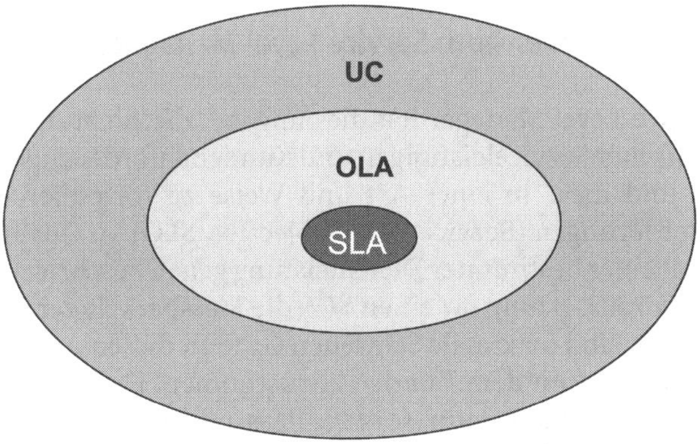

Abb. 4.66
Top-down-Methode vom SLA zum UC

Folgendes Beispiel soll die Zusammenhänge verdeutlichen. Das Service Level Management schließt mit der Bestellservice-Abteilung einer Firma ein Applikations-SLA ab mit den folgenden Bedingungen: Es muss garantiert werden, dass von 70 gleichzeitigen Nutzern ein Applikationsprogramm zur Bestellung genutzt werden kann. Es soll ein garantiertes Antwortzeitverhalten bei Suchen von unter 5 Sekunden möglich sein sowie in jeder Nacht über die gespeicherten Geschäftstransaktionen ein Back-up gefahren werden. Um dies zu gewährleisten, muss das Service Level Management einen OLA mit dem Rechenzentrum abschließen, das die Serversysteme der Firma betreut, mit den folgenden Randparametern: Die Verfügbarkeit der Serversysteme soll >99,95% sein und die CPU-Auslastung der Systeme soll einen Auslastungsgrad (utilization) von unter 70% nicht überschreiten. Wird der Auslastungsgrad überschritten, so soll ein Load Balancer in <70 ms einen automatischen „server rollover" durchführen. Weiterhin muss das Service Level Management einen OLA mit der Netzwerkabteilung abschließen mit den folgenden Randparametern: Die Netzwerkinfrastruktur soll eine Verfügbarkeit (availability) von >99,5% haben. Der Datenpaketverlust (packet loss) soll unter 1% liegen. Und die Verzögerung innerhalb der Routerkomponenten soll eine Verzögerung (latency) von unter 100 ms haben.

Nachdem das Rechenzentrum einen OLA mit dem Service Level Management geschlosen hat, stellt es fest, dass es diesen nur erfüllen kann, wenn es ein UC mit einer Hardwarefirma abschließt mit den folgenden Bedingungen: Die Reaktionszeit bei einer Fehlermeldung soll 1 Stunde nicht überschreiten und bei einer notwendigen Reparatur soll die MTTR (Mean Time To Repair) unter 6 Stunden liegen.

4.6.3 Zugeordnete Rollen zum Service Level Management

Der Service Level Manager hat die Aufgabe, die Identifikation erfolgskritischer Serviceleistungen und Kundenanforderungen zu ermitteln und diese in einer Art und Weise zu formulieren, dass die Anforderungen (Service Level Objective, SLO) an Qualität und Quantität einer bestimmter Dienstleistung genau beschrieben sind. Da eine Voraussetzung für einen SLA die Messbarkeit der definierten Ziele ist, sind maximale Schwellenwerte zu diesen Anforderungen zusammen mit dem Kunden abzustimmen. Der Service Level Manager muss dann dafür sorgen, dass mit geeigneten Monitoringwerkzeugen diese laufend kontrolliert werden. Beim Abschluss von neuen SLAs muss er die Seiteneffekte auf früher abgeschlossene SLAs einschätzen. Er muss die zugesicherten Punkte, für die er nicht geradestehen kann, durch OLAs bzw. UCs absichern. Dabei ist er der Wirtschaftlichkeit seiner Kunden und seiner eigenen Firma verpflichtet.

Abb. 4.67 Service Level Manager gehen den Geschäftsprozessen auf den Grund

Erkennt er, dass in der Praxis zugesicherte Eckpunkte eines SLA momentan oder als Ganzes nicht mehr eingehalten werden können, so muss er dafür Sorge tragen, dass durch organisatorische oder technische Maßnahmen dies in Zukunft der Fall sein wird. Auch Maßnahmenvorschläge zur Beseitigung von möglichen Performanceengpässen oder Steigerung der Servicequalität sind Inhalt der von ihm angestoßenen Service Improvement Programme (SIP). Durch seine zentrale Wirkung auf die Geschäftsprozesse einer Firma steht er in enger Verbindung zu den unterschiedlichsten Verantwortlichen anderer ITIL-Service-Prozesse. Eine wesentliche Aufgabe ist die Moderatorfunktion zwischen denjenigen, die einen Service brauchen und denjenigen, die diesen Service bereitstellen sollen. Da er in direktem Kontakt zu den internen und externen Kunden steht, ist er für die Kundenzufriedenheit und weitere Kundenbindung verantwortlich. All dies zusammen nennt man das Management der Service Level.

4.6.4 Mögliche Key Performance Indicators (KPI) zum Service Level Management

Ziel eines erfolgreichen Service Level Managements ist, dass die Anforderungen des Kunden an einen Service möglichst optimal abgedeckt sind und somit die Zufriedenheit und letztendlich die

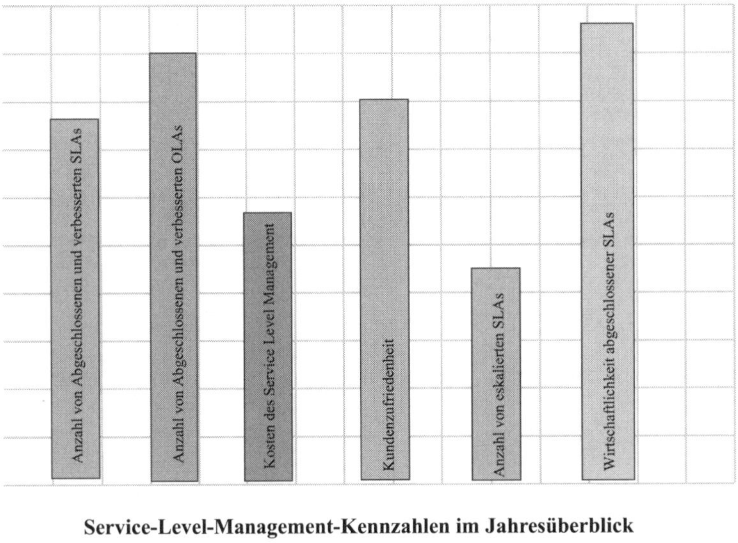

Abb. 4.68 Key Performance Indikators des Service Level Managements im Jahresüberblick

Kundenbindung auch in Zukunft gesichert bleibt. Deswegen ist die Kundenzufriedenheit ein wesentlicher Performance-Indikator des Service Level Managements.

Nun ist es nicht gerade leicht, den Stand der Kundenzufriedenheit zu ermitteln. Regelmäßiges Anschreiben der Kunden, die den Service, den eine Firma bietet, benoten sollen, sind ein Weg, um eine Qulitätssteuerung vorzunehmen. Neben der Kundenzufriedenheit ist sicherlich die Anzahl von abgeschlossenen SLAs und OLAs ein Indikator, ob das Service Level Management in der letzten Zeit gefordert war. Daneben sind die Kosten, die durch das Service Level Management verursacht werden, sicherlich wichtige Daten, die die Geschäftsleitung eines Unternehmens interessieren.

Aus den Kosten, die durch das Service Level Management anfallen, läßt sich dann mittels weiterer Daten des vom Financial Management ermittelten KPI die Wirtschaftlichkeit von abgeschlossenen SLAs ermitteln. Von besonderem Interesse ist auch die Anzahl von SLAs, bei denen es zu Schwierigkeiten gekommen ist. Dies lässt wieder Schlüsse zu, ob die bisher abgeschlossenen SLAs qualitativ gut durchdacht und die Bedürfnisse der Kunden ausreichend analysiert wurden. Nichtsdestoweniger werden sich gelegentliche Schwierigkeiten mit ausgehandelten SLAs nicht ganz vermeiden lassen, ansonsten brauchte man ja auch die Eskalationsvereinbarungen innerhalb eines SLA nicht.

5 Security Management

Das Security Management ist ein eigenes ITIL-Modul und gehört sicherlich zum taktisch-strategischen Teil des IT-Geschäftes einer Firma. In unserer heutigen technisierten und auf den eigenen Vorteil ausgerichteten Welt hat das Security Management einen immer größeren Stellenwert. Globalisierung führt zu Wettbewerbsdruck und somit der Druck für einzelne Unternehmen zu neuen Produkten (auch wenn es die der Konkurrenz sind) und personellen Einsparungen (Entlassungen bzw. „outsourcen").

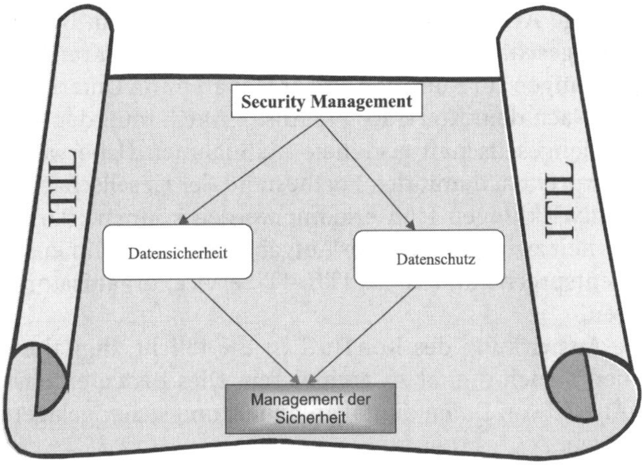

Abb. 5.1
Security Management im Überblick

Betätigungsfelder des Security Managements liegen angefangen bei vernünftigem Umgang mit Passwörtern, z.B. die Passwörter mindestens jeden Monat zu erneuern, bis zu baulichen Maßnahmen, die die Verfügbarkeit der Daten auch unter extremen Bedingungen gewährleisten sollen.

Die Auswahl von Firewalls, Intrusion-Detection-Programmen sowie Anti-Viren-Gateways für den Firmen-E-Mail-Verkehr sind weitere Betätigungsfelder des Security Managements. Aber auch das Zuweisen von Verantwortlichkeiten im Bezug auf bestimmte sicherheitsrelevante Daten eines Unternehmens gehört zu den Aufgaben des Security Managements.

Ziele des Security Managements sind:

- Sichern der Unternehmensziele durch Sichern des Unternehmens- „Know-hows"
- Bestimmung der relevanten zu sichernden Datenbestände und Sicherheitslecks (Bedrohungsanalyse)
- Einführen und Überprüfen von Sicherheitsmaßnahmen
- Sicherstellen, dass die gesetzlichen Rahmenbedingungen eingehalten werden
- Verfolgen und Identifizieren, woher softwareverseuchte E-Mails ursprünglich kommen

Inwieweit das Security Management Einfluss auf die Geschäftsprozesse hat, kann man auch an der immer größeren Anzahl von Gesetzen erkennen, die sich mit den Möglichkeiten moderner IT-Technologie auseinandersetzen.

Der lange Arm der Gesetzgebung reicht hier vom Bekräftigen von Rechtsgeschäften mittels Zertifikaten bis zum KonTraG (Gesetz: Regelungen zur Kontrolle und Transparenz im Unternehmensbereich). Nach dem KonTraG §91 Abs. 2 AktG. muß der Vorstand einer Aktiengesellschaft geeignete Maßnahmen (Überwachungssystem) ergreifen, damit den Fortbestand der Gesellschaft gefährdende Entwicklungen früh erkannt werden können. Damit wird IT-Sicherheit zwingend zu einer Aufgabe der Unternehmensleitung und ist entsprechend, z.B. als ITIL-IT-Service, organisatorisch zu etablieren.

Eine Auswirkung des KonTraG ist die Pflicht, digital erstellte Dokumente auch digital zu archivieren. Dies bedeutet, dass eine große Anzahl von Daten digital archiviert und sicher gelagert werden müssen.

Das Security Management muss neben der Sicherstellung der Vertraulichkeit auch die Integrität dieser Daten, also die Richtigkeit und Vollständigkeit dieser Daten gewährleisten. Dabei ist auch zu gewährleisten, dass die Übertragungskanäle, wie z.B. ein ISP (Internet Service Provider) oder eine eigene Datenübertragungsstrecke vor Manipulation, Aushorchversuch oder Missbrauch geschützt werden, sei es durch Verschlüsselung oder Abschottung. Zugriff auf die entsprechenden Daten darf nur durch dazu ermächtigte Personen erfolgen.

Die Verfügbarkeit der Daten, also den Zugriff auf die Daten zu jeder Zeit zu gewährleisten, wird vom Security Management in Zusammenarbeit mit dem Availability- und Continuity Management abgedeckt. Deren Hauptaufgabe besteht darin dies sicherzustellen. Um die Sicherheit der DV-Verfahren sicherzustellen bzw. zu verbessern, gibt es verschiedene Handlungsebenen: angefangen bei organisatorischen Aspekten über den sozialen mitmenschlichen Bereich bis zu den technischen infrastrukturellen Möglichkeiten.

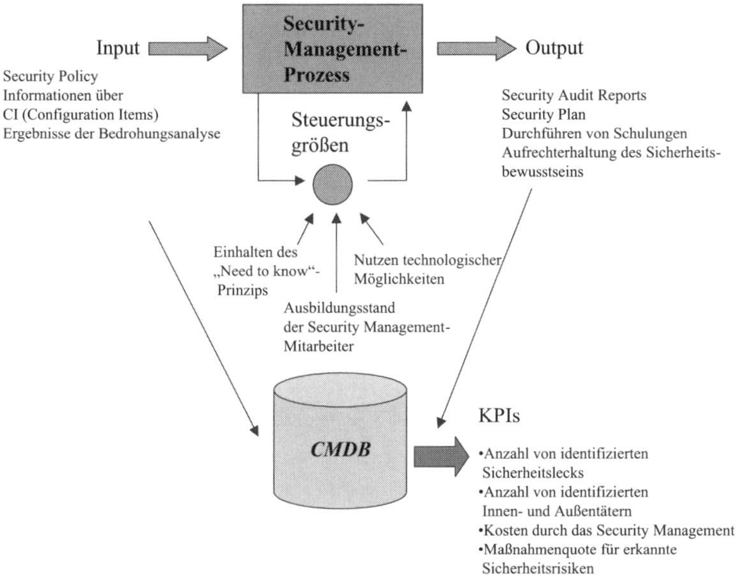

Abb. 5.2 Schematische Darstellung des Security-Management-Prozesses

Exemplarische Aktivitäten des Security-Management-Prozesses sind:

- Durchführen von Schulungen im Sicherheitsbereich
- Verfassen von Sicherheitsstandards und Security-Leitfäden
- Durchführen von Security Audits
- Minimieren des Einflusses von unbefugtem Eindringen und Softwareviren auf zugrunde liegende DV-Verfahren
- Auswertung, Analyse und Klassifikation von Bedrohungen und Angriffen
- Verbessern der Organisationsanweisungen im Hinblick auf eine höhere Datensicherheit
- Erstellen von Management Reports zur IT-Sicherheit
- Überprüfen, ob die eingeführten Sicherheitsmaßnahmen eingehalten werden

- Auswirkungen von Sicherheitsmaßnahmen auf SLAs und OLAs überprüfen
- Verantwortlichkeiten überprüfen
- Maßnahmen planen und durchführen nach Auftreten eines sicherheitsrelevanten Verstoßes
- Aufbau einer Informationsbörse zur IT-Sicherheit

Effektives Security Management hängt vom genauen Wissen ab, welche Wirkung bestehende Sicherheitsrisiken und die daraus entstehenden Kosten haben.

Abb. 5.3 Schematischer Prozess vom Security Management

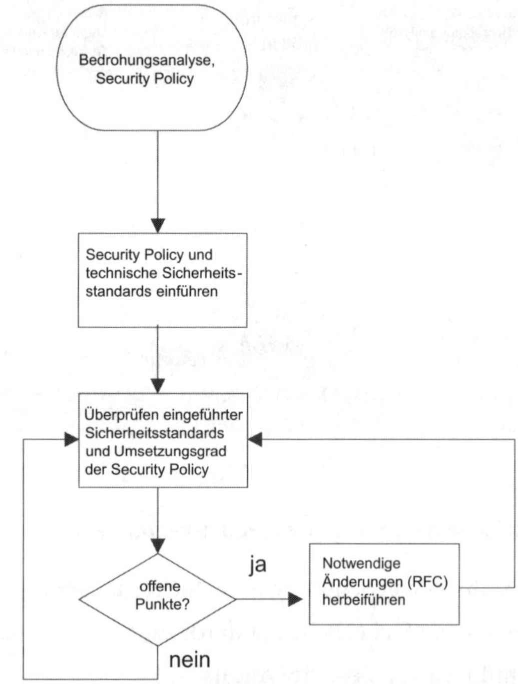

RFC <=> Request for Change

Oft ist es auch nur der Verlust des Kundenvertrauens oder ein negatives Bild innerhalb der Medien oder der Außenwirkung einer Firma, die durch Schwachstellen innerhalb dieses Bereiches auftreten können.

Auch wenn Firmen die Ausgaben in diesem Bereich möglichst kleinhalten wollen, so werden sie nicht ganz auf ein Security Management, und sei es auch nur im technischen Bereich, verzichten können. Denn wer seinen in- und externen Workflow E-Mail-basierend aufbaut und die Vorteile des Internets nutzt, kommt um eine gute Virensoftware bzw. Firewall nicht herum.

Die Arbeit des Security Managements hat die verschiedensten Berührungspunkte zu anderen ITIL-Prozessen, wie z.B. zum Change-, Availability- und Continuity Management.

5.1 Fachbegriffe unter dem Security Management unter ITIL

Kein Thema wird heute in Fachkreisen so viel diskutiert wie die Datensicherheit in der Informationstechnik. Vertrauliche Informationen bekamen früher einen dicken Stempelaufdruck, der zur Vorsicht mahnte und deren Klassifikation hinsichtlich der Vertraulichkeit beschrieb. Bei Computerausdrucken ist dies heute meist nicht mehr der Fall. Dies zeigt, dass während die Technologie sich gewandelt hat, um vertrauliche Daten zu erzeugen, zu verarbeiten und zu verwalten, die Aspekte der Datensicherheit der alten Technologien noch nicht migriert bzw. für die neue Technologie noch nicht entwickelt wurden. Das Erfassen von biometrischen Daten zur Identifikation einzelner Personen sowie das formale Bekräftigen eines Rechtsgeschäftes durch eine elektronische Signatur, die die Unterschrift ersetzt, zeigen, in welchem Umfang sich aber unsere Gesellschaft gewandelt hat oder noch wandeln wird.

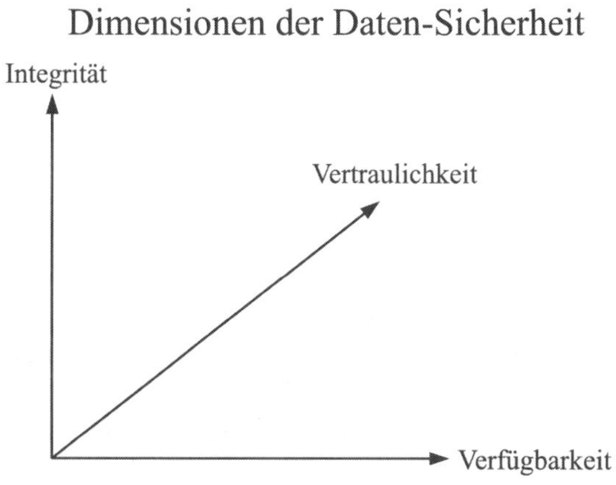

Abb. 5.4 Die drei Dimensionen der Datensicherheit [Fis01]

Das Stellen entsprechender juristischer Vorgaben wie das Signaturgesetz (SigG) [Sig04] und die Signaturverordnung (SigV) [Sve04] sind die Vorboten eines neuen elektronischen Zeitalters.

Die Gesellschaft begrüßt oft vorschnell die neuen technologischen Lebensweisen, ohne sich konkret Gedanken zu machen, welche Nachteile dadurch erwachsen können. Gott sei Dank ist der Gesetzgeber vorsichtig, indem er bei wesentlichen Rechtsgeschäften nur die persönliche Unterschrift zulässt und keine elektronische Signatur. Im welchem Umfang und wann die elektronische Signatur die Unterschrift ersetzt, wird innerhalb des Formgesetzes (Gesetz zur Anpassung der Formvorschriften des Privatrechts an den modernen Rechtsgeschäftsverkehr) beschrieben. Auch die Diskussion über Echolton bzw. die TKÜV (Telekommunikations-Überwachungsverordnung) in Deutschland verdeutlicht, dass einzelne Teile der Öffentlichkeit langsam aktiv an der Datensicherheitsdiskussion teilnehmen, weil sie merken, dass diese einen wesentlichen Teil unseres Lebens berührt.

All dies zeigt, wie intensiv in allen Gesellschaftsschichten über Datensicherheit diskutiert, aber wie stiefmütterlich die Datensicherheit in Wirklichkeit behandelt wird. Dies liegt im Wesentlichen daran, dass wenige eigentlich den Begriff Datensicherheit einordnen können. Das folgende Kapitel versucht deswegen darzustellen, was Datensicherheit eigentlich ist und welche Normierungsansätze es hierbei gibt.

Datensicherheit hat die Aufgabe, sämtliche Information ungeachtet der Art ihrer Darstellung und Speicherung sicherzustellen. Sieht man sich die Abb. 5.4 an, so erkennt man die drei Dimensionen der Datensicherheit (Vertraulichkeit, Integrität und Verfügbarkeit). Dies soll uns im Weiteren als Grundlage dienen, um die nachfolgenden Aspekte, die die Datensicherheit betreffen, besser zu verstehen.

Ein Verlust der **Vertraulichkeit** tritt dann ein, wenn Informationen von Unbefugten zur Kenntnis genommen werden. Vertraulichkeit wird hauptsächlich durch eine Zugangsrestriktion und durch Nutzung sicherer Informationskanäle bzw. entsprechender Verschlüsselungsalgorithmen gewährleistet. Eine gestörte Vertraulichkeit liegt vor, wenn die Information im falschen Moment oder der falschen Person offenbart wird bzw. wenn der Informationsgewinnungsprozess unbefugt war.

Ein Verlust der **Integrität** tritt ein, wenn Daten unbefugt verändert werden bzw. wenn ein Verlust der Authentizität entsteht. Möglichkeiten, vor unautorisierter Manipulation zu schützen, ist z.B. die Vergabe von Zugriffs- und Nutzungsrechten an einzelne Individuen. Eine gestörte Integrität liegt vor, wenn die Information falsch verarbeitet, verfälscht oder wenn eine Veränderung von Informationen durch unberechtigte Personen vorgenommen wurde.

Ein Verlust der **Verfügbarkeit** tritt ein, wenn die Funktionalität eines DV-Systems unbefugt bzw. durch einen Fehler beeinträchtigt wird. Die Verfügbarkeit lässt sich durch verschiedene Ansätze erhöhen, wie z.B. durch redundante Einheiten oder durch Zutrittsverbote für Unbefugte zu den entsprechenden DV-Verfahren. Eine gestörte Verfügbarkeit äußert sich durch Ausfall der Informationsverarbeitung, der Sabotage der Verarbeitungsprozesse sowie durch Zerstören bzw. Löschen von Daten durch unberechtigte Personen.

Oft wird im Zusammenhang mit den drei Dimensionen der Datensicherheit noch die **Authentizität** hinzugefügt, d.h. die Echtheit eines Individiums oder Objektes, welches sich entweder mittels Wissen (Passwort, PIN), Besitz (Ausweis, Chipkarte) oder biometrischen Eigenschaften (Fingerabdruck, Iris oder Netzhaut) authentifiziert.

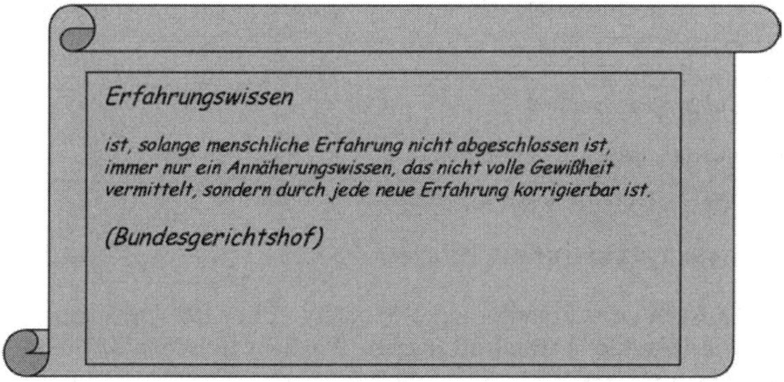

Abb. 5.5 Gerade zum Security Management passt diese Weisheit

Jede Dimension der Datensicherheit bzw. der Authentizität kann grundsätzlich entweder aktiv gesteuert oder durch einen Fehler verlustig werden.

5.2 Security Policy

Die Security Policy einer Firma umfasst die langfristigen Sicherheitsziele (IT-Sicherheitspolitik) einer Firma. In ihr werden Personalzuständigkeiten und Sicherheitsstufen für Daten und DV-Verfahren sowie die Grundsätze der IT-Sicherheit definiert. Auch Richtlinien zur IT-Sicherheit je Sicherheitssystem und Systemplattform sind dort definiert. Weiterhin sind die Aufgaben der einzelnen geschaffenen Security-Management-Rollen und deren Befugnisse zu definieren.

Wie sieht eine Security Policy des Security Managements aus? Meist umfasst sie die folgenden Punkte:

Abb. 5.6 Schematische Security Policy

Zweck und Geltungsbereich Sicherheitsziele Personalzuständigkeit und Rollen Aufgaben, Verantwortung und Rechte der einzelnen Rollen Beschreibung der Sicherheitsstufen für Daten und DV-Verfahren Verfahren bei Sicherheitsverstößen Berichtswesen und Abstimmungsverfahren Datenschutz und Fernmeldegeheimnis Schlichtung bei Streitigkeiten

Die Sicherheitsziele der Security Policy werden unterteilt in die Bereiche:

- Corporate Policies
- Human Resources Policies
- Physical Security Policies
- System Administrator Policies

Es ist bei der Erstellung der Security Policy im Vorhinein mit Schwierigkeiten (Human Resources Policies) zwischen IT-Sicherheitsbeauftragten, Datenschutzbeauftragten und IT-Leiter zu rechnen, da jeder eigene firmenbezogene Interessen verfolgen muss. So muss der Datenschutzbeauftragte z.B. personenbezogene Daten schützen, wohingegen der IT-Sicherheitsbeauftragte den Zugriff protokollieren möchte, um einen Missbrauch zu unterbinden.

5.3 Datenschutz versus Datensicherheit

Oft gibt es Verwirrung zwischen den einzelnen Wirkungskreisen des Datenschutzes und der Datensicherheit. Ziel des Datenschutzes ist die freie Entfaltung der Persönlichkeit.

Dies setzt unter den modernen Bedingungen der Datenverarbeitung den Schutz des Einzelnen vor unbegrenzter Erhebung, Speicherung, Verwendung und Weitergabe seiner persönlichen Daten voraus. Daraus folgt, dass der Datenschutz seinen Wirkungskreis in der Sicherstellung der informellen Selbstbestimmung des Einzelnen hat.

Beispiele sind z.B. Daten von persönlichen Krankheitsbildern, finanziellen Transaktionen und Kreditrahmen bzw. Personalakteninterna, wie Gehaltsklasse oder Zugehörigkeit zu einer Kirche, die man nicht gerne öffentlich preisgibt. Das Datenschutzgesetz (DSG) hat die folgenden Eckpunkte:

- Persönlichkeitsschutz
- Strafbestimmungen
- Technische und organisatorische Maßnahmen
- Auskunftspflicht

Dagegen ist es Aufgabe der Datensicherheit, die Vertraulichkeit, Integrität oder Verfügbarkeit von Daten zu gewährleisten.

5.4 IT-Grundschutz nach BSI

Ein IT-Grundschutz nach BSI (Bundesamt für Sicherheit in der Informationstechnik) hat das Ziel, durch infrastrukturelle, organisatorische, personelle und technische Standard-Sicherheitsmaßnahmen ein Standard-Sicherheitsniveau für IT-Systeme aufzubauen, das auch für sensiblere Bereiche ausbaufähig ist. Es beinhaltet schematisierte Fragenkataloge und Methoden, anhand derer ein Unternehmen Standardmaßnahmen ableiten kann.

Der IT-Grundschutzkatalog nach BSI enthält Gefährdungs- und Maßnahmenkataloge, die die Arbeit des Security Managements sinnvoll strukturien helfen sollen.

Danach sind Gefährdungen grundsätzlich in den Bereichen

- Höhere Gewalt
- Organisatorische Mängel
- Menschliche Fehlhandlungen
- Technisches Versagen
- Vorsätzliche Handlungen

zu erwarten.

Weiterhin sind ein Leitfaden und Vorschläge für eine Notfallvorsorge, die die Durchführung eines IT-Grundschutzes [Itg04] ermöglichen, enthalten. Angefangen bei einer IT-Strukturanalyse und Schutzbedarfsfeststellung bis zu Standard-Sicherheitsmaßnahmen der IT-Infrastruktur, Hard-, Software und Kommunikationstechnik sind Vorschläge gegeben.

Abb. 5.7
Umsetzungsprozess nach IT-Grundschutz

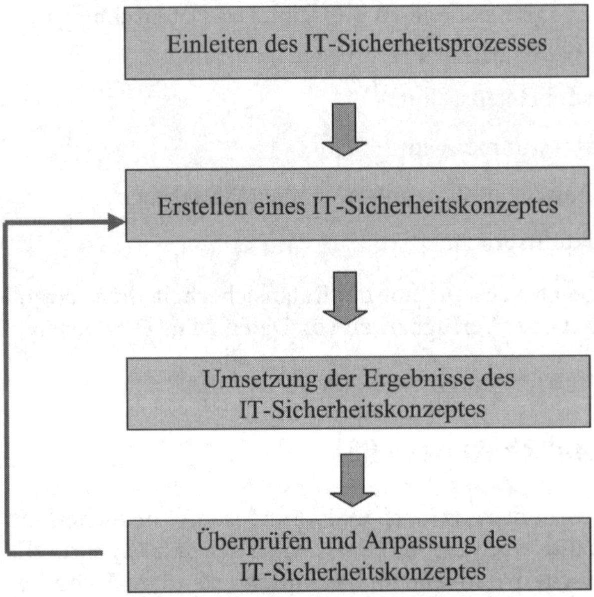

Auch die Bereiche der internen Organisation und der Personalführung in Bezug auf IT-Sicherheit sind aufgeführt.

Die Maßnahmenkataloge im Einzelnen:

- Infrastrukturelle Maßnahmen
- Organisatorische Maßnahmen
- Personelle Maßnahmen
- Maßnahmen im Bereich Hard- und Software
- Maßnahmen im Kommunikationsbereich
- Notfallvorsorge-Maßnahmen

5.5
ISO/IEC 17799 (BS 7799)

Die ISO/IEC 17799 (BS7799)-Norm ist ein international anerkannter Standard zur Durchführung des Security Management [Iso04]. Firmen sind durch die technologischen Umwälzungen mehr und mehr auf DV-Verfahren und deren zugrunde liegende IT-Technologie angewiesen, die die Grundlage der meisten heutigen Geschäftsprozesse bilden. Gute DV-Verfahren sind Wettbewerbsvorteile, die nicht selten den Neid anderer Firmen oder Staaten herausfordern.

Die ISO/IEC 17799 beruht auf einem „Best practice"-Ansatz von der Praxis für die Praxis, der eine Aufstellung von Maßnahmen umfasst, deren Ziel es ist, eine möglichst hohe Informationssicherheit bereitzustellen. Die Norm besteht aus zwei Teilen, die neben der allgemeinen Darstellung von Maßnahmen auch der Beurteilung von schon umgesetzten Maßnahmen in diesem Bereich dienen sollen.

Ziele der Norm ISO/IEC 17799 (BS 7799) sind:

- Schützen sensitiver Geschäftsdaten und Kunden
- Leitfaden zum Klassifizieren von Geschäftsdaten
- Sicherstellen der Verfügbarkeit von Informationen
- Reduzieren eventueller Sicherheitslücken
- Einen Leitfaden zur späteren Zertifizierung bereitzustellen

Die Norm ISO/IEC 17799 (BS7799) umfasst auch Ansätze und Regelungen, die den gesetzlichen Anforderungen nach dem KonTraG (Regelungen zur Kontrolle und Transparenz im Unternehmensbereich) entsprechen. Deswegen ist ein Vertiefen in die Thematik sehr empfehlenswert.

5.6
Erstellen von Sicherheitskonzepten

Ähnlich wie bei einer Schwachstellenanalyse wird bei der Erstellung von Sicherheitskonzepten festgelegt, welche Beeinträchtigungen durch einen Sicherheitsverstoß erfolgen können. Da kann es sicherlich finanzielle Auswirkungen geben oder einen Verstoß gegen Gesetze und Vorschriften.

Auch kann die Verfügbarkeit, Integrität oder Vertraulichkeit beeinträchtigt sein. Es kann ein Schaden mit einer Innen- und

Tabelle 5.1 Bewertungsmaßstab eines Schadens

Schadens-stufe	Bedeutung	Verstoß gegem Gesetz und Vorschriften	Außenwirkungen	Innenwirkungen	Finanzielle Auswirkungen	Beeinträchtigung eines wichtigen Geschäfts-prozesses
0	Unbedeutender Schaden	Kein oder unbedeutender Verstoß	keine	keine	< 5.000 Euro	Keine oder unbedeutend
1	Geringer Schaden	Verstoß gegen interne Anweisungen	gering	Sachbearbeiterebene	< 20.000 Euro	gering
2	Mittlerer Schaden	Verstoß gegen Richtlinien oder Verordnungen	Beschränkte Beeinträchtigung von Ansehen oder Vertrauen bei anderen Firmen oder Behörden	Gruppenleitungs-ebene	< 100.000 Euro	Mittel
3	Großer Schaden	Verstoß gegen gesetzliche Vorschriften	Beeinträchtigung von Ansehen oder Vertrauen bei anderen Firmen und Behörden	Abteilungsebene oder Referat	< 200.000 Euro	Groß
4	Katastrophaler Schaden	Verstoß gegen Grundrechte	Verlust von Ansehen oder Vertrauen bei anderen Firmen oder Behörden	Firmenleitung	>500.000 Euro	Katastrophal

Außenwirkung oder eine Beeinträchtigung der Aufgabenerfüllung auftreten. Nachdem dies definiert wurde, werden nun Wahrscheinlichkeitsbereiche festgelegt.

Sind die Beeinträchtigungen, die einem Unternehmen durch ein Sicherheitsvergehen entstehen können, definiert, muss nun die Schwere eines Schadens durch ein Sicherheitsvergehen klassifiziert werden. Ein Beispiel für den Bewertungsmaßstab eines Schadens kann Tabelle 5.2 sein.

Wahrscheinlichkeit	Wahrscheinlichkeitsbereich
Unwahrscheinlich	0,00 – 0,01
Selten	$> 0,01 - 0,05$
Möglich	$> 0,05 - 0,20$
Wahrscheinlich	$> 0,20 - 0,50$
Beinahe sicher	$> 0,50 - 1,00$

Tabelle 5.2 Beispiel für Wahrscheinlichkeitsbereiche

Es werden dann die Wahrscheinlichkeiten eines bestimmten Sicherheitsvergehens mit ihrer Wirkung auf eine bestimmte Beeinträchtigung festgelegt. Z.B. ist die Wahrscheinlichkeit, eine mit Viren verseuchte EMail zu bekommen, beinahe sicher und kann einen hohen Schaden anrichten. Daraus folgt, dass für diesen Fall Maßnahmen ergriffen werden müssen. Ähnlich ist es bei unbefugtem „Hack“ eines Außenstehenden auf die Finanzdaten eines Unternehmens. Hier liegt die Wahrscheinlichkeit bei möglich bis wahrscheinlich. Was anraten lässt, auch hier Vorsorge und Gegenmaßnahmen zu treffen.

Abb. 5.8 Bedrohungen durch Sicherheitsvergehen können unterschiedliche Beeinträchtigungen verursachen

5.7
Zugeordnete Rollen zum Security Management sowie Datenschutz

5.7.1
Security Officer oder Chief Security Officer

Die Aufgabe des Security Officers liegt darin, die Implementierung von Maßnahmen zur Sicherstellung der IT-Sicherheit zu koordinieren. Er erarbeitet dabei mit der Geschäftsleitung zusammen die Security Policy und berät in Fachfragen. Vorteilhaft ist es, wenn er kein Mitarbeiter einer IT-Abteilung ist, da diese andere Ziele verfolgen müssen als er.

Abb. 5.9 Verschiedene Aufgaben zur Sicherstellung der IT-Sicherheit werden von verschiedenen Mitarbeitern einer Firma durchgeführt

Er macht eine Risikobetrachtung, erstellt Sicherheitskonzepte, ergreift entsprechende Abwehrmaßnahmen, sorgt für Sicherheit im Rechenzentrum, bei den Arbeitsplätzen sowie in der Netzwerkinfrastruktur. Er wird dabei unterstützt durch entsprechende Mitarbeiter der IT-Fachbereiche, Netzwerkadministratoren sowie geschulte Mitarbeiter im Produktionsprozess.

5.7.2
Datenschutzbeauftragter

Der Datenschutzbeauftragte einer Firma oder öffentlichen Institution hat die Aufgabe, für die Einhaltung und Bekanntmachung der Datenschutzrichtlinien zu sorgen. Er stellt fest, welche internen Daten und Informationen schutzbedürftig sind und legt interne Regeln für den Umgang mit diesen Daten und Informationen

(Erfassung, Weitergabe und Verarbeitung) fest. Die Aufgaben des Datenschutzbeauftragten liegen des öfteren im Konflikt mit denen des Security Officers.

5.8 Mögliche Key Performance Indicators (KPI) des Security Managements

Um die Arbeit des Security Managements beurteilen zu können, gibt es verschiedene mögliche Key Performance Indicators (KPI). Angefangen von alten oder neuen aufgedeckten Sicherheitslecks bis zu nachgewiesenen Hackversuchen und abgefangenen virenverseuchten E-Mails. Die Kosten des Security Managements bzw. der einzelnen durchgeführten Maßnahmen sind Indikatoren, aber auch die Anzahl von durchgeführten Sicherheitsaudits und Schulungen.

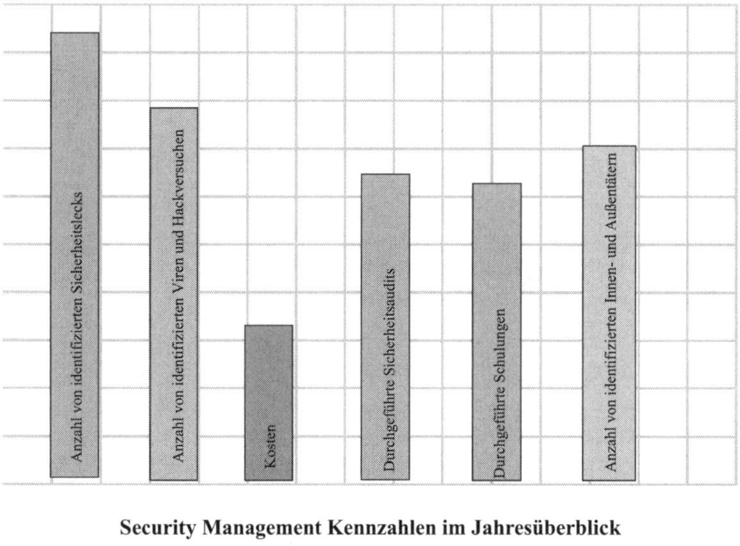

Abb. 5.10 Key Performance Indikators des Security Managements im Jahresüberblick

Ein geschätzter Wirkungsgrad nach Einführen einer neuen Sicherheitsmaßnahme nach einem Schadensfall zeigt den mittelfristigen Erfolg des Security Managements. Auch die Anzahl von identifizierten Innen- und Außentätern von Viren- oder Sabotagehandlungen sind Nachweis für ein funktionierendes Security Management.

6 ICT Infrastructure Management (ICTIM)

Dieses ITIL-Set beschäftigt sich mit den Aufgaben, die dem Rechenzentrumsbetrieb zugeordnet werden. Die Geschäftsprozesse einer Firma oder öffentlichen Institution bauen auf der technischen Infrastruktur (Informations-, Telekommunikationstechnik) auf. ICT (Information and Communications Technology) Infrastructure Management definiert mit einem „Best practice"-Ansatz die Schlüsselprozesse, die die Infrastruktur für die Information und Kommunikation zur Verfügung stellt.

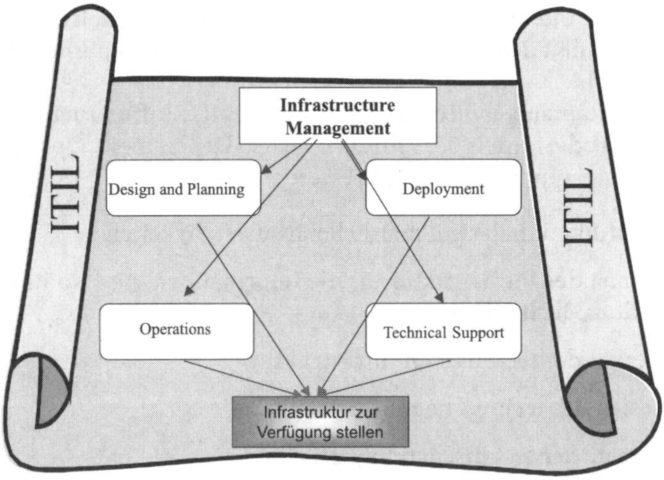

Abb. 6.1 ICT Infrastructure Management

Diese ist meist innerhalb des Rechenzentrumsbetriebes anzusiedeln. ICT Infrastructure Management strebt die optimale Ausrichtung der firmeninternen Infrastruktur und des Service auf die Unternehmensziele an und sieht hierbei die technologische Infrastruktur als Mittel zum Zweck.

Infrastructure Management beschreibt die Definition der Geschäftsanforderungen, das Design, den Test, die Implementierung sowie die Wartung und den Betrieb zugrunde liegender IT-Infrastruktur einer Firma. Der „Best practice"-Ansatz stellt dabei sicher, dass dies zugleich wirtschaftlich, zuverlässig und flexibel vonstatten geht.

Die zugeordneten Rechenzentrums-Hauptbereiche, die durch ICT-Infrastruktur-Management-Prozesse bereitgestellt werden, lauten:

- Netzwerk-Service-Management (Network Service Management)
- Operations Management
- Ressourcen-Management (Management of Local Processors)
- Computer Installation and Acceptance
- System Management
- Environmental Management

ICT Infrastructure Management stellt eine sichere und stabile Infrastruktur für alle DV-Verfahren und deren zugeordnete Geschäftsprozesse sicher und ist somit die Ausgangsvoraussetzung für alle ITIL-Service-Support und Service-Delivery-Prozesse einer Firma oder öffentlichen Institution. Es identifiziert, implementiert, testet und hält den Betrieb der benötigten technischen Infrastruktur aufrecht.

Die Hauptaufgaben oder Aktivitäten des ICT Infrastructure Management, die mittels der Prozesse Design, Deployment, Operation, Technical Support durchgeführt werden, sind:

- Identifikation der geschäftlichen Notwendigkeiten
- Planen der Infrastruktur für die Informations- und Kommunikations-Technologie
- Design der technischen Infrastruktur
- Testen der technischen Infrastruktur
- Einsatz der technischen Infrastruktur
- Aufrechterhaltung und Management der technischen Infrastruktur und deren Services

Der Bereich Netzwerk-Service-Management (Network Service Management) innerhalb des ICT Infrastructure Management versucht, dem wachsenden Einfluss bzw. der Bedeutung der Netzwerktechnologie Rechnung zu tragen. Kein Geschäftsprozess bzw. kein zugrunde liegendes DV-Verfahren kommt ohne entsprechende unterstützende IT-, TK- und WAN-Netzwerkinfrastruktur aus. Gegenwärtige und zukünftige Anforderungen müssen hier erfasst und zeitlich optimal zur Verfügung gestellt werden.

Operations-Management befasst sich mit der Optimierung bzw. der Einhaltung definierter Service Level von Geschäftsprozessen, in deren Vorgang Eingangsprodukte zu einem Ausgangsprodukt transformiert werden. Dieser Transformationsprozess soll möglichst den maximalen Profit bei der angestrebten Qualität erzielen. Das Operations-Management verwaltet die dafür notwendige Infrastruktur (Hardware, Software) und plant den optimalen Einsatz derselben. Darunter fällt auch die entsprechende Wartung.

Das Ressourcen-Management (Management of Local Processors) hat die Aufgabe, die an verschiedenen (dezentralen) Standorten verteilten IT-Systeme zu verwalten, den weiteren Ausbau zu planen und somit den IT-Service für den Kunden bzw. den Endanwender zu verbessern. Sind die IT-Systeme auf verschiedene Standorte verteilt, so ist es die Aufgabe des Ressourcen-Managements, die notwendigen Zuständigkeiten für die einzelnen IT-Service-Prozesse festzulegen.

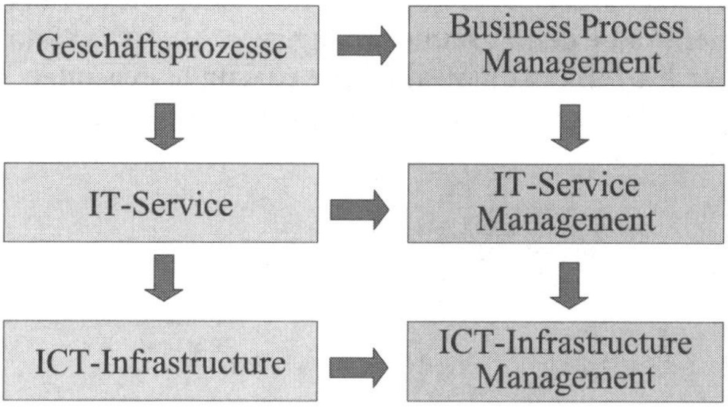

Abb. 6.2 Zusammenspiel von Geschäfts-, Serviceprozessen und zugrunde liegender Technischer Infrastruktur sowie des Managements

Unter dem Begriff „Computer Installation and Acceptance" wird das Indienststellen von IT-Infrastruktur behandelt und festgelegt, wie diese IT-Infrastruktur wieder entfernt werden muss. Ziel ist es, nur geprüfte und getestete neue IT-Infrastruktur innerhalb eines Unternehmens zu nutzen. Hierbei gibt es eine starke Interaktion mit dem Change- und Release Managementprozess.

Ein effektives System Management kontrolliert durch ständiges Monitoring die Funktionalität bestehender zentraler Infrastrukturen, wie z.B. Klimaanlagen. Aber nicht nur zentrale Infrastrukturen, sondern auch das Einhalten von festgelegten Service Levels bzw. zugrunde liegender Service-Parameter (Antwortzeitverhalten, Übertragungsbandbreite) kann durch ein zentrales System Management überprüft werden. Überwachung von Uptime einzelner DV-Verfahren, Ladezeiten von Webseiten, Auslastung von CPU und Speicher; die Möglichkeiten sind vielfältig einsetzbar, um eine zugrunde liegende Infrastruktur zu überwachen.

Zentrale Infrastrukturen, wie z.B. Klimaanlagen, USV-Systeme, Brandschutzeinrichtungen oder Rechenzentrumsausstattung sind unabdingbar für eine störungsfreie Nutzung von IT-Systemen. Diese unterliegen bestimmten gesetzlichen Richtlinien und Auflagen und müssen regelmäßig einer Wartung unterzogen werden. Wie dies geschieht, regelt das Environmental Management.

6.1 ICT-Design and Planning Process

Die heutige technische Infrastruktur hat einen ansteigenden Komplexitätsfaktor, der im Widerspruch zu den Bedürfnissen der Nutzer steht, die einen fehlerfreien Betrieb erwarten. Der Erfolg des Unternehmens, welches auf seinen IT-gestützten Geschäftsprozessen basiert, ist somit abhängig von der zugrunde liegenden IT-Infrastruktur. So zeigte die Gartner-Unternehmensberatung innerhalb einer Studie den Zusammenhang zwischen TCO (Total Costs of Ownership) und Komplexität der zugrunde liegenden IT. Die Aufgabe des Design and Planning Prozess innerhalb des ICTIM be-

Abb. 6.3 Schematische Darstellung des Design and Planning Process

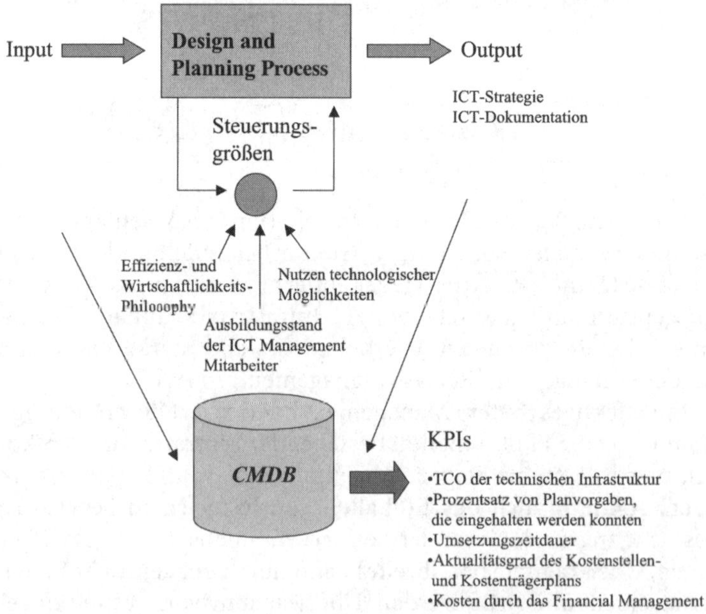

steht darin, übergreifende Regeln und Vorgaben für den IT-Betrieb bezüglich strategischer Planung, Art und Weise der Installation und Einsatz der betreffenden technischen Infrastruktur zu treffen.

Dies soll dazu führen, dass ein optimaler Betrieb mit möglichst optimal niedrigen Kosten durchgefüht werden kann. Hierunter fällt auch die entsprechende Wartung der IT-Infrastruktur. Der Design and Planing Process gibt den Rahmen vor, den der ICT-Deployment Process dann umsetzt. Innerhalb des Design and Planning Process erfolgt eine Analyse der Ist-Sitution sowie eine Aufstellung der planerischen Ziele und Soll-Situation. Weiterhin wird die Umsetzung bzw. der Fortschritt überwacht. All dies erfolgt in Bezug zu den langfristigen Geschäftszielen eines Unternehmens. Eine wesentliche Aufgabe des Design and Planning Process ist auch die Nachbetrachtung, Auswertung sowie eventuelle Anpassung der beschlossenen ICT-Strategie eines Unternehmens.

6.2 ICT-Deployment Process

Mittels des ICT-Deployment Process werden die innerhalb des ICT-Strategiepapiers definierten Rahmenvorgaben des Design and Planning Process umgesetzt. Dabei wird die Initialisierung und praktische Umsetzung in Form eines Projektes (z.B. mittels PRINCE II) durchgeführt.

Die Implementierung und das Rollout der definierten neuen projektierten IT-Infrastruktur muss so erfolgen, dass es zu einer minimalen Störung der in einer Firma genutzten DV-Verfahren und der zugrunde liegenden Geschäftsprozesse kommt.

Dieser Prozess des ICT-Managements fällt in die Hände des Projektmanagements einer Firma, das die einzelnen zu implementierenden ICT-Komponenten zusammen mit dem Change Management in den produktiven Betrieb überführt und vorher ein entsprechendes Risk-Management durchführt.

Folgende Phasen sind somit innerhalb eines Deployment-Prozesses vorgesehen:

- Design-Phase
- Entwicklungsphase mit Akzeptanz-Test
- Rollout-Phase mit Change Management

Eine der Hauptfragen, die sich innerhalb des Deployment-Prozesses ergeben, ist die, welche Seiteneffekte oder Auswirkungen sich aus der Integration neuer oder modifizierter Infrastrukturkomponenten ergeben. Hiermit sind nicht nur rein technische Auswirkungen gemeint, sondern auch rein organisatorische, wie z.B., ob es notwendig wird, bessere Wartungsverträge abzuschließen oder ob für diese neuen Komponenten eine Ruferreichbarkeit des technischen Personals vorzusehen ist.

Abb. 6.4 Schematische Darstellung des ICT-Deployment Process

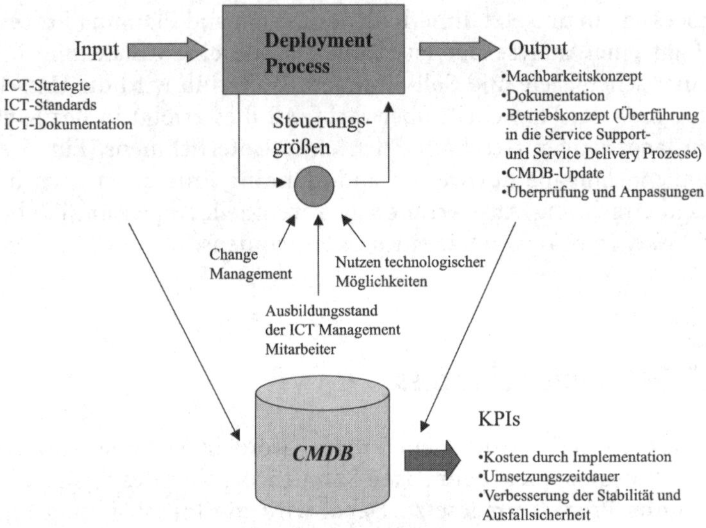

Einzelne Aufgaben, die sich aus dem Deployment Process ergeben, sind:

- Projektplan erstellen
- Ressourcen zur Verfügung stellen
- Risk Management durchführen
- Projekt durchführen
- Qualitätssicherung durchführen
- Testszenarien entwickeln
- Implementierung mit Change-Management-Mitarbeitern

Ein Vorteil des Deployment-Prozesses ist, dass beim Implementieren der neuen ICT-Komponenten eine entsprechende Dokumentation verfasst wird, so dass die ICT-Prozesse Operations und Technical Support davon profitieren können.

Dadurch, dass das Deployment innerhalb eines Projektes durchgeführt wird, sorgt es für die Einhaltung von Qualitätsstandards und definierter organisatorischer Schnittstellen, z.B. bei der Übergabe in den produktiven Betrieb.

6.3 ICT-Operations Process

Der ICT-Operations Process beinhaltet die Aufgaben der Kontrolle, Überwachung und zeitlichen Zuordnung von notwendigen Wartungsmaßnahmen. Innerhalb des Operations-Prozesses werden proaktive Maßnahmen durchgeführt, die helfen, Fehlerzustände zu vermeiden. Ein Werkzeug des Operations-Prozesses ist die Server- bzw. Netzwerkmanagementsoftware, die ein Logging bzw. Erfassen von Fehlerzuständen erlaubt und die Reaktionszeit minimiert, bis die ersten Maßnahmen ergriffen werden. Da alle Komponenten, um die sich das ICT-Management kümmert, existentiell für die eingesetzten DV-Verfahren sind, muss auf potentielle Fehlerbilder sofort reagiert werden.

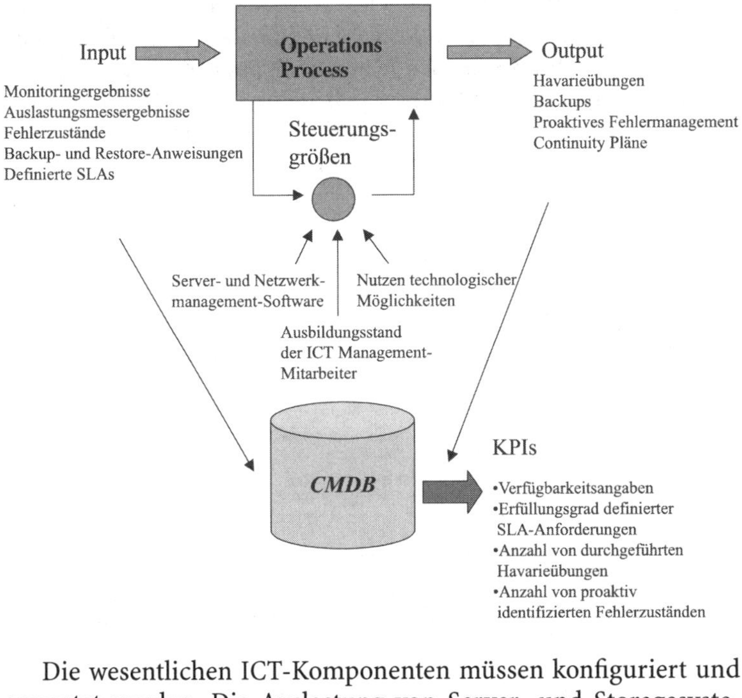

Abb. 6.5 Schematische Darstellung des ICT-Operations-Prozesses

Die wesentlichen ICT-Komponenten müssen konfiguriert und gewartet werden. Die Auslastung von Server- und Storagesystemen sowie wesentlicher Netzwerkkomponenten sind zu untersuchen sowie regelmäßige Tests der Havariepläne mit der Aktivierung entsprechender Failoversysteme durchzuführen. Backupsysteme sind zu überprüfen und Speichermedien sicher in entsprechenden Datensicherungssafes zu verwahren. Datenbanken sind zu managen und zu administrieren. Audits sind für die wesentlichen Funktionskreise durchzuführen, um potentiell notwendige Veränderungen und Anpassungen planen zu können. Reaktionszeiten sind zu überprüfen und eventuelle Tuningmaßnahmen durchzuführen.

6.4 ICT-Technical Support Process

Innerhalb des ICT-Technical-Support-Prozesses werden im Wesentlichen drei Aufgabenfelder bearbeitet: erstens die technische Unterstützung zugrunde liegender ICT-Infrastruktur, zweitens der erweiterte Ausbau der ICT-Infrastruktur in Form der Durchführung gezielter Projekte in diesem Bereich sowie drittens der Test neuer ICT-Komponenten und die Analyse bzw. Machbarkeitsgutachten vor einem weiteren möglichen Ausbau der ICT-Infrastruktur. All dies steht im Zentrum des Aufgabenfeldes des Technical-Support-Prozesses. Die Mitarbeiter des Technical Support stellen mit ihrem Fachwissen und Sachverstand einen firmeninternen 3rd-Level Support dar. Durch ihre Tätigkeiten und Vorschläge verbessern sie die Verfügbarkeit der firmeninfrastruktur.

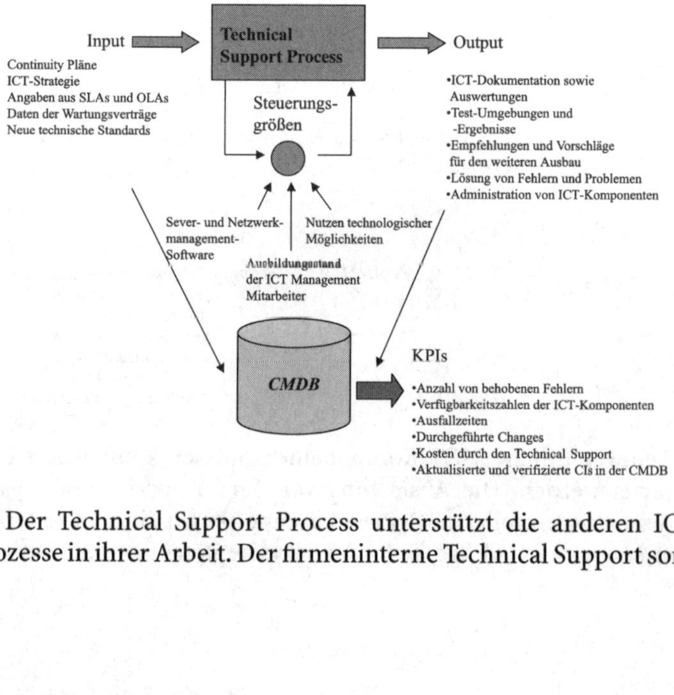

Abb. 6.6 Schematische Darstellung des ICT-Operations-Prozesses

Der Technical Support Process unterstützt die anderen ICT-Prozesse in ihrer Arbeit. Der firmeninterne Technical Support sorgt für die notwendige Unterstützung auch mit Hilfe externer Wartungsfirmen, mit denen ein reger fachlicher Austausch von Informationen besteht.

Die Mitarbeiter, die dem Technical Support Process zugeordnet sind, analysieren und testen neue Infrastrukturkomponenten und stellen entsprechende Testumgebungen zur Verfügung. Sie übernehmen bezüglich der ICT-Infrastruktur das Configuration-, Change- und Release-Management.

Mit Hilfe von Server- bzw. Netzwerkmanagement-Applikationen sowie deren intelligentem Einsatz werden potentielle Fehler proaktiv erkannt und das entsprechende Personal optimal unterstützt. Ziel dieser Managementsoftware ist es, auch das vorhandene Personal optimal einzusetzen und Kosten zu sparen, indem die Mitarbeiter von Routinekontrollaufgaben entlastet werden bzw. weniger Personal für diese Aufgaben eingestellt werden muss.

Eine gute fachliche Dokumentation, die in kurzen Zeitabständen alle wesentlichen Änderungen enthält, ist ein Qualitätsmerkmal des Technical-Support-Prozesses. Darunter fällt auch die Aktualität aller CIs der CMDB, die sich auf die ICT-Infrastruktur einer Firma beziehen.

6.5 Zugeordnete Rollen zum Technical Support

6.5.1 Technical Support Manager

Der Technical Support Manager hat die Aufgabe, die Technical-Support-Prozesse innerhalb einer Firma einzuführen sowie diese weiterzuentwickeln, so dass Problemursachen möglichst im Vorfeld erkannt werden und bestehende Fehlerzustände in Zukunft vermieden werden können. Er muss die von ihm eingeführten Technical-Support-Prozesse möglichst effektiv und kostensparend umsetzen. Dies bedeutet, dass er die Kennzahlen seiner Technical-Support-Prozesse in Zeitabständen neu ermitteln und daraus die notwendigen Entscheidungen treffen muss, um die Effektivität der Technical-Support-Prozesse zu verbessern und Kosten einzusparen. Er stellt die notwendigen Informationen zusammen, um die Geschäftsleitung bzw. das Projekt-Management auf eventuelle kostenträchtige Investitionen aufmerksam zu machen, die notwendig sind, um weiterhin das eingesetzte DV-Verfahren optimal betreiben zu können und um über seinen Aufgabenbereich Rechenschaft abzulegen. Er setzt die ihm zugeordneten Spezialisten entsprechend den Erfordernissen einer anstehenden Erweiterung der ICT-Infrastruktur ein oder erarbeitet mit den Spezialisten neue ICT-Strategien und die daraus resultierenden technischen Vorgaben, die später umgesetzt werden sollen.

6.5.2 Technical Support Specialist

Der Technical Support Specialist hat die Aufgabe, technische Sachverhalte der ICT-Infrastruktur zu analysieren. Er dokumentiert und administriert neue ICT-Komponenten, hilft bestehende Fehler aufzufinden und analysiert die Ausgaben entsprechender Überwachungstools wie z.B. Server- und Netzwerkmanagement-Applikationen. Er erstellt technische Empfehlungen entsprechend dem neuesten technologischen Fortschritt. Er hilft, entsprechende ICT-Testumgebungen zur Verfügung zu stellen und testet selbst neue ICT-Komponenten aus.

6.5.3 Technical Planner

Ein Technical Planner hat die Aufgabe, die Planung für neue einzusetzende ICT-Infrastruktur-Komponenten durchzuführen. Er erstellt eine Marksichtung für neu zu beschaffende Komponenten und verfolgt die neuesten Trends und technologischen Fortschritte im ICT-Bereich. Er verfasst zusammen mit den anderen Kollegen des Technical Supports die ICT-Strategie.

Abb. 6.7 Der Technical Support und seine Berufsbilder

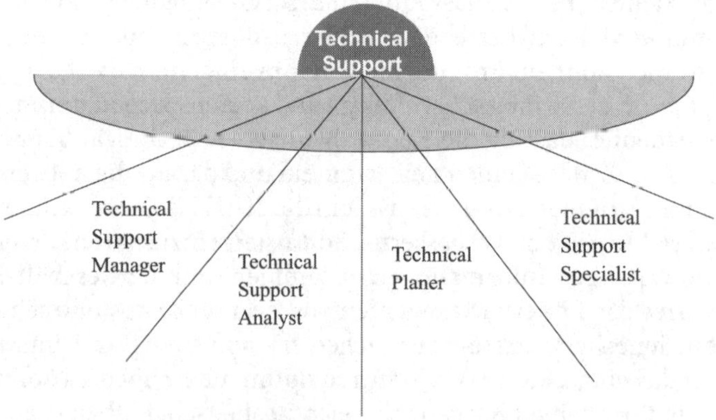

6.5.4 Technical Support Analyst

Ein Technical Support Analyst analysiert die bestehende ICT-Infrastruktur und setzt diese in Bezug zu den in einem Unternehmen benötigten neuen ICT-Komponenten. Die durch die Analyse ermittelten Daten verhelfen dazu, entsprechende Testumgebungen zu definieren und Machbarkeitsstudien anzufertigen. Der Technical Support Analyst hilft bei der Erstellung der ICT-Strategie sowie bei der Erstellung entsprechender Dokumentationen und Reports.

6.6 Fachbegriffe unter dem ICT Infrastructure Management unter ITIL

6.6.1 In-Band- oder Out-of-Band Management

Beschäftigt man sich mit Servicemanagement, so hört man oft den Begriff Out-of-Band Management. Out-of-Band Management bedeutet dabei, dass die Überwachung oder die Administration eines Gerätes, wie z.B. Firewall, Router oder Server, über einen separaten Kommunikationskanal oder -weg erfolgt. Administriert man eine Firewall über einen speziellen seriellen Eingang oder ein separates Netzwerk für Management-Zwecke, so erfolgt das Management also Out-of-Band.

Nutzt man zur Administration das normale Netzwerk, das auch den normalen Datenverkehr enthält, so spricht man von In-Band Management. Vorteil eines Out-of-Band Managements ist es, dass eine höhere Sicherheit im Allgemeinen damit erreicht werden kann, dass man einen speziellen Zugang zu den Geräten nutzt und somit unzulässigen Zugriff unterbindet. Ein weiterer Vorteil eines Out-of-Band Managements besteht darin, dass bei der Überlastung oder Fehlfunktion von normal genutzten Kommunikationsleitungen, die dem Datenverkehr dienen, noch ein funktionsfähiger separater Kommunikationskanal besteht, der durch den normalen Datenverkehr nicht beeinträchtigt wird. Beim Out-of-Band Management wird unterschieden, ob der Zugriff über den separaten Kommunikationskanal lokal oder remote erfolgt. Lokal wäre zum Beispiel der Zugriff auf einen Server über den seriellen Konsoleingang direkt am Server. Remote z.B. über Telefonleitung und VPN bzw. über einen RAS-Server. Wichtig dabei ist, dass der Kommunikationskanal, der remote genutzt wird, auch die erforderliche Bandbreite besitzt.

Abb. 6.8 In-Band- und Out-of-Band Management

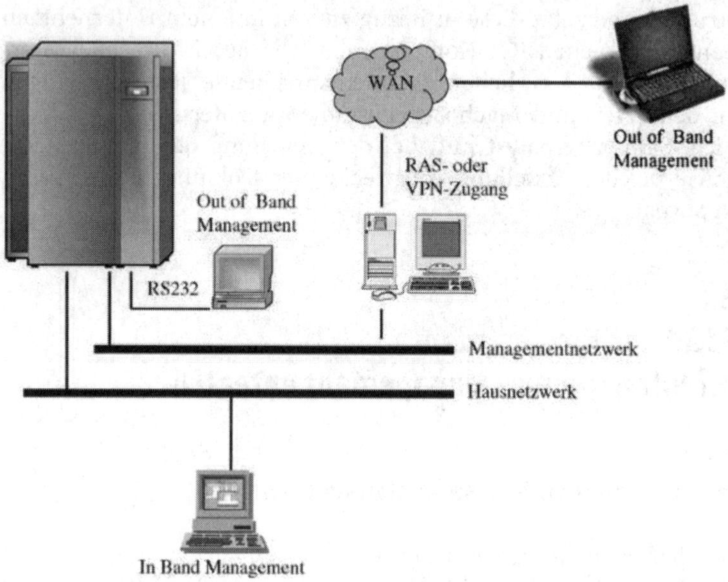

6.6.2 IuK

IuK steht für Informations- und Kommunikationstechnik und wird oft als Überbegriff für die Informationstechnik benutzt. Alte Bezeichnungen sind EDV, DV oder ADV. Hierunter versteht man alle technischen Hilfsmittel, die der Erzeugung, Speicherung, Verarbeitung oder Übertragung von Informationen dienen.

6.6.3 OSS (Operations Support Systems)

Der Begriff OSS (Operations Support Systems) kommt ursprünglich aus der Telekommunikationsindustrie. Es wurden darunter Administrative Systeme oder Applikationen verstanden, die dem Management von Telekommunikationssystemen dienten. Danach hielt der Begriff Einzug bei Applikationen, die mit der Administration von Netzwerkprodukten in Verbindung gebracht werden konnten.

Heute steht der Begriff OSS generell für alle Managementprodukte der ICT-Infrastruktur. Es wird deswegen auch oft von „Product ICT" gesprochen. Darunter sind grundsätzlich alle Managementprodukte von ICT-Komponenten zu verstehen, die technisch erforderlich sind, um den Betrieb der ICT-Infrastruktur sicherzustellen. Beispiele für OSS-Systeme sind z.B. Alarm- und Fehlermanagement, Performance-Management-, Netzwerk-Management, System- und Applikations-Management-Systeme.

6.6.4 BSS (Business Support Systems)

Für die Unterstützung der Geschäftsabläufe innerhalb von Unternehmen werden Betriebsführungs-Systeme oder auch Business-Support-Systeme genutzt, also Anwendungen, die der Leistungsbeziehung zu Kunden und Lieferanten bzw. der Verwaltung von Produkten und der zugrunde liegenden Hilfsmittel dienen. Diese Systeme nennt man BSS (Business Support Systems). Darunter fallen Softwareapplikationen oder Anwendungen aus den Bereichen Customer Care & Billing (Rechnungsstellung), Order Management (Auftragsbearbeitung), CRM (Customer Relationship Management, Customer Information Center (CIC), Document System Solution (DSS) sowie Customer Management Center (CMC). Mittels BSS soll möglichst die gesamte Wertschöpfungskette der Geschäftsprozesse verwaltet werden können.

7 Applications Management

Unter Applications Management versteht man das Management aller notwendigen Schlüsselprozesse der wesentlichen Softwareapplikationen einer Firma über den gesamten Lebenszyklus. Um die gegenwärtigen Geschäftsanforderungen bzw. der daraus resultierenden Geschäftsprozesse eines Unternehmens auf Software-Applikationen abbilden zu können, müssen die Anforderungen klar formuliert werden.

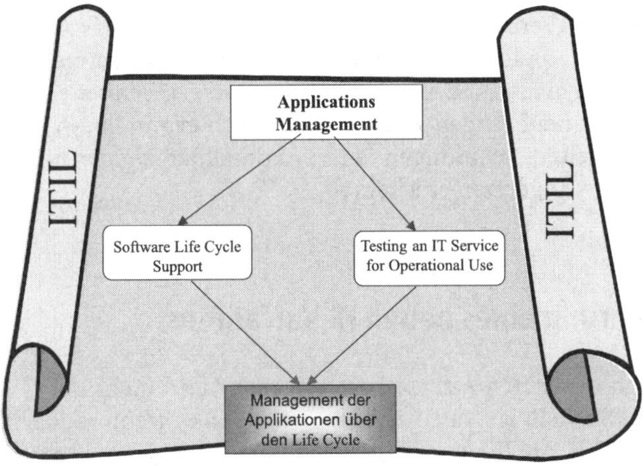

Abb. 7.1 Applications Management

Der Wirkungsbereich des Applications Management beginnt mit der strukturierten und klaren Formulierung der Anforderungen und geht bis zu Planung, Entwicklung, Test und Integration von neuen Software-Applikationen. Auch das problemlose Ausmustern von alten Software-Applikationen gehört zum Wirkungsbereich. Grundsätzlich besteht dieser ITIL-Hauptbereich aus zwei Prozessen:

- Software Life Cycle Support
- Testing an IT Service for Operational Use

Das Applications Management soll auch sicherstellen, dass die Aspekte des IT-Supports mit in den Entwicklungsprozess neuer Software-Applikationen einfließen.

Viele Probleme bei der Einführung neuer komplexer Software-Applikationen entstehen durch mangelnde Funktionstests oder nicht praxisgerechte Testaufbauten und Integration in das IT-Umfeld einer Firma. Das Applications Management versucht, dieser Problematik Rechnung zu tragen.

Abb. 7.2 Die Software-Applikation und deren Entwicklung, Test und Nutzung im Mittelpunkt der Betrachtungsweise beim Applications Management

Viele IT-Verantwortliche würden auch gerne wissen, welche Teile neuer Applikationen von den Nutzern angenommen werden und welche nicht. Eine Auswertung des Nutzerverhaltens, natürlich ohne personenbezogen zu sein, kann auch ermitteln, in welchem Bereich weitere Schulungen der Funktionalitäten eines neuen DV-Verfahrens angeraten erscheinen.

7.1 Einführung eines neuen IT-Verfahrens

Heutige Geschäftsprozesse basieren mehr und mehr auf DV-Verfahren. So stellt sich also zu einem Zeitpunkt, wenn modernisiert werden soll, die Frage, wie die alten Geschäftsprozesse am besten auf DV-gestützte Geschäftsverfahren umgestellt werden können. Damit verbunden ist die Frage, wie dies am besten umgesetzt werden soll. In Zeiten der Globalisierung wird Geschäftsfähigkeit 24 Stunden pro Tag verlangt, um Geschäftspartner rund um den Globus miteinander zu verbinden, zu kommunizieren, Verträge abzuschließen bzw. Waren abzusetzen. Dadurch werden andere Anforderungen an ein DV-Verfahren gestellt als früher einmal. Globalisierung bedeutet, sich messen zu müssen mit irgendeiner anderen Firma auf der Welt.

Dies stellt fast unerfüllbare Anforderungen an Effizienz, besonders wenn die Firma in Hochlohnstaaten ansässig ist. Also wird versucht, einen Wettbewerbsvorteil durch ein möglichst optimales Geschäftsverfahren und das zugrunde liegende DV-Verfahren zu erhalten. Die heutigen Anwender der DV-Verfahren wollen die Geschäftsprozesse und die zugrunde liegenden DV-Verfahren aktiv mitgestalten, wenn diese innerhalb der Firmenorganisation neu implementiert werden sollen. Sie wollen die Art und Weise, wie diese DV-Verfahren genutzt werden, beeinflussen, da sie erkannt haben, dass der effektive Gebrauch der IT-Technologie gekoppelt mit der Veränderung, wie sie diese DV-Verfahren nutzen, über ihren persönlichen und organisatorischen Erfolg bestimmend sein wird. ITIL zeigt uns, dass es sehr wohl verschiedene Ansichten gibt, ein DV-Verfahren zu betrachten, wobei dies stets aus der Warte eines optimalen IT-Services geschieht, also aus dem Wunsch, ein möglichst optimales Design für ein DV-Verfahren zu erreichen, das alle verschiedenen Sichtweisen einer Firma mit berücksichtigt. Ein Ansatz um ein DV-Verfahren zu entwickeln, das die größte interne Akzeptanz und die höchste Wahrscheinlichkeit hat, die externen Geschäftsziele zu erreichen, ist der so genannte Ansatz über die fünf Architekturblickrichtungen beim Design des neuen DV-Verfahrens.

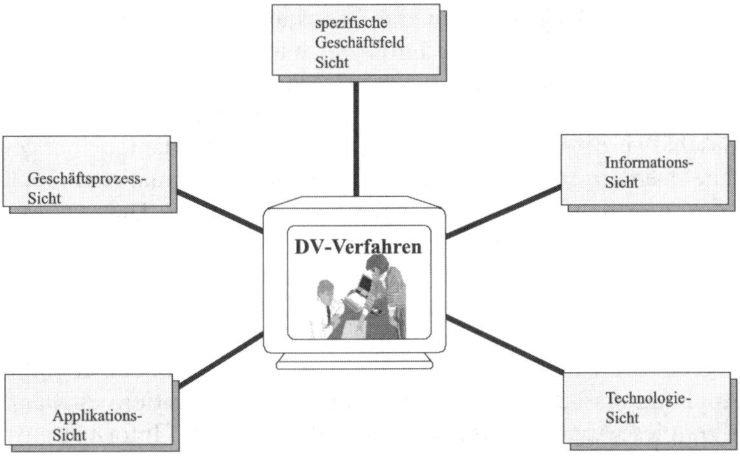

Abb. 7.3 Die verschiedenen Sichtweisen auf ein DV-Verfahren bzw. die IT-Architektur oder wie erhält man das Optimum eines DV-Verfahrens

Jede dieser Architekturblickrichtungen sieht die geschäftliche Perspektive oder den Erfolg eines DV-Systems aus unterschiedlicher Richtung. Heutzutage ist ein Paradigmenwechsel festzustellen, weg von der Einzelbetrachtung hin zu einer ganzheitlichen Betrachtung eines DV-Verfahrens, was notwendig ist, da die Komplexität, Abhängigkeit und Kritikalität der DV-Verfahren und der zugrunde liegenden Geschäftsprozesse zugenommen hat.

Geschäftsfeldsicht (Business View): Die **Geschäftsfeldsicht** (Business View) modelliert die zukünftige Struktur einer Firma in Form logischer Serviceeinheiten, die mit DV-Verfahren arbeiten und die mit veränderten oder reengineerten Geschäftsprozesse einer Firma repräsentieren. Ein methodischer Ansatz, um den immer neuen Anforderungen der heutigen Geschäftswelt gerecht zu werden, liegt in dem Prinzip, dass Geschäftsprozesse erst reengineert werden sollen, bevor Arbeitsprozesse und deren zugeordnete IT-Applikationen neu entwickelt werden. Das Geschäftsmodell einer Firma ist ein Netz von Servicefunktionen, welche die verschiedenen Bedürfnisse und Anforderungen von Kunden und Mitarbeitern miteinander verknüpfen.

Geschäftsprozesssicht (Work View): Die Arbeitsarchitektur oder **Geschäftsprozesssicht** (Work View) ist die zweite Sichtweise auf die IT-Architektur eines neuen DV-Verfahrens. Nachdem durch die Geschäftsfeldsicht (Busines View) die Servicefunktionen überarbeitet wurden, werden diese modelliert mit Arbeitsaktivitäten, zugeordneten Personen, Arbeitsplätzen und zugeordneten Hilfsmitteln, welche auch die benötigten Informationen, die der Arbeit zugrunde liegen, umschließen. Das Ziel der Modellierung einer IT-Architektur durch die Arbeitsarchitektur (work view) ist es, den effizientesten Weg zu finden, diese geschäftsbedingten Aktivitäten mit der notwendigen IT-Technologie zu unterstützen. Daraus entwickelt sich ein neuer angepasster Geschäftsprozess dieser Firma.

Informationssicht (Information View): Genauso wie die neuen Geschäftsprozesse aus dem reengineerten Geschäftsmodell abgeleitet werden, so wird daraus auch das neue Informationsmodell oder Informationsrepository einer Firma abgeleitet. Dieses Informationsmodell ermöglicht es erst, ein DV-Verfahren zu entwickeln, da in ihm alle spezifischen Daten enthalten sind, um alle Geschäftsprozesse darauf abzubilden.

Applikationssicht (Application View): Das Geschäftsprozess- und das Informationsmodell einer Firma sind verbunden über die **Applikationssicht,** d.h. die Oberfläche der Applikationssoftware. Über diese Applikationssicht sollen alle Inhalte des Informationsmodells abgerufen, gelöscht, verändert bzw. ergänzt werden können. Die Oberfläche der Applikationssoftware muss die Arbeitsaktivitäten der Geschäftsprozesse flexibel unterstützen.

Technologische Sicht (Technology View): Aus technologischer Sicht ist die Wahl einer entsprechenden technologischen Arbeitsplattform notwendig, die alle notwendigen Randparameter und Bedürfnisse der späteren Anwender erfüllt. Dies fängt an mit der Auswahl der Rechnersysteme, deren Betriebssystem und Leistungsfähigkeit, der Oberflächensoftware, einer entsprechenden Middleware, Datenbank und Administrationsoberfläche. Auch stellt sich heute die Frage, ob ein Client-Server- oder webgestütztes DV-Verfahren eingesetzt werden soll. Daneben müssen entsprechende Peripherieeinheiten, Arbeitsplatzrechner, Netzwerkkomponenten und Backupmedien vom IT-Architekten ausgewählt werden. Daneben müssen sich IT-Manager oder Projektleiter vor Einführung bzw. Ausschreibung eines neuen DV-Systems Gedanken machen, wie man möglichst kleine Stillstandszeiten des zukünftig einzusetzenden DV-Systems erhält. Denn spätestens dann, wenn sich diese Systeme im produktiven Einsatz bewähren müssen, fällt die Verantwortung für die Stillstandszeiten und die daraus resultierenden Kosten wieder auf die Entscheidungsverantwortlichen von früher zurück. Verfügbarkeitssteigernde Maßnahmen sind nach Einführung eines neuen DV-Verfahrens schwerer zu implementieren als vorher.

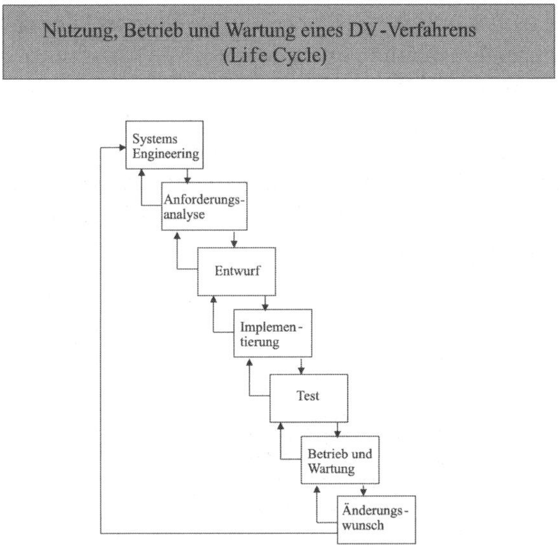

Abb. 7.4 Was ist der Lebenszyklus (Life Cycle) eines IT-Verfahrens?

Hinzu kommt noch, dass verfügbarkeitssteigernde Maßnahmen während des produktiven Betriebes meist erst mal mit Ausfallzeiten beginnen, um diese zu integrieren.

Möchte man ein produktives DV-Verfahren ändern, so ist ein ausreichend dimensioniertes Testsystem mit allen wesentlichen Funktionalitäten notwendig, es sei denn, der Nutzer verzichtet im Vorfeld definitiv auf Änderungswünsche, was er wohl nicht kann.

Wenn am Ende alle sagen: ja das könnte es sein, dann beginnt die eigentliche Projektdurchführung. Alle, die im Projektgeschäft tätig sind, wissen, dass dies ein hartes Geschäft ist. Jeden Tag gibt es neue Überraschungen und alle haben sich das fertige Produkt vorher anders vorgestellt.

Auch wird jeder Projektleiter feststellen, dass das Geld sowieso nicht reicht. Denn wenn der Kunde die tatsächlichen Kosten für eine ausgereifte Einzelanfertigung übernehmen müsste, hätte man den Auftrag nicht bekommen. Nach meiner Erfahrung ist es deswegen notwendig, innerhalb der Definitionsphase einen Prototyp aufzusetzen, der viele Probleme am Anfang eines Projektes sichtbar macht und die Planung in einer realistischen Art und Weise beeinflusst. Weiterhin zwingt es die Anwender, dazu Stellung zu nehmen, und gibt die Möglichkeit, schon zu Beginn eines Projektes durch einen „Walk-through" dem Anwender seine Veränderungswünsche vorzubringen, bevor es zu spät ist. Der Kunde soll seine Anforderungen mit einer Priorität versehen, mit der diese Funktionalitäten realisiert werden. Ist ein Prototyp vorhanden, wird man sehr schnell merken, dass die Ressourcen endlich sind und sich auf das Wesentliche beschränken. Wichtig ist es auch, sich bei Projekten, die Einzelanfertigungen sind, auf Kernfunktionalitäten zu beschränken und diese als erstes umzusetzen. In den meisten Fällen reicht das Geld gerade dafür aus. Um die Projektdurchführung so zu beeinflussen, dass sie ein glückliches Ende nimmt, gibt es verschiedene Standards für Softwareentwicklung und Projektmanagement, wie z.B. V-Modell und PRINCE, welche wir uns im nachfolgenden Kapitel ansehen wollen.

Abb. 7.5
Gewichtung der Ziele eines neuen DV-Verfahrens

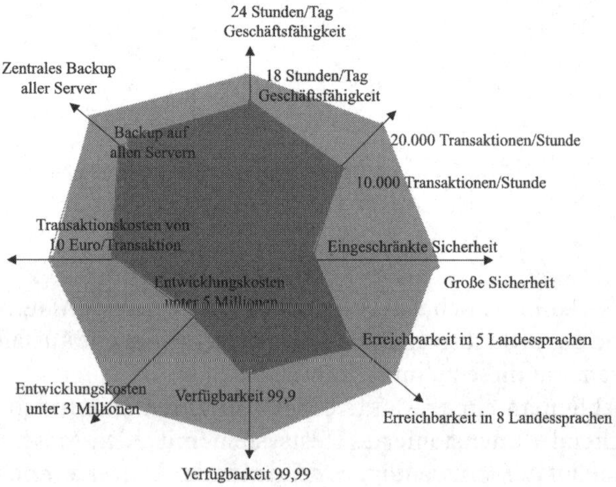

Sieht man sich den Lebenszyklus (Life Cycle) eines neuen DV-Verfahrens in Abb. 7.4 an, so erkennt man, dass am Ende die beiden Punkte Betrieb und Wartung sowie Änderungswünsche existenzielle Bestandteile eines neuen DV-Verfahrens nach Einführung darstellen. ITIL bietet hier einen guten Ansatz, um die Bedürfnisse der Anwender nach Einführung des neuen DV-Verfahrens zu befriedigen, da es aus Sicht des IT-Services versucht alle wesentlichen Punkte abzudecken.

7.2 Entwicklung eines neuen DV-Verfahrens mit Projektmanagement-Frameworks

Jeder, der mit dem Projektgeschäft sein Geld verdient, weiß Bescheid über die Unberechenbarkeiten desselben. Dies liegt im Allgemeinen daran, dass alle Projektbeteiligten eine andere Betrachtungsweise der anstehenden Probleme und deren Lösungsmöglichkeiten haben. Kommen dazu noch Kommunikationsprobleme zwischen Auftraggeber (AG) und Auftragnehmer (AN), so ist die Folge nicht selten, dass ein Projekt keinen Gewinn abwirft oder im schlimmsten Fall daraus ein finanzielles Fiasko entsteht.

Was ist daher einleuchtender, als Standards für das Projektgeschäft zu schaffen, welche für Auftraggeber und Auftragnehmer bindend sind? Grundlage eines guten Projektes ist ein Vorgangs- oder Prozessmodell wie das deutsche V-Modell, das Schweizer HERMES-Modell und das britische PRINCE 2. Diese beschreiben Verfahren oder Prozessabläufe mit definierten Aktivitäten, die den Projekterfolg sicherstellen sollen; jedenfalls im verfahrenstechnischen Sinne. Die nachfolgenden Zeilen geben einen Überblick über PRINCE 2.

7.2.1 PRINCE 2

Da heute kein Geschäftsprozess ohne eine IT-Unterstützung auskommt, müssen Geschäfts- und IT-Strategien miteinander verbunden werden. Dies ist gerade deswegen so wichtig, weil Wettbewerbs- und Ertragsfähigkeit eines Unternehmens in erhöhtem Maße vom IT-Management abhängt. Die Umsetzung der zukünftigen Unternehmensstrategie führt in allen Aufgabenbereichen einer Firma zu einer Vielzahl von Projekten. Diese müssen neben dem normalen produktiven Tagesgeschehen umgesetzt werden. Das **Programmmanagement** (program management) einer Firma ist für das erfolgreiche Steuern von vernetzten Projekten innerhalb der Firma verantwortlich.

Dafür ist es erforderlich, eine interne und externe Ressourcenplanung bei der Abwicklung von mehreren Projekten durchzuführen. Hierbei ist es notwendig, Prioritäten zu setzen und durchzusetzen. Neben dem Finanzchef (Chief Financial Officer, CFO) und dem Personalchef (Human Resources Officer, CHRO) hat sich deshalb der Vertreter des Produktionsfaktors Informationstechnologie (Chief Information Officer, CIO) im Top-Management einer Firma verankert. Das Programmmanagement einer Firma ist eng mit der Firmenleitung (corporate management) verbunden. Es liegt auf der Hand, dass komplexe Projekte leicht scheitern können; deswegen ist die Nachfrage von standardisierten Projektmanagement-Methoden von der Praxis für die Praxis relativ hoch.

Abb. 7.6
Das PRINCE 2-Prozess-Modell

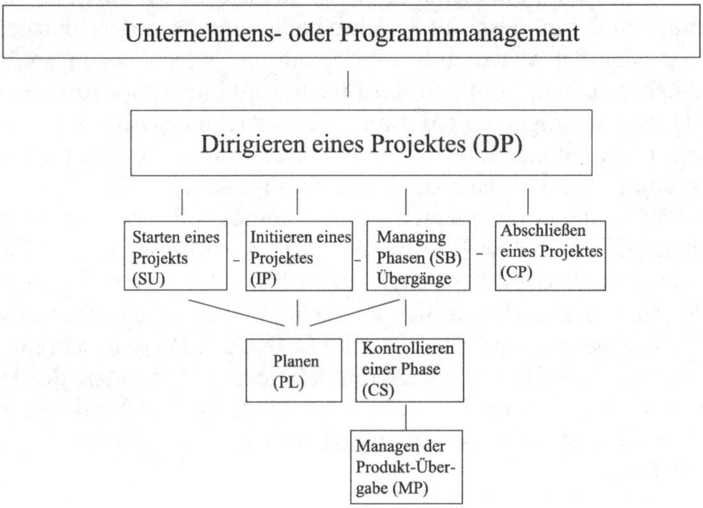

7.2.1.1
PRINCE im Überblick

Die Projektmanagementmethode PRINCE, die mittlerweile in der Version 2 vorliegt, wurde 1989 von der CCTA (Central Computer and Telecommunications Agency) eingeführt. Sie basiert auf einer Projektmanagement-Methode mit dem Namen PROMPT, der Firma Simpact Systems Ltd aus dem Jahre 1975. Die CCTA (www.ccta.gov.co.uk) ist eine Dienstleistungsorganisation der britischen Regierung, die die Aufgabe hat, die öffentlichen Dienstleistungen der britischen Regierung durch eine Nutzung der IT-Technologie zu verbessern.

PRINCE steht für „**PR**ojects **IN** **C**ontrolled **E**nvironments" und ist eine Projektmanagement-Methode bzw. ein Projektmanagementprozess mit 8 Hauptprozessen, die Bezug nehmen auf die einzelnen Phasen eines durchzuführenden Projektes. Grundsätzlich geht PRINCE davon aus, dass ein erfolgreiches Projektmanagement aus den drei Komponenten Organisation, Planung und Projekt-Controlling besteht. Hinzu kommt, dass es bestimmte Rollen definiert, die je nach Prozess verantwortlich für die Durchführung sind. Projektarbeit basiert darauf, dass die wesentlichen Rahmenparameter, Risiken und Anforderungen bekannt sind.

Mittels PRINCE werden Dokumente beschrieben, die je nach Projektprozess diese erforderlichen Daten enthalten sollen. Vorteil dieser Dokumente von PRINCE2 ist, dass damit eine geschäftliche Rechtfertigung (für die eine oder andere Entscheidung) möglich ist und im Nachhinein festgestellt werden kann, wo es „geklemmt" hat und wer dafür verantwortlich ist und dass es einen vorher festgelegten Ablauf gibt, solche Probleme möglichst schnell zu identifizieren und damit umzugehen, ohne den Problemen als solchen, ausgeliefert zu sein.

PRINCE2 besteht aus 8 Hauptprozessen, die aus einer Anzahl von Unterprozessen bestehen. Jeder der 8 Hauptprozesse ist unterteilt in Subprozesse, die in Tabelle 7.1. dargestellt sind.

Tabelle 7.1
Überblick über die Hauptprozessevon PRINCE

Subprozesse von PRINCE	Inhalt/Deutsch	Inhalt/Englisch
SU	Vorbereiten eines Projektes	Starting up a Project
IP	Initiieren eines Projektes	Initiating a Project
DP	Lenken eines Projektes	Directing a Project
CS	Steuern einer Projektphase	Controlling a Stage
MP	Managen der Produktlieferung	Managing Product Delivery
SB	Managen von Projekt-Phasenübergängen	Managing Stage Boundaries
CP	Abschließen eines Pro-	Closing a Project
PL	Planen	Planning

PRINCE2 beschreibt die beteiligten Personen bzw. deren Rollen innerhalb eines Projektes genau. Des Weiteren sind bestimmte Ausgangsprodukte, die sich aus dem Projektmanagementprozess ergeben, wichtig. Deswegen wollen wir uns als erstes den definierten Rollen und den Ausgangsprodukten der Projektmanagementmethode PRINCE widmen, bevor wir auf die einzelnen Prozesse von PRINCE eingehen.

7.2.1.2 Rollen unter PRINCE

Innerhalb der Projektmanagementmethode PRINCE2 legt der Kunde (Customer) die Anforderung zur Realisierung eines Produktes fest, welches unter Zuhilfenahme eines Projektes realisiert wird. Der Dienstleister (Supplier) hat die Aufgabe, das Projekt nach den Wünschen des Kunden durchzuführen. Innerhalb von PRINCE gibt es bestimmte Rollen, die von wesentlicher Bedeutung für die Umsetzung der einzelnen Subprozesse sind. Deswegen wollen wir uns diesen und deren Position innerhalb einer Firma näher widmen. Da gibt es die Rolle des „Project Executive" (Vorsitzender des Lenkungs-Ausschusses), der den Kunden repräsentiert. Innerhalb des Lenkungsausschusses (Project Board) sitzen Repräsentanten des Kunden (Senior User und Executive) und des Dienstleisters (Senior Supplier) mit weitreichenden organisatorischen Entscheidungsbefugnissen. Der Vorsitzende des Lenkungs-Ausschusses (Executive) repräsentiert den Kunden bzw. die Kundenforderung nach einem Produkt innerhalb der Management- oder Geschäftsleitungsebene. Er ist verantwortlich dafür, dass für die eingesetzten finanziellen Mittel das Optimum eines Endproduktes mittels des Transformationsprozesses eines Projektes erhalten wird. Früher wurde oft ein **Lenkungsausschuss** (Project Board) erst eingesetzt, wenn ein gegenwärtiges Projekt zur Schieflage neigte und nach den Ursachen gesucht wurde, um anstehende Probleme in konzertiertem Einsatz zu lösen. Innerhalb der Projektmanagementmethode PRINCE wird dieser Lenkungsausschuss im Vorfeld eines Projektes zusammengestellt. Mitglieder des Lenkungsausschusses differieren je nachdem, ob Kunde und Dienstleister aus einer Firma oder aus zwei verschiedenen Firmen kommen. Besteht der Lenkungsausschuss aus Repräsentanten ein und derselben Firma, so wird es eine Produktionsabteilung geben, für die es gilt, ein Produkt (z.B. ein neues DV-Verfahren) zu entwickeln und einzuführen sowie eine in- oder externe Entwicklungsabteilung, die das entsprechende Projekt durchführt. Daneben wird dem Lenkungsausschuss sicherlich der DV-Koordinator, der IT-Sicherheitsbeauftragte, der Kundenvertriebsbeauftragte, ein Repräsentant des zentralen Einkaufs, der Finanzabteilung und der Geschäftsleitung sowie ein fachlicher und ein organisatorischer Mitarbeiter der IT-Dienstleistungsabteilung, die das DV-Verfahren während des späteren Regelbetriebes betreuen sollen, angehören.

Der **Executive** (Projekt-Auftraggeber oder Vorsitzender des Lenkungsausschusses) ist ein von der Geschäftsleitung oder dem Programm Management einer Firma Berufener, der ein spezifisches

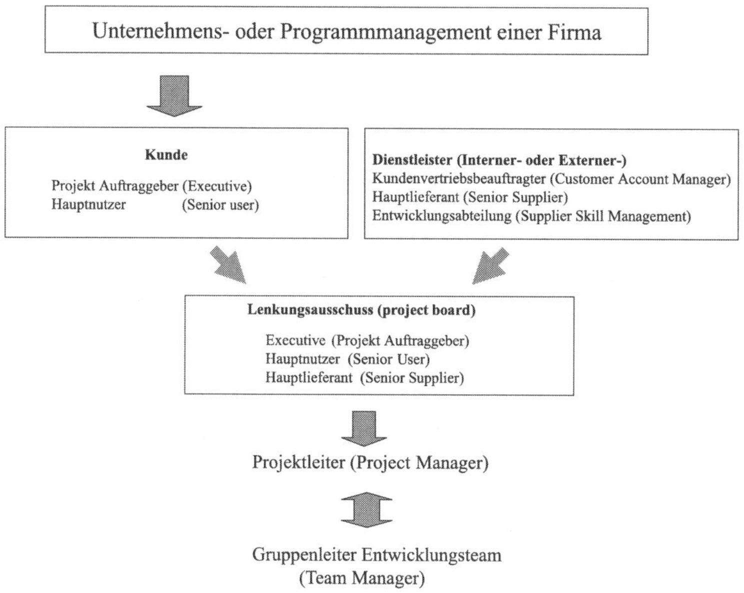

Abb. 7.7
Rollen unter PRINCE

Projekt vorantreiben soll. Grundsätzlich ist er derjenige, der dem Projekt generell eine Richtung gibt. Dafür braucht er weitgehende Befugnisse. Er hat die Aufgabe, finanzielle Mittel zur Durchführung des Projektes zu autorisieren und ist Hauptverantwortlicher dafür, dass die Projektziele in betriebswirtschaftlichem Kontext zum Nutzen der Kundenseite durchgeführt werden. Er gibt innerhalb des Phasenplans (stage plan) die Grenzen (tolerance) vor, in welchen sich das Projekt bewegen darf (z.B. Kosten, Zeit), und welche qualitativen Erwartungen vom in- oder externen Kunden in Bezug an das Projekt gestellt werden. Die generelle Tagesarbeit überläßt der Executive dabei dem Projektleiter (Project Manager). Werden die zuvor definierten Grenzen einer Projektphase überschritten, so ist er zu informieren. Der Executive achtet auf den Stand der aufgelaufenen Kosten und des Projektfortschrittes sowie Veränderungen, die sich im Projektplan ergeben, und analysiert daraus, welche Auswirkungen dies auf den Geschäftsplan bzw. den „business case" hat. Er überprüft den Projektabschlussbericht (end project report) sowie den Erfahrungsbericht (lessons learned report) nach Beendigung eines Projektes und leitet den Lenkungsausschuss eines Projektes. Er informiert das Programmmanagement sowie die Geschäftsleitung über den Stand und eventuelle Probleme eines Projektes.

Der **Hauptnutzer (Senior User)** ist verantwortlich für die genaue Spezifizierung des Endproduktes sowie dessen Qualität und führt die Endabnahme durch. Er ist für diese Rolle vorgesehen, weil er bzw. seine Kollegen nach Umsetzung des Projektes mit dem Endprodukt arbeiten soll. Er muss somit immer wieder den Blick auf die eigentlichen Grundbedürfnisse des Endproduktes lenken. Weiterhin ist er dafür verantwortlich, dass Forderungen nach Information oder anderweitigen Ressourcen des Dienstleisters nachgekommen wird. Er muss Anforderungen an das Endprodukt mit einer Priorität versehen, in der diese Anforderungen vom Dienstleister umgesetzt werden sollen. Im Falle von außergewöhnlichen Schwierigkeiten muss er mit gezielten Vorschlägen den Dienstleister unterstützen. Er gibt im Rahmen seiner Tätigkeit Informationen und Handhabbarkeit des Endproduktes an spätere Nutzergruppen sowie an das Management seiner Firma. Oft ist es auch so, dass die Rolle des Hauptnutzers von verschiedenen Personen (z.B. DV-Koordinator, IT-Sicherheitsbeauftragter, Team-, Abteilungs-Leiter und Wissensträger) ausgefüllt wird, die je nach ihren Erfahrungen und Entscheidungsbefugnissen Kundenpositionen beim Dienstleister vertreten.

Abb. 7.8
Der Projektleiter sorgt für die ordnungsgemäße Durchführung der Projektanforderungen

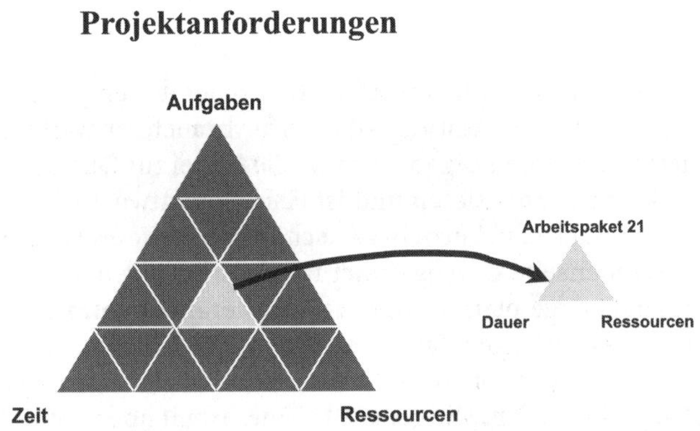

Den Gegenpart des Hauptnutzers nimmt der **Hauptlieferant (Senior Supplier)** wahr. Er ist für die Erstellung des Endproduktes, nach den Angaben des Kunden innerhalb vorgegebener finanzieller und zeitlicher Rahmenbedingungen, verantwortlich. Weiterhin überprüft er die vom Kunden gemachten Anforderungen an das Endprodukt auf Stimmigkeit, realistischen Bezug und eventuell damit verbundene Risiken für den Kunden und für die Firma des Dienstleisters. Eventuell muss er den Lenkungsausschuss auf Unstimmigkeiten hinweisen und Alternativen aufzeigen.

Er ist dafür verantwortlich, das gewünschte Endprodukt zu designen, erforderliche Entwicklungsarbeiten durchzuführen bzw. von seinem Team durchführen zu lassen und es später beim Kunden zu implementieren. Dafür ist es auch erforderlich, dass er die entsprechend notwendigen Spezialisten auswählt und technische Standards vorgibt. Er muss dafür Sorge tragen, dass die benötigten Ressourcen infrastruktureller (Räume, Netzwerkverbindungen, Entwicklungswerkzeuge) oder personeller Natur (Mitarbeiter) zu dem Zeitpunkt vorhanden sind, an dem diese gebraucht werden. Qualitätstests müssen von ihm durchgeführt werden, um sicherzugehen, dass der Kunde das Endprodukt erhält, das er auch haben wollte. Er informiert das Management seiner Firma über alle wesentlichen Aspekte des Projektes.

Der **Project Manager** (Projektleiter) wird vom Lenkungsausschuss ernannt. Denkbar sind Fälle, in denen der Kunde und der Dienstleister Teil ein und derselben Firma sind oder aber der Kunde und der Dienstleister unterschiedlichen Firmen angehören. Je nachdem wird der Projektleiter entweder vom Kunden oder vom Dienstleister gestellt. Seine Aufgaben umfassen alle Tätigkeiten, die notwendig sind, um den Erfolg des Projektes innerhalb der Grenzen, die der freigegebene Phasenplan des Kunden vorsieht, zu garantieren. Er muss nicht unbedingt einen technischen Background haben.

Es reicht dabei aus, wenn analytisch-organisatorische Fähigkeiten vorhanden sind. Der Projektleiter entscheidet über anstehende Alternativen in dem Rahmen, der ihm vom Lenkungsausschuss vorgegeben wird und weist an bzw. motiviert in schwierigen Situationen die mit der Umsetzung des Projektes betrauten Mitarbeiter. Er plant und prüft Risiken des Projektes und steht für die erforderliche Qualität des Endproduktes gerade. Innerhalb der Projektmanagement-Methode PRINCE ist er unter anderem für die Erstellung der folgenden Dokumente verantwortlich:

- Project Initialisation Document
- Stage Plan
- Exception plan
- Risk log
- Quality log
- Lessons Learned Report
- Follow on Action Recommendations
- End project Report

Oft sind mehrere Entwicklerteams mit der Entwicklung verschiedener Komponenten betraut, deren Leitung von einem Team Manager übernommen wird. Der Team Manager informiert dann den Projektleiter über alle wichtigen Dinge des Entwicklungsprozesses und kümmert sich um die Belange der Team-Mitglieder.

7.2.1.3
Erzeugnisse unter PRINCE

Der englische Begriff **„Business Case"** beschreibt ein Dokument, das die Gründe zur Durchführung bzw. Weiterführung eines Projektes beinhaltet. Ein Business Case ist ein Szenario zur betriebswirtschaftlichen Beurteilung einer Investition, wie z.B. die Durchführung eines Projektes. Innerhalb des Dokumentes werden Annahmen getroffen über die entstehenden Kosten und die mit den Ergebnissen des Projektes zu erzielenden Gewinne. Es wird auch analysiert, welche Auswirkungen es für eine Firma hat, wenn das Projekt nicht durchgeführt wird. Man kann sagen, dass das Business Case die geschäftliche Rechtfertigung für ein Projekt ist. Es wird stets auf dem neuesten Stand gehalten.

Das **„Project Mandat"** (Projektauftrag) umfasst neben der Beschreibung des Projektes den Projekthintergrund und die wesentlichen damit zu erreichenden Ziele. Ferner sind die Gründe enthalten, warum das Projekt durchgeführt werden soll, und welche Rahmenbedingungen oder anderen Anforderungen einzuhalten sind. Es beschreibt, in welchem Umfang und Rahmen das Projekt sich entfalten kann (z.B. Dauer, Kosten) und listet Referenzdokumente auf, in denen weitere Informationen enthalten sind. Es enthält Angaben darüber, wer als Projektmanager und wer als „Executive" bei diesem Projekt ernannt wurde. Kunden, Nutzer oder andere wesentliche Schlüsselpersonen, die mit dem Projekt im Zusammenhang stehen, sind darin verzeichnet.

Beim **„Project Brief"** (Projektentwurf, Projektkurzbeschreibung) handelt es sich um ein Dokument, in dem eine Beschreibung des Projektes bzw. der Aufgabenstellung gegeben sowie der geschäftliche Hintergrund sowie die betriebswirtschaftliche Beurteilung einer Investition, wie z.B. die Durchführung eines Projektes, erläutert wird. Er beinhaltet, in welchen Grenzen sich das Projekt bewegen darf (Kosten, Zeit) und welche qualitativen Erwartungen von dem in- oder externen Kunden an das Projekt gestellt werden. Werden die Grenzen überschritten, so ist damit eine Benachrichtigung der nächst höheren Entscheidungsebene verbunden. Der „Project Brief" enthält weiterhin eine Auflistung bekannter Risiken und Abnahmekriterien des Projektes. Die Abnahmekriterien beschreiben, welche Anforderungen das Projektendprodukt erfüllen soll.

Das „**Risk Log**“ (Risikologbuch) umfasst eine Liste und Beschreibung von bekannten Risiken mit einer geschätzten Wahrscheinlichkeit ihres Auftretens und dem daraus zu erwartenden Schaden. Weiterhin sollten zu den Risiken entsprechende Gegenmaßnahmen aufgelistet werden, die in einem solchen Fall ergriffen werden sollten. Das „Risk Log“ wird während der Anfangsphase eines Projektes erstellt und während der Projektlaufzeit ständig auf den neuesten Stand gebracht.

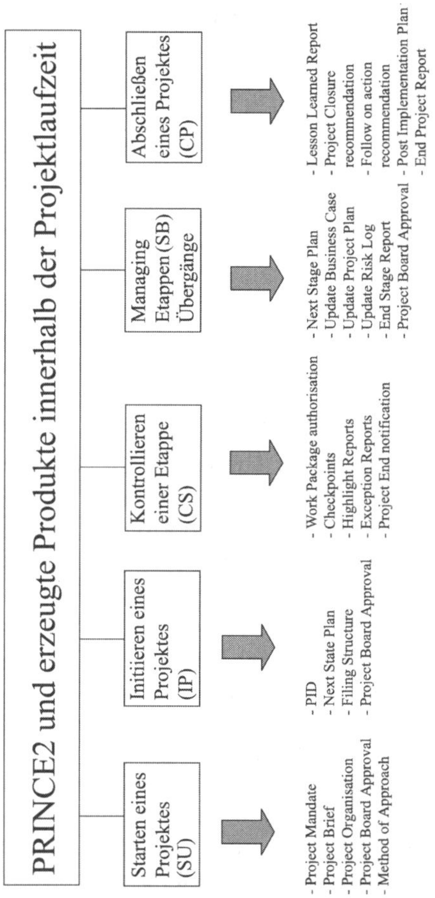

Abb. 7.9 PRINCE-Managementprodukte

Innerhalb des „**Project Approach**“ (Projektlösungsansatz) wird der Lösungsansatz beschrieben, mit dem die Ziele des Projektes erreicht werden können. Auch eine entsprechende Lösungsmethode bzw. eine zugrunde liegende Technologie oder ein Softwarestandard, der genutzt werden soll, um die Ziele zu erreichen, ist innerhalb des Project Approach beschrieben. Daneben werden die Gründe aufgeführt, warum das Projekt gerade auf diesem Weg realisiert wird.

Innerhalb des „**Acceptance Criteria**"-Dokuments werden Abnahmebedingungen an das Endprodukt des durchzuführenden Projektes aufgelistet. Beispiele dafür sind z.B. die Auflistung von Funktionen und die Erscheinungsform von GUI (Graphic User Interface), einer Softwareapplikation. Aber auch Antwortzeitverhalten, Verfügbarkeit, Entwicklungskosten, Einfachheit der Bedienung, Betriebskosten (running cost) des Endproduktes, Fertigungstoleranzen bzw. einzuhaltende Qualitätsnormen oder einfach das Fertigungs- oder Erstellungsenddatum können Abnahmebedingungen sein. Die Abnahmebedingungen fließen ein in das „Project Initiation Document" (PID).

Das „**Project Initiation Document**" (PID) umfasst alle wesentlichen Daten eines zu startenden Projektes. In ihm steht der Hintergrund des Projektes sowie welche Ziele mit dem Projekt verbunden sind (business case) und warum es wichtig ist, diese Ziele (Firmenstrategie) zu erreichen. Weiterhin wird aufgezeigt, welche Personen oder Organisationseinheiten mit dem Projekt verbunden und was ihre Aufgaben und Verantwortungsbereiche dabei sind. Es enthält genaue Angaben, wie das Projektziel erreicht und wann das Projekt als Ganzes abgeschlossen sein soll. Enthalten sind Randparameter, eventuelle Schnittstellen zu anderen Projekten oder technischen Systemen. Auch die Abgrenzung des Projektauftrags, also was und was nicht innerhalb des Projektes bewerkstelligt wird, ist innerhalb des Project Initiation Document enthalten. Wichtig sind auch Annahmen, auf denen das Projekt basiert, z.B. dass bestimmte Genehmigungen, Förderbeiträge, Räumlichkeiten, Serversysteme zu einer bestimmten Zeit erhalten werden können. Es muss klar daraus hervorgehen, wie das Projekt kontrolliert und überprüft werden kann. Ein Projektorganisationsplan, „Communication Plan" (Kommunikationsplan), „Risk Log" (Risikoprotokoll), „Project Plan" (Projektplan) „Contingency Plan" (Alternativplan) sowie „Project Quality Plan" (Qualitätsplan) sind wesentliche Bestandteile des Project Initiation Document (PID). Das Project Initiation Dokument (Projektleitdokument) soll alle Informationen zu den Schlüsselfragen (warum, was, wer und wann) eines Projektes enthalten. Es dient somit als Grundlage für Einverständnis oder Genehmigung (project approval) eines Projektes.

In einem „**Quality Plan**" (Qualitätsplan) steht, welche qualitätssichernden Maßnahmen und qualitätsüberprüfenden, Verfahren innerhalb einer Projektphase von welcher Organisationseinheit oder welchem Projektmitglied durchgeführt werden sollen, um die angestrebte Qualität sicherzustellen.

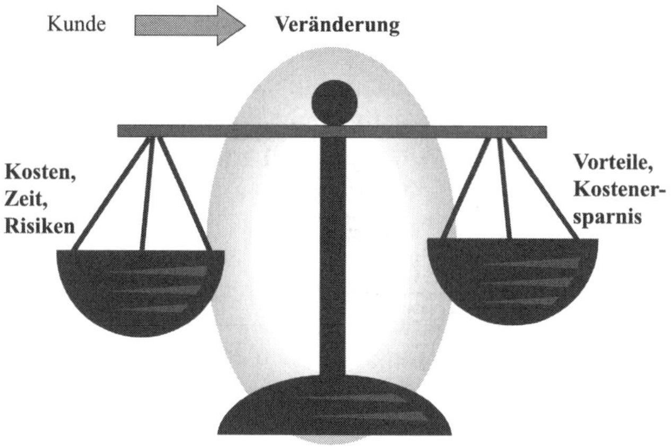

Abb. 7.10
Änderungen der Spezifikationen führen zu Änderungen von Rahmenbedingungen

Im „**Quality Log**" (Projektqualitätsplan) steht jedes Teilprodukt, welches mittels des durchzuführenden Projektes fertiggestellt werden soll. Des Weiteren stehen dort die entsprechenden qualitätssichernden Verfahren, die die qualitativen Anforderungen an dieses Teilprodukt sicherstellen sowie die Mitarbeiter, die diese Tests durchführen sollen. Auch ist ein Zeitplan enthalten, anhand dessen die einzelnen qualitätssichernde Verfahren durchgeführt werden. Wurden einzelne Tests durchgeführt, so sind die Ergebnisse innerhalb des „Quality Log" (Projektqualitätsplan) niederzuschreiben. Sind die Ergebnisse mangelhaft, so sind entsprechende korrektive Maßnahmen notwendig, bis das entsprechende qualitätssichernden Verfahren erneut durchgeführt werden kann.

Der „**Communication Plan**" (Kommunikationsplan) beinhaltet alle wesentlichen Details darüber, welche Organisationseinheiten in welcher Form und in welchen Abständen miteinander Informationen über ein Projekt austauschen bzw. informiert werden müssen. Dabei kann der Informationsbedarf (technisch, finanziell) je nach Interessengruppe unterschiedlich sein. Der Kommunikationsplan ist Teil des Projektleitdokuments (Project Initiation Document; PID).

Der „**Stage Plan**" (Projektphasen-Plan) enhält neben einer generellen Beschreibung der Projektphase genügend Informationen über notwendige Aktivitäten, Ressourcenerfordernisse und gebreakplante Endzeitpunkte einer Projektphase. Er enthält alle äußeren Abhängigkeiten, die zu dieser Projektphase existieren können. Der Stage Plan ermöglicht dem Projektleiter eine Steuerung des Projektes auf Tagesbasis und beschreibt auch, wie und mit welchen

Mitteln die Projektphase kontrolliert und monitored wird. Auch, wer über bestimmte Dinge informiert werden soll, und in welcher Art und Weise, ist dort beschrieben.

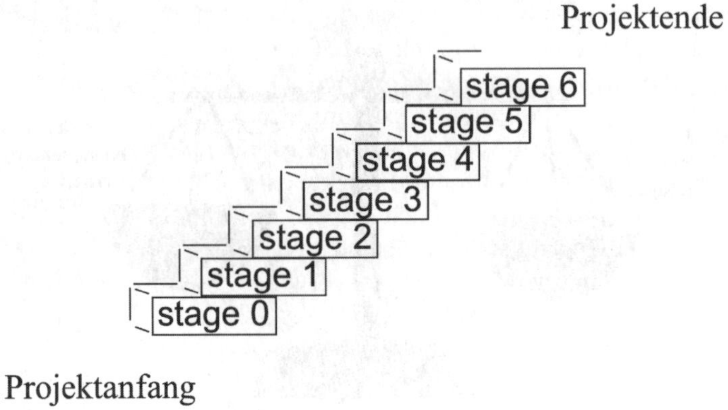

Abb. 7.11 Unterteilung eines PRINCE-Projektes in eine Anzahl von „Stages" (Phasen)

Ein „**Quality Plan**" (Qualitätsplan), in dem steht, welche qualitätssichernden Maßnahmen und qualitätsüberprüfenden Verfahren innerhalb einer Projektphase von welcher Organisationseinheit oder welchem Projektmitglied durchgeführt werden soll, ist Bestandteil des Stage Plan. Als Anhang ist der geplante Projektplan beigefügt, aus dem hervorgeht, wann, was, von wem zu tun ist. Der Lenkungsausschuss genehmigt jeweils die Ausführung einer weiteren Projektphase.

Im „**Contingency Plan**" (Alternativplan) sind die zu treffenden Entscheidungen und Maßnahmen enthalten, die bei bestimmten Umständen, die außerhalb des Einflussbereiches des Projektes liegen, ergriffen werden können. Man könnte auch sagen, dass der Contingency Plan eine Sammlung von wesentlichen Plan-B-Vorgängen innerhalb eines Projektes ist.

Innerhalb eines „**Request for Change**" (Änderungsanforderung) wird eine Änderung der gegenwärtigen Produktbeschreibung beschrieben. Weiterhin ist eine so genannte „Impact"(Auswirkungen) -Analyse enthalten, in der abgeschatzt wird, welche zeitlichen, finanziellen und Ressourcenbedarfs-Änderungen dadurch hervorgerufen werden. Auch werden die Folgen beschrieben, die eintreten, wenn die entsprechende Änderung nicht vorgenommen wird.

Der „**End Project Report**" (Projektabschlussbericht) wird vom Projektleiter dem Lenkungsausschuss zur Verfügung gestellt. Er bestätigt die Übergabe des aus dem Projekt hervorgehenden Endproduktes an den Kunden. Inhalt des Projektabschlussberichtes ist ein aktualisierter Business Case und eine Bewertung des Projektes und der damit zusammenhängenden Randparameter.

Der „**Lessons Learned Report**“ (Erfahrungsbericht) wird nach der Beendigung eines Projektes verfasst und enthält Erfahrungswerte, die sich aus der Durchführung des Projektes ergeben haben. Der Erfahrungsbericht wird vom Lenkungsausschuss genehmigt und dann innerhalb einer Wissensdatenbank anderen bzw. zukünftigen Projekten zur Verfügung gestellt.

Das „**Follow on Action Recommendations**“ (Empfehlungen für Folgeaktionen)-Dokument wird vom Projektleiter verfasst; er beschreibt darin Lösungsvorschläge zu Problemen (issues), die auch für spätere durchzuführende Projekte nützlich sein könnten. Oft wird solch ein Dokument auch erstellt, um notwendige Aktionen zu beschreiben, die sich aus Problemen eines Projektes oder des daraus entstehenden Endproduktes ergeben. Es umfasst aber nicht nur technische, sondern auch verfahrenstechnische Vorschläge, die die Durchführung eines Projektes betreffen.

7.2.1.4
Die Prozesse von PRINCE im Überblick

SU (Vorbereiten eines Projektes)

Der PRINCE-Prozess-SU (Vorbereiten eines Projektes) sorgt dafür, dass alle grundlegenden Informationen zu einer grundsätzlichen Entscheidungsfindung, ob ein Projekt durchgeführt werden soll, vorhanden sind. Nachdem der SU-Prozess durchlaufen wurde und der Lenkungsausschuss grünes Licht zur Durchführung des Projektes vergeben hat, kann ein Projekt somit mit einer fundamentalen Basis starten. Im Einzelnen stellt der SU-Prozess sicher, dass alle wesentlichen Informationen, die zur Erstellung des Projektentwurfs (Project Brief) notwendig sind, verfügbar gemacht werden. Es wird ein auf das Projekt zugeschnittenes Projektmanagementteam zusammengestellt und ein einleitender Plan für die erste Projektphase (Initiation Stage Plan) entwickelt. Innerhalb der Interessengruppe, die ein bestimmtes Projekt vorrantreiben möchte, wird ein Vorsitzender des Projekt-Lenkungsausschusses (Project Board Executive) sowie im Lenkungsausschuss ein Projektleiter (Projekt Manager) bestimmt, der ein Projekt vorrantreiben soll.

Dabei wird der Vorsitzende des Lenkungsausschusses zumeist vom in- oder externen Kunden einer Firma und der Projektleiter vom in- oder externen Dienstleister einer Firma sein. Die Verantwortungsbereiche, die internen notwendigen Kommunikationsstrukturen werden definiert und zugeordnet. Innerhalb des SU-Prozesses werden die Rahmenparameter und bekannten Risiken (Risk Log) des Projektes erfasst und zur weiteren Verwendung niedergeschrieben. Die geschäftsbasierenden Projektdaten sind im

Business Case enthalten und fließen in den Projektentwurf (Project Brief) mit ein. Dann wird definiert, wie die definierten Projektziele erreicht werden sollen, ob z.B. eine Neuentwicklung als notwendig erachtet wird oder ob ein bestehendes Produkts das auf dem Markt angeboten wird, soweit angepasst werden kann, dass die festgelegten Ziele des Projektes damit erreicht werden können. Ist dies definiert, wird die einleitende Projektphase mit einem entsprechenden Projektphasenplan, der die durchzuführenden Tätigkeiten näher beschreibt, weiter spezifiziert. Der Lenkungsausschuss prüft den ihm vorgelegten einleitenden Projektphasenplan und genehmigt je nach Prüfungsergebnis die erste Projektphase.

Abb. 7.12 Jede Projektphase hat ihre eigene Planungsphasen

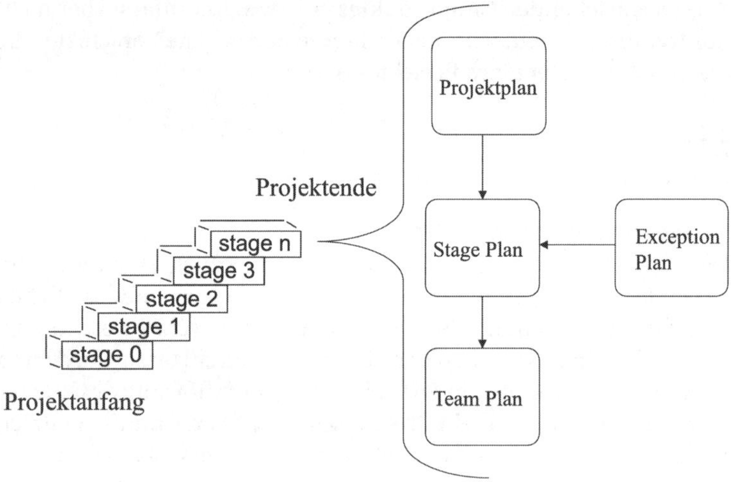

DP (Lenken eines Projektes)

Der DP-Prozess innerhalb von PRINCE nimmt den regulierenden, kontrollierenden Teil eines Projektes wahr. Er ist innerhalb des Lenkungsausschusses angesiedelt und genehmigt Start, Ende und den Projektphasenübergang, nachdem der Projektleiter dies beantragt. Der Projektleiter steht dem Lenkungsausschuss Rede und Antwort zu wesentlichen Projektfragen und zeigt bei aufgetretenen Schwierigkeiten alternative Phasenpläne auf, die vom Lenkungsausschuss genehmigt werden müssen. Da die meisten größeren Projekte nach Abschließen einer Phase auch entsprechende finanzielle Transaktionen zum Dienstleister umfassen, muss hier genau feststehen, wie die Kriterien auszusehen haben, die es erlauben, entsprechende Geldmittel freizugeben. In Situationen, in denen abzusehen ist, dass bestimmte Toleranzgrenzen überschritten werden könnten, ist es besser, den Lenkungsausschuss vorab zu informieren. Sind Informationen von firmenrelevanter Bedeutung aufgetreten, so muss der Lenkungsausschuss und über diesen die Firmenleitung bzw. das Programmmanagement einer Firma informiert werden. Der Lenkungsausschuss muss sicherstellen, dass er bei schwerwiegenden Risiken eines Projektes möglichst den Sachstand darüber in kurzen Zeitabständen erhält, um die Risiken unter Kontrolle zu halten. Dabei kann es notwendig sein, die Anforderungen an das Projekt zu verkleinern, den Projektleiter zu ersetzen oder aber das Projekt als Ganzes zu beenden. Während der Endphase des Projektes muss der Projektleiter darauf achten, dass der Nutzer bzw. Kunde das Endprodukt überprüft und formal abgenommen hat. Dabei kann es notwendig sein, weitere Zugeständnisse oder Änderungen am Endprodukt vorzunehmen. Diese werden dann innerhalb eines Dokumentes (Empfehlung für Folgeaktionen) erfasst und vom Lenkungsausschuss genehmigt. Der Lenkungsausschuss verfasst einen Projektabschlussbericht, den er an die Firmenleitung bzw. das Programmmanagement einer Firma übermittelt und in dem er formell seine Auflösung bekannt gibt.

CS (Steuern einer Projektphase)

Mittels des PRINCE-Prozesses CS werden alle kontrollierenden Subprozesse CS1 bis CS9 definiert, die dafür Sorge tragen, dass eine Projektphase erfolgreich bzw. mit den kleinstmöglichen Toleranzüberschreitungen durchgeführt wird. Angefangen von der Genehmigung eines Projektarbeitspaketes bis zum Erfassen von gegenwärtigen Problemen gibt es Subprozesse, die darauf abzielen, alle wesentlichen Punkte einer Projektphase zu erfassen. Probleme können vielfältiger Natur sein: angefangen von Fehleinschätzungen über den benötigten Ressourceneinsatz (personeller, finanzieller, technischer oder infrastruktureller Natur) bis hin zu äußeren Einflüssen, die einem das Leben schwer machen. Ziel ist es, diese Bedrohungen eines Projektes erst einmal zu bemerken, ihrer Herr zu werden und alle Beteiligten davon in Kenntnis zu setzen. Liegen Probleme vor, die eine Projektphase aus der zugebilligten Phasentoleranzgrenze bringt, so muss der Lenkungsausschuss informiert und um Zustimmung zu einem neuen Problembehebungskurs gebeten werden. Subprozesse, die den Projektleiter zwingen, sich über den realen Stand seiner Projektphase in Kenntnis zu setzen und Risikopotentiale im Vorfeld zu erfassen, sind ebensfalls ein Wirkungsfeld des CS-Prozesses. Unterschiedliche Vorgangsweisen sind abhängig davon, ob man mit entsprechenden Korrekturmaßnahmen noch innerhalb der Projekttoleranzgrenzen bleibt oder ob diese überschritten werden. Auch fällt innerhalb des PRINCE-Prozesses CS ein Subprozess, der sich damit beschäftigt, wie zu einem bestimmten Zeitpunkt der Status einer Projektphase ermittelt wird. Der letzte Subprozess stellt sicher, dass mit dem Abschluss eines Arbeitspaketes auch wirklich das Enderzeugnis vor einem steht, das der Kunde vorher spezifiziert hat und einsetzen kann.

MP (Managen der Produktlieferung)

Innerhalb dieses PRINCE-Prozesses MP werden alle Aspekte der Produktlieferung behandelt. Dies umfasst die Übergabe des Arbeitspaketes an ein Entwicklerteam, das Durchführen von Projektarbeitspaketen sowie die Übergabe eines geprüften Produktes oder Arbeitspaketes an den Projektleiter. Dabei ist es grundsätzlich egal, ob das Arbeitspaket von einer externen Firma (nicht unbedingt Projektmanagement nach PRINCE) oder intern durchgeführt wurde. Wichtig dabei ist es auch, so unbürokratisch wie möglich, aber kontrolliert vorzugehen. Hauptverantwortliche dieses PRINCE-Prozesses sind der Teamleiter des Entwicklerteams sowie der Projektleiter. Regelmäßige Statusberichte des Teamleiters halten den Projektleiter auf dem Laufenden.

PL (Planen)

Das Endprodukt eines Projektes kann nur so gut sein wie seine Planung. Deshalb wird für jede Projektphase ein eigener Planungsprozess durchgeführt. In diesem werden anfänglich die benutzten Methoden und Tools festgelegt, die später zur Anwendung kommen. Danach werden die Anforderungen (technisch, qualitativ, anwenderbezogen) an das Endprodukt sowie die sich daraus ergebenden Teilprodukte vom Blickwinkel des Produktes her definiert. Dabei plant und definiert man im Einzelnen die Punkte Produkterstellung, Produktqualität und Produktverwendung, um am Ende das gewünschte Endprodukt zu erhalten. Ein Produktstrukturplan (product breakdown structure) erfasst alle Einzelprodukte in ihrer logischen Erstellungsreihenfolge, die als Ganzes das Endprodukt bilden.

Nachdem das Produkt und die Teilprodukte, aus denen es besteht, definiert wurden, werden die Aktivitäten definiert, die notwendig sind, um das Produkt zu erzeugen. Auch daraus entstehende Abhängigkeiten sind zu betrachten.

In einer weiteren Subprozessphase werden der Arbeitsaufwand abgeschätzt und die benötigten Ressourcen identifiziert, die benötigt werden, um die definierten Aktivitäten umzusetzen. Nachdem dieser Schritt beendet wurde, beginnt nun das Planen der Aktivitäten und deren Zuordnung in zeitlicher Hinsicht. Dabei können Abhängigkeiten bestehen, die als risikobehaftet einzustufen sind.

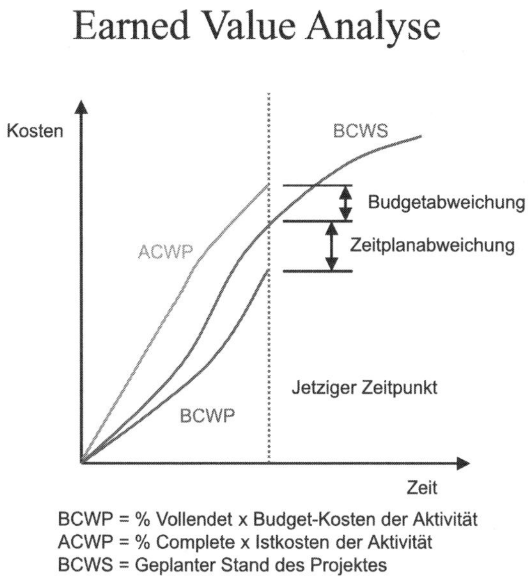

Abb. 7.13 Projektstatus mittels „Earned- Value-Analyse"

Alle Risiken, die in den vorherigen Planungsstufen aufgetreten sind, gilt es zu analysieren und mögliche Alternativwege und Problemlösungen zu finden.

Nachdem dies getan ist, bleibt nur noch, den entsprechend bearbeiteten Projektphasenplan so zu vervollständigen, dass er leicht überschaubar in kürzester Zeit die wichtigsten Daten vermittelt, die den Lenkungsausschuss in die Lage versetzen, sich einen Überblick zu verschaffen um ihn genehmigen zu können.

IP (Initiieren des Projektes)

Der PRINCE-Prozess IP soll dafür Sorge tragen, dass das Fundament eines Projektes solide gelegt ist und alle wesentlichen Informationen vorliegen, damit der Projektstart vom Lenkungsausschuss formal ausgesprochen werden kann. Alle ermittelten Daten fließen innerhalb des Projektleitdokuments (Project Initiation Document; PID) zusammen. Anfänglich wird die Qualität des Endproduktes mit seinen Eigenschaften festgelegt und das Projekt

Abb. 7.14
Instrumente zur Risikoeindämmung

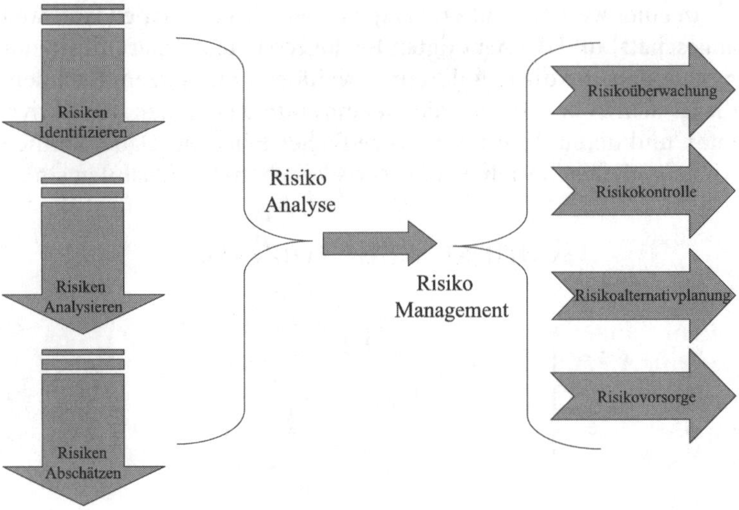

nochmals auf eventuelle Risiken abgeklopft. Mit Hilfe von PL-Subprozessen wird ein Projektplan und das Abschätzen der dafür notwendigen Ressourcen durchgeführt. Ein Hauptaugenmerk liegt auf den Projektrisiken und Kommunikationsstrukturen sowie den Dokumentenablagestrukturen. Auch wird nochmals überprüft, ob die Projektziele, wie sie im Business Case niedergelegt sind, mit der Durchführung des Projektes erreicht werden können.

SB (Managen von Projektphasenübergängen)

Das Einteilen eines Projektes in verschiedene Projektphasen erlaubt es, an kontrollierten Zeitpunkten innerhalb eines Projektes festzustellen, ob alles in Ordnung ist oder ob es Bedarf für Korrekturmaßnahmen gibt. Der PRINCE-SB-Prozess behandelt alle Vorgänge, die mittels Einteilung eines Projektes in unterschiedliche Projektphasen verbunden sind.

Neben dem formalistischen Planen einer Projektphase, in der die notwendigen Details und möglichen Probleme und Risiken einer Projektphase in einem Projektplan oder dem Risikoprotokoll (Risk Log) niedergelegt werden, ist es manchmal notwendig, den gegenwärtigen Projektplan auf den neuesten Stand zu bringen. Sei es, dass eine Überschreitung der Projektphasentoleranzwerte festgestellt wird oder dass sich einfach terminliche und organisatorische Änderungen ergeben. Damit einher geht das Prüfen und Updaten des bestehenden Business Case. Dies erfolgt nicht nur, wenn Probleme aufgetreten sind, sondern auch am Ende einer jeden Projektphase. Dasselbe muss mit dem existierenden Risikoprotokoll

(Risk Log) passieren, da sich oft herausstellt, dass Probleme und Risiken erst auftauchen, wenn man wirklich an der Realisierung von Erzeugnissen innerhalb einer Projektphase arbeitet. Daraus folgt ein auf den neuesten Stand gebrachtes Risikoprotokoll (Risk Log).

Befindet man sich am Ende einer Projektetappe, so muss die nächste Projekphase geplant werden. Damit verbunden ist ein Report über die vergangene Projektphase und der daraus resultierenden Daten, wie aufgelaufene Kosten, erledigte Arbeitspakete und Fertigungsgrad im Bezug auf das Endprodukt sowie entstandene Projektrisiken. Dieser Report ist wesentlich für den in- oder externen Kunden, den Lenkungsausschuss, die Firmenleitung und das Programmmanagement einer Firma. Zum Managen von Projektphasenübergängen gehört auch das Erstellen eines Ausnahmeplans (Exception Plan) für den Fall, dass bei der Abschätzung von benötigtem Zeitbedarf und auflaufenden Kosten innerhalb einer Projektphase bemerkt wird, dass die vom Lenkungsausschuss vorgebenen Projektphasentoleranzgrenzen überschritten werden. Innerhalb des Ausnahmeplans ist ein neuer Projektplan enthalten, der Auskunft darüber gibt, wie es mit dem Projekt weitergehen könnte.

CP (Abschließen eines Projektes)

Dieser PRINCE-Prozess unterteilt sich in drei Subprosse CP1 bis CP3 und sorgt dafür, dass alle wesentlichen Aktionen, die beim Beenden eines Projektes notwendig sind, auch durchgeführt werden. In dem Zusammenhang muss geprüft werden, ob alle Produkte, die im Projektleitdokument (Project Initiation Document; PID) spezifiziert wurden, auch an den Kunden geliefert wurden und ob er diese offiziell abgenommen hat. Reservierte Ressourcen, die zur Durchführung des Projektes gebraucht wurden, müssen jetzt mit einer bestimmten Vorlaufzeit gekündigt werden. Alle Beteiligten müssen darauf hingewiesen werden, dass das Projekt beendet werden soll.

Eine andere Variante, die zum Durchführen dieses Subprozesses führt, ist die vorzeitige Beendigung des Projektes aus in- oder externen Gründen. Innerhalb des Subprozesses CP2 werden alle noch zu tätigenden Aktionen ermittelt, die vor Abschluss des Projektes oder darüber hinaus noch durchgeführt werden müssen. Auch offene Punkte innerhalb des Problemlogbuches (Issue Log), die es noch zu lösen gilt, fallen darunter. Außerdem wird ein Terminvorschlag gemacht, an dem eine Projektrevision (Post Project Review) stattfinden kann. Innerhalb der Projektrevision soll festgestellt werden, ob die Ziele, die innerhalb des Business Case niedergeschrieben sind, auch nach dem Beendigen des Projektes erreicht wurden. Weiterhin soll ermittelt werden, ob der in- oder externe Kunde mit der gelieferten qualitativen Ausführung des Endproduktes des Projektes zufrieden ist und ob es beim Implementieren zu Schwierigkeiten gekommen ist. Mittels des Subprozesses CP3 wird beurteilt, ob die Managementsteuerungsmechnismen bei dem Projekt ausreichend waren, um den während des Projektes aufkommenden Problemen und Risiken zu begegnen. Die Kenndaten (z.B. Kosten, Implementierungsdatum) am Ende des Projektes werden verglichen mit den in dem Projektleitdokument (Project Initiation Document; PID) beschriebenen vorgegebenen Rahmenwerten. Alles dies fließt im Projektabschlussbericht (End Project Report) zusammen, der dem Lenkungsausschuss übergeben wird. Auch durch das Projekt erworbenes Know-how, wie man in Zukunft ein ähnliches Projekt besser gestalten kann, (z.B. qualitätssichernde Verfahren, technische Hilfsmittel, Managementprozesse) findet seinen Weg in ein Erfahrungsprotokoll (Lessons Learned Log), damit spätere Projekte davon profitieren können.

Abb. 7.15 Endphase eines Projektes

8 Business Perspective (Die geschäftliche Perspektive)

Der ITIL-Teil, der sich mit den übergeordneten geschäftlichen IT-Perspektiven befasst, also der Verbesserung des IT-Services innerhalb einer Firma, hat den Namen „Business Perspective“. Er behandelt die Fragen, welche Fähigkeiten bzw. Personal am besten innerhalb einer Firma vorgehalten wird und welches extern eingekauft werden sollte. Oder aber, ob die eingeführten IT-Prozesse gut definiert und effizient umgesetzt sind.

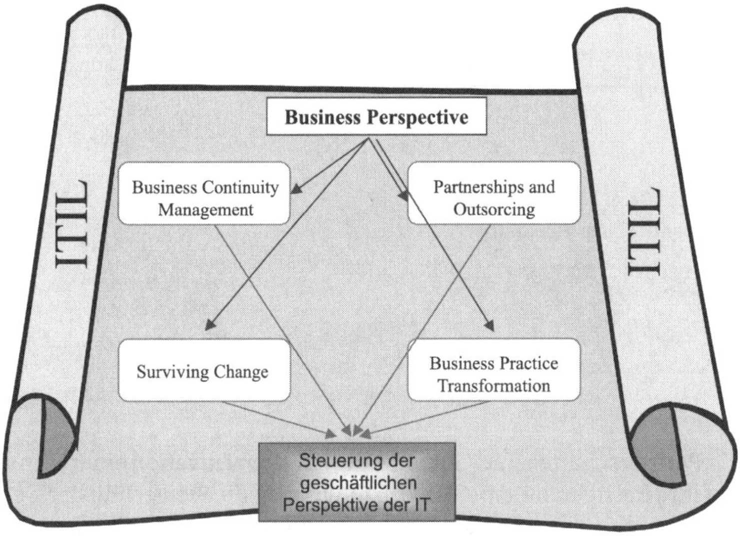

Abb. 8.1 Business Perspective

Weiterhin wird die Frage behandelt, was im Falle von Teil- bzw. Vollausfall entsprechender IT-Verfahren passieren soll und wie auf Veränderungen im geschäftlichen Umfeld bezüglich existierender IT-Verfahren reagiert wird.

Somit werden die folgenden Themen innerhalb des Hauptbereiches „Business Perspective“ abgedeckt:

- Business Continuity Management
- Partnerships and Outsorcing (Partnerschaften und Outsourcing)
- Surviving Change (Das Überleben von Änderungen)
- Business Practice Transformation (Das Anpassen eines Unternehmens bei tiefgreifenden Änderungen)

Darüber hinaus gibt es zu den Themen „Managing Facilities Management" sowie „Managing Supplier Relationships" weitere Literatur.

Technologische Möglichkeiten sollen möglichst in geschäftliche Vorteile umgesetzt werden. Das Ausnutzen brachliegender intern vorhandener Informationen zum Nutzen des Unternehmens durch verbesserte Kommunikation und Kommunikationsmittel ist ein weiteres Anliegen der Geschäftsleitung.

Abb. 8.2 Geänderte Anforderungen an Geschäftsprozesse bedeuten geänderte IT-Verfahren. Diese verändern die Anforderungen an den IT-Service und beeinflussen damit wiederum die Geschäftsprozesse

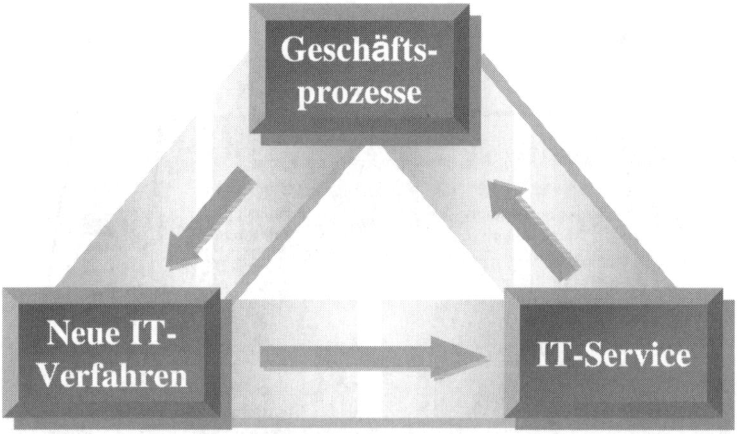

Partnerschaften und Outsourcing zur Konzentration einer Firma auf ihre Kerngeschäftsbereiche ermöglichen die Steigerung der Gewinnmarge sowie die Abhängigkeit bzw. das erhöhte Risiko von externen Gegebenheiten.

Die Unternehmensführung muss die notwendigen Mittel zur Verfügung stellen, um innovative technologische und organisatorische Strategien in zukünftige Gewinne und neue Marktsegmente umzusetzen. Dies ist eine sehr komplexe Aufgabe, die abteilungsübergreifend alle existierenden Potentiale erfassen muss. Hilfe dabei liefert das Balanced Scorecard, das in Kapitel 4 näher erläutert wird.

8.1 Begriffe des strategischen IT-Managements

8.1.1 IT-Alignment

Unter IT-Alignment wird die Ausrichtung der IT an den Geschäftsaktivitäten verstanden. Der Hauptfokus liegt dabei auf der Implementierung von IT-Lösungen, welche optimal die jeweiligen Geschäftsziele und Geschäftsstrategien eines Unternehmens unterstützen.

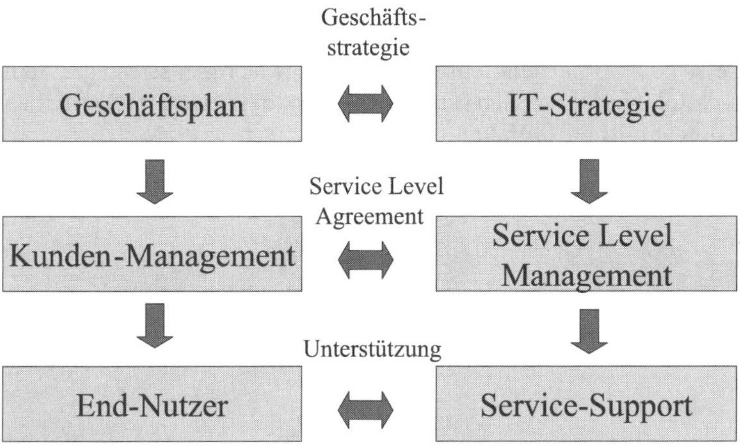

Abb. 8.3 ITIL bietet Unterstützung für jeden Firmenbereich

8.1.2 IT-Governance

Unter IT-Governance [Itg04] werden Grundsätze, Verfahren und Maßnahmen zusammengefasst, welche möglichst effizient zur Unterstützung und Durchsetzung der Unternehmensstrategien und Unternehmensziele beitragen sollen. Als integraler Teil der Unternehmensführung strebt IT-Governance nach einer Ausrichtung der IT auf die Geschäftstätigkeit, einen verantwortungsvollen Umgang mit IT-Ressourcen und den damit verbundenen Risiken sowie dem Erkennen und Nutzen von IT-inhärenten Wettbewerbsvorteilen. Im Gegensatz zum Corporate Governance, das sich auf das Unternehmen als Ganzes bezieht, will IT-Governance nur die IT eines Unternehmens steuern.

8.1.3
CIO (Chief Information Officer)

Neben dem Finanzchef (Chief Financial Officer, CFO) und dem Personalchef (Human Resources Officer, CHRO) hat sich deshalb der Vertreter des Produktionsfaktors Informationstechnologie (Chief Information Officer, CIO) im Top-Management einer Firma verankert. Er ist verantwortlich dafür, technologische Möglichkeiten, die sich aus dem Einsatz modernster IT-Technologie ergeben, für das Unternehmen und die zugrunde liegenden Geschäftsprozesse optimal zu nutzen. Der CIO ist der Ideengeber und Innovator eines Unternehmens. Er hat aber auch die Aufgabe, unrealistische Erwartungen zu dämpfen. Neben fundierten Kenntnissen der IT-Technologie braucht er umfassendes Wissen über die Geschäftsprozesse eines Unternehmens sowie der Unternehmensstrategie. Sein technologisches Wissen muss er in einem betriebswirtschaftlichen Kontext optimal entfalten.

Abb. 8.4 Die Geschäftsleitung formt die Geschäftsprozesse mit den vorliegenden Ressourcen

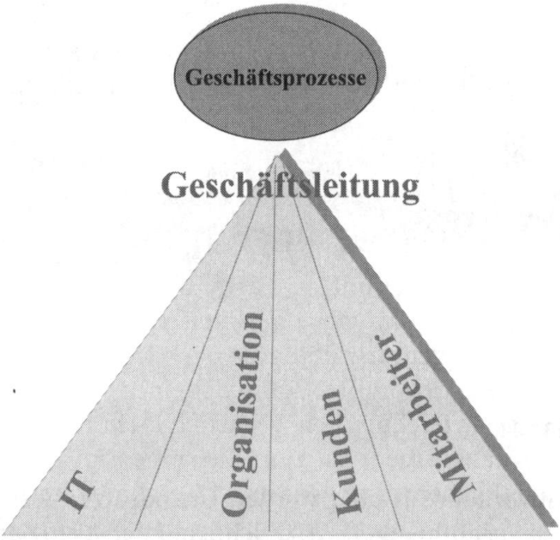

8.1.4
Programmmanagement

Die Umsetzung der zukünftigen Unternehmensstrategie führt in allen Aufgabenbereichen einer Firma zu einer Vielzahl von Projekten. Diese müssen neben dem normalen produktiven Tagesgeschehen umgesetzt werden. Das **Programmmanagement** (program management) einer Firma ist für das erfolgreiche Steuern von vernetzten Projekten innerhalb einer Firma verantwortlich. Dafür ist es erforderlich, eine interne und externe Ressourcenplanung bei der Abwicklung von mehreren Projekten durchzuführen. Hierbei ist es notwendig, Prioritäten zu setzen und durchzusetzen.

8.1.5 Business Case

Der englische Begriff „**Business Case**" beschreibt ein Dokument, das die Gründe zur Durchführung bzw. Weiterführung eines Projektes beinhaltet. Ein Business Case ist ein Szenario zur betriebswirtschaftlichen Beurteilung einer Investition, wie z.B. die Durchführung eines Projektes. Innerhalb des Dokumentes werden Annahmen getroffen über die entstehenden Kosten und die mit den Ergebnissen des Projektes zu erzielenden Gewinne. Es wird auch analysiert, welche Auswirkungen es für eine Firma hat, wenn das Projekt nicht durchgeführt wird. Man kann sagen, dass das Business Case die geschäftliche Rechtfertigung für ein Projekt ist. Es wird stets auf dem neuesten Stand gehalten.

8.1.6 Asset Management

Der Begriff „Asset" kommt aus dem Englischen und bedeutet Vermögenswert oder Aktivposten. Unter Asset Management (Vermögens- oder Anlagenverwaltung) versteht man die Bestandsaufnahme der vorhandenen physikalischen Infrastruktur sowie das Erfassen der bilanztechnischen Vermögenswerte innerhalb einer Firma. Asset Management hat zum Ziel, einen möglichst effizienten Einsatz des Firmenvermögens in der Geschäftstätigkeit zu erreichen. Ein Asset kann z.B. ein ungenutzter Raum oder ein Kraftfahrzeug innerhalb einer Firma sein. Im Gegensatz dazu bezieht sich das Configuration Management grundsätzlich auf IT-Vermögenswerte und geht über das normale Asset Management hinaus, da es neben dem Erfassen der Vermögenswerte auch die Beziehung der einzelnen Vermögenswerte zueinander herstellt. Daneben werden spezifische Daten erfasst, die den IT-Service einer Firma optimal unterstützen helfen. Zu den einzelnen IT-Vermögenswerten werden weiterhin entsprechende Spezifikationen und Dokumentationen erfasst bzw. Informationen, die den täglichen IT-Service erleichtern.

8.1.7 IT-On-Demand (On Demand Computing, Utility Computing oder Business Flexibility)

Das Konzept IT-On-Demand ist genauso wie IT-Outsourcing oder IT-Governance ein Versuch, die Kosten, die durch die IT entstehen, besser in den Griff zu bekommen und in der betrieblichen Handlungsweise flexibler zu werden. Ziel ist in allen drei Fällen, fixe in variable Kosten umzuwandeln und damit eine gezielte Dosierung in ertragsschwachen Zeiten zu erreichen. Dass damit auch massive Einschränkungen in Kauf genommen werden, ist für einen Finanzverantwortlichen nicht immer direkt ersichtlich. Der IT-On-Demand-Konzeptansatz versucht, dem Zwang, IT-Ressourcen auf Vorrat zu halten, zu begegnen, indem man einen Dienstleister nur für die Ressourcen bezahlt, die man auch wirklich nutzt.

Abb. 8.5 Beispielhafte Darstellung eines Geschäftsnetzwerkes (businessnetwork)

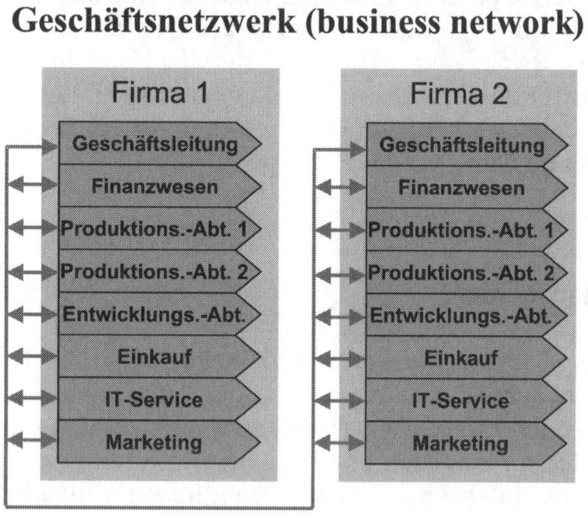

Dies hat besonders für Firmen, die saisonalen Schwankungen unterworfen sind, einen Reiz, indem sie in ertragsschwachen Zeiten nicht auch noch durch einen gleichbleibenden Fixkostenbeitrag für die eingesetzte IT-Infrastruktur in die Knie gezwungen werden. Meist bieten große Hardwarelieferanten, wie z.B. IBM, HP, SUN oder Siemens, entsprechende DV-Systeme an, die diesen Firmen den Vorteil bieten, ihre eigenen hergestellten Systeme zu nutzen. Gebühren werden z.B. auf Kenngrößen wie Prozessorleistung, Bandbreite oder Speicherplatz erhoben. Die Idee, komplexe IT-Ressourcen und Dienstleistungen genauso wie z.B. Strom und Wasser auf Abruf zur Verfügung zu stellen, hat seinen Reiz. Nur sind die Geschäftsprozesse einer Firma damit in den Händen eines

Dienstleisters gelandet. Auch systemtechnische Änderungen müssen dann meist von diesen Dienstleistern erbracht werden, die sie dann entsprechend vergütet haben wollen.

8.1.8 Business Process Reengineering

Gerade in Zeiten von Konjunktureinbrüchen steigt der Wunsch vieler Unternehmen, mögliche Einsparpotentiale im täglichen Geschäftsalltag zu identifizieren und entsprechend zu nutzen. Oft werden Unternehmensberatungen eingesetzt, die mittels Business Process Reengineering (Geschäftsprozessoptimierung) diese Potentiale entdecken und dem Unternehmen helfen, diese zu nutzen. Unter Business Process Reengineering versteht man ein fundamentales Überdenken und Redesign von Unternehmen oder Unternehmensprozessen (To reinvent the firm).

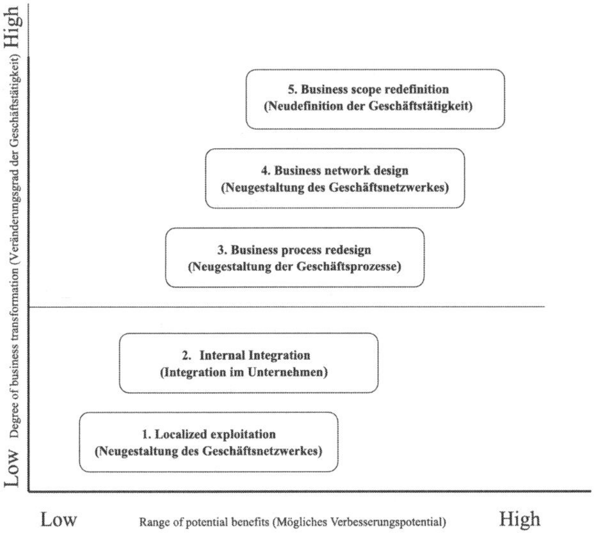

Abb. 8.6 Stufen des Business Process Reengineering [Ven90]

Es hat somit zwei Elemente: ein Prozessdesign sowie ein entsprechendes Change Management, dessen Ziel es ist, entscheidend positive Resultate bei den Leistungskenngrößen Kosten, Qualität, Service und Zeit eines Unternehmens zu erzielen. Damit einher geht meist der Wunsch, die Vorteile der modernen Informations- und Kommunikationstechnik (ICT, information and communication technology) zu nutzen sowie Kernfunktionen zu bündeln. Um dies zu erzielen geht man beim Business Process Reengineering meist in fünf Schritten vor. Die beiden ersten Schritte versuchen, durch Einsatz der ICT die technische Integration und Einfügung der Geschäftsaktivitäten zu verbessern (Evolutionary Change), während die letzten drei Schritte meist fundamentale Änderungen in der Art, wie eine Firma ihre geschäftlichen Aktivitäten umsetzt (Revolutionary Change), umfassen. Im ersten Schritt wird durch die Nutzung der modernen Informations- und Kommunikationstechnik eine Unterstützung von bestimmten Geschäftsfunktionen vorgenommen, die aber, da diese lokal wirksam sind, keinen großen positiven Einfluss auf die durchgeführten Geschäftsprozesse erwarten lässt. Erst durch Schritt 2 (Internal Integration) führt dies zu einem maximalen Nutzen, da der Zugriff von allen verteilt durchgeführten Geschäftsprozessen erfolgen kann.

Im nächsten Schritt erfolgt dann die Integration der neu gestalteten Geschäftsprozesse im Unternehmen (Internal Integration). Die Integration erfolgt organisatorisch sowie informationstechnisch mittels Aufbau einer effizienten IT-Infrastruktur. Sie erlaubt die Integration von Geschäftsfunktionen und -prozessen sowie deren spezifischer Aufgabenfelder von unterschiedlichen Standorten aus. Lokale informationstechnische Inseln werden vernetzt, um einen möglichen Vorteil bei der Bearbeitungszeit und Effektivität zu erreichen. Auch der Informationsfluss innerhalb eines Unternehmens sowie der mögliche Zugriff auf wichtige Unternehmensdaten von überallher erschließt potentielle Synergieeffekte. Im nachfolgenden Schritt 3 wird eine Neugestaltung der Geschäftsprozesse vorgenommen (Business Process Redesign). Unter einem Geschäftsprozess versteht man nach [Obe96] eine Menge von manuellen, teilautomatisierten oder automatisierten Aktivitäten, die in einem Betrieb nach bestimmten Regeln ausgeführt werden. Dies erfolgt oft so, dass zunächst Geschäftsvorgänge und Schlüsselaktivitäten eines Unternehmens ermittelt werden, von denen sich die einzelnen Geschäftsprozesse identifizieren und ableiten lassen (Workflowanalyse). Danach erfogt ein Prozessdesign, das möglichst optimal zu gestalten ist.

Der nächste Schritt dient der Neugestaltung des Geschäftsnetzwerks. Unter einem Geschäftsnetzwerk versteht man die geschäftlichen Verflechtungen innerhalb einzelner Organisationseinheiten einer Firma bzw. verschiedener Firmen, wie in Abb. 8.5 dargestellt. Dies setzt eine genaue Analyse voraus, die auch Änderungswünsche und zukünftige Firmenstrategien mit enthalten sollte. Der letzte Schritt des Business Process Reengineering dient der neuen Definition der Geschäftstätigkeit. Dabei wird die zentrale Frage gestellt, warum man einen Geschäftsprozess oder einen Teil dieses Prozesses überhaupt durchführt. Es ist klar ersichtlich, dass der

Schwierigkeitsgrad des letzten Schrittes höher zu bewerten ist als der der vorhergehenden. Möchte ein Unternehmen aber das Maximum der Verbesserung erreichen, so bietet der letzte Schritt des Business Process Reengineering das größte Potential.

8.1.9 Business Process Optimization

Viele Firmen entscheiden sich erst einmal zu einer evolutionären Geschäftsprozessverbesserung (entspricht Schritt 1 und 2 des Business Process Reengineering), da sich diese in einer absehbaren Zeit bewerkstelligen lässt und sich auf bestehende Geschäftsprozesse bezieht. Die Durchführung erfolgt Bottom-up, das heißt Schritt 1 wird vor Schritt 2 durchgeführt. Änderungen finden somit nur detailbezogen und durch Einsatz der modernsten Informations- und Kommunikationstechnik (ICT, information and communication technology) statt. Man spricht dann auch von **Business Process Optimization** (Optimierung der Geschäftsprozesse). Entscheidet ein Unternehmen, dass möglichst das Maximum an Verbesserungspotential erreicht werden soll, so werden in einem ganzheitlichen Ansatz funktions- und bereichsübergreifende Optimierungen vorgenommen, die dann Top-down von Schritt 5 bis Schritt 1 durchgeführt werden. Dies dauert in der Regel mehrere Monate, ist meist mit einer kompletten Loslösung von bisherigen Strukturen und Prozessen verbunden und stellt dann ein vollständiges Business Process Reengineering (Geschäftsprozessoptimierung) dar.

8.1.10 Capability-Maturity-Modell (CMM)

Das Capability-Maturity-Modell (CMM) wurde von Watts Humphrey und seinen Kollegen bei der Firma IBM um 1980 herum entwickelt. Humphrey bestimmte, dass die Qualität einer Softwareapplikation im direkten Verhältnis zur Qualität des Applikationsentwicklungs-Prozesses steht. Er entwickelte ein Prozessreife-Framework. Diese theoretischen Grundlagen wurden von der Carnegie Mellon Universität im Jahre 1987 genutzt, um einen Auftrag des Verteidigungsministeriums zu realisieren.

Dabei sollte ein Fragebogen entwickelt werden, der es dem Ministerium erlaubte, Softwarelieferanten zu bewerten. Durch die Definition des evolutionären Softwareentwicklungsprozesses durch fünf Reifestadien entsteht eine Möglichkeit, Softwareentwicklungsfirmen in Reifestufen zu gliedern. Ein CMM-Fragebogen besteht

Abb. 8.7
Die fünf Stufen des CMM (Capability-Maturity-Modell)

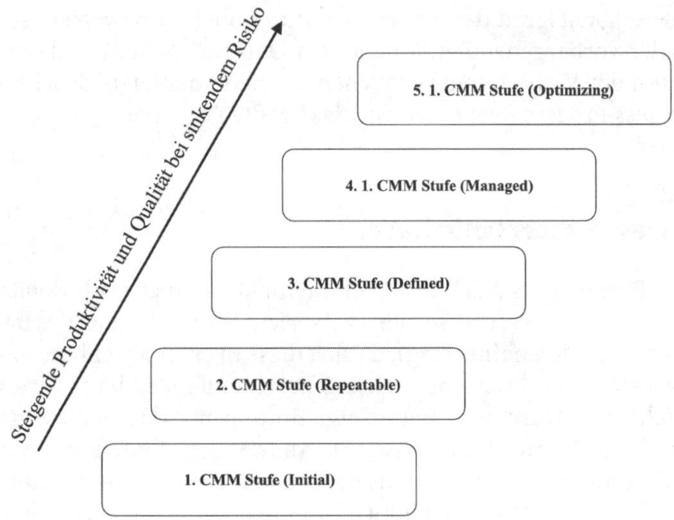

aus 18 Hauptkriterien (Key Process Areas), denen Aspekte zugeordnet sind, die beschreiben, was getan werden muss, um eine entsprechende CMM-Stufe zu erreichen, aber nicht, wie die Firma diese umsetzen muss. Dies ist abhängig von dem organisatorisch-technischen Umfeld einer Firma und wird immer anders gestaltet werden müssen. Die einzelnen CMM-Stufen bauen aufeinander auf, so dass die Anforderungen an die Entwicklungsprozesse der höheren Stufen erfüllt sind. Um die CMM-Stufe 1 (Initialer Prozess; initial) zu erreichen, sind keine Voraussetzungen notwendig. Jede Firma, die Software entwickelt, hat somit wenigstens die Stufe 1. Der Reifegrad der Software, die von dieser Firma hergestellt wird, unterstellt, dass diese fehlerbehaftet und die Entwicklung der Software chaotisch ist, d.h. Zeit- und Kostenrahmen werden regelmäßig überschritten. Frühere Erkenntnisse anderer Entwicklungsprojekte werden nicht verwendet. Möchte man die Voraussetzungen für die Stufe 2 (Wiederholbarer Prozess; Repeatable) erfullen, so muss die Firma ihre Softwareentwicklung in unterschiedliche Teilschritte unterteilen. Dieses Unterteilen in Projektteilschritte ist ein wiederholbarer Prozess, der sich auf jeden Softwareentwicklungsprozess übertragen lässt. Dies ermöglicht, notwendige Ressourcen frühzeitig zur Verfügung zu stellen und eine Fortschrittsüberprüfung mittels Projektmeilensteinen möglich zu machen. Ein weiteres Merkmal der CMM-Stufe 2 ist, dass man ein firmeninternes Verfahren hat, das Erfahrungen aus früheren Entwicklungsprojekten in den aktuellen Entwicklungsprozess mit einbezieht.

CMM-Stufe	Beschreibung	Implementierte Verbesserungen, um zur nächsten CMM-Stufe zu gelangen
1	Initialer Prozess /Initial (keine Vorausetzungen notwendig, um diese Stufe zu erreichen)	Kosten- und Zeitabschätzung sowie Terminplanung durchführen Fortschrittsüberwachung beim Entwicklungsprozess Änderungs- und Qualitätsmanagement durchführen Entwicklungsvorgänge wiederholbar gestalten
2	Wiederholbarer Prozess/Repeatable	Prozessstandards und Methoden entwickeln und einführen
3	Der definierte Prozess/Defined	Prozesse messen und analysieren sowie Qualitätsverbesserungsinfrastruktur einsetzen Dies ermöglicht eine quantitative Qualitätssicherung
4	Gesteuerter Prozess/Managed	Prozessüberwachung Instrumentierte Prozessumgebung erlaubt eine gesteuerte dynamische Softwareentwicklung
5	Optimierender Prozess/Optimizing	Kontinuierliche dynamische Anpassung der Softwareentwicklung

Tabelle 8.1 CMM-Stufen im Überblick

Hat eine Firma die CMM-Stufe 3 (definierte Prozess; defined), so sind die intern durchzuführenden Projektteilschritte eines Softwareentwicklungsprojektes durch Prozesse oder Prozessaktivitäten definiert, die auch die notwendigen Werkzeuge und das dafür notwendige Personal im Voraus beschreibbar machen. Dies ermöglicht, eine höhere Qualität der einzelnen Projektteilschritte und deren Erzeugnisse zu erreichen, die ein Nachbessern weniger erforderlich machen. Möchte eine Firma die CMM-Stufe 4 (Gesteuerter Prozess; managed) erreichen, so sind die einzelnen Prozesse, die der Softwareentwicklung dienen, steuerbar und werden anhand entsprechender Prozessmetriken bewertbar. Aus diesen Prozessmetriken lässt sich dann ableiten, ob ein Teilprojektschritt weitergeführt werden soll und ob das Projekt als Ganzes überhaupt noch realisierbar ist. Durch diese Prozessmetriken und die damit verbundene Einwirkungsmöglichkeit auf den Entwicklungsprozess ist eine wesentliche Qualitätssteigerung zu erwarten. Wesentlicher Vorteil ist es auch, dass Projekte seltener den Zeit- bzw. Kostenrahmen überschreiten, da sie viel genauer planbar und steuerbar geworden sind. Eine Firma, die die CMM-Stufe 5 (Optimierender Prozess; optimizing) erreicht hat, wird ihre Softwareentwicklung so prozessmäßig ausgerichtet haben, dass der gesamte Softwareentwicklungsprozess optimiert und dynamisch veränderbar gestaltet werden kann. Abhängig von spezifischen Prozesskennwerten wird dynamisch eine Änderung vorgenommen, ohne dass sich dadurch ernsthafte Auswirkungen auf den Zeit- bzw. Kostenrahmen ergeben. Fazit ist, dass man mittels des CMM-Modells in der Lage ist, ein Unternehmen, das Software entwickelt, zu beurteilen. Die meisten Softwareentwicklungsfirmen liegen zwischen CMM Stufe 2 bis 3.

8.2 Insourcing/Outsourcing

In den letzten Jahren macht ein Begriff die Runde, der schon oft zum Gegenteil dessen geführt hat, was man eigentlich bezwecken wollte. Der Begriff ist der des Outsourcing, mit dem man im Allgemeinen Kosteneinsparungen verbindet. Der anfängliche Optimismus, mit der Datenverarbeitung und der IT-Technologie Geld sparen zu können, hat sich schnell verflüchtigt. Der wirtschaftliche und technologische Druck auf die Firmen nimmt zu und somit die Suche nach Kosteneinsparungen bzw. spezifischer technischer Kompetenz in diesem Bereich.

Abb. 8.8 Formen des Outsourcing

Es erfolgt somit eine Angebot- und Nachfragesituation, die zu einer Industrialisierung von IT-Dienstleistungen und Geschäftsprozessen führt, in Globalisierungszeiten auch über Ländergrenzen hinweg. Aber woher kommt der Begriff des Outsourcing und was bedeutet er eigentlich? Der Begriff Outsourcing kommt aus dem Englischen und ist ein Kunstwort. Er setzt sich zusammen aus den englischen Wörtern outside, resource und using, was ungefähr bedeutet „die Übertragung von Ressourcen in den Verantwortungsbereich Dritter". Ursprünglich war damit gemeint, dass sich eine Firma auf seine Kernkompetenzen beschränken und alle anderen notwendig zu erbringenden Leistungen (Finanz-, Rechnungswesen, Logistik, IT-Service) an andere, darauf spezialisierte Unternehmen abgeben sollte. In der Praxis wurden schon des öfteren Leistungen outgesourced und später, als die interne Infrastruktur nicht mehr vorhanden war, sehr teuer wieder aufgebaut (ingesourced).

Während die IT-Branche derzeit weltweit eher von Stagnation geprägt ist, wird damit gerechnet, dass der Outsourcingmarkt um 20 bis 35 % wachsen wird. Viele Firmen versuchen, die Fixkosten ihres IT-Service-Managements in variable Kosten umzuwandeln und merken erst spät, dass sie in eine neue umfassende Abhängigkeit des Outsourcers geraten und ihre Flexibilität und Innovationsfähigkeit darunter leidet. Oft wird auch von Entscheidungsträgern ein Outsourceprozess eingeleitet, der kurzfristige Kostenvorteile bringt, die aber langfristig zu höheren zukünftigen Kosten führen. Viele Firmen begreifen auch nicht, dass ihre Geschäftsprozesse nur mittels DV-Verfahren durchführbar sind. Und dass, wenn ein Outsourcing fehlschlägt, es zu immensen Verlusten bzw. im schlimmsten Fall zu einer Insolvenz kommen kann. Oft wird von einer Firma ein Outsourcing vorgenommen, weil vorher Organisationsänderungen nicht durchsetzbar waren oder aber das gegenwärtige Qualitätsniveau des IT-Service als nicht ausreichend erachtet wurde. Manchmal wird ein altes DV-Verfahren outgesourced, um das damit betraute Personal freizuschaufeln, um nach einer Definitions- und Umsetzungphase auf ein neueres System umzusteigen. Hat man sich zu einem Outsourcing entschlossen, so bildet die Grundlage eines möglichen Outsourcing, dass die IT-Aktivitäten möglichst vollständig definiert und beschrieben sind.

Hierfür ist es häufig erforderlich, die IT-Aktivitäten einer Firma vorher zu konzentrieren und zu dokumentieren, da sich dadurch erst der notwendige Überblick über die notwendigen IT-Serviceprozesse erschließt. Um die Angebote verschiedener Outsourcer vergleichen zu können, muss die Firma die IT-Serviceprozesse so gestalten, dass diese einem Standard entsprechen und allgemein ausschreibbar sind. Hier bietet sich das ITIL-Framework an. Angebote von Outsourcingfirmen beziehen sich dann auf denselben Standard mit entsprechenden Kennparametern und sind damit preislich vergleichbar. Oft werden auch die konzentrierten IT-Aktivitäten oder IT-Services in eine eigene Tochtergesellschaft überführt, die dann eventuell auch Leistungen für andere Fir-

Abb. 8.9
Schematischer Prozess des Outsourcings

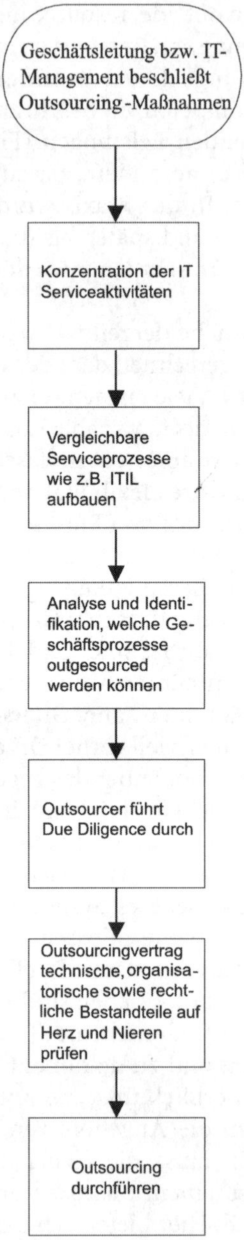

men erbringen kann. Beispiel ist das frühere DEBIS-Systemhaus des Daimler-Chrysler-Konzerns. Oder es wird mit einem großen Dienstleister wie IBM, Siemens oder HP ein Joint Venture gegründet, das den IT-Service für die notwendigen IT-Aktivitäten übernimmt.

Um sicherzugehen, sollten bei jedem Outsourcingvertrag von Vornherein die Modalitäten des Insourcing bzw. die Vergabe der IT-Aktivitäten an einen anderen Outsourcing-Dienstleister geregelt sein, da die Möglichkeit in Betracht gezogen werden muss, dass man mit dem angebotenen Service des Outsourcers nicht zufrieden ist.

Oft wird dem Management einer Firma erst bei den Vertragsverhandlungen klar, wie risikoreich ein Outsourcing sein kann. Auch muss vorher entschieden werden, welche DV-Verfahren, Applikationen oder IT-Serviceprozesse outgesourced werden. Der häufig geprägte Ansatz, alles bis auf Kern(core)-IT-Aktivitäten outzusourcen, führt dann natürlich direkt zu der Frage, was denn die Kern-IT-Aktivitäten einer Firma sind. Vor einer Make- oder Buy-Entscheidung sollten die folgenden Vor- bzw. Nachteile bedacht und jede IT-Aktivität auf ihre Vor- oder Nachteile bezüglich eines Outsourcing untersucht werden.

Vorteile

- Abwälzung von Risiken (technologisch, organisatorisch, rechtlich) an den Outsourcer
- Profitieren von technischem Know-how des Outsourcers
- Kurz-, eventuell mittelfristig planbare Kosten
- Erhöhung der Ausfallsicherheit durch Wählen eines Outsourcers mit Ausweich-Rechenzentrum
- Entlastung der internen DV-Abteilungen von Routineaktivitäten

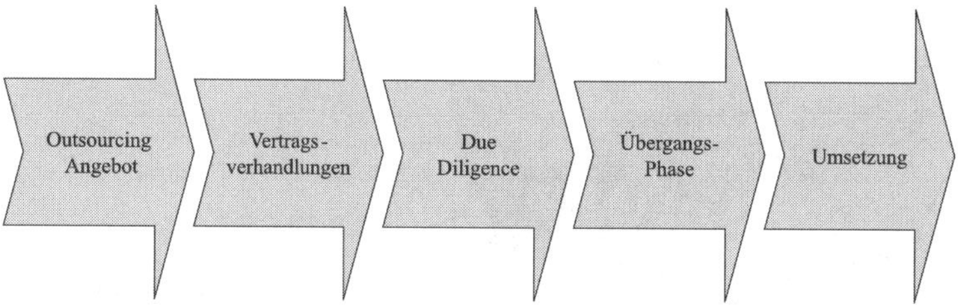

Abb. 8.10 Je nach Komplexitätsgrad kann es zwischen 4 bis 12 Monaten dauern, ein Outsourcing letztendlich durchzuführen

Nachteile

- Intransparenz und technische Abhängigkeit von einem Outsourcer

- Überblick über die technische Infrastruktur geht verloren, was sich bei neuen DV-Verfahren mit einer erhöhten Fehlerquote bemerkbar macht, da Ausschreibungen nicht präzise genug sind
- Integration von neuen DV-Verfahren einer Firma nur mit Mehrkosten möglich
- Verlust der Anpassungsmöglichkeit von DV-Verfahren an firmeninterne Gegebenheiten
- Verlust von IT-Wissensträgern
- Hohe einmalige Umstellungskosten beim Out- und Insourcing
- Risiko einer langfristigen Bindung sowie die potentielle Möglichkeit, dass man mit dem Outsourcer nicht zufrieden ist
- Der direkte Zugriff auf die DV-Verfahren ist nicht mehr gegeben. er erfolgt im Rahmen der Vertragsbestimmungen
- Räumliche Distanz sowie erhöhte Koordinationskosten
- Langfristige Bindung von abgeschlossenen Verträgen verhindert Wechsel zu einem anderen Outsourcer
- Späteres Insourcing ist oft sehr teuer und risikoreich. Es ist meist nach mehreren Jahren unmöglich

Abb. 8.11 Die größten Outsourcer in den USA, [Dat99]

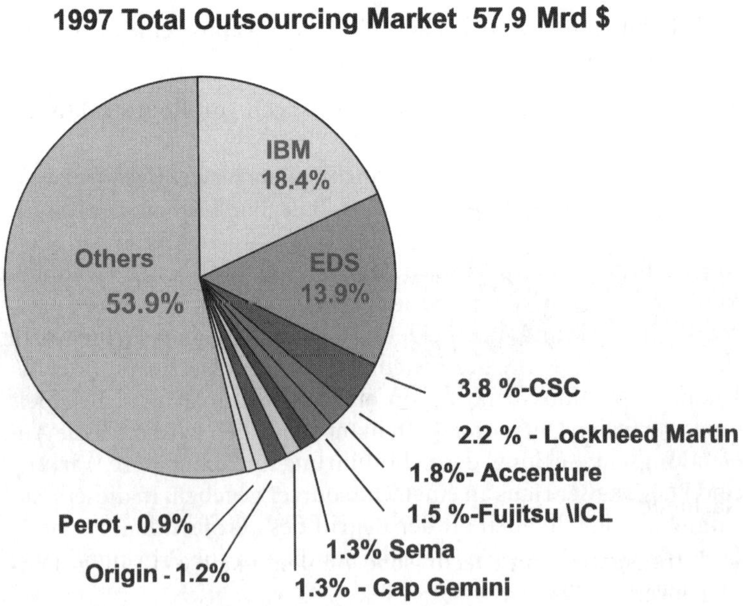

In einer Studie der Firma CMP-WEKA wurden im Jahre 2002 verschiedene Firmen gefragt, welche Bereiche sie momentan outgesourced haben. Abb. 8.11 gibt einen Überblick über die Ergebnisse. Hat man sich mit den theoretischen Vor- bzw. Nachteilen eines Outsourcings auseinandergesetzt, so wird das IT- bzw. Firmenmanagement sich erst einmal mit den heute üblichen Formen eines Outsourcings auseinandersetzen.

8.2.1
Arten des Outsourcings

Die folgenden Formen des Outsourcings haben sich am Markt etabliert:

- Partielles Outsourcing (Outtasking)
- Facilities Management
- Business Application Outsourcing
- Business Process Outsourcing
- Firmeninternes Outsourcing (Tochterunternehmen) auch Inhouse-Outsourcing genannt
- Totales Outsourcing an bzw. Gründung eines Joint Venture mit externem Outsourcing-Dienstleister (steuerliche Vorteile)
- Offshoring

8.2.1.1
Outtasking (partielles Outsourcing)

Beim partiellen Outsourcing, manchmal auch selektives Outsourcing genannt, werden einzelne Tasks, Teile, Funktionen, Leistungen oder Bereiche des IT-Service an einen Outsourcer übergeben. Hierunter fällt z.B. das Outsourcen des Systembetriebes der vorhandenen Serversysteme oder aber der Nutzersupport bzw. das Customer Help Desk und das Incident Management einer Firma. Auch die Aufrechterhaltung des Systembetriebes der Netzwerk- oder Telekommunikationsstruktur von einem Outsourcer sind Beispiele eines partiellen Outsourcing. In manchen Fällen wird auch die Anwendungsentwicklung, deren Einführung und die spätere Wartung und Pflege außer Haus an einen Outsourcer gegeben. In diesem Zusammenhang fällt auch oft der Begriff des „Professional Service". Darunter verstehen viele Dienstleister die externe Erbringung von IT-Dienstleistungen außer Haus.

Beim **Plattform-IT-Outsorcing** werden vom Outsourcing-Dienstleister komplette Rechenzentren übernommen. Darin enthalten ist die gesamte Netzwerkinfrastruktur sowie USV und Klimaversorgung. Alle typischen IT-Serviceprozesse, wie z.B. Backuperstellung, Wartung, Change Management, werden vom Dienstleister übernommen.

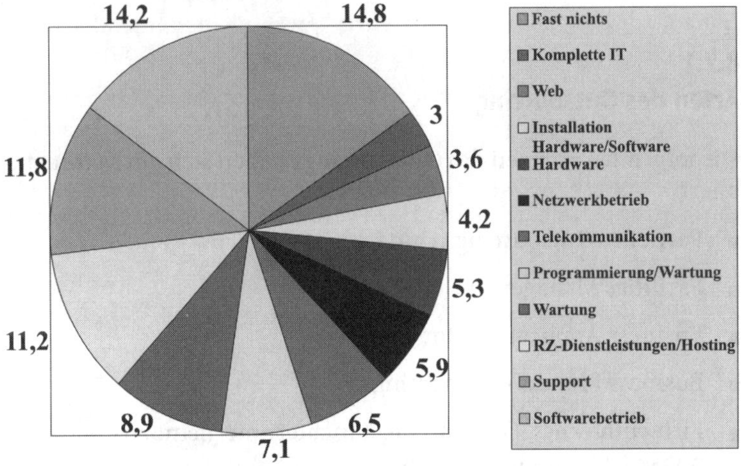

Abb. 8.12 Statistik der Bereiche, die tatsächlich in Unternehmen outgesourced werden [Cmp02]

Unter **Plattform Management** versteht man, dass die Wartung der Hardware, das Updaten des Betriebssystems mit allen Patch-Leveln vom Outsourcing-Dienstleister, innerhalb eines Full Managed Service, übernommen wird. Außerdem werden Vorschläge gemacht, wie die Verfügbarkeit der eingesetzten Serverhardware vergrößert werden kann.

Beim **System Hosting** bzw. System Outsourcing werden Teilbereiche des Rechenzentrums, wie z.B. das Netzwerk (Network Infrastructure Outsourcing), die Datenbankadministration oder die zentrale Speicherverwaltung dem Outsourcing-Dienstleister übergeben.

8.2.1.2 Facilities Management

Der Outsourcing-Dienstleister stellt zentrale IT-Infrastrukturen, z.B. Rechenzentrumskapazitäten oder komplette Netzwerke zur Verfügung. Er übernimmt die Wartung und das System-, Backupmanagement. Das Incident- und Problemmanagement verbleibt beim Kunden.

8.2.1.3
Business Application Outsourcing

Unter Business Application Outsourcing versteht man das Auslagern von applikationsgestützten Geschäftsprozessen, wie z.B. Application- und Web Hosting, Application Management bzw. Application Service Providing. Manchmal fällt in diesem Zusammenhang auch der Begriff **„Third Party"**, was nichts anderes bedeutet, als dass nicht der Nutzer bzw. der Hersteller einer Applikation mit Aufgaben betraut wird, sondern der Outsourcing-Dienstleister. Die verschiedenen Varianten des Business Application Outsourcing werden im Folgenden kurz erklärt.

Beim **Application Hosting** ist der Kunde der Besitzer der Standardsoftware, welche auf der Hardware des Dienstleisters läuft. Der Dienstleister betreut die Hardware bis hin zum Betriebssystem. Der Kunde übernimmt selbst den IT-Service, wie z.B. Incident- und Problemmanagement, der Standardsoftware. Das **Web Hosting** ist eine Form des Application Hosting, bei dem der durch eine Firma erzeugte Content (Text, Audio, Video) der Firmeninternetpräsenz durch einen Dienstleister verbreitet wird. Der Dienstleister ist meist breitbandig an verschiedenen Standorten auf der Welt ans Internet angeschlossen, so dass der Content schnell ausgeliefert werden kann.

Eine andere Variante des Business Application Outsourcing ist das **Application Management.** Hierbei übernimmt der Dienstleister neben der Bereitstellung der Hardware auch den IT-Service für die Standardsoftware (Managed Service).

Beim **Application Service Providing** ist der Dienstleister der Besitzer der Standardsoftware, der diese gegen Gebühren vermietet. Der externe Dienstleister sorgt für eine störungsfreie Nutzung und laufende Aktualisierung der Standardsoftware. Er übernimmt darüber hinaus neben dem „Hosting" noch den IT-Service bzw. alle spezifizierten Leistungen für den Kunden. Beispiel ist eine Dokumenten-Managementsoftware oder das Bereitstellen einer EDI (Elektronic Data Interchange)-Handelsplattform. Die Abrechnung erfolgt über eine monatliche Gebühr oder über die mit der Standardsoftware getätigten Transaktionen. Der Zugriff auf die Standardsoftware erfolgt in allen Fällen z.B. übers Internet, über Standleitung bzw. über VPNs. In allen drei Fällen ist ein Manko die fehlende Vertraulichkeit der Datentransaktionen. Der Unterschied zwischen Application Hosting Management sowie Application Service Providing besteht darin, dass einmal eine angepasste Standardsoftware und einmal die Software in allgemeiner Form von einem Dienstleister zur Verfügung gestellt wird.

Tabelle 8.2
Bereiche, in denen ein Business Process Outsourcing durchgeführt werden kann

Business Process Outsourcing					
Personalverwaltung	Finanzverwaltung	IT-Service Abteilung	Einkauf und Vertrieb	Rechnungswesen	Facilitymanagement
Lohnabrechnung	Bilanzierung	Rechenzentrum	Materialverwaltung	Faktorierung/ Billing	Asset Management
Personalbesetzung	Steuer	Customer Help Desk	Beschaffung	EDI (Elektronik Data Interchange)	Archiv und Dokumenten-Management
Schulung	Finanz Management	Incident/ Problemmanagement	Handelsportal	Finanzplanung	Raumbelegung
Sozialleistung	Rechnungswesen	Projektierung/ Entwicklung	Vertriebsunterstützung	Buchhaltung	Sicherheitsdienst

8.2.1.4
Business Process Outsourcing

Unter Business Process Outsourcing (BPO) versteht man die Auslagerung von einzelnen vollständigen Geschäftsprozessen einer Firma an einen Dienstleister. Im Gegensatz zu den vorher besprochenen Outsourcingformen ist der Dienstleister eines BPO in der technischen Umsetzung dieses BPOs frei. Der Kunde bezieht eine Leistung, sprich das Prozessergebnis, ohne sich um deren Umsetzung kümmern zu müssen. Der Geschäftsprozess muss nicht unbedingt IT-gestützt aufgebaut sein. Grundsätzlich unterscheidet man beim Business Process Outsourcing zwischen Transaktions-, Business- und Vertically-basierendem Outsourcing. Beim Transaktionsbasierenden Business Process Outsourcing werden meist einfache, begrenzte und wiederholbare Firmenaufgaben, die ein hohes Volumen an wiederholbaren Transaktionen umfassen, outgesourced.

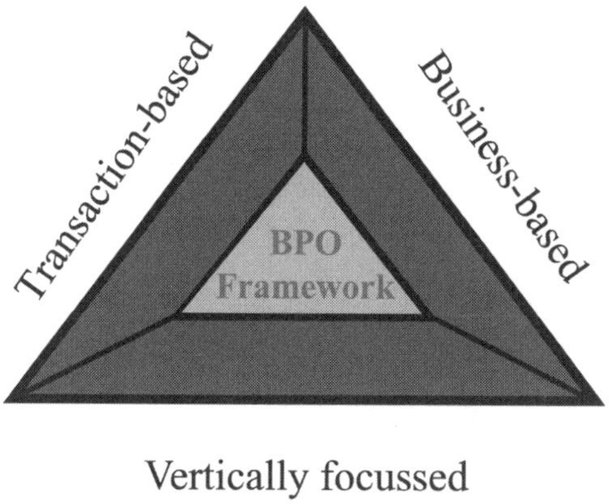

Abb. 8.13
Arten des Business Process Outsourcing

Als Beispiel ist hier die Lohnabrechnung oder der Zahlungsverkehr einer Firma zu nennen. Aber auch die Reisekostenabrechnung eines Unternehmens kann outgesourced werden. Beim „Business-based“ auch manchmal „Business Methodology-based“ genannten Business Process Outsourcing werden industriespezifisch an eine Branche gebundene Geschäftsprozesse outgesourced, die durch ihre Standardisierung innerhalb dieser Branche bekannt sind. Dabei wird die gesamte Verantwortung und das Management dieses Geschäftsprozesses in die Hand des Outsourcers gelegt. Beispiel ist hier z.B. das Customer Help Desk, Call Center bzw. die spezifische Produktunterstützung, wie die Reklamationsbearbeitung oder aber alle Formen des CRM (Customer Relationship Management). Aber auch viele personalspezifische (HR; Human

Resources) Dinge, wie z.B. die externe Bearbeitung von Stellenausschreibungen, fallen darunter. Eine weitere Variante des Business Process Outsourcing ist das Vertically-basierte. Darunter versteht man Geschäftsprozesse einer Firma, die zu einem hohen Maße an die Bedürfnisse eines Kunden angepasst werden müssen. Beispiel ist z.B. die outgesourcte Pflege und Wartung einer firmenspezifischen Applikation.

Ein wichtiger Punkt beim BPO ist die Integration des outgesourcten Geschäftsprozesses in das normale Arbeitsfeld der Firma, die die Ergebnisse dieses BPO in Anspruch nimmt. Normalerweise werden entsprechende Weitverkehrsnetzwerke genutzt, die den Zugriff darauf erlauben. Auch die Überprüfung der vorher definierten Prozesskennzahlen stellt einen wesentlichen Faktor bei der Qualität eines BPO dar.

Abb. 8.14 Indische Software Firmen sind groß im Kommen. Ob der Trend anhalten wird, muss abgewartet werden [Nas01]

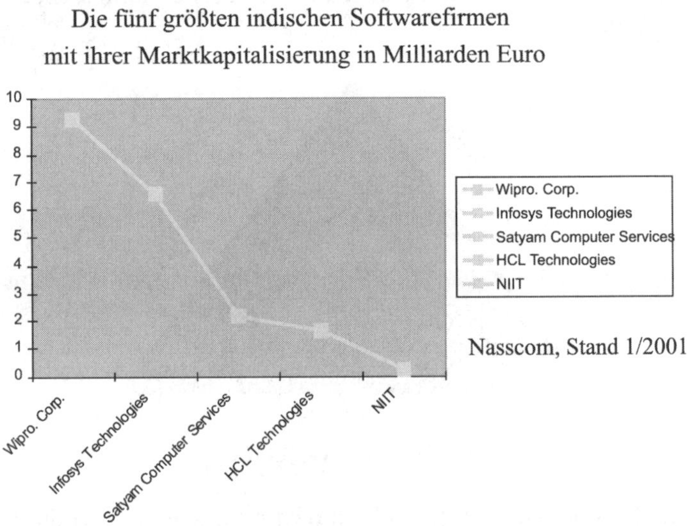

8.2.2 Offshoring

Unter Offshoring versteht man ein Outsourcen von firmeninternen Projekten oder IT-Service-Aktivitäten in Ländern mit niedrigeren Lohnkosten, wie z.B. Indien. Das Wachstum der fünf größten IT-Unternehmen in Indien lag im Zeitraum der Jahre 2001 bis 2002 bei etwa 25%. In Indien gibt es rund 1,4 Millionen DV-Fachleute, die etwa 25% von dem verdienen, was ihre Kollegen in den USA oder Europa erhalten.

Es ist zwar in Laufe der Zeit mit einer Angleichung der Lohnverhältnisse zu rechnen, wobei es dann sicherlich die Möglichkeit gibt, die Projekte nach China oder in andere asiatische Länder outzusourcen. Den Kostenvorteil des Offshoring erkauft man sich mit dem eigenen Know-how-Verlust in der Firma und einer Sprachbarriere. Auch wird das eigene heimische Wirtschaftsklima verschlechtert, da hochqualifizierte Arbeitsplätze wegfallen und damit Innovationsfähigkeit fehlt.

Manche Firmen, die Entwicklungen in Indien haben durchführen lassen, sind auf negative Seiteneffekte gestoßen, wie z.B. häufige Stromunterbrechungen oder eine schlechte Qualität der Stromversorgung, die zu vielen Fehlfunktionen der eingesetzten Hardware führten.

8.2.3 Insourcing

Nach einer Statistik der Firma PA Consulting aus dem Jahre 1994 gaben mehr als ein Viertel der befragten 230 Unternehmen an, schlechte Erfahrungen mit dem Outsourcing gemacht zu haben. Gründe waren eine Kosteneskalation sowie eine unzureichende Qualität der Dienstleistungen. Dies führte dann zu einem Insourcing.

Auch wurde bei vielen Outsourcingvorgängen in der Vergangenheit angenommen, dass die betroffenen Teile keinen strategischen Anteil an den Geschäftsprozessen einer Firma hätten, was sich dann bei später angestellten Untersuchungen als falsch erwies bzw. sich im Laufe der Zeit zu strategischen Anteilen entwickelte.

Beim Insourcing, manchmal auch Backsourcing oder Resourcing genannt, werden Teile bzw. alle outgesourcten IT-Dienstleistungen wieder zurück in die Verantwortung einer Firma geholt. Dies erfordert, genau wie beim Outsourcing, eine Analysephase und geht meist nicht von heute auf morgen. Oft wird Teil für Teil bzw. DV-Verfahren für DV-Verfahren in die Selbstverantwortlichkeit zurückgeholt. Schwierig dabei sind die rechtlichen Fragen, die sich aus dem Outsourcingvertrag ergeben können, sowie die Kosten des Insourcingvorganges.

Eine Schlüsselfrage beim Insourcing ist, ob die finanziellen, technischen und organisatorischen Vorteile des früheren Outsourcings noch gegeben sind. Wichtig in diesem Zusammenhang ist auch die Frage, welche outgesourcten IT-Aktivitäten und DV-Verfahren für die Wettbewerbsfähigkeit einer Firma wichtig sind.

8.2.4 Service Level Agreements versus Service Value Agreements

Der Grund, warum heute innerhalb eines Outsourcingvertrages statt Service Level Agreements (SLA) des öfteren Service Value Agreements (SVA) abgeschlossen werden, besteht darin, dass viele Firmen trotz der hundertprozentigen Einhaltung aller definierten Service Level Agreements innerhalb eines Outsourcingvertrages doch nicht ganz mit dem Gesamtresultat zufrieden sind.

Abb. 8.15 Heutiger Trend weg von vielen einzelnen SLA zu einem SVA (Service Value Agreement), das sich an der Balanced Scorecard orientiert

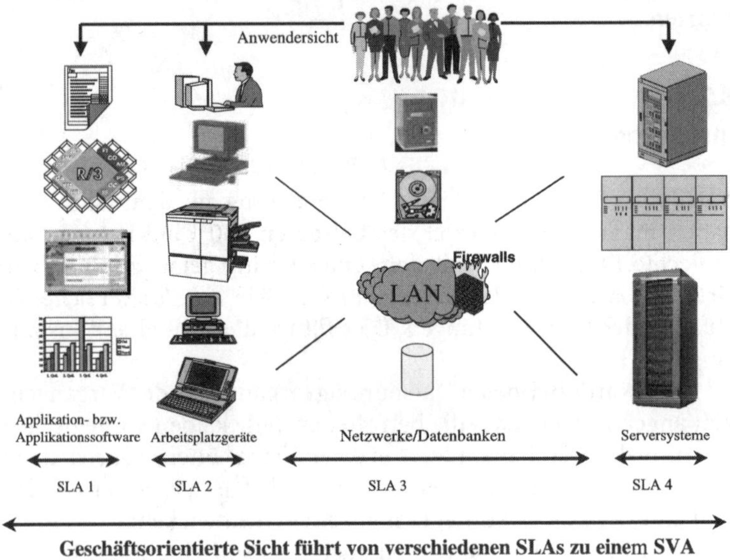

Dies liegt meist daran, dass der Dienstleister sich mehr auf die Einhaltung technischer Rahmenparameter konzentriert und dabei die übergeordneten Geschäftsziele, die mit dem Geschäftsprozess einhergehen, aus den Augen verliert.

Deswegen versucht man mittels Einbeziehung spezifischer Geschäftsprozessfaktoren (Values) übergreifende Vereinbarungen aufzustellen, mit denen sichergestellt werden soll, dass eine Firma mit dem gelieferten Service zufrieden ist.

Der Dienstleister wird somit zum Generalunternehmer für den ausgelagerten Geschäftsprozess.

Die Geschäftsprozessfaktoren orientieren sich oft an Kennwerten der Balanced Scorecard einer Firma.

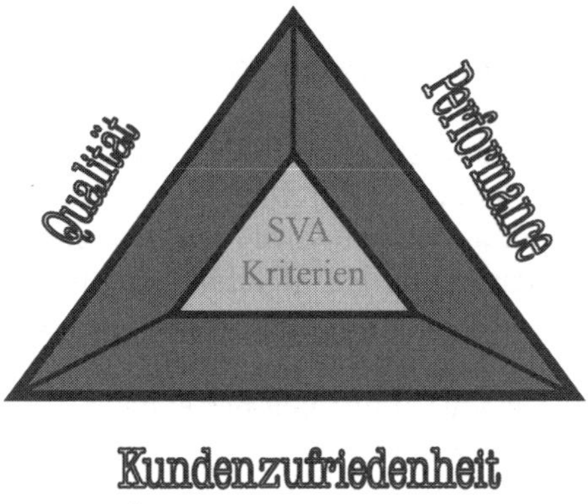

Abb. 8.16
SVA (Service Value Agreements)-Kriterien nach Balanced Scorecard

8.2.5 Customer Advocacy Center

Das Customer Advocasy Center, auch Access Customer Advocacy Center (ACAC) genannt, nimmt innerhalb einer Firma, die ihre IT-Aktivitäten outgesourced hat, Fragen bzw. Beschwerden gegenüber dem Outsourcer entgegen und vertritt dann diesen Standpunkt gegenüber dem Outsourcer, indem z.B. die ausgehandelten Verträge verändert oder aber die Beschwerden kommuniziert werden.

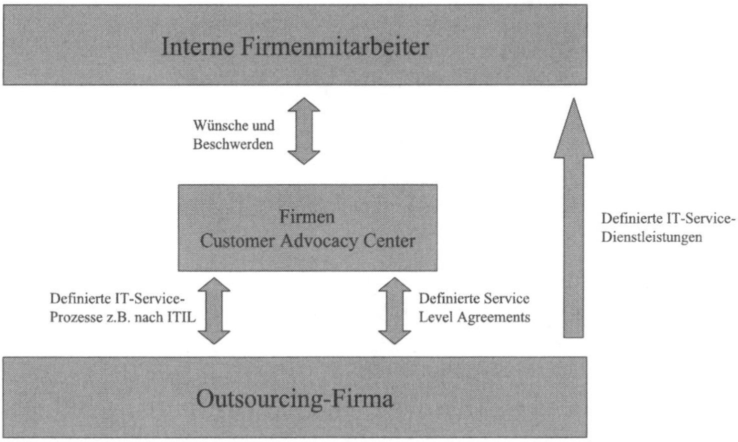

Abb. 8.17
Einsatz des Customer Advocacy Center in einer Firma

Das Customer Advocacy Center verwaltet die Geschäftsverträge bezüglich der outgesourcten IT-Aktivitäten und prüft, ob die definierten Service Level Agreements eingehalten werden bzw. welche rechtlichen Ansprüche und Möglichkeiten gegenüber der Outsourcingfirma bestehen.

8.2.6
Gebührenmodelle beim Outsourcing

Bei allen Gebührenmodellen, die beim Outsourcing üblich sind, gilt es zu bedenken, dass es durch die notwendigen Anpassungsklauseln bzw. Vertragslaufzeiten oft nur zu einem kurzfristigen Spareffekt kommen kann, der sich dann durch die bestehenden Nachteile und die Abhängigkeit vom Outsourcing-Dienstleister für ein Unternehmen zukünftig eher negativ auswirkt. Auch sollte man bedenken, dass Outsourcingfirmen bestehende Risiken nicht umsonst übernehmen werden.

Abb. 8.18 Die in der Praxis üblichen Gebührenmodelle beim Outsourcing

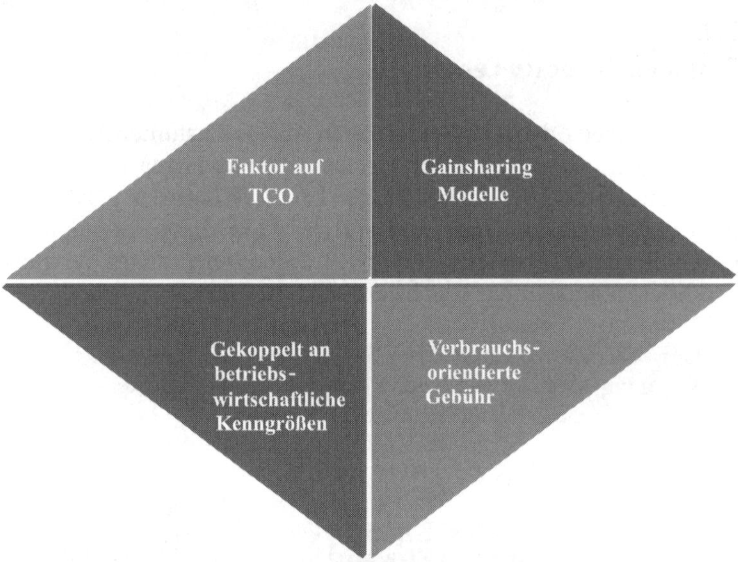

Manche Outsourcingfirmen gewähren auch Preisnachlässe unter der Bedingung einer langen Vertragsdauer, um letztendlich das Outsourcing attraktiv zu machen. Auch werden meist die Kosten, die sich durch ein eventuelles späteres Insourcing bzw. die Verlagerung zu einem anderen Outsourcer ergeben, nicht mit eingerechnet. Hat man die Kosten in seiner Finanzplanung eingeplant, kann man beruhigt in die Vertragsverhandlungen mit einem Outsourcer gehen. Aber welche Gebührenmodelle sind beim Outsourcen üblich? Üblich sind:

- Verbrauchsorientierte Gebührenmodelle
- Gainsharing-Modelle

- Faktor des bisherigen gesamten TCO (z.B. 80% des TCO)
- Gebühren gekoppelt an betriebswirtschaftliche Kenngrößen eines Unternehmens (z.B.: gekoppelt an operative Ergebnisse der Quartalsabschlüsse)

8.2.6.1 Verbrauchsorientierte Gebührenmodelle

Verbrauchsorientierte Gebührenmodelle orientieren sich mit ihren Preisen nur an der tatsächlich genutzten Leistung des Outsorcing-Dienstleisters. Als Abrechnungsgrundlage eignet sich z.B.:

- Anzahl der Arbeitzplätze
- Genutzte CPU- und Speicherkapazitäten
- Anzahl von Druckjobs
- Anzahl der LAN-Anschlüsse
- Anzahl der User
- Anzahl von Transaktionen
- Anzahl der Anrufe zur Benutzerunterstützung

8.2.6.2 Gainsharing-Modelle

Outsorcing-Gebühren, die sich an Gainsharing-Modellen orientieren, teilen den erzielten Gewinn, der sich durch das Outsourcen der IT-Aktivitäten ergibt, mit dem Kunden. Grundlage sind auswertbare Kostendaten der IT-Aktivitäten, die einem Unternehmen in den letzten Jahren entstanden sind. So könnten z.B. 20–30% der Einsparungen, die sich durch den effizienteren Outsourcingbetrieb ergeben, an das Unternehmen, das outgesourced hat, zurückgegeben werden.

8.2.6.3 Faktor auf TCO

Bei diesem Gebührenmodell legt der Kunde seine Berechnungen über die TCO (Total Cost of Ownership) der genutzten DV-Verfahren bzw. die dedizierte TCO der für das Outsourcing vorgesehenen Teilelemente vor. Der Outsourcer berechnet dann einen bestimmten Faktor, z.B. 75–85% auf das festgestellte TCO. Viele Firmen freuen sich über diese 25 bis 15% Einsparung, wobei die Kosten für ein späteres Insourcen bzw. Aufbau und Unterhaltung eines Customer Advocacy Center nicht mit eingerechnet sind.

8.2.6.4 Gebühren, gekoppelt an betriebswirtschaftliche Kenngrößen eines Unternehmens

Da die Geschäftsprozesse einer Firma hauptsächlich auf den IT-gestützten DV-Verfahren basieren und somit fast alle betriebswirtschaftlichen Kenngrößen eines Unternehmens davon abhängig sind, wird vom Outsourcing-Dienstleister entsprechend dieser Kenngrößen ein Gebührensatz erhoben. Dieser wird im Vorfeld ausgehandelt und gestaffelt. Werden die vermuteten betriebswirtschaftlichen Kenngrößen nicht erreicht, so zahlt der Kunde entsprechend weniger. Bei Web-basierten Handelsplattformen wäre z.B. der Umsatz bzw. die Anzahl von neuen Aufträgen, die durch IT-gestützte DV-Verfahren zustandekommen, eine entsprechende betriebswirtschaftliche Kenngröße.

8.3 Gesetze, Verordnungen, Normierungen und Grundsätze mit Einfluss auf das IT-Servicemanagement

Ein heutiges Unternehmen hat neben seinen betriebswirtschaftlichen Risiken eine Fülle von Gesetzen, Normen und Verordnungen zu befolgen, die es manchmal schwer machen, Profite zu erwirtschaften. Informationsdefizit liegt in den meisten Fällen vor. Werden diese Anforderungen nicht ernst genommen, so ist eine Haftung der leitenden verantwortlichen Mitarbeiter eines Unternehmens nicht auszuschließen. Möchte ein Unternehmen günstigere Konditionen für seine laufenden Kredite erhalten, so wird es mittels BASEL II zu einem Mindestanforderungsstandard an das Riskmanagement gezwungen.

Das Steuerrecht, das den Finanzbehörden Zugriff auf wesentliche Daten eines Unternehmens erlaubt, hat einen Einfluss auf die internen Geschäftsprozesse des Unternehmens und weitreichende Konsequenzen auf die Firmenorganisation sowie die durchgeführten IT-Servicemanagementprozesse. Das prozessorientierte ITIL-Servicemanagement-Framework kann eine Antwort auf die steigenden regulierenden Anforderungen an ein Unternehmen sein. Folgende exemplarischen Gesetze und Verordnungen sind für ein Unternehmen von Belang:

- Datenschutz (BDSG)
- Steuerrecht (GoBS, GoDV)
- Anforderungen und Normierungen der Versicherungsbranche (VdS)
- Telekommunikations- und Medienrecht
- Handelsgesetzbuch (HGB)
- Kapitalmarktanforderungen (BASEL II)
- Gesetz zur Kontrolle und Transparenz im Unternehmensbereich (KonTraG)
- Bilanzierungsvorschriften (Sarbanes-Oxley)

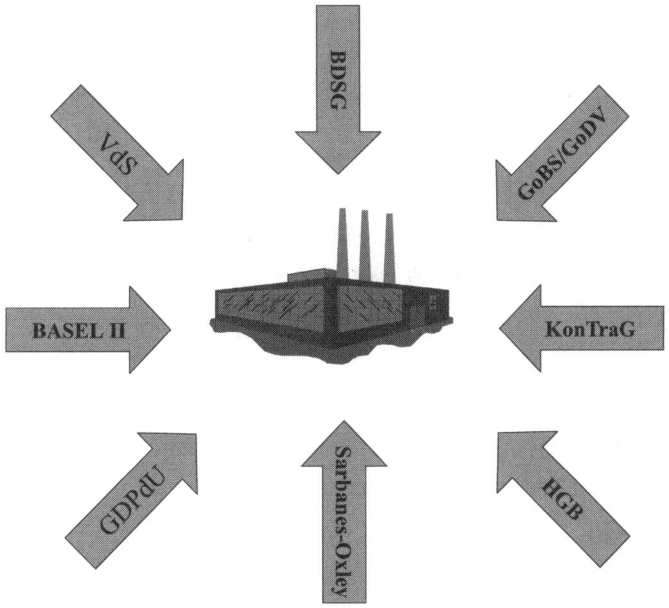

Abb. 8.19 Einfluss der heutigen Gesetzeslage auf die IT-Infrastruktur eines Unternehmens

Im Weiteren wollen wir verschiedene Gesetze und Verordnungen in Bezug auf die eingesetzten DV-Verfahren und die notwendigen IT-Servicemanagementprozesse genauer betrachten.

8.3.1 Anforderungen und Normierungen der Sachversicherer mit Einfluss auf die IT-Infrastruktur sowie Organisationsstruktur eines Unternehmens

Viele Bestimmungen und Normierungen der heutigen Zeit sind durch die Versicherungswirtschaft eingebracht worden [Vds04]. Deren Intention dabei war es neben einer Einschätzung der Risiken von Versicherungspolicen auch eine Reduktion möglicher Personen- und Sachschäden im Alltag zu erreichen.

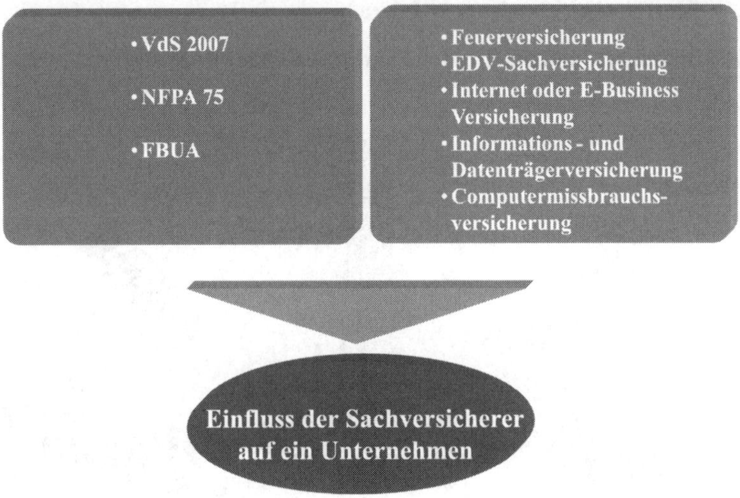

Abb. 8.20 Durch Normierungen und Versicherungspolicen wirkt die Versicherungswirtschaft auf Unternehmen bzw. deren IT-Infrastruktur und Geschäftsprozesse ein

Folgende gebräuchliche Versicherungen, auch in kombinierter Form, sind heute im Unternehmensbereich möglich:

- Sach- und Feuerversicherung
- Betriebsunterbrechungs-Versicherung
- Computermissbrauchsversicherung
- EDV-Sachversicherung (Elektronikversicherung)
- Informationsverlust- und Datenträgerversicherung
- Haftplichtversicherung
- Versicherung gegen Ersatzansprüche von Dritten
- Computer-Missbrauchsversicherung

Neben einer reinen Versicherung des Sachschadens ist oft eine Mehrkostenversicherung möglich, die neben dem reinen Sachschaden der versicherten Hardware auch die Kosten übernimmt, die durch die Nutzung eines Ersatzsystems entstanden sind.

Besondere Anforderungen der Versicherungsbranche bestehen für die Feuerversicherung eines Unternehmens bzw. dessen IT-Infrastruktur, wie z.B. die Rechenzentrumsinfrastruktur. Darunter fallen die baulichen Gegebenheiten des Rechenzentrums bis hin zu der Spezifikation von Datensicherungssafes und deren Aufstellungsort. Oft gilt hier auch als übergeordnete Grundlage das Baurecht bzw. bauordnungsrechtliche Verordnungen, die z.B. regeln, dass Fernmeldeanlagen auch im Katastrophenfall einsatzfähig bleiben müssen.

Bekannte Normierungen sind neben DIN (Deutsches Institut für Normung) [Din04] die Normierungen des VDE (Verein Deutscher Elektrotechniker) [Vde04], des Verband der Sachversicherer (VdS), VDMA (Verband Deutscher Maschinen- und Anlagenbauer) oder der amerikanischen NFPA (National Fire Protection Association). Diese bilden oft die Grundlage der heutigen normierten Anforderungen an die Rechenzentrumsinfrastruktur.

Bekannte Standards, Normierungen und Bedingungen der Versicherungsbranche sind:

- Allgemeine Feuer-Betriebsunterbrechungs-Versicherungs-Bedingungen (FBUB)
- VdS 2007 Brandschutz in EDV-Räumen [Lam04]
- NFPA 75 Standard

Oft ist es bei verschiedenen Arten einer EDV-Versicherung, wie z.B. bei der Internet-Police so, dass Grundlage eines Versicherungsabschlusses ein Audit der entsprechenden IT-Infrastruktur eines Versicherungsnehmers (Unternehmen) durch einen unabhängigen Sachverständigen ist. Man kann dies vergleichen mit der Situation beim Abschluss einer privaten Lebensversicherung, deren Abschluss an eine Untersuchung durch einen Vertrauensarzt der Versichung gekoppelt ist.

Per Vertrag wird des öfteren festgelegt, dass diese Audits in regelmäßigen Abständen neu erfolgen müssen, um den Versicherungsanspruch aufrechtzuerhalten. Meist sind auch entsprechende organisatorische Notfallpläne, die während eines solchen Audits aufgestellt werden, vertraglich bindend; d.h. wird dem Unternehmen nachgewiesen, dass bei einem Versicherungsfall der festgelegte Notfallplan nicht durchgeführt wurde, kann dies dazu führen, dass die Versicherung die Schadensregulierung ablehnt.

Da die Versicherungsunternehmen ihr Risiko genau einschätzen wollen, muss sich ein Unternehmen auf eine intensive Überprüfung einstellen. Voraussetzungen für eine solche Versicherung bilden meist auch teure zugrunde liegende IT-Infastrukturen, wie z.B. Firewallsysteme. Beachtet werden muss auch, dass viele Versicherungen Betriebsunterbrechung durch Viren- und Hacking-Angriffe bzw. die dadurch entstehenden Schäden kaum versichern. Hier zählt wie so oft die Eigenvorsorge.

8.3.2 Gesetze mit Einfluss auf die elektronische Buchführung eines Unternehmens

Das Steuerrecht, das den Finanzbehörden Zugriff auf wesentliche Daten eines Unternehmens erlaubt, hat einen Einfluss auf die internen Geschäftsprozesse des Unternehmens. IT-gestützte Buchführung ist heute fast ausnahmslos die Regel, so dass der Gesetzgeber entsprechende Rechtsgrundlagen für eine mögliche Wirtschaftsprüfung dieser IT-gestützten Buchführung vorsieht.

Folgende Gesetze, Verordnungen und Grundsätze finden exemplarisch Anwendung und müssen innerhalb der Finanzabteilungen eines Unternehmens berücksichtigt werden:

- HGB sowie AktG
- GoBS – Grundsätze ordnungsmäßiger DV-gestützter Buchführungssysteme
- GDPdU – Grundsätze zum Datenzugriff und zur Prüfbarkeit digitaler Unterlagen [Gdp04]
- GoDV – Grundsätze für eine ordnungsgemäße Datenverarbeitung

Abb. 8.21 Geschäftsprozesse werden durch Gesetze und Verordnungen in IT-Verfahren moduliert

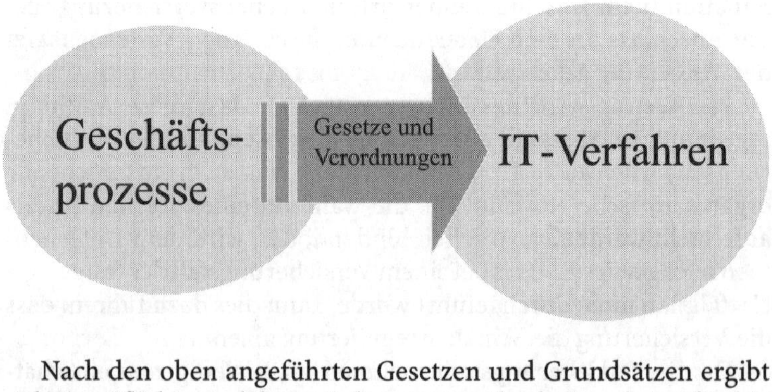

Nach den oben angeführten Gesetzen und Grundsätzen ergibt sich eine Pflicht zur elektronischen Auswertbarkeit und eine direkte

Zugriffsmöglichkeit auf diese Daten. Daneben werden Mindestzeiten zur elektronischen Archivierung vorgegeben.

Nachfolgend ein Beispiel, das nachdenklich stimmen soll. Nach § 257 HGB (Handelsgesetzbuch) welches sich auf die Aufbewahrung von Unterlagen sowie deren Aufbewahrungsfristen bezieht, müssen Handelsbücher, Inventare, Eröffnungsbilanzen, Jahresabschlüsse, Lageberichte, Konzernabschlüsse und -Lageberichte sowie die zugrunde liegenden Buchungsbelege über einen Zeitraum von 10 Jahren aufbewahrt werden. Für Handelsbriefe bzw. den gesamten zugrunde liegende Schriftwechsel gilt eine Aufbewahrungspflicht über sechs Jahre. Dies bedeutet, dass z.B. die heute oft genutzten EMails ebenfalls sechs Jahre auf Datensicherungsmedien abgespeichert werden müssen. Was viele Unternehmen dabei vergessen ist, dass die Daten ohne die entspechende Applikationssoftware sowie zugrunde liegende Server und Betriebssysteme häufig später nicht mehr lesbar sind.

Berücksichtigen muss ein Unternehmen auch, dass sich innerhalb von 6 Jahren in der IT-Technologie sehr viel ändert, angefangen bei anderen leistungsstarken Serversystemen bis zu neuen Versionen von Betriebssystemen bzw. Betriebssystemvarianten wie z.B. LINUX und Windows XP, NT und entsprechender Patches.

Oft erkennen die Firmen gar nicht, welche Auswirkungen dies auf die Lesbarkeit ihrer alten Daten hat, zu deren Zugriff sie nach Gesetz verpflichtet sind. Für ältere DV-Systeme kann es zu Lieferengpässen bezüglich Speicherbausteinen, Festplatten und CPUs kommen, da diese nicht mehr hergestellt werden. Trotz entsprechender Datenbackups ist ein direkter Zugriff dann nicht mehr möglich. Der Preiskampf der Hersteller von Hardware führt dazu, dass Garantien bezüglich Ersatzteillieferungen nur noch in eingeschränktem Maße erteilt werden.

Eine entsprechende Haftung bei Nachweis einer groben Fahrlässigkeit bezüglich der Sicherheit der Kommunikations- bzw. EDV-Systeme kann nach HGB/BGB dazu führen, dass verantwortliche Mitarbeiter für Vermögensschäden eines Unternehmens aufkommen müssen.

8.3.3 KonTraG und AktG

KonTraG (Gesetz zur Kontrolle und Transparenz im Unternehmensbereich) ist der Versuch des Gesetzgebers eine „Corporate Governance" d.h. übergeordnete Grundsätze, Verfahren und Maßnahmen zu definieren, welche möglichst effizient zur Bewertung und Unterstützung sowie Durchsetzung der Unternehmensstrategien und -ziele beitragen sollen. Es sollen mit spezifischen Methoden und Konzepten unternehmerische Risiken kontrolliert und gesteuert werden.

Abb. 8.22
Basel II und KonTraG haben einen Einfluss auf das Dokumenten- und Risk-Management einer Firma

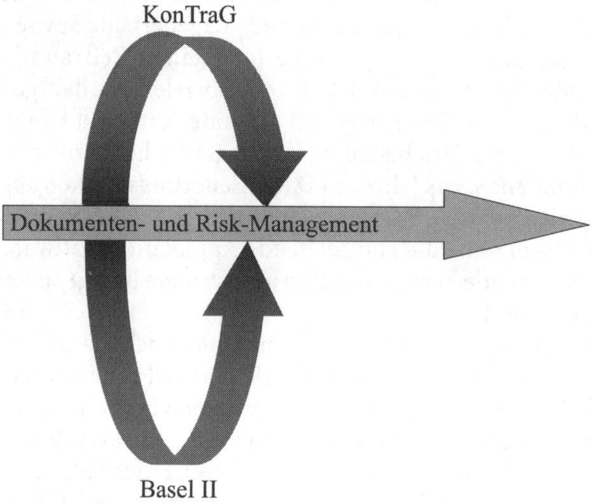

KonTraG ist streng genommen kein eigenes Gesetz, sondern eine Sammlung von Änderungen von anderen Gesetzen wie z.B. des HGB und des AktG. KonTraG findet Anwendung für alle Kapitalgesellschaften, GmbHs und Aktiengesellschaften, d.h. für fast alle Unternehmenformen. Im § 91 II AktG (Aktien- und GmbH-Gesetz) steht:

dass der Vorstand eines Unternehmens geeignete Maßnahmen zu treffen, insbesondere ein Überwachungssystem einzurichten hat, damit den Fortbestand der Gesellschaft gefährdende Entwicklungen früh erkannt werden können.

Nach AktG §147 III können auch Schadensersatzansprüche gegen Organmitglieder bei nachweisbaren groben Pflichtverletzungen erhoben werden. Ziel ist es, dafür zu sorgen, dass bei einer Unternehmenskrise der Vorstand eines Unternehmens den Nachweis einer pflichtgemäßen Unternehmensführung leisten kann. Er muss nachweisen, dass er alles Erdenkliche getan hat, um Risiken frühzeitig zu erkennen, und dass er entsprechende Abwehrmaßnahmen durchgeführt hat.

Neben der Dokumentation, wie das Unternehmen ein entsprechendes Riskmanagement durchgeführt hat, sind dessen Ergebnisse wichtig, um bei einer Unternehmenskrise die nötige Transparenz über diese Krise zu erlangen. Der Gesetzgeber hat den Unternehmen jedoch nicht vorgeschrieben, wie ein entsprechendes Risikomanagement bzw. Risikofrüherkennungssystem umgesetzt werden soll; dies ist Aufgabe und unternehmerische Freiheit des Unternehmens selbst.

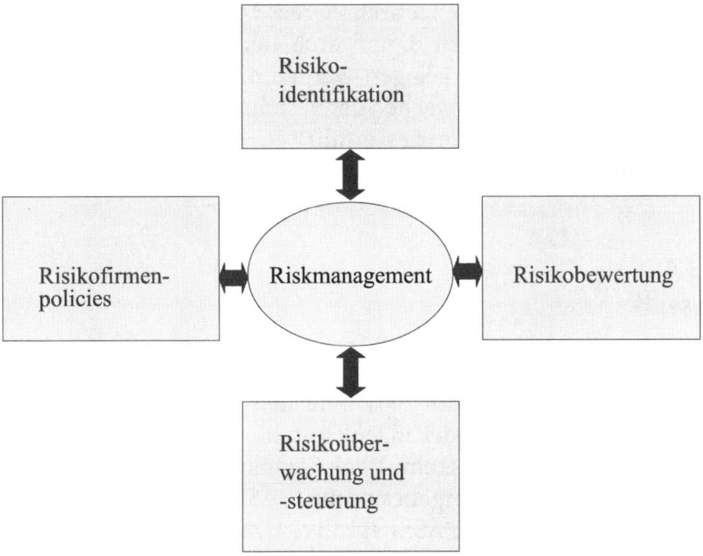

Abb. 8.23
Teile des Risk-managements

Da alle Geschäftsprozesse auf IT- und DV-Verfahren aufbauen, ist ein firmeninternes Riskmanagement dieser Infrastruktur automatisch Teil der unter KonTraG definierten Anforderungen an ein Unternehmen. Ziel eines Riskmanagements kann es jedoch nicht sein, jedes Risiko zu eliminieren – dies wird sich nicht durchführen lassen –, sondern das gezielte Überwachen der akzeptierten Risiken ist Gegenstand eines guten Riskmanagements.

Ein effektives Riskmanagement ist somit eine Möglichkeit zur proaktiven Steuerung und Kontrolle der bekannten und akzeptierten Risiken. Ein Riskmanagement muss in die Geschäftsprozesse einer Firma integriert werden, nur so kann sichergestellt werden, dass ein solches System auch tagtäglich gelebt wird.

Alle unternehmerischen Assets (Vermögensbestandteile) können bedroht sein und müssen durch eine Risikoanalyse auf ewentuelle Bedrohungen hin untersucht werden. Anhaltspunkte, welche Assets eine Firma hat, bietet auch das KonTraG-Gesetz aus dem Jahre 1998.

Nach dem KonTraG-modifizierten § 91 Abs. 2 AktG muss der Vorstand einer Aktiengesellschaft geeignete Maßnahmen (Überwachungssystem) ergreifen, damit den Fortbestand der Gesellschaft gefährdende Entwicklungen früh erkannt werden können. Da die meisten Geschäftsprozesse einer Firma auf IT-Verfahren basieren, ist ein Risikomanagement dieser Systeme somit unumgänglich.

Eine Auswirkung des KonTraG ist die Pflicht, digital erstellte Dokumente auch digital zu archivieren. Dies bedeutet, dass eine große Anzahl von Daten digital archiviert werden müssen und dass diese Daten sicher gelagert werden müssen. Ein Minimieren bzw. konsequentes Überwachen der bestehenden Risiken genutzter IT-gestützter Geschäftsprozesse führt zu einem Minimieren von Rückstellungen innerhalb der Bilanz eines Unternehmens.

8.3.4
Basel II

Um eine größere Sicherheit des internationalen Finanzsystems zu erreichen, wurde im Jahre 2001 unter der Bezeichnung BASEL II [Bas04] eine Änderung der Eigenkapitalregelung von Banken vorgeschlagen. Danach muss eine Bank Eigenkapital in Höhe von mindestens 8% der Kreditvergabesumme (BASEL I) als Sicherheit hinterlegen. Innerhalb von BASEL II soll sich nun die Höhe des von der Bank zu hinterlegenden Eigenkapitals zukünftig stärker nach den individuellen Kreditrisiken eines Staates oder eines Unternehmens, das einen Kredit nachfragt, richten.

Abb. 8.24 Spannungsfeld der Informationstechnologie innerhalb eines Unternehmens

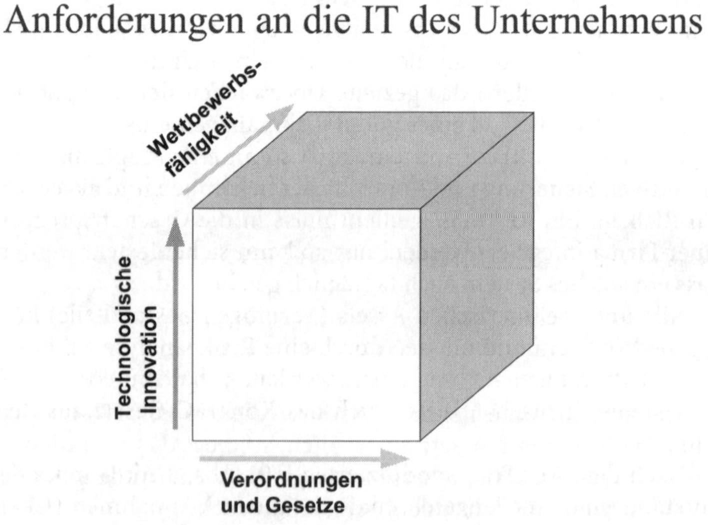

Damit verbunden ist auch ein persönlicher Zinssatz, mit dem die Bank ihr eigenes Risiko absichert. Um das Kreditrisiko einschätzen zu können werden bei Staaten und Unternehmen jetzt Bonitätsgewichte, so genannte „Ratings" vergeben. Danach wird der Eigenkapitalverbrauch der Bank für den jeweiligen Kredit folgendermaßen festgelegt:

$$\text{Eigenkapitalverbrauch der Bank} = \text{Bonitätsgewicht} \times 8{,}0\% \text{ Eigenkapitalunterlegung}$$

Diese werden für Staaten und Unternehmen in den USA von so genannten „Rating-Agenturen" vergeben. In Europa sind solche „Rating-Agenturen" eher unüblich und für kleine mittelständische Unternehmen werden wohl kaum Ratings vorliegen. Deswegen werden Unternehmen nun nach BASEL II von den kreditvergebenden Banken mittels bankinterner Ratingverfahren unter drei Gesichtspunkten untersucht, um ein entsprechendes Rating bzw. Bonitätsgewicht dieser Firmen zu erhalten:

- Kreditrisiko
- Marktrisiko
- Operationelles Risiko

Basel II hat den Sinn, den Kreditgeber vor Gefahren von Verlusten, die infolge der Unangemessenheit oder des Versagens von internen Verfahren, Menschen und Systemen oder infolge externer Ereignisse innerhalb eines kreditnehmenden Unternehmens eintreten können, zu schützen bzw. das entstehende Risiko mit einem erhöhten Zinssatz an den Kreditnehmer abzusichern.

Abb. 8.25 RMIS unterstützt Unternehmen bei der Riskanalyse

Hat nun ein Unternehmen das Interesse, ein gutes Rating und somit einen guten Zinssatz zu erhalten, so muss das operationelle Risiko ihrer Geschäftsprozesse und somit der zugrunde liegenden DV-Verfahren möglichst klein gehalten werden.

BASEL II hat somit für die Unternehmen unter anderem die folgenden Anforderungen, um das operationelle Risiko möglichst klein zu halten:

- Business Continuity- sowie Contingency Plan
- Periodisches Risk Assessment
- Dokumentationsrichtlinien
- Backup- und Havariekonzepte

Somit wird die IT-Sicherheit ein Ratingteilfaktor bei der Kreditvergabe an Unternehmen. Unter die BASEL II-Anforderungen für das operationelle Risiko fällt somit für die Geschäftsprozesse ein Business Continuity- sowie ein Contingency Plan an, um bei einem Desaster noch geschäftsfähig zu bleiben. Da die Geschäftsprozesse heute größtenteils auf DV-Verfahren basieren, ist somit die Vergabe von günstigen Krediten verbunden mit einem entsprechenden Continuity Management eines Unternehmens. Dieses soll sicherstellen, dass technische risikominimierende Verfahren implementiert werden, die es erlauben, auf Katastrophenereignisse zu reagieren. Auch ist ein entsprechendes Risikocontrolling zu implementieren, das es erlaubt, entsprechende Risiken in kürzeren Zeitabständen neu zu erfassen. Hierbei werden oft Risk Management Informationssysteme (RMIS) eingesetzt, die ein Unternehmen bei dieser Aufgabe unterstützen sollen.

Das periodische Risk Assessment [Ris04] hat gleichzeitig die Aufgabe, die Wahrscheinlichkeiten des jeweiligen Risk zu bestimmen, sei es der Ausfall eines DV-Verfahrens oder der Verlust von digitalen Geschäftsdaten auf einem Datenträger.

8.3.5 Sarbanes-Oxley-Act

Die Skandale der amerikanischen Unternehmen Enron und Worldcom führten im Jahre 2002 zur Verabschiedung des Sarbanes-Oxley-Gesetzes [Sar04] durch den amerikanischen Kongress. Dieses Gesetz soll zukünftig den börsennotierten Unternehmen erschweren, Bilanzfälschungen vorzunehmen. Die strengeren Bilanzierungsvorschriften sowie die neuen Haftungsvorschriften für Vorstandsvorsitzende (CEO) und Finanzvorstände (CFO) sollen in Zukunft dazu führen, dass Wirtschaftsskandale wie Enron verhindert werden können. Drakonische Haftstrafen bis zu 20 Jahren sollen gewährleisten, dass die finanziellen Abschlussberichte der Wahrheit entsprechen. Ein unabhängiger Wirtschaftsprüfer muss nun neben dem Jahresabschlussbericht auch eine Beschreibung der internen Kontrollen und Verfahren der Finanzbuchhaltung eines Unternehmens verfassen.

Abb. 8.26 Sarbanes-Oxley hilft den Fehlerteufel aus der Bilanz zu verbannen

Eine erweiterte Publizitätspflicht soll zu einer maximalen Transparenz wesentlicher geschäftlicher Vorgänge führen. Daneben wurde eine regierungsunabhängige Organisation gegründet, die den Namen Public Company Accounting Oversight Board (PCAOB) trägt und die börsennotierten Unternehmen überwachen soll.

Um eine größere Transparenz geschäftlicher Vorgänge zu erhalten, die eventuell Jahre zurückliegen, wird innerhalb des Sarbanes-Oxley-Gesetzes festgelegt, dass sämtliche Wirtschaftsdaten eines Unternehmens mindestens sieben Jahre aufbewahrt werden müssen. Des Weiteren müssen diese Wirtschaftsdaten in einer Art und Weise zur Verfügung gestellt werden, die eine schnelle Überprüfung ermöglicht. Dies führt im Allgemeinen zu einer Prüfung der unternehmensweiten Dokumentverwaltungsprozesse und deren Datensicherung.

Alle elektronisch erstellten und gespeicherten Daten, die im Hinblick auf eine Wirtschaftsprüfung bzw. Revision genutzt wurden, sind aufzubewahren. Ein Riskmanagement betroffener Geschäftsprozesse einer Firma ist somit unumgänglich.

9 Planning to Implement Service Management

Der ITIL-Hauptbereich „Planning to Implement Service Management“ unterstützt bei dem Versuch eines Unternehmens, IT-Service Management nach ITIL zu implementieren bzw. existierendes IT-Service Management zu verbessern. Es gibt Richtlinien und Vorgehensweisen an die Hand, um Probleme bei der Umsetzung eines ITIL-basierenden Service Managements zu lösen.

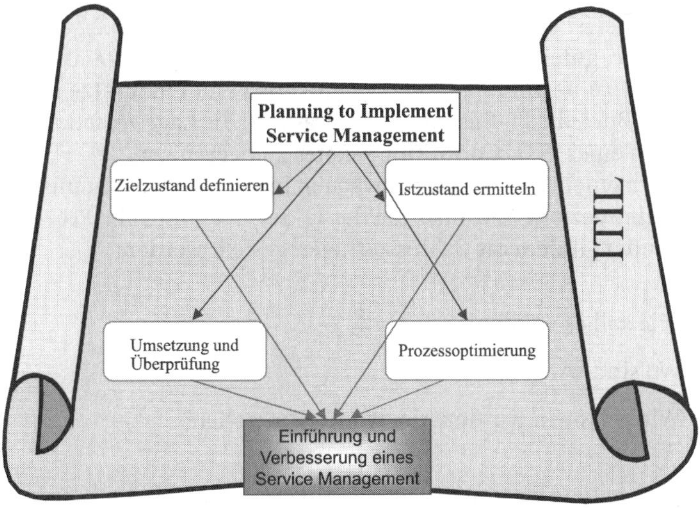

Abb. 9.1 Planning to Implement Service Management im Überblick

Um bei der Umsetzung behilflich zu sein, veröffentlichte die BSI (British Standards Institution) die Bücher PD0015 sowie PD0005:1998. Diese erlauben es, ein Self-Assessment innerhalb einer Firma durchzuführen.

ITIL eignet sich dazu die IT-Aktivitäten einer Firma zu strukturieren, Verantwortung gezielt zuzuordnen, Zeiträume für bestimmte Aktionen zu definieren und im Großen und Ganzen die Informationspolitik eines Unternehmens bezüglich seiner IT-Geschäftsprozesse deutlich zu verbessern, indem die wesentlichen

Personen innerhalb der erforderlichen Service-Prozesse dazu gezwungen werden, miteinander fachlich zu kommunizieren. Man sollte sich, nachdem man sich mit dem Buch einen Überblick verschafft hat, schwerpunktmäßige Hilfe in Form eines Consultings von außen holen.

Die Hausaufgaben eines IT-Managements bestehen im Vorfeld darin, die ITIL-Bücher PD 00015 und PD 0005 durchzuarbeiten und die entsprechenden Schlüsse, bezogen auf das eigene Unternehmen, zu ziehen. Dabei sollte man sich ausreichend Zeit lassen.

Abb. 9.2
Optimaler IT-Service mittels SWOT-Analyse

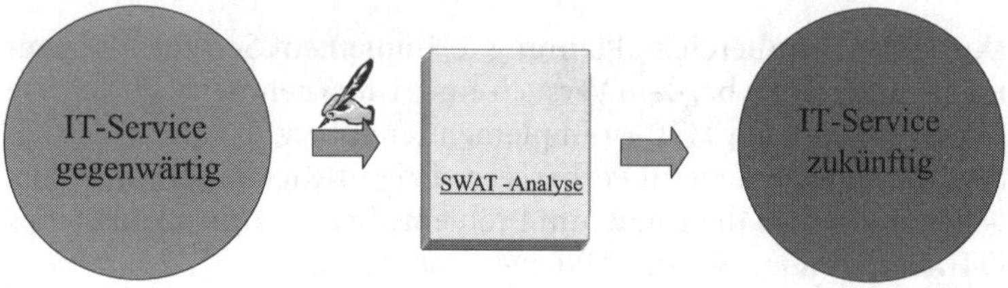

Hierbei ist eine **SWOT**-Analyse, wie im Kapitel 4.3.5.2 beschrieben, eine gute Möglichkeit, sein Verbesserungspotential (GAP-Analyse) zu bestimmen und dies entsprechend umzusetzen. Auch soll das Buch die IT-Entscheidungsträger in die Lage versetzen, den Umfang eines ITIL-Consultingpaketes zu begrenzen.

Nach einer Analyse der Schwächen in der eigenen Organisation kann eine gezielte Modifikation des IT-Services mit ITIL-Prozessen stattfinden, indem die Schlüsselfragen gestellt werden:

- Wie soll es werden?
- Wo sind wir momentan?
- Wie gelangen wir dorthin, wohin wir wollen?

Für kleinere Firmen bedeutet ITIL keine ABM-Maßnahme, denn es ist grundsätzlich möglich, verschiedene Geschäftsprozesse von ein und derselben Person durchführen zu lassen. Was bleibt, ist der Ansatz. Und dies sind die Service-Prozesse. Somit ist das Tailoring der ITIL-Service-Prozesse für das eigene Unternehmen ein wichtiger Punkt für eine erfolgreiche Geschäftspolitik und die Hauptaufgabe guter IT-Führungskräfte. Für viele Firmen wird auch eine intelligente Konzentration von Prozessen stattfinden, wie z.B. das Zusammenlegen von Change- und Release-Management- bzw. Problem- und Incident-Management-Aufgaben zu einem Kreis von Verantwortlichen.

9.1 Einführen von ITIL in eine Firma bzw. Fremdvergabe des IT-Service an einen IT-Dienstleister

9.1.1 ITIL und BS 15000

Der Standard BS 15000 beschreibt ein IT-Service-Management nach ITIL und ist somit die erste Normierung für ITIL. Der im Jahre 2000 erschienene BS-15000-Standard (Specification for IT Service Management) befasst sich damit, wie ein IT-Service auszusehen hat (Spezifikation) bzw. wie überprüft werden kann, dass ein IT-Dienstleister, wie z.B. ein Outsourcer, den IT-Service oder die zugrunde liegenden IT-Service-Prozesse bietet, die eine Firma oder öffentliche Institution braucht („Best practice"). BS 15000 besteht aus zwei Teilen:

- Part1: Specification (Spezifikation)
- Part2: Code of Practice (Praxisanleitungen für IT-Revisoren)

Der erste Teil von BS 15000 beinhaltet, welche Anforderungen an ein Management-System gestellt werden, wie man ein Service Management in einer Firma implementiert bzw. wie man das existierende verändern bzw. kontrollieren kann. BS 15000 Part2 definiert, wie ein entsprechendes Überprüfungsverfahren in Form eines Audits beim Outsorcer oder IT-Dienstleister durchgeführt werden kann, um eine Auswahl zwischen verschiedenen IT-Dienstleistern treffen zu können anhand von festgestellten Benchmark-Werten. Die Grundlage des Assessments der zu überprüfenden Dienstleistungsprozesse bietet der ITIL-Standard DISC PD 0005 (Code of Practice for IT Service Management). Dieser ist ein Leitfaden mit Vorschlägen für IT-Verantwortliche, die verantwortlich sind für die Fremdvergabe von IT-Servicedienstleistungen oder die Einführung eines eigenen effektiven IT-Service-Managements auf Basis von ITIL im eigenen Unternehmen. Der BS-15000-Standard wurde vom BSI (British Standards Institute) verfasst. Firmen, die sich der BS-15000-Zertifizierung unterziehen wollen, können dies z.B. durch den TÜV durchführen lassen. Somit lassen sich dank BS 15000 entweder das ausgesourcte (Managed Service) oder das interne IT-Service-Management überprüfen, ob diese den ITIL-Standard korrekt erfüllen und das bieten, was eine Firma oder öffentliche Institution braucht.

9.1.2
ITIL und PD0005:1998

Die im Jahre 1995 in der ersten Version erschienene PD0005:1995 wurde neu überarbeitet und liegt nun in der Version PD0005:2000 [Bsi98] vor. Es wird ein Code of Practice for IT Service Mangement vorgegeben, was nichts anderes bedeutet, als dass Verfahrens- und Leitregeln zur Einführung eines IT-Service-Managements beschrieben sind. PD0005 gibt diese Verfahrens- und Leitregeln auf einer grundsätzlichen Ebene, ohne ins Detail zu gehen.

Abb. 9.3
Von der Theorie zur Umsetzung

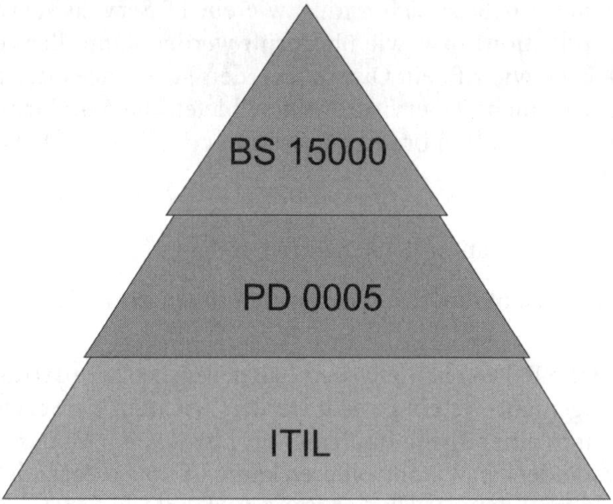

Es richtet sich an Entscheidungsträger, die ihr IT-Service-Management verbessern wollen, weil sie z.B. verärgerte in- und externe Kunden haben oder aber weil sie bestehende Service-Prozesse verbessern wollen.

9.1.3
ITIL und PD0015:2000

Innerhalb des PD0015-Ordners [Ivo00] sind Fragen aus den unterschiedlichen ITIL-Service-Management-Bereichen zusammengestellt, die ein Unternehmen oder eine öffentliche Institution in die Lage versetzen, ein Self Assessment durchzuführen für die schon eingesetzten und vorhandenen IT-Service-Prozesse. Ziel dabei ist es festzustellen, inwieweit die intern vorliegenden Service-Prozesse kompatibel mit einem BS 15000- bzw. ITIL-basierenden Service-Management sind. Es richtet sich an alle Entscheidungsträger, die einen bewertbaren prozessorientierten IT-Service nach BS 15000 und ITIL einführen wollen, um von den Erfahrungen anderer Organisationen zu profitieren, die diesen „Best practice"-Ansatz schon leben.

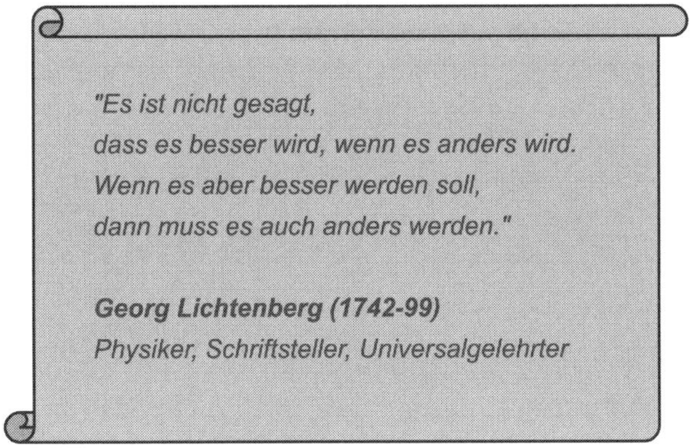

Abb. 9.4 Gültiger Wahlspruch für alle, die ihren IT-Service auf BS 15000 bzw. ITIL umstellen wollen

Die einzelnen Kapitel aus den unterschiedlichen Bereichen haben immer denselben Aufbau:

- Process overview
- Process scope
- Procedures
- Automation
- Control and reporting
- Auditing

9.1.4 Implementierung von ITIL in kleineren IT-Abteilungen mit wenig Personal

Da ITIL grundsätzlich nur einen Leitfaden darstellt, wie ein IT-Service organisiert werden kann, und jede Firma ihre eigenen Rahmenbedingungen aufweist, innerhalb deren die ITIL-Service-Prozesse abgebildet werden müssen, stellt sich für kleinere Firmen mit wenig IT-Personal natürlich die Frage, wie dieses bewerkstelligt werden kann.

Innerhalb des Buches *IT-Infrastructure Library Practices in Small IT Units* [Cct01], herausgegeben von der CCTA (Central Computer and Telecommunications Agency), wird ein Beispiel aufgeführt, welche Teile einer ITIL-basierenden Service-Organisation sich zusammenlegen lassen, damit auch kleine Firmen einen ITIL-konformen Service aufbauen können. Ein weiteres mögliches Beispiel, ITIL nach und nach in die bestehende Service-Organisation zu integrieren, liefert Abb. 9.6.

Abb. 9.5
Alte organisatorische Strukturen

Alte Organisationsformen

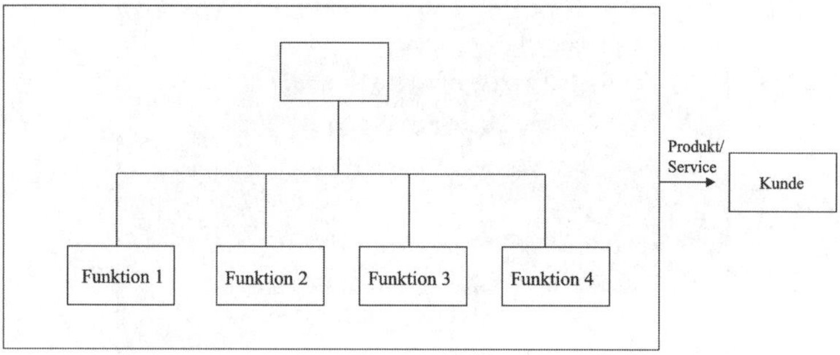

9.2 Betriebskonzept

Wird ein neues DV-Verfahren innerhalb einer Firma eingeführt (rollout), so ergeben sich immer wieder die gleichen Schwierigkeiten. Es gibt zwar IT-Service-Abteilungen mit entsprechendem Personal, aber wie das neue DV-Verfahren innerhalb des normalen Tagesablaufes integriert wird, wer zuständig ist, welche Anforderungen es gibt bezüglich Wartung und wann diese Wartung durchgeführt wird, wer die Nutzer dieses neuen DV-Verfahrens schult; all dies liegt im Dunkeln. Meist erkennt man erst nach einem vollständigen Ausfall des DV-Verfahrens, dass keine Havariemöglichkeiten eingeplant wurden und auch kein Backupkonzept erstellt wurde. Es fehlen also die Informationen und die technischen Mittel, wie Backupscripte, um diese DV-Verfahren ordnungsgemäß betreiben zu können.

Oft wurden auch keine entsprechenden Entwicklungskosten für all diese Dinge bereitgestellt, da man einfach davon ausgeht, dass die entsprechenden IT-Abteilungen dies schon irgendwie handhaben werden. Dabei vergisst man jedoch, dass diese IT-Abteilungen weder genügend personelle Ressourcen haben, um mal gerade eben all die Dinge zu implementieren, die ihrer Meinung nach notwendig sind, noch ist das Personal entsprechend ausgebildet, dies zu tun. Das Personal hat Erfahrung im Betreiben und Warten von DV-Systemen, aber sie sind keine Entwicklungsingenieure. Dies ist

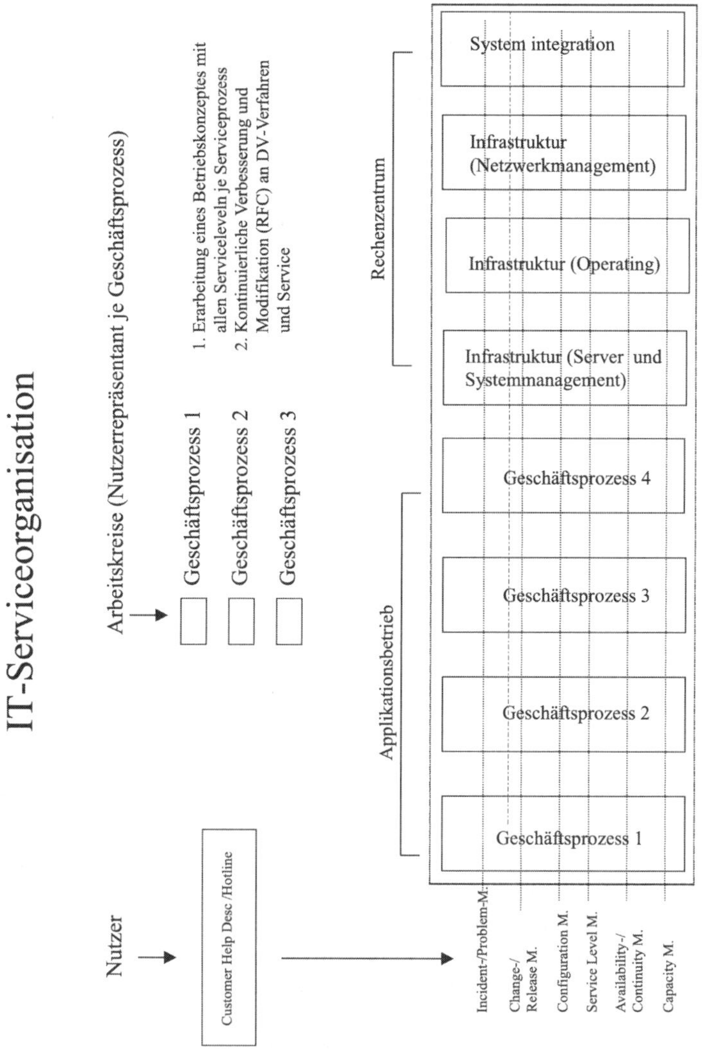

Abb. 9.6 Geschäftsprozesse und übergelagerte Service-Prozesse

bei ITIL-basierenden IT-Supports nicht anders und ein Schwachpunkt innerhalb des ITIL-Standardansatzes. Dies wurde schon von verschiedenen Professoren in der Lehre und Verantwortlichen in der Praxis bemerkt, wenn auch manchmal ziemlich spät. Um dieses Missverständnis zwischen den IT-Serviceabteilungen und der Projektabteilung, die für die Beschaffung des neuen DV-Verfahrens verantwortlich ist, aufzulösen, ist das Erstellen eines Betriebskonzepts für ein neues DV-Verfahren unumgänglich.

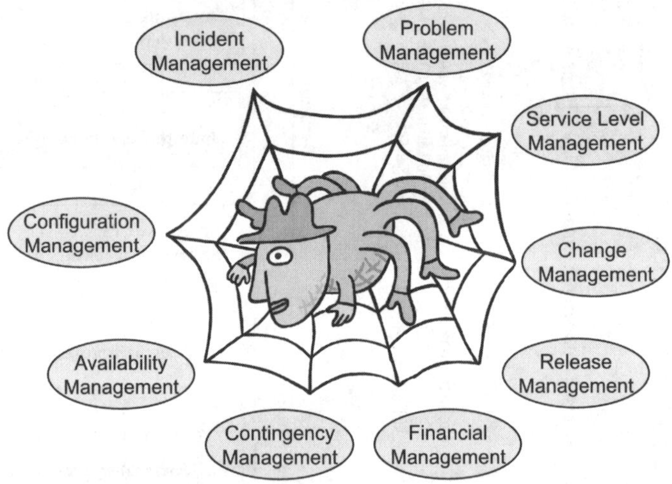

Abb. 9.7 Eingliedern eines neuen DV-Verfahrens in eine bestehende IT-Organisation mittels Betriebskonzept

Ein allgemeines Problem bei der Einführung eines neuen DV-Verfahrens in eine bestehende Arbeitsorganisation liegt auch darin, dass man nicht genau abschätzen kann, wieviel Manpower an welchen Stellen der IT-Organisation zusätzlich benötigt wird und welche besonderen Erwägungen und Einflusskriterien diese neuen DV-Verfahren mit sich bringen. Das Betriebskonzept ist das Resultat eines Assessments über die gegenwärtige Situation eines neuen DV-Verfahrens bezüglich seiner Kompatibilität für eine bestehende IT-Organisation. Innerhalb des Betriebskonzeptes ist eine kurze Beschreibung des neuen DV-Verfahrens mit seinen Grundfunktionalitäten, eine Aufgabenbeschreibung sowie eine Auflistung interner und externer Schnittstellen enthalten (technisch und organisatorisch). Das Betriebskonzept beschreibt auf Basis der ermittelten Kennparameter des DV-Verfahrens die firmeninternen Organisationsstrukturen und Verantwortlichkeiten, um die Geschäftsprozesse der Firma in technischer Hinsicht zu gewährleisten (Normalbetrieb und Havariefälle). Die entsprechenden Arbeitsmaßnahmen werden dabei den beteiligten IT-Abteilungen zugeordnet.

9.2.1 Inhaltliche Ziele des Betriebskonzepts

Das Betriebskonzept hat das Ziel, Kennparameter des DV-Verfahrens zu ermitteln, so dass entsprechende organisatorische Maßnahmen getroffen sowie die erforderlichen Ressourcen zu einem ordnungsgemäßen Betrieb zur Verfügung gestellt werden können. Dadurch können die anstehenden Arbeiten den beteiligten IT-Abteilungen zugeordnet und die erforderlichen Ressourcen dem gewünschten neuen DV-Verfahren zur Verfügung gestellt werden. Es soll ermittelt werden, welche Kosten im Betriebshaushalt für DV-Verfahren in den nächsten 5 Jahren anfallen, und auf momentane Risiken (zeitlich, technisch, personell, rechtlich) aufmerksam gemacht werden. Ein zukünftiger Ausblick ermöglicht es, Schlüsse zu ziehen über den notwendigen Investitions- bzw. Betriebshaushalt.

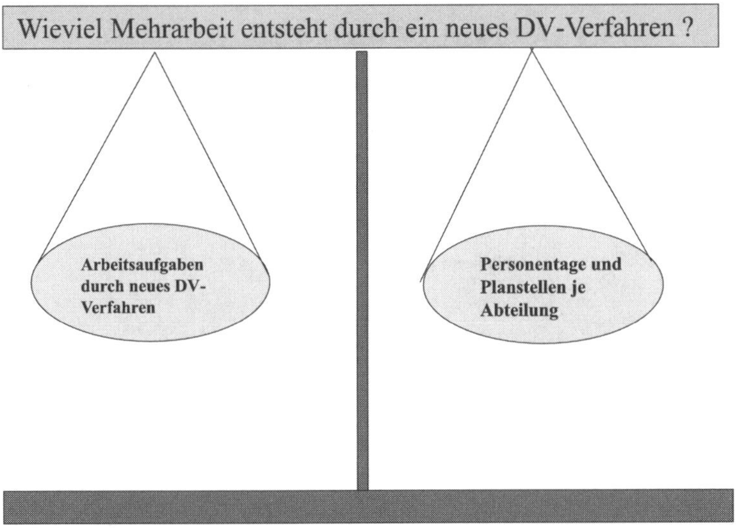

Abb. 9.8 Schätzungen der Mehrarbeit eines neuen DV-Verfahrens

Daneben ist Bestandteil dieses Konzeptes ein Backup- und Havariekonzept, um im Fehlerfall geeignete Mechanismen zur Hand zu haben, die eine möglichst schnelle Wiederherstellung des produktiven Betriebes ermöglichen. Es enthält ein Schulungskonzept, um die späteren Nutzer und Betreuer in das DV-Verfahren einzuweisen und somit die Akzeptanz des DV-Verfahrens zu erhöhen. Es klassifiziert die publizierten Daten entsprechend dem Datenschutzaspekt. Das Betriebskonzept hat die Aufgabe, die notwendigen Wartungs- und Pflegearbeiten, die vorhandenen Lücken sowie den dazugehörigen Personaleinsatz, der sich daraus ergibt, zu ermitteln. Das Betriebskonzept beschreibt auf Basis der ermittelten

Kennparameter des DV-Verfahrens die firmeninternen Organisationsstrukturen und Verantwortlichkeiten um die Geschäftsprozesse der Firma in technischer Hinsicht zu gewährleisten (Normalbetrieb und Havariefälle). Die entsprechenden Arbeitsmaßnahmen werden dabei den beteiligten IT-Abteilungen zugeordnet.

Das Betriebskonzept zwingt die verschiedenen Abteilungen einer Firma (Anwenderabteilungen und Serviceabteilung) sich an einen Tisch zu setzen und über das neue DV-Verfahren in einer menschlichen Art und Weise zu reden. Durch den standardisierten Ansatz werden die notwendigen Gesprächsthemen vorgegeben in einer Art und Weise, in der alle Beteiligten zu Wort kommen und ihre Vorstellungen äußern können.

Abb. 9.9 Projektphase eines neuen DV-Verfahrens innerhalb einer Firma

Integration eines neuen DV-Verfahrens in die bestehende Firmenstruktur

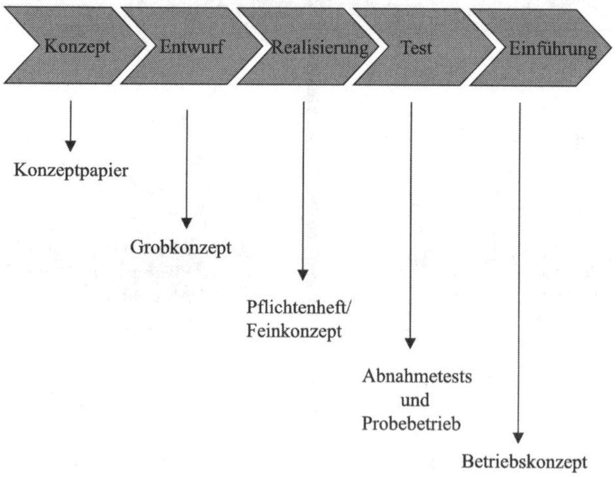

Das Betriebskonzept schafft Transparenz der Tätigkeiten der jeweils anderen Abteilung und bringt die beteiligten Menschen zusammen. Am Ende des sicher langwierigen Abstimmungsprozesses sind alle notwendigen Maßnahmen und Prozesse, um dieses DV-Verfahren effektiv nutzen zu können, definiert und Verhaltensregeln für Ausnahmesituationen sowie Verantwortlichkeiten festgelegt und eventuell durch verschiedene persönliche Kontakte so genannte „kleine Dienstwege", entstanden.

Mögliche inhaltliche Punkte eines Betriebskonzeptes:

- Überblick über das neue DV-Verfahren sowie Ermittlung des Ist-Zustandes

- Einsatz, räumliche Zuordnung der dem DV-Verfahren zugeordneten Komponenten und Datenschutzaspekte
- Aufzählung technischer Schnittstellen und Nutzung der technischen Infrastruktur der Firma
- Mengengerüst (Anzahl Server, Datenbankinstanzen, Webserver, zu wartendes Speichervolumen usw; wieviele Nutzer sollen mit dem neuen DV-Verfahren arbeiten, eventuelle Schätzzahlen)
- Art und Versionen der eingesetzten Software
- Einordnung des DV-Verfahrens bezüglich seiner Verfügbarkeit (Mission)
- Involvierte Abteilungen und deren Ansprechpartner, Nutzersupportplan (Hotline, Rufbereitschaft)
- Erreichbarkeit, Systemüberwachung und Wartungsfenster
- Benachrichtigung der Nutzer und Hausabteilungen bei Störungen
- Erforderliche Remote-Zugänge
- Havariemaßnahmen
- Eskalationsvorgang bei Störungen (17:00–08:00)
- Beschreibung der geschätzten Arbeitsaufgaben mit Anteilen Personentage, um den Betrieb des neuen DV-Verfahrens sicherzustellen, untergliedert nach Abteilungen sowie Planstellen, die dem neuen DV-Verfahren zugeordnet sind
- Benchmarks für spätere SLAs (Service Level Agreements
- Externe Wartung und Wartungsvertragsnehmer (Kontaktadressen, Wartungsdaten, Kosten)
- Kontaktadressen zu den externen Schnittstellen des DV-Verfahrens
- Monitoring und Fehlererfassung
- Schulungskonzept
- Schulungsunterlagen für Anwender
- Backup- und Datensicherungskonzept
- Datensicherungsplan
- Havariekonzept
- Workflow im Havariefall

- Desasterplan
- Havarieübungen
- Krisenstab
- Testsystem
- Patch- und Change Management
- Incident-, Problem- und Configuration Management
- Dokumentation und Verantwortlichkeit sowie Überprüfung, ob Systeme und Kabel ausreichend beschriftet wurden (verkleinert MTTR)
- Kennparameter und Schwachstellen- bzw. Risikoanalyse des neuen DV-Verfahrens im Überblick (zeitlich, personell, technisch)
- Kennparameter des neuen DV-Verfahrens im Überblick
- Ausblick über zukünftigen Ausbau des DV-Verfahrens und der daraus abzuleitenden Ziele

Bei Gesprächen mit den verschiedenen Abteilungen einer Firma, die dem Erstellen des Betriebskonzeptes dienen, werden die unterschiedlichsten Anforderungen erfasst, die als Grundlage von späteren SLAs zwischen den Anwendern und den betreibenden Fachabteilungen dienen können. Das Betriebskonzept wird regelmäßig aktualisiert und eventuell an neue technische Bedingungen angepasst. Jede Fachabteilung informiert die für das Erstellen des Betriebskonzepts verantwortlichen Mitarbeiter über Änderungswünsche.

9.2.2 Mengengerüst

Das alte Prinzip, „Ross und Reiter“ zu nennen für eine spätere Verantwortlichkeit, ist innerhalb eines modernen IT-gestützten Verfahrens nicht mehr ausreichend. Hier müssen weitere technisch bedingte Kennwerte vorher ermittelt oder geschätzt werden, um diese in die bestehende Arbeitsorganisation zu überführen. Viele Kennparameter eines IT-Services lassen sich nur von einem genauen Mengengerüst ableiten. Deswegen ist das Mengengerüst eine Grundlage des Betriebskonzeptes. Aus dem Mengengerüst erklären sich nachvollziehbar der Arbeitsaufwand und die Kosten für die Pflege und Wartung.

Beispieldaten für ein Mengengerüst sind:

- Wieviele Nutzer sollen mit dem DV-Verfahren arbeiten?
- Wie hoch ist das Datenaufkommen?
- Zu wartendes Speichervolumen?
- Wieviele Server und Datenbanken sind innerhalb des DV-Verfahrens enthalten?
- Welche Netzwerkbandbreite mit welchen Qualitätsanforderungen sind erforderlich?

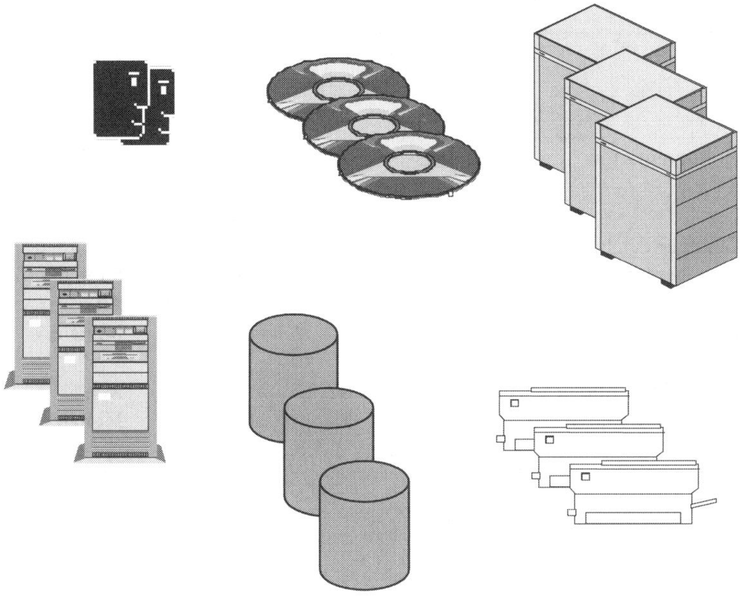

Abb. 9.10 Aus dem Mengengerüst lassen sich Aufwand und Kosten des Betriebes abschätzen

Ableitbare Arbeitspakete aus diesem Mengengerüst sind z.B., dass jeder Server und jedes Datenbanksystem Backup-Prozeduren braucht, die es erlauben, Datenbestände zu restaurieren. Weiterhin ist die Personalunterstützung abschätzbar, die dafür notwendigen Speichermedien einzulegen und diese Speichermedien zu verwalten. Auch sind Pflegemaßnahmen für jedes einzelne Serversystem und die angrenzende Peripherie durchzuführen. Die Anzahl der Nutzer eines neuen DV-Verfahrens lässt den Schulungsbedarf erahnen sowie die Personalstärke eines späteren optimalen IT-Services. Aus diesen Beispielen kann man die Nützlichkeit eines genauen Mengengerüstes ersehen.

9.2.3 Zuständigkeitsmatrix

Die nach ITIL definierten Serviceprozesse müssen den einzelnen Abteilungen zugeordnet werden, die die entsprechenden Serviceprozesse innerhalb einer Firma abbilden. Diese Zuständigkeiten können von DV-Verfahren zu DV-Verfahren je nach Eigenheit des Systems variieren. Deswegen ist die Zuständigkeitsmatrix innerhalb des Betriebskonzepts der Punkt, an dem dieses das erste Mal festgelegt wird. Tabelle 9.1 zeigt den Inhalt einer beispielhaften Zuständigkeitsmatrix.

Tabelle 9.1 Beispielhafte Zuständigkeitsmatrix

Prozess	Verantwortlich für die Umsetzung	Zuarbeit	Prüfungszeitraum
Dokumentation	IT-Planungsabteilung	RZ, IT-Hotline, Problemmanagement	Alle 3 Monate
Change-/Patchmanagement	RZ	Problemmanagement	Alle 3 Monate
Incident-/Problemmanagement	IT-Hotline	Anwenderabteilungen	Alle 6 Monate
Availability- und Continuity Management	RZ	RZ, IT-Planungsabteilung, IT-Hotline	Alle 6 Monate
Datenschutz/Security-Management/Mitbestimmung	IT-Planungsabteilung	Justiziariat	Alle 6 Monate
Schulung	Problemmanagement/IT-Planungsabteilung	Anwenderabteilungen	Alle 6 Monate

Innerhalb der Zuständigkeitsmatrix kann ein Zeitraum festgelegt werden, in dem entweder überprüft werden soll, ob die Dokumentation eines DV-Verfahrens sich verändert hat oder die Service-Prozesse für dieses DV-Verfahren angepasst werden müssen. Dies ermöglicht die Anpassung des Service-Prozesses an die zeitlichen Gegebenheiten der abgebildeten Geschäftsprozesse einer Firma.

9.2.4
Erreichbarkeit, Wartungsfenster sowie Eskalationsvorgang bei Störungen

9.2.4.1
Erreichbarkeit

Die Erreichbarkeit eines IT-Services ist genauso von Bedeutung wie der IT-Service an sich. Sie richtet sich nach den Erfordernissen einer Firma. Früher wurden DV-Verfahren meist in einem Zeitfenster von 7:00 bis 19:00 Uhr genutzt. Dies ist heute im Zeitalter von Globalisierung und eBusines anders; 7 × 24-Stunden-Betrieb ist notwendig. Jede Firma muss daher definieren, ob ein Schichtdienst wesentlicher IT-Serviceleistungen notwendig ist oder aber eine Ruferreichbarkeit für schwere Fehler nach den normalen Dienstzeiten ausreichend ist. Dies hat neben der rein menschlich-sozialen auch eine Kostenkomponente. Oft findet sich die Ereichbarkeitsanforderung als einer der zu vereinbarenden Kennparameter innerhalb des Betriebskonzeptes oder eines SLAs wieder, die zwischen den Anwenderabteilungen und der IT-Serviceabteilung vereinbart werden.

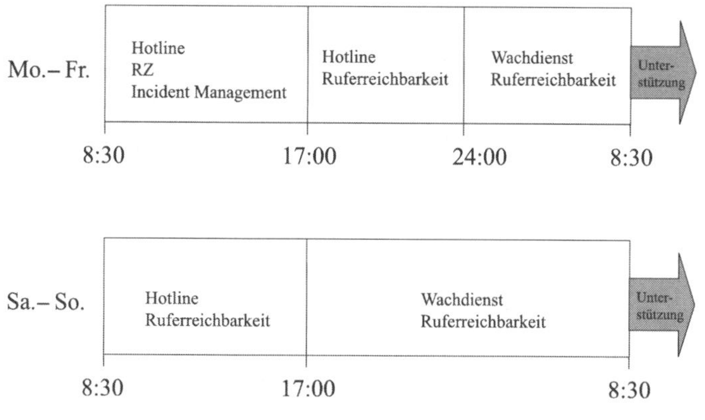

Abb. 9.11 Schematische Darstellung der Anwenderunterstützung im zeitlichen Bezug

Da meist eine zentrale Telefonnummer als Störungsannahme dient, muss diese nach den Kernarbeitszeiten z.B. zum Wachdienst entsprechend umgeleitet werden. Je nach Dringlichkeit wird dann dort entschieden, ob der entsprechende Mitarbeiter, der die Ruferreichbarkeit übernommen hat, angerufen wird, und ob er, sofern sich die Störung nicht per Remote Access beseitigen lässt, den Fehler vor Ort zu beseitigen versucht. Ruferreichbarkeit ist oft mit einer festgelegten Reaktionszeit verbunden.

9.2.4.2
Wartungsfenster

So interessant und lebensnotwendig die Kommunikation zwischen den Anwendern und der IT-Serviceabteilung ist, so überrascht ist man, wenn es darum geht, ein Wartungsfenster für ein neues DV-Verfahren zu vereinbaren. Dies ist in etwa so, als ob man einem dreijährigen Kind ein gerade geschenktes Geschenk wieder entwendet. Normale Menschenrechte werden mit Füßen getreten. Übrig bleiben dann meist Zeiten, in denen andere gerne schlafen oder sich um ihre Familien kümmern.

Abb. 9.12
Eskalationsvorgang bei Störung

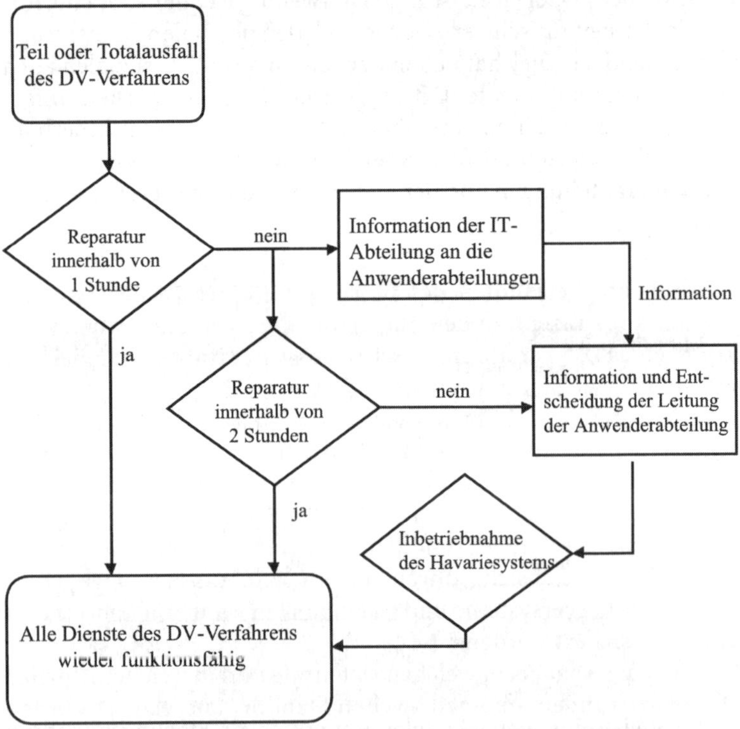

Oft ist es auch notwendig, für diese Zeit externen Kunden im Vorfeld und während der Wartungsarbeiten eine Benachrichtigung zukommen zu lassen. Information über Wartungsfenster und die daraus entstehenden Folgen ist in diesem Falle existentiell, um das Verständnis und die Zufriedenheit der Kunden zu erhalten.

9.2.4.3
Eskalationsvorgang bei Störungen

Jedes DV-Verfahren, das die Geschäftsprozesse einer Firma abbildet, hat seine Eigenheiten, wenn es zu einem längeren Ausfall kommt. Hier müssen unterschiedliche interne oder externe Personen oder Stellen benachrichtigt oder Ersatzlösungen in einen einsatzbereiten Zustand versetzt werden. Um diesen Fall möglichst nicht kopflos und emotionsgeladen über sich ergehen zu lassen, muss im Vorfeld rational festgelegt werden, wie man sich verhält. Alle zu informierenden Stellen, Entscheidungsträger, Kunden, Wartungsvertragsnehmer mit ihren Kontaktadressen werden im Vorfeld innerhalb des Betriebskonzepts ermittelt und technische Konzepte bereitgestellt, um einer solchen Situation gewachsen zu sein. Des öfteren wird beim Durchspielen einer größeren Störung dem Anwender erst klar, was dies bedeutet, und daraus resultiert des öfteren eine Veränderung des DV-Verfahrens bezüglich des Systemdesign und seiner Verfügbarkeit.

9.2.5
Havarie- und Backupkonzept

Wesentlicher Bestandteil des Betriebskonzeptes ist ein Havarie- und Backupkonzept, in dem die Maßnahmen und Selbstheilungskräfte eines DV-Verfahrens beschrieben sind. Angefangen bei Anweisungen, wie Standbysysteme in Betrieb genommen werden, bis zum Relozieren von Clusterdiensten sollte hier detailliert aufgeschlüsselt werden, wer was wann durchführen muss. Wesentliche Telefonnummern und Ansprechpartner sind ebenso von existenzieller Bedeutung wie Hintergrundinformationen über abgeschlossene Wartungsverträge. Innerhalb des Havarie- und Backupkonzeptes ist ein Datensicherungsplan enthalten. Aus diesem geht hervor, welche Serversysteme und Datenbanken wann und in welchem Turnus gesichert werden.

Auch die Angabe, in welchen Datensafe und in welchem Turnus Datensicherungen an einen zweiten Standort ausgelagert werden sollen, um z.B. größere Brandkatastrophen oder andere Desaster zu überstehen, sind Informationsbestandteile des Datensicherungsplanes.

Beim Einführen eines neuen DV-Verfahrens sollte ein Havariekonzept erstellt werden, damit die Auswirkungen von potentiellen Bedrohungen abgemildert werden können.

Tabelle 9.2 Datensicherungsplan des DV-Verfahrens 1

Rechner	Typ Backup-Laufwerk	Kapazität des Backup-Laufwerks	Backup Turnus	Beschreibung, was gesichert wird
Server 1	Digital TZ88 DLT	20/40 GB	Wochen-turnus	Alle Filesysteme werden gesichert
Server 2	SUN DLT	35/70 GB	Wochen-Turnus	Alle Filesysteme werden gesichert
Server 3	ADIC DS9800D DLT	40/80 GB	Wochen-Turnus	Nur die Filesysteme /root und /opt werden gesichert
Daten-bank 1	DLT 8000	40/80 GB	Täglich	Da der Datenbankrechner als zentrales Element des DV-Verfahrens 1 die Verfügbarkeit in hohem Maße beinflusst, ist hier auch die Notwendigkeit eines häufigen Backupturnus gegeben. Gesichert werden müssen hier neben den Inhalten der Datenbank auch das Betriebssystem und die Datenbank-Binarys. Weiterhin werden die Archivlog-Dateien der Datenbank noch auf den Server 2 kopiert.
Daten-bank 2	DLT 8000	40/80 GB	Wochen-Turnus	Die Adress-Datenbank wird nur in größeren Abständen verändert

Das Havariekonzept sollte folgende Punkte enthalten:

- Notablaufplan, Beschreibung von Kommunikationsmitteln bzw. -wegen sowie Liste von Mitarbeitern (in- und extern), die benachrichtigt werden müssen. (Wer ist wann, wie zu benachrichtigen?)
- Contigency- sowie Desaster-Recovery-Plan aufstellen (Maßnahmen zur Risikoreduzierung und Wiederherstellung auch Alternativpläne)
- Krisenmanagement-Team zusammenstellen

- Erstellung eines Datensicherungs- und Backup-Konzeptes (Datensicherung und Wiederherstellung)
- Erstellung von Wiederanlaufplänen sowie Pläne für das Aufholen des Produktionsrückstandes
- Regelmäßige Tests und Training
- Weiterentwicklung und Anpassung des Havarie- bzw. Desaster-Recovery-Plans.
- Aufstellen eines Serviceplans und Festlegung von Havarieübungszeitpunkten

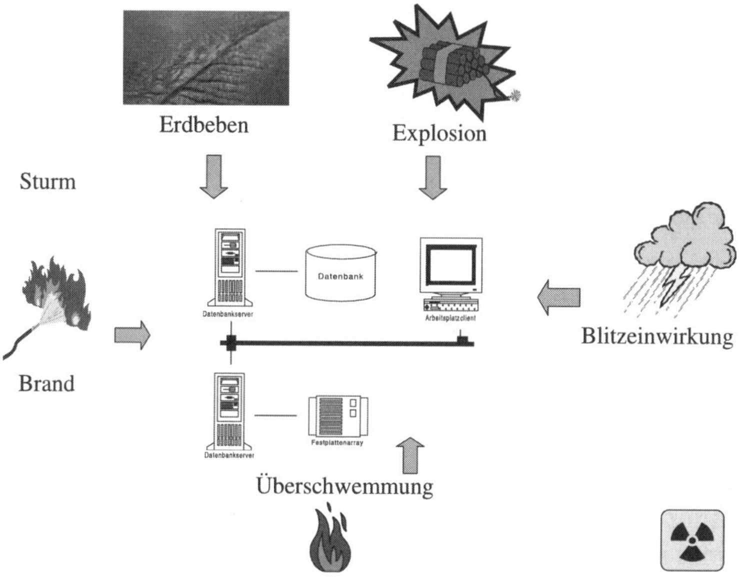

Abb. 9.13 Externe Bedrohungen eines DV-Verfahrens

Innerhalb des beschriebenen Kriesenstabes sollten technische und organisatorische Schlüsselpersonen enthalten sein. Diese sollten in der Lage sein, relativ schnell technische bzw. organisatorische Hilfemaßnahmen einzuleiten.

9.2.5.1 Wartungsverträge

Auch Wartungsverträge mit ihren Ansprechpartnern, Laufzeiten und Kosten sind wichtige Informationen, die das Betriebskonzept in übersichtlicher Form präsentiert. Laufzeiten von Wartungsverträgen sind eine immer wieder diskutierte Angelegenheit, aus der nicht selten Engpässe beim Support entstehen.

Tabelle 9.3 Überblick über externe Wartungsvertragsbeziehungen

Wartungsverträge	Reaktionszeiten	Ansprechpartner	Schätzkosten	Bemerkung
Hardware	4 Stunden	Tel: Fax: E-Mail: Service-URL: Login /Passwort	0,00 EURO	Bis 2006 entstehen der Firma keine Kosten.
Betriebs-system	2 Stunden	Tel: Fax: E-Mail: Service-URL: Login /Passwort	Ca 10 TEuro	Es besteht ein Wartungsvertrag, der bis 2005 gültig ist.
Applikationssoftware	4 Stunden	Tel: Fax: E-Mail: Service-URL: Login/Passwort	0,00 EURO	Die Applikationssoftware ist in der Gewährleistungsphase, ab dem Jahre 2005 ist ein Wartungsvertrag vorgesehen.
Datenbank	2 Stunden	Tel: Fax: E-Mail: Service-URL: Login/Passwort	Ca 25 TEuro	Es besteht ein Wartungsvertrag, der bis 2005 gültig ist.

9.2.6 Kennparameter bzw. Schwachstellenanalyse eines neuen DV-Verfahrens

Des öfteren scheitern Projekte daran, dass zu viele Anforderungen am Anfang eines Projektes gestellt werden, deren Realisierung zu viel Ressourcen verbraucht, die dann am Ende fehlen. Übrig bleibt, nachdem die Gelder aufgebraucht sind, ein DV-Verfahren, das instabil ist und viele Fehler aufweist. Deswegen sollte die erste Version des Betriebskonzepts noch eine Schwachstellenanalyse (Tabelle 9.4) des Ist-Zustandes umfassen, anhand derer die Geschäftsführung einer Firma erkennen kann, welche grundsätzlichen Schwachstellen noch existieren, bevor dieses DV-Verfahren produktiv eingesetzt werden kann. Dies hat sich oft als vorteilhaft erwiesen, da das Betriebskonzept meist von den IT-Serviceabteilungen bzw. von einem Außenstehenden geschrieben wird, der von den internen Belangen der Planungsabteilungen, die das neue DV-Verfahren geplant haben, nicht berührt wird.

Abb. 9.14
Die Schwachstellenanalyse ist Grundlage der weiteren Strategie

Die ermittelten Kennparameter werden der Übersicht wegen innerhalb einer Matrix niedergeschrieben, so dass das höhere Management bzw. die Geschäftsführung einen schnellen Überblick über den Stand der Integration des neuen DV-Verfahrens in die IT-Organisation der Firma erhält.

Beispielmatrix Kennparameter eines DV-Verfahrens einer fiktiven Firma vor Einführung eines neuen DV-Verfahrens:

Tabelle 9.4
Kennparameter einer Schwachstellenanalyse

Kenndaten	Abdeckung	Abteilungen	Bemerkung	Kosten
Serviceabdeckung nach Übergabe	7 Tage, 24 Std. (bei <1 Stunde Reaktionszeit)	IT und RZ	O.K. für Produktionsabteilung, Rechenzentrum sieht Risiken bei existierender Personaldecke	—
Backup- und Havariekonzept	Wird noch verfeinert	Availability- und Continuity Management	Zu 70% O.K.	—
Schulungskonzept über die Anwendungssoftware des neuen DV-Verfahrens	Dauert an	Incident und Problem Management	Schulungen dauern noch an	—

Kenndaten	Abdeckung	Abteilungen	Bemerkung	Kosten
Verfügbarkeit	Wahrscheinlich	Availability- und Continuity Management	Könnte besser sein. Siehe Risiken Datenbank-havarie-rechner	—
Dokumentation	Abdeckungs-grad 70%	Incident-, Problem und Configuration Management	Zu 65% O.K.	—
Datenschutz	—	Justiziariat	OFFEN	—
Personal-ressourcen	1 Planstelle 2 Planstellen und eine befristete Planstelle Keine feste zugeordnete Planstelle	Incident Management Problem-, und Availability Management Rechenzen-trum	Siehe Risiken	—
Externe War-tungskosten über die nächsten 5 Jahre	Wartungskosten für die nächsten 5 Jahre müssen noch ermittelt werden	Firma xyz, Planungs-abteilung	OFFEN	OFFEN
Anstehende Investitions-kosten	Investitions-kosten für die nächsten 5 Jahre müssen noch ermittelt werden	Planungs-abteilung	OFFEN	OFFEN
Externer Schulungsbe-darf	Einsatz eines neuen Datenbank- sowie Firewall-systems	Incident-, Problemma-nagements sowie Daten-netzabteilung	OFFEN	OFFEN

Nicht selten entstehen Verzögerungen bei der Einführung neuer DV-Verfahren, weil es kein Instrument gibt, das die Belange aller beteiligten Abteilungen einer Firma erfasst und die daraus entstehenden Aufgabenpakete adressiert und umsetzt. Diesem Sachverhalt wird mit der Schwachstellenanalyse Rechnung getragen.

10 Ausbildungen im Riskmanagement bzw. IT-Controlling sowie ITIL-Zertifizierung, Schulungen und Vereine

Der Bedarf an hochqualifiziertem Consulting nimmt in unserer technisierten Welt immer weiter zu. Qualifizierte und aussagekräftige Analysen über die eigenen Geschäftsprozesse zu erhalten, gestaltet sich als fast unmöglicher Kraftakt, da meist nur ein ganzheitlicher Ansatz zu den gewünschten Zielen eines solchen Consultings führen kann. In den letzten Jahren haben sich verschiedene Qualifizierungsmaßnahmen in diesem Bereich etabliert, wie:

- CIA
- CISA
- CobiT

Sicherlich hat jeder Ansatz seine Schwerpunkte, so dass jedes Consulting auf den Kunden zugeschnitten sein muss, um die vorher mit der Geschäftsleitung der Firma festgelegten Ziele eines solchen Consultings zu erreichen.

10.1 CIA

Der CIA (Certified Internal Auditor), in Deutschland auch interner Rechnungsprüfer genannt, überprüft, ob innerhalb einer Firma oder Institution alles ordnungsgemäß vonstatten geht oder ob potentielle Risiken vorhanden sind. Einsatzgebiete oder Einsatzziele sind z.B. das Rechnungswesen einer Firma, aber auch der informationstechnische Bereich ist ein Ziel, das ein CIA-zertifizierter Prüfer unter die Lupe nimmt. Um ein CIA-zertifizierter Prüfer zu werden, bedarf es einer bestandenen Prüfung und einer stetigen Weiterbildung innerhalb dieses Bereichs.

Um CIA-zertifiziert zu werden, müssen Fragen aus den folgenden vier Fachgebieten beantwortet werden:

- Internal Audit Process
- Internal Audit Skills
- Management Control and Information Technology
- The Audit Environment

Abb. 10.1 Kenntnisse, die ein Certified Internal Auditor mitbringen muss

Innerhalb des ersten Teils (Internal Audit Process) liegt das Hauptaugenmerk darauf, wie ein Audit Process gestaltet wird und wie die Risikopunkte (Management, Personal, Technik) identifiziert werden können.

Beim zweiten Teil wird die Technik eines internen Audits abgehandelt: wie Informationen gesammelt werden können (Fragen, Checklisten, Interviews), aber auch, wie die daraus erhaltenen Daten bewertet und interpretiert werden müssen.

Teil drei befasst sich mit den organisatorischen Strukturen, die bei einem Audit vorgefunden werden können, und damit welche Vor- und Nachteile daraus entstehen können bzw. wie effektiv das daraus mögliche Management sein kann. Auch die Informationstechnologien, die bei einer Firma vorgefunden werden, und die Frage, wie diese bewertet werden, sind in Teil 3 enthalten. Schließlich wird im vierten Teil der finanztechnische Aspekt bei einem Audit behandelt, indem die wesentlichen finanziellen Schlüsseldaten ermittelt werden, um ein genaues finanztechnisches Bild der Lage zu erhalten.

10.2 CISA

CISA (Certified Information Systems Auditor) ist eine Ausbildung mit Abschlusszertifikat, die es erlaubt, eine Informatik-Revision durchzuführen bzw. die Informatik-Sicherheit bei einem Kunden zu beurteilen. Die CISA-Ausbildung wurde ins Leben gerufen durch die ISACA (Information Systems Audit and Control Association), welche 1969 gegründet wurde.

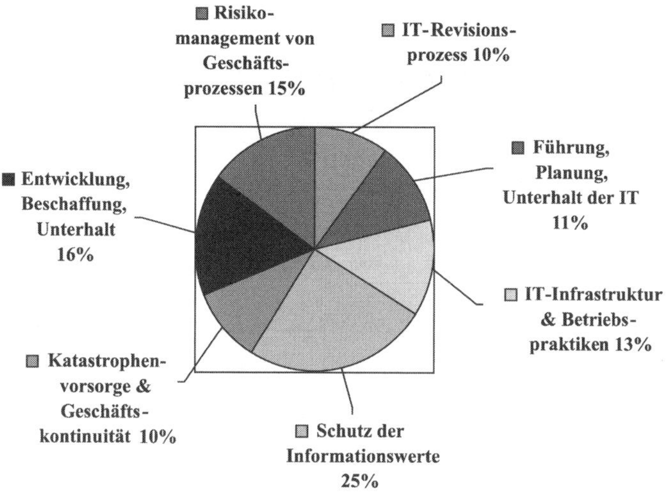

Abb. 10.2 CISA-Themen im Überblick

Das CISA-Zertifikat wird weltweit anerkannt und es gibt mittlerweile um die 14.000 vergebene Zertifikate. Um das CISA-Zertifikat zu erlangen, gibt es die Möglichkeit, einmal im Jahr eine Prüfung abzulegen. Innerhalb der Prüfung wird das Wissen zu folgenden Themen abgefragt:

- Informatik-Revisionsprozess
- Führung, Planung und Organisation der Informatik
- Technische Infrastruktur und Betriebspraktiken
- Schutz der Informationswerte
- Katastrophenvorsorge und Geschäftskontinuität
- Entwicklung, Beschaffung und Unterhalt von Anwendungen
- Evaluation/Risikomanagement von Geschäftsprozessen

10.3 CobiT

Das im Jahre 1996 veröffentlichte CobiT (Control Objectives for Information and Related Technology) stellt generell anwendbare und international akzeptierte Kontrollziele für die Informationstechnologie auf [. Diese Kontrollziele sollen sicherstellen, dass die Geschäftsziele einer Firma erreicht werden. Innerhalb von CobiT sind drei Kategorien (Qualität, Sicherheit, Ordnungsmäßigkeit) bezogen auf die Informationstechnologie definiert, die notwendig sind, um die Geschäftsziele einer Firma zu erreichen.

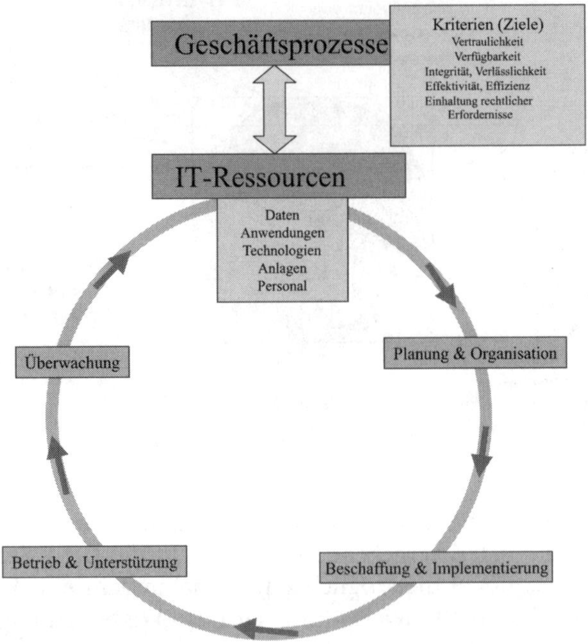

Abb. 10.3 Überblick über den Wirkungskreislauf und die Ziele von CobiT

Diese drei Kategorien enthalten insgesamt sieben Kriterien, nämlich Vertraulichkeit (confidentiality), Integrität (integrity), Verfügbarkeit (availability), Zuverlässigkeit (reliability), Effektivität (effectiveness), Effizienz (efficiency) und die Einhaltung rechtlicher Erfordernisse (compliance), auf die IT-Ressourcen untersucht werden. IT-Ressourcen sind dabei neben dem Firmenpersonal die Anwendungen, eingesetzte Technologien und die Daten, mit denen gearbeitet wird. Für alle IT-Ressourcen gilt dabei der Lebenskreis von Planung & Organisation, Beschaffung & Implementierung, Betrieb & Unterstützung sowie Überwachung.

10.4
ITIL-Zertifizierung, Schulungen zur Förderung des ITIL-Standards

Mittlerweile gibt es die verschiedensten Ausbildungskurse, die ITIL zum Gegenstand [Iir03] haben und verschiedene Zertifizierungsprogramme anbieten. Nachfolgend eine Auswahl sowie weitere Hintergrundinformationen über die angebotenen Schulungsmaßnahmen.

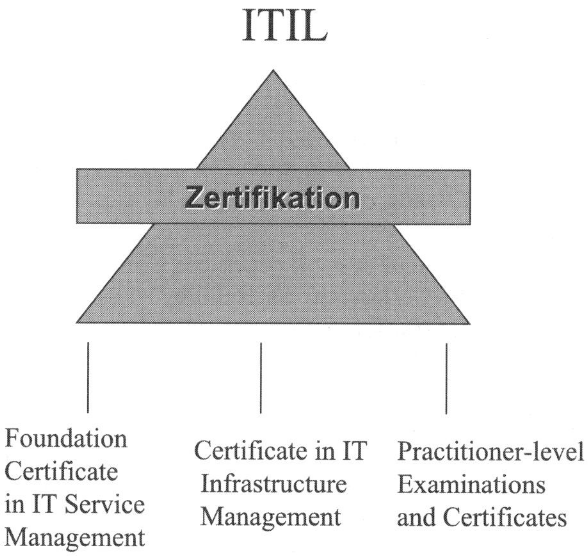

Abb. 10.4 Verschiedene Schulungen führen zu ITIL-Zertifizierungen

EXIN (Examination Institute for Information Science) ist ein unabhängiges Prüfungsinstitut in den Niederlanden, das seit 34 Jahren im Bereich der IT-Technologien Prüfungsstandards entwickelt. EXIN (www.exin.nl, oder www.exin-exams.com/) ist bekannt für sei ne ITIL-Zertifizierungen im Bereich IT-Service-Management. Es führt entsprechende Fortbildungskurse an verschiedenen Standorten in Europa (Holland, England, Frankreich) durch. Neben ITIL werden aber auch Kurse über den Projektmanagement-Standard PRINCE 2 angeboten.

Neben EXIN gibt es das ISEB (Information Systems Examinations Board), das in Großbritannien ansässig ist. Die ISEB (www.bcs.org.uk) sorgt innerhalb der British Computer Society für Fortbildungsmaßnahmen innerhalb der IT-Technologie, um damit nützliche Industriestandards zu etablieren.

Neben diesen großen unabhängigen Prüfungsinstituten und

ITIL-Kursanbietern gibt es in Deutschland die arxes AG (www.arxes.de) in Köln oder aber auch die Firma Maxpert (www.maxpert.de) in Ratingen. In der Schweiz ist die Perseo Consult AG (www.perseo-consult.com) ansässig, die auch ein breites Spektrum an Fortbildungskursen zu diesem Thema anbietet. Weitere Adressen von Firmen, die ITIL-Ausbildungskurse durchführen, stehen im Anhang.

Folgende Schulungen werden durch die oben genannten Firmen angeboten:

- ITIL Foundation Certificate
- IT Infrastructure Management
- Practioner-Level Examination

Innerhalb der „ITIL Foundation Certificate"-Fortbildungsmaßnahme werden die Grundlagen von ITIL vermittelt, so dass der Teilnehmer ein Rüstzeug mitbekommt, um Service-Prozesse nach ITIL bereitzustellen.

Bei der IT Infrastructure Management – oder auch manchmal „ITIL Managers Certificate"-Fortbildungsmaßnahme genannt werden IT-Manager darauf vorbereitet, IT-Service-Management-Prozesse, Strukturen und Aktivitäten innerhalb ihrer Firma zu implementieren.

Innerhalb der Practioner (Fachmann, Praktiker)-Level-Examination-Fortbildungsmaßnahmen werden die Grundlagen eines speziellen Serviceprozesses von ITIL vermittelt, so dass der Teilnehmer ein Rüstzeug mitbekommt, um diesen Service-Prozess nach ITIL bereitzustellen. Dabei unterscheidet man die Fortbildungsmaßnahme je nach Prozess, das heißt, es gibt einen Kurs für das Change Management, einen fürs Problem Management usw.

10.5 Weitere Vereine zur Förderung des ITIL-Standards

Eine weitere Fortführung der Normierung von ITIL findet innerhalb des itSMF (IT Service Management Forum) statt. ItSMF (www.itsmf.com/ www.itsmf.de) ist ein unabhängiges, internationales Forum, das sich zum Ziel gesetzt hat, Definitionen und Standards im Bereich IT-Service-Management zu erarbeiten und zu verbreiten. Hierbei arbeitet das itSMF mit allen wesentlichen Organisationen zusammen wie der CCTA (Central Computer and Telecommunication Agency), dem ISEB (Information Systems Examinations Board) oder der EXIN (Examination Institute for Information Science) aus den Niederlanden. Die itSMF wurde 1991 in Großbritannien gegründet und hat in vielen Ländern der Erde nationale Sektionen:

- ItSMF Deutschland, Schweiz, Östereich (www.itsmf.de)
- ItSMF Belgien (www.itsmf.be)
- ITSMF Kanada (www.itsmf.on.ca)
- ITSMF Niederlande (www.itsmf.on.nl)
- ItSMF USA (www.itsmf.net)

Anhang

Überblick über ITIL-konforme Software

Einen groben Überblick über die angebotene Software zur Unterstützung von ITIL-konformen Service-Prozessen soll die folgende Tabelle geben.

Tabelle 0.1 Überblick über ITIL-konforme Software

Name der ITIL Software	Firmenwebseite	Deckt folgende ITIL-Prozesse ab
Peregrine Service Center	www.peregrine.com	Alle Prozesse des Service Delivery werden durch unterschiedliche Produkte unterstützt
Tivoli Service Desk	www.tivoli.com oder www.ibm.com	Alle Prozesse des Service Delivery werden unterstützt
Remedy Service Management	www.remedy.com oder www.bmc.com	Alle Prozesse des Service Delivery werden unterstützt
PVCS Dimensions sowie PVCS Tracker	www.merant.com	Deckt Configuration und Change Management ab
Siebel Call Center sowie Siebel 99 Service	www.siebel.com	Alle Prozesse des Service Delivery werden unterstützt
omniTracker	www.omninet.de	Alle Prozesse des Service Delivery werden unterstützt
+1CR	www.plus-one.com	Incident- und Change Management
Unicenter ServicePlus Service Desk sowie Unicenter Asset Management	www3.ca.com oder www.ca.com	Alle Prozesse des Service Delivery werden durch unterschiedliche Produkte unterstützt

Name der ITIL Software	Firmenwebseite	Deckt folgende ITIL-Prozesse ab
Clarity ClearHelpdesk	www.clarity.com	Customer Help Desk, Incident Management SLA-Management
Genesys	www.genesyslab.com/	Customer Help Desk, Incident Management
Mantis	www.mantisbt. sourceforge.net/	Incident Management Web-basierend
assyst	www.axiossystems.nl	Alle Prozesse des Service Delivery werden unterstützt
Hp open view IT Service Manager	www.hp.com	Alle Prozesse des Service Delivery werden unterstützt
InfraActive/ InfraEnterprise	www.delta.co.nz	Incident-, Problem-, Change-, Configuration-, uns Service Level Management (Web-basierend)
Magic Total Service Desk	www. networkassociates.com	Ticketing Software, Service Level Management, Change-, Configuration-/Asset Management
Marval Open Pursuit	www.marval.co.uk	Alle Prozesse des Service Support, -Delivery werden durch unterschiedliche Produkte unterstützt
SiteHelpdesk	www.sitehelpdesk.com	Help desk, Ticketing Software, Configuration Management, Service Level Management
TOPdesk	www.odgsoftware.nl	Incident-, Configuration-, Problem-, Service Level Management
helpine	www.comma-soft.com	Ticketing Software

Wenn man sich mit dem Gedanken trägt, eine entsprechende Softwareunterstützung für seine ITIL-Organisation einzuführen, so ist die Website tools.itsmportal.net sicherlich der beste Weg zu einer Entscheidungsgrundlage zu kommen. Sie enthält eine umfangreiche Zusammenstellung ITIL-konformer Tools.

Adressen von Unternehmen, die Schulungen im Bereich ITIL durchführen

The Art of Service (Pty) Ltd
GPO Box 2673
Brisbane QLD 4001
Australia
Phone: +61 (0)732 897 960
Fax: +61 (0)733 196 172
www.artofservice.com.au

Arxes NCC AG
Schanzenstraße 36
Gebäude 197
51063 Köln
Deutschland
Tel. + 221 96486 306
www.arxes.de

IIR Technologie
Köln
Tel. 069 50 604-100
Fax 069 50 604-199
www.iir.de

CSMG Management Consulting (Pty) Ltd
P.O.Box 2123
Houghton 2041
Johannesburg
South Africa
Phone: +27(0) 11 447 2621
Fax: +27(0) 11 327 0500
www.csmg.co.za

Conan Group
GPO Box 7798
Perth
Australia
Tel. + 61 8 9261 7712
www.conangroup.net

IBM Global Learning Services
3600 Steeles Avenue East
Module A2
Markham
Ontario L3R 9Z7
Canada
Phone: 1-800-426-8322 or (416) 410-7039
Fax: 05-3163101
www.can.ibm.com

Tivoli Academy of IBM Learning Services EMEA
Chaussee de Bruxelles, 135
B-1310 La Hulpe, BELGIUM
Phone: - 32 2 655 5766
Fax - 32 2 655 5175
www.ibm.com/be

InterProm USA Corporation
(In cooperation with Inter Access, The Netherlands)
2437 Bay Area Blvd., #133
Houston, TX 77058
Phone: 281 286 2853
Fax: 281 461 9539
www.interpromusa.com

Lucid IT (Pty) Ltd
GPO 4777
NSW 2001
Sydney
Australia
Phone: +61 4 0791 9638
Fax: +61 2 9403 0830
www.lucidit.com.au

Maxpert
Lisa-Meitner-Straße 119
D-40878 Ratingen
Deutschland
Phone +49 2102 1288 112
www.maxpert.de

Perseo Consult AG
Postfach 642
CH-4003 Basel
Schweiz
Phone +41 61 269 80 00
www.perseo-consult.com

Pink Elephant
5575 North Service Road
Burlingtion, Ontario
L7L 6M1
Canada
Phone 905 331 5060
www.pinkelephant.com

sowie
171 Clarence Street
Sydney NSW 2000 Australia
Telephone +61 2 8297 6300
Fax +61 8297 6311
www.pinkelephant.com/au/

PinkRoccade DCMS
County House,
17 Friar Street
Reading, Berkshire
United Kingdom
Phone: +44 (0) 118 951 96 49
www.pinkroccade.co.uk

Quint Wellington Redwood Academy
Koninginneweg 162
1075 EG Amsterdam
The Netherlands
Phone +31 20 3053700
www.quintacademy.com

Literatur

Cct95 *IT Service Management Case Studies.* CCTA (Central Computer and Telecommunications Agency), 1995, ISBN 0-11-330676-8

Cct01 *IT Infrastructure Library practices in small IT units.* CCTA (Central Computer and Telecommunications Agency), 1995, ISBN 0-11-330674-1

Ogc95 *An Introduction to Business Continuity Management.* OGC (Office of Government Commerce), 1995, ISBN 0-11-330669-5

Ogc95b *A Guide to Business Continuity Management.* OGC (Office of Government Commerce), 1995, ISBN 0-11-330675-X

Per02 *IT Service Management (Pocket Cards ITIL).* Perseo Consult, 2002, ISBN 3-952-1449-3-2

Bsi98 *A Code of Practice for IT Service Management (DISC PD0005).* BSI (British Standards Institution), 1998, ISBN 0-580-2958-2-6

Ivo00 Ivor Macfarlane, *IT Service Management Self-assessment Workbook (DISC PD0015:2000).* BSI (British Standards Institution), 2000, ISBN 0-580-33712-2-5

Isa04 *COBIT.* http://www.isaca.org, 2004

Iir03 *ITIL-Schulungen.* www.iir.de, 2003

Tap93 Don Tapscott, Art Gaston. *Paradigm Shift.* McGraw-Hill, Inc., 1993. ISBN 0-07-062857-2.

Bel95 Bellcore. *GR-63-CORE „Network Equipment-Building System (NEBS) Requirements: Physical Protection“*, Issue 1, 1995.

Mer95 Mertins, K.; Siebert, G.; Kempf, S. *Benchmarking – Praxis in deutschen Unternehmen.* Springer Verlag, 1995.

Kea94 CEO D. Kearns, Xerox in Camp, R. *Benchmarkin: The Search for Industry Best Practices that lead to superior Performance.* ASQC Quality Press 1989. (In Deutschland 1994 erschienen unter dem Titel: *Benchmarking.* Hanser Verlag, 1994).

Itg04 *IT-Governance.* www.itgovernance.org, 2004.

ICT02 *ICT-Infrastructure Management. OGC* (Office of Government Commerce), The Stationery Office, United Kingdom, 2002.

Cra04 *PRINCE II.* www.crazycolour.com, 2004.

Man99 *Managing Successful Projects with PRINCE2.* CCTA 1999.

Six04 *Six Sigma.* www.isixsigma.com, 2004

Dat99 *Die größten Outsourcer in den USA.* Dataquest, May 99.

CMP02 *IT-Budget.* CMP-WEKA,2002

Nas01 *Outsourcing India.* http://www.nasscom.org, 1/2001

Pac04 *Wertschöpfung durch Outsourcing,* http://www.paconsulting.com, 2004

Gdp04 *Grundsätze zum Datenzugriff und zur Prüfbarkeit digitaler Unterlagen,* http://www.gdpdu-portal.com, 2004

Bsi04b http://www.bsi.de/gshb/deutsch/m/m02245.html

Ris04 *Risk Assessment.* http://www.risknet.de, 2004

Bas04 *Eigenkapitalregelung von Banken.* http://www.basel-ii.info, 2004

Sar04 *Sarbanes-Oxley-Act.* http://www.sarbanes-oxley.com, 2004

Vds04 *Sachversicherer.* http://www.vds.de, 2004

Vde04 *Normierungen.* http://www.vde.de; 2004

Din04 *Normierungen.* http://www2.din.de, 2004

Lam04 *Brandschutz.* http://www.lampertz.de, 2004

Sig04 *Signaturgesetz.* www.bsi.de/esig/basics/legalbas/sigg2001.pdf, 2004

Sve04 Signatur*verordnung.* www.bsi.de/esig/basics/legalbas/sigv2001.pdf, 2004

Bfd04 *Datenschutz.* http://www.bfd.bund.de/information/info5/anl/an01%_II2.html

Fis01 *Datensicherheit.* http://www.bfk.de, 2001

Itg04 *IT-Grundschutz.* http://www.it-grundschutz-zertifikat.de, 2004

Iso04 *ISO 17799.* http://www.iso17799software.com, 2004

Köh02 Mathias Hein, Peter Thomas Köhler, *IT-Reader Netzwerksicherheit*, Fossilverlag, April 2002, ISBN: 3-93-195938-4

Aus04 *Ausfallgründe.* http://www.standishgroup.com, 2004

Gar04 IT-*Cost-Driver.* http://www.gartner.com, 2004

Cpl04 Contingency Planning. www.contingencyplanningresearch.com, 2004

Mat02 Mathias Hein, Michael Reisner, Antje Voß. VoIP, Franzis Verlag, 2002, ISBN: 3-77-236686-4

Gar03 *TCO.* https://k12tco.gartner.com, 2003

Bal04 *Balanced Scorecard.* http://www.balanced-scorecard.de, 2004

Cap04 *ROI.* http://www.de.capgemini.com, 2004

Idc02 IT-Cost. http://www.idc.com, 2002.

Iso04b *Normierungen.* http://www.iso.org, 2004

Ven90 Venkatraman.N. IT-Induced Business Reconfiguration. In: Scott Morton, M.(Ed.): The Corporation of the 90s, Oxford University Press

Con04 *Contingency.* http://www.contingencyplanningresearch.com, 2004.

Bsi04 IT-Grundschutz. http://www.bsi.de, 2004

Obe96 Oberweis, Andreas. *Modellierung und Ausführung von Workflows mit Petri-Netzen*, Teubner, Stuttgart, Leipzig 1996

Sachverzeichnis

A

Abnahmebedingungen, 248
Abweichung von 6σ, 12
Acceptance Criteria, 248
Access Customer Advocacy Center (ACAC), 283
ACID, 125
Adressen, 331
AktG, 290
Aktivitäten, 29
Anforderungen, 238
Angriffe, 205
Application Hosting, 277
Application Management, 277
Application Service Providing, 277
Application View, 236
Applications Management, 233
Applikations Management, 40
Applikationssicht, 236
Applikationsverfügbarkeit, 123
Architekturblickrichtungen, 235
Asset Management, 63, 263
Assets (Vermögenswerte), 263
Atomic, 125
Audits, 289
Auftraggeber (AG), 239
Auftragnehmer (AN), 239
Ausbildungen, 321
Ausbildungskurse, 325
Auskunftspflicht, 211
Ausweich-Rechenzentrum, 273
Authentizität, 209
Außenwirkung, 206
Availability Management, 49, 113
Availability-Manager, 117
Availability-Planer, 117

B

Backout Plan, 100
Balanced Scorecard, 186
Bandbreitenanforderungen, 165
Basel II, 294
Bedarfsmanagement, 172
Bedrohungen, 205
Bedrohungsanalyse (Business Impact Analysis), 134
Befugnisse, 209
Benchmarking, 35, 186
Best practice, 34
Best-Practice-Ansatz, 154
Best-Practices-Framework, 37
Betriebskonzept, 75, 304
Betriebskosten (running cost), 248
Betriebsunterbrechung, 290
Betriebsunterbrechungs-Versicherung, 134, 288
betriebswirtschaftliche Risiken, 286
Bilanzierungsvorschriften, 287, 296
Black Belt (BB), 21
BPO, 279
Break-even, 185
BS 15000, 301
BS 7799, 213
BSI (British Standards Institute), 301
BSI (Bundesamt für Sicherheit in der Informationstechnik), 211
BSS (Business Support Systems), 231
Buchungsbelege, 291
Build Management, 107

Business Application Outsourcing, 277
Business Capacity Management (BCM), 166
Business Case, 246, 263
Business Continuity, 296
Business Continuity Management (BCM), 133
Business Impact Analysis, 137
Business Perspective, 39, 259
Business Process Optimization, 267
Business Process Outsourcing, 279
Business Process Reengineering, 265
Business View, 236

C

C_{OBI}T (Control Objectives for Information and Related Technology), 324
CAB, 99
Call, 72
Capability-Maturity-Modell (CMM), 267
Capacity Management, 50, 160
Capacity Management Database (CDB), 168
Capacity Manager, 170
CCTA (Central Computer and Telecommunications Agency), 24, 240
Certified Information
Certified Internal Auditor, 321
CFO, 240
Change Advisory Board (CAB), 90
Change Impact Analysis, 61
Change Management, 45, 95
Change Manager, 100
Chief Information Officer), 262
CIA, 321
CIO (Chief Information Officer), 240
CIs (Configuration Items), 55
CISA, 338
CMDB (Configuration Management Database), 55, 64
CMM Stufen, 268
Cold Site, 136
Cold-Start Supplier, 134, 135
Communication Plan, 249
Company Accounting Oversight Board (PCAOB), 297
Computer Installation and Acceptance, 221
Computer-Missbrauchsversicherung, 288
Configuration Baseline, 62
Configuration Management, 45, 55
Configuration Manager, 67
Configuration Policy, 57
Configuration-Management-Plan, 61
ConfigurationSupport-Personal, 67
consistent, 125
Consulting, 321
Contingency Plan, 134
ContingencyPlan, 250
Continuity Management, 48, 132
Continuity-Manager, 138
Continuity-Planer, 138
CORBA, 125
Corporate Governance, 291
CP (Abschließen eines Projektes), 257
Critical to Quality (CTQ), 18
CRM, 279
CS (Steuern einer Projektphase), 253
CTI (Computer Telephone Integration), 70
Customer Advocacy Center, 283
Customer Help Desk, 73

D

Datenschutz, 210, 287
Datenschutzbeauftragter, 216
Datensicherheit, 208
Datensicherungsplan, 309
Datensicherungssafes, 289
Datenträgerversicherung, 288
Datenverfügbarkeit, 128
Delta Release, 104
Deming, 2
Desaster, 144
Desaster-Übungen, 134

Desaster-Recovery-Plan, 49, 139, 316, 317
Desasterfall, 132
Dienstleister, 242
DIN, 289
DISC PD 0005, 301
diversitäre Redundanz, 130
Diversität, 130
DMADV, 13
DMAIC, 13
DP (Lenken eines Projektes), 252
Drei-Schichten-Architektur, 125
DSG, 211
DSL (Definitive Software Library), 108
Due Diligence, 146, 157
durable, 126
DV-Koordinator, 242

E

EDAP (Extended Data Availability and Protection), 128
EDI, 277
EDV-Sachversicherung, 288
EDV-Versicherung, 289
Eigenkapitalverbrauch, 295
Eigenvorsorge, 290
Einführung eines neuen IT-Verfahrens, 234
elektronische Signatur, 207
EMail, 206, 291
End Project Report, 250
Entwicklungskosten, 248
Entwicklungsprozess, 234
Erfahrungsbericht, 243
Erreichbarkeit, 313
Eskalationsvorgang, 315
Evolutionary Change, 266
Executive, 242
EXIN (Examination Institute for Information Science), 325

F

Facilities Management, 276
Facility Management, 63
Failure Modes and Effects Analysis (FMEA), 18
Faktor auf TCO, 285
Fault Handler, 128
Financial Management, 50, 178
Finanzbehörden, 290
Finanzperspektive (Financial Goals), 186
Finanzplanung, 179
Finanzvorstände, 296
firmeninterne Infrastruktur, 219
First Level Personal, 80
First-Level Support, 69
First-Level-Mitarbeiter, 73
Fix Number, 106
Follow on Action Recommendations, 251
Formgesetze, 208
FSC (Forward Schedule of Changes), 99
FT (Fault Tolerant)-CORBA, 127
Full Managed Service, 276

G

Gainsharing-Modelle, 285
GAP-Analyse, 300
GDPdU, 290
Gebührenmodelle, 284
Geplante Ausfälle, 145
geschäftliche IT-Perspektive, 259
Geschäftsanforderungen, 233
Geschäftsfeldsicht, 236
Geschäftsnetzwerk, 264, 266
Geschäftsprozess, 266
Geschäftsprozessoptimierung, 265
Geschäftsprozesssicht, 236
Geschäftszeiten, 71
Gesetze, 286
Globalisierung, 234
GoBS, 290
GoDV, 290
Green Belt (GB), 21

H

Hack, 215
Haftung, 291

Hauptlieferant, 244
Hauptnutzer, 243
Havarie- und Backupkonzept, 315
Help Desk, 43
HGB, 290
Hot Site, 137
Hot-Start Suppliers, 136
Hotline, 71
HR, 279

I

ICT (Information and Communications Technology), 219
ICT Infrastructure Management, 40
ICT-Deployment Process, 223
ICT-Design and Planning Prozess, 222
ICT-Operations Process, 225
ICT-Technical Support Process, 226
ICTIM, 219
IIOP (Internet Inter ORB Protocol), 126
Incident, 72
Incident detection and recording, 74
Incident Management, 43, 72
Incident Management Process, 79
Incident Manager, 79
Incident-Support-Personal, 80
Information View, 236
Informationssicht, 236
Infrastructure Management, 219
Insourcing, 281
Integrität, 208
Intelligente Applikationsclients, 124
interne OLA (Operation Level Agreement), 193
IP (Initiieren des Projektes), 255
IRL (Interoperable Replikation Logic), 127
ISACA (Information Systems Audit and Control Association), 323
ISEB (Information Systems Examinations Board), 325
ISO 9000, 3
ISO 9000:1994, 4
ISO 9000:2000, 4
ISO 9002, 4
ISO 9003, 4
ISO 9004, 4
ISO/IEC 17799, 213
isolation, 126
IT-Alignment, 261
IT-Controllers, 187
IT-Controlling, 186
IT-Dienstleistung, 30
IT-gestützte Buchführung, 290
IT-Governance, 261
IT-Grundschutz, 211
IT-Grundschutzkatalog, 211
IT-On-Demand, 264
IT-Sicherheitspolitik, 209
ITIL (IT Infrastructure Library), 23
ITIL Foundation Certificate, 326
ITIL Managers Certificate, 326
ITIL-konforme Software, 329
itSMF (IT Service Management Forum), 326
IuK, 230

J

J2EE, 125

K

Kaizen, 1
Kapazitätsengpässe, 165
Kapazitätsplan, 167
Kapitalmarktanforderungen, 287
Kennzahlen, 56
Kennzahlen-Modell, 186
Key Performance Indicators (KPI), 35
Key Process Areas, 268
Klassifizierungsparameter, 75
Komplexität, 190
Konjunktureinbrüche, 265
Konsequenzklasse, 149
KonTraG, 148, 204, 291
Kostenartenrechnung, 180
Kostenrechnung, 179
kostenreduzierende Einflüsse, 188
kostenreduzierende Möglichkeiten, 190

Kostenstellenrechnung, 180
Kostenträgerrechnung, 180
Kostentreiber (cost-driver), 181
KPI, 65, 81, 92, 101, 110, 116, 139, 171, 191, 201, 217
Kredite, 286
Kreditrisiko, 295
Kreditvergabesumme, 294
Krisenmanagement-Team, 134, 316
Krisenstab, 310
Kunde, 242
Kundenperspektive (Customer Goals), 186

L

Lebenszyklus (Life Cycle), 112, 238
Leistungsverrechnung, 179
Lenkungsausschuss, 242, 245
Lessons Learned Report, 251
Literatur, 334
Lizensierung, 104
Load Balancer, 174

M

Major Software Release, 105
make, 107
Marktrisiko, 295
Massive Change, 97
Master Black Belt (MBB), 20
Medium Change, 97
Memory-Auslastung, 165
Mengengerüst, 310
Menschliche Fehler, 143
Metriken, 35
MICO (**MICO Is CORBA**), 126
middle tier, 125
Minor Software Release, 105
Mobile/Porta-site, 136
Modellierung, 236
Monitoring Software, 78
MP (Managen der Produktlieferung), 254

N

N+1-Redundanz-Ansatz, 129
Normalverteilung, 12
Normen, 286
Notablaufplan, 316
Notfallpläne, 289
Notfallrelease, 105
Notrechenzentrum, 144

O

Object Management Group, 126
OEM-Versicherung, 137
Offshoring, 280
OGC (Office of Government Commerce), 24
OLAs (Operation Level Agreement), 198
OMG, 126
Operating Level Objectives (OLO), 197
Operationelles Risiko, 295
Opportunities, 153
OSS (Operations Support Systems), 230
Out-of-Band Management, 229
Outsourcing, 270
Outsourcingvertrag, 273
Outtasking, 275

P

Pareto-Diagramme, 16
Passwörter, 203
Patch, 106
PD0005:1998, 299, 302
PD0015, 299
PD0015:2000, 302
Persönlichkeitsschutz, 211
Personalkosten, 189
Phasenplan, 243
PIR (Post Implementation Review), 99
PL (Planen), 254
Planning to Implement Service Management, 39, 299
Plattform IT-Outsorcing, 276
Plattform Management, 276
PRINCE 2, 24, 239, 325
Prinzip (homogene Redundanz), 130
proaktiv, 83

proaktives Capacity Management, 163
proaktives Fehlermanagement, 74
Problem Management, 44, 83
Problem Manager, 93
Problem-Support-Personal, 94
Problemkategorie, 88
Process Failure Modes Effects Analysis (PFMEA), 17
Process Owner, 21, 31
Professional Service, 275
Programmmanagement, 239, 262
Project Approach, 247
Project Board, 242
Project Brief, 246
Project Executive, 242
Project Manager, 245
Project Mandat, 246
ProjectInitiationDocument(PID), 248
Projekt-Controlling, 241
Projektabschlussbericht, 243, 250, 258
Projektentwurf, 246
Projekterfolg, 239
Projektleitdokument, 249
Projektmanagement-Frameworks, 239
Projektmanagementmethode, 242
Projektphasenübergänge, 257
Projektqualitätsplan, 249
Projektrevision, 257
PROMPT, 240
Prozess, 29
Prozessperspektive (Internal Processes Goals), 186

Q

Qualität, 1
Qualitätskreis, 2
Qualitätsverantwortlicher Manager (QM), 20
Quality Assurance Schedule (QAS), 19
Quality Log, 249
Quality Plan, 250
QualityPlan, 248

R

RAID, 128
Rating-Agenturen, 295
Ratingverfahren, 295
reaktiv, 83
Rechenzentrumsbetrieb, 219
Rechenzentrumsinfrastruktur, 289
Rechtsgeschäfte, 204
Redundanz, 129
Regelungen zur Kontrolle und Transparenz im Unternehmensbereich, 148
Reifegrad der Software, 268
Release, 104
Release Manager, 109
Release Management, 46, 103
Release Policy, 108
Release Unit, 104
Release Update Package (Release-Aktualisierungspaket), 104
Remote, 70
Remotesoftware, 78
Rentabilitätsvergleichsrechnung, 185
Replikations-Manager, 128
Request for Change, 250
Resource Capacity Management (RCM), 167
Ressourceneinsatz, 253
Ressourcenverbrauch, 164
Revision, 132
RFC (Request for Change), 83, 98
Risiken, 307
Risikodefinition, 119
Risikofrüherkennungssystem, 293
Risikologbuch, 247
Risk Log, 247
Riskanalyse, 149
Riskmanagement, 292
ROI (Return on Investment), 57, 184
Rollen, 31
Rollout-Plan, 107

S

Sach- und Feuerversicherung, 288

Sachschäden, 288
Sarbanes-Oxley-Act, 296
SB (Managen von Projektphasenübergängen), 256
Schadensersatzansprüche, 292
schutzbedürftig, 216
Schwachstellen, 206
Schwachstellenanalyse, 146, 147, 318
Schwachstellenbewertung, 149
Schwellenwerte, 163
Second-Level Support, 69
Security Audits, 205
Security Management, 40, 203
Security Officer, 216
Security Policy, 209, 210
Self Assessment, 299
Service, 30
Service Capacity Management (SCM), 166
Service Delivery, 47, 111
Service Level Garantie (SLG), 197
Service Level Management, 48
Service Level Management (SLM), 192
Service Level Manager, 200
Service Level Objective (SLO), 197
Service Management, 192
Service Support, 42, 53
Service Value Agreements, 282
Sicherheitskonzepte, 213
Sicherheitsmaßnahmen, 204
Sicherheitsziele, 210
Signaturgesetz (SigG), 207
Signaturverordnung (SigV), 207
SIP (Service Improvement Program), 95
Six Sigma, 12
SLA (Service Level Agreement), 192
SLR (Service Level Requirements), 197
Software Life Cycle Support, 233
Softwarestandard, 248
SpoF (Singel Point of Failure), 177
SpoF-Komponente, 129
Stage Plan, 249
Steuerrecht, 287, 290
Strengths, 151
SU (Vorbereiten eines Projektes), 251
SVA (Service Value Agreements), 282
SWOT-Analyse, 37, 147, 151, 300
Synergieeffekte, 266
System Hosting, 276
System Management, 221
Systemverfügbarkeit, 129

T

TCO (Total Cost of Ownership), 183
Technical Planner, 228
Technical Support Analyst, 229
Technical Support Manager, 227
Technical Support Specialist, 228
Technology View, 236
Telekommunikations- und Medienrecht, 287
Testing an IT Service for Operational Use, 233
Third Level Support, 69
Third Party, 277
Threats, 154
Three-tier Software-Architektur, 125
Ticket, 70
Ticketing Software, 74
Tiny Change, 97
TKÜV, 208
Total Cost of Ownership, 183
tote Childprozesse, 142
Treiber, 141
Trouble Ticketing, 69

U

Umsatzausfälle, 120
Umwelteinflüsse, 141
Underpinning Contract (UC), 199
Unternehmensleitung, 204
User Help Desk, 68
USV-Anlage, 129

V

V-Modell, 238, 239
VDE, 289
Verband der Sachversicherer, 289

Verbrauchsorientierte
Gebührenmodelle, 285
Verfügbarkeit, 209
Verordnungen, 286
Versicherungspolicen, 288
Versicherungswirtschaft, 288
Vertraulichkeit, 208
Viren, 217
Voice of the Customer (VOC), 19
Vorstandsvorsitzender, 296

W

Wartungsfenster, 314
Wartungsverträge, 189, 317
Weaknesses, 152
Web Hosting, 277
Wettbewerbsdruck, 203
Wettbewerbsvorteil, 235
Wiederanlaufpläne, 317
Wissensdatenbank, 78
Work View, 236
Work-Around, 74
Workflowanalyse, 266

Z

Zentrale Infrastrukturen, 222
Zertifizierungsprogramme, 325
Zusammensetzung der IT-Kosten,
189
Zuständigkeitsmatrix, 312
Zwei-Speicher-Prinzip, 123